地下工程柴油电站

李建科　徐　晔　尹志勇　主编

国防工业出版社

·北京·

内容简介

本书重点阐述了地下工程柴油电站的组成、建设程序,柴油电站中的通风系统、给排水系统、供油系统以及消音、减振、防雷、接地、控制设备等各个部分的构成、工作原理、设计、计算及维护使用方法等各方面的内容,同时还较详细地介绍了柴油发电机组并车装置、电压及无功功率自动调整、频率及有功功率自动调整、安装及维护运行等内容。

本书适合本科及以下层次的学员使用,也可作为相关专业设计施工的参考书。

图书在版编目(CIP)数据

地下工程柴油电站 / 李建科等主编. —北京:国防工业出版社,2021.9
ISBN 978 - 7 - 118 - 11755 - 4

Ⅰ. ①地… Ⅱ. ①李… Ⅲ. ①地下工程 - 柴油发电机 - 电站 Ⅳ. ①TU93②TM624

中国版本图书馆 CIP 数据核字(2020)第 181329 号

※

*国防工业出版社*出版发行

(北京市海淀区紫竹院南路23号 邮政编码100048)
三河市天利华印刷装订有限公司印刷
新华书店经售

*

开本 787×1092 1/16 印张 22½ 字数 517 千字
2021 年 9 月第 1 版第 1 次印刷 印数 1—2000 册 定价 88.00 元

(本书如有印装错误,我社负责调换)

国防书店:(010)88540777   书店传真:(010)88540776
发行业务:(010)88540717   发行传真:(010)88540762

前　言

随着国民经济持续高速发展,工程建设的规模和水平不断提高,地下空间的开发与利用越来越受到人们的重视,人们的防灾减灾意识也不断增强,应对多种灾害防护的地下工程建设也取得了可喜的成就,特别是防空地下工程的建设总量和规模不断增大,建设水平和要求也不断提高。柴油电站作为人防工程、国防工程等地下工程的重要基础设施之一,是公用电网被破坏后地下工程自我保障电能的重要方式。

本书以我们长期使用的地下工程柴油电站课程教学讲义和资料为基础,依据现行国家标准和行业规范,并汲取了国内外先进的科研成果和相关文献资料,结合地下工程建设的实际需要和发展趋势,经补充修订和完善而成。本书重点阐述了地下工程柴油电站的组成、建设程序,柴油电站中的通风系统、给排水系统、供油系统以及消音、减振、防雷、接地、控制设备等各个部分的构成、工作原理、设计、计算及维护使用方法等各方面的内容,同时还较详细地介绍了柴油发电机组并车装置、电压及无功功率自动调整、频率及有功功率自动调整、安装及维护运行等内容。本书是"防护工程内部电站"课程的一本较系统的教材,适合本科及以下层次的学员使用,也可作为相关专业的设计施工的参考书。

本书由李建科、徐晔、尹志勇编写,王金全教授审阅了全书。崔陈华、郝建新、陈静静、黄克峰、罗珊、王春明、徐才华、秦霞等老师对本书编写提出了许多宝贵建议,研究生邢鑫、黄家豪、刘尧斌、解腾、刘博、李洋、师萌等为本书校对也付出了辛勤的劳动,在此一并表示感谢。

本书引用了国内外许多专家、学者的著作、论文等文献,在此表示衷心的感谢。

由于作者水平有限,书中难免存在疏漏和不妥之处,恳切希望读者批评指正。

编　者

2020 年 5 月

目　　录

第一篇　地下工程柴油电站基础知识

第1章　地下工程柴油电站的基本构成 ………………………………………… 1

1.1　柴油机的特点 …………………………………………………………… 1

1.1.1　柴油机的优点 …………………………………………………… 1

1.1.2　柴油机的缺点 …………………………………………………… 2

1.2　柴油发电站的应用范围 ………………………………………………… 2

1.2.1　建设发电站的条件 ……………………………………………… 2

1.2.2　技术经济比较因素 ……………………………………………… 3

1.3　柴油发电站的分类 ……………………………………………………… 3

1.4　地下工程柴油电站的特殊问题 ………………………………………… 4

1.5　地下工程柴油电站的组成 ……………………………………………… 5

练习题 …………………………………………………………………………… 8

第2章　地下工程柴油电站的设置 …………………………………………… 9

2.1　柴油发电站的建设原则 ………………………………………………… 9

2.1.1　建设柴油发电站的因素 ………………………………………… 9

2.1.2　柴油发电站的建设原则 ………………………………………… 9

2.1.3　地下工程内部柴油发电站的设计程序及主要内容 …………… 10

2.1.4　柴油发电站站址选择 …………………………………………… 11

2.1.5　主要技术经济指标 ……………………………………………… 12

2.2　柴油发电站的布置形式 ………………………………………………… 13

2.2.1　柴油发电站的平面布置要求 …………………………………… 13

2.2.2　地下工程柴油电站的分类 ……………………………………… 13

2.3　柴油发电站各房间的布置 ……………………………………………… 18

2.3.1　机房和控制室的布置要求 ……………………………………… 18

2.3.2　柴油发电机组在机房中的布置 ………………………………… 18

2.3.3　控制和配电装置在控制室(配电室)中的布置 ……………… 20

2.3.4　控制、配电设备与机组布置在同一房间 ……………………… 24

2.4　柴油发电机组的选择 …………………………………………………… 25

2.4.1　运行机组的选择 ………………………………………………… 25

2.4.2　备用机组的选择 ………………………………………………… 28

2.4.3　单台柴油发电机组功率的修正 ………………………………… 29

练习题 ·· 33

第3章 地下工程柴油电站的通风系统 ········ 34

3.1 电站通风系统 ································· 34
3.1.1 地下工程柴油电站的特点 ············ 34
3.1.2 地下工程柴油电站通风的任务 ········ 34
3.1.3 地下工程柴油电站的通风系统 ········ 35

3.2 地下工程柴油电站通风系统的设置 ········ 38
3.2.1 电站机房的余热计算 ················ 38
3.2.2 水冷式通风系统的设置 ·············· 47
3.2.3 风冷式通风系统的设置 ·············· 52
3.2.4 水冷和风冷结合的通风系统的设置 ···· 53
3.2.5 风冷和蒸发冷相结合的通风系统 ······ 54
3.2.6 变压器室的通风系统 ················ 55
3.2.7 蓄电池室的通风系统 ················ 58
3.2.8 通风机与风管 ······················ 61

3.3 地下工程柴油电站的排烟系统 ············ 65
3.3.1 排烟消波系统 ······················ 66
3.3.2 排烟系统设计要求 ·················· 66
3.3.3 排烟管的敷设方式 ·················· 66
3.3.4 排烟系统设备的选择 ················ 67
3.3.5 排烟管的保温 ······················ 71
3.3.6 排烟管的敷设要求 ·················· 72

练习题 ·· 72

第4章 地下工程柴油电站的给排水系统 ········ 74

4.1 电站冷却系统 ································· 74
4.1.1 水冷系统 ·························· 74
4.1.2 风冷系统 ·························· 75
4.1.3 利用冷的房间(发热量小的房间)使柴油机冷却水降温 ···· 76
4.1.4 节温器在冷却系统中的应用 ·········· 76

4.2 电站供水量计算及水质要求 ·············· 77
4.2.1 柴油机冷却水量计算 ················ 77
4.2.2 柴油机冷却水温 ···················· 78
4.2.3 柴油机冷却水水质 ·················· 79
4.2.4 柴油机低温补充水的计算 ············ 81
4.2.5 电站水库及混合水池(箱)的容积计算 ·· 82
4.2.6 冷却水泵及给、排水管的选择 ········ 83

4.3 电站废热利用 ································· 89
4.3.1 柴油机的热平衡 ···················· 89
4.3.2 冷却水热量的利用 ·················· 90

       4.3.3　排气废热利用 ································ 90
       4.3.4　电站废热利用方法 ·························· 91
    练习题 ··· 93

第5章　地下工程柴油电站的供油系统 ······················ 94
  5.1　燃油和润滑油 ······································ 94
       5.1.1　燃油和润滑油的性能及要求 ·················· 94
       5.1.2　燃油和润滑油的规格及用途 ·················· 99
  5.2　供油系统及供油量计算 ····························· 101
       5.2.1　供油系统 ······························· 101
       5.2.2　供油系统中各部分的作用及要求 ·············· 101
       5.2.3　供油量计算 ····························· 103
       5.2.4　供油设计中应注意的问题 ··················· 105
  5.3　供油系统的设备选择 ······························ 105
       5.3.1　输油管的选择 ··························· 105
       5.3.2　输油泵的选择 ··························· 109
    练习题 ·· 109

第6章　地下工程柴油电站的消音及减振 ···················· 110
  6.1　噪声及其消音 ····································· 110
       6.1.1　声音的量度 ····························· 110
       6.1.2　噪声的允许标准 ························· 112
       6.1.3　地下工程内部电站的消音 ··················· 116
       6.1.4　地下工程内部电站的隔音 ··················· 118
  6.2　柴油发电机组的减振 ······························ 120
       6.2.1　振动传递率 ····························· 121
       6.2.2　减振器的类型及主要技术参数 ··············· 122
       6.2.3　减振器的选用方法 ······················· 124
  6.3　柴油发电机组的基础及隔振 ························· 128
       6.3.1　基础构筑的土壤条件 ····················· 128
       6.3.2　基础的重量及体积 ······················· 129
       6.3.3　基础的隔振措施 ························· 129
       6.3.4　基础构筑的方法步骤及要求 ················· 130
    练习题 ·· 133

第7章　地下工程柴油电站的控制设备 ······················ 134
  7.1　发电机组控制箱(屏) ······························ 134
       7.1.1　发电机组控制箱(屏)的基本结构 ············· 134
       7.1.2　发电机组控制箱(屏)的电气线路图 ··········· 136
       7.1.3　发电机组保护系统的组成及工作原理 ··········· 146
       7.1.4　发电机组电气测量系统的组成及工作原理 ········· 146
  7.2　发电站通风、给排水等控制设备 ····················· 148

   7.2.1 通风系统的控制 ………………………………………… 148

   7.2.2 给排水系统的控制 ……………………………………… 151

   7.2.3 供油系统的控制 ………………………………………… 159

   7.2.4 供气系统的控制 ………………………………………… 161

  7.3 发电站信号联络控制系统 ………………………………… 161

   7.3.1 联络方式及信号内容 …………………………………… 161

   7.3.2 信号联络系统的设置 …………………………………… 163

   7.3.3 故障报警系统的设置 …………………………………… 163

  练习题 ………………………………………………………… 164

第8章 地下工程柴油电站系统智能化 ……………………… 165

  8.1 概述 ………………………………………………………… 165

   8.1.1 电站自动化 ……………………………………………… 165

   8.1.2 自动电站基本功能 ……………………………………… 165

   8.1.3 电站自动化的技术特征 ………………………………… 166

  8.2 柴油机自动起停控制 ……………………………………… 166

   8.2.1 柴油机工作条件 ………………………………………… 167

   8.2.2 柴油发电机组自动起停控制主要功能 ………………… 167

   8.2.3 柴油发电机组自动起动/停车程序控制实例 ………… 169

  8.3 电站监控及故障处理 ……………………………………… 173

   8.3.1 电力参数的监控 ………………………………………… 173

   8.3.2 备用机组的自动投入 …………………………………… 174

   8.3.3 电网的故障处理 ………………………………………… 174

   8.3.4 发电机组的故障处理 …………………………………… 175

   8.3.5 柴油机的故障处理 ……………………………………… 176

   8.3.6 监控系统故障处理程序 ………………………………… 176

  8.4 无人值守电站自动化系统 ………………………………… 179

  练习题 ………………………………………………………… 181

第9章 地下工程内部电站的其他设施 ……………………… 182

  9.1 柴油发电机组的起动装置 ………………………………… 182

   9.1.1 电起动 …………………………………………………… 182

   9.1.2 压缩空气起动 …………………………………………… 182

   9.1.3 气起动系统及设备布置 ………………………………… 184

  9.2 柴油发电站的起重装置 …………………………………… 185

   9.2.1 起重量和起吊高度的确定 ……………………………… 185

   9.2.2 起重设备 ………………………………………………… 186

   9.2.3 起重设备的设置 ………………………………………… 187

  9.3 柴油发电站的防雷与接地 ………………………………… 188

   9.3.1 柴油发电站的防雷保护措施 …………………………… 188

   9.3.2 柴油发电站的中性点工作制 …………………………… 189

9.3.3 接地和接零 ·· 193

练习题 ·· 194

第二篇　柴油发电机组维护运行

第10章　同步发电机的并车 ···································· 195

10.1 概述 ·· 195

10.2 同步发电机的并车条件 ···································· 195

　　10.2.1 理想的并车条件 ····································· 196

　　10.2.2 并车条件的分析 ····································· 196

　　10.2.3 实际的并车条件 ····································· 198

10.3 同步检测 ·· 199

　　10.3.1 同步指示器 ··· 199

　　10.3.2 同步指示灯 ··· 202

10.4 手动并车操作 ·· 204

　　10.4.1 手动并车程序 ······································· 204

　　10.4.2 并车操作注意事项 ··································· 205

10.5 电抗同步并车 ·· 206

　　10.5.1 电抗同步并车原理 ··································· 206

　　10.5.2 电抗同步并车条件 ··································· 206

　　10.5.3 半自动粗同步原理 ··································· 207

　　10.5.4 并车电抗器 ··· 207

10.6 半自动同步并车装置 ······································ 209

　　10.6.1 同步脉冲发生器的并车电路 ··························· 209

　　10.6.2 带并车指令同步指示器的并车电路 ····················· 210

10.7 自动准同步并车装置 ······································ 212

　　10.7.1 基本功能 ··· 212

　　10.7.2 差频电压及性质 ····································· 212

　　10.7.3 差频符号的鉴别与并车频率的调整 ····················· 215

　　10.7.4 并车合闸指令的提前量 ······························· 217

　　10.7.5 自动准同步并车装置 ································· 221

　　10.7.6 数字化自动并车装置 ································· 221

练习题 ·· 223

第11章　柴油发电机组的电压及无功功率自动调整 ·············· 224

11.1 基本知识 ·· 224

　　11.1.1 同步发电机电压变化的原因 ··························· 224

　　11.1.2 电压偏差的危害 ····································· 225

　　11.1.3 发电机电压调整的基本措施 ··························· 226

　　11.1.4 励磁自动调整装置的功能 ····························· 227

　　11.1.5 励磁自动调整装置的技术指标 ························· 227

　　11.1.6　励磁自动调压装置的分类 ································· 229
　11.2　相复励原理 ·· 230
　　11.2.1　同步发电机的自励起压原理 ······················· 230
　　11.2.2　相复励恒压原理 ······························· 232
　　11.2.3　相复励的基本形式 ····························· 233
　11.3　不可控相复励恒压装置 ·································· 234
　　11.3.1　电流叠加相复励恒压装置工作原理 ··················· 234
　　11.3.2　电磁叠加相复励恒压装置工作原理 ··················· 239
　　11.3.3　四绕组谐振式相复励恒压装置 ····················· 245
　　11.3.4　电流叠加和电磁叠加相复励恒压装置比较 ··············· 249
　11.4　可控相复励恒压装置 ··································· 249
　　11.4.1　可控相复励恒压装置的基本形式 ····················· 249
　　11.4.2　可控相复励恒压装置 ····························· 252
　11.5　晶闸管励磁自动调整装置 ································· 255
　　11.5.1　晶闸管励磁自动调整装置基本形式 ··················· 255
　　11.5.2　晶闸管励磁自动调整装置的强励措施 ················· 258
　11.6　无刷励磁 ·· 259
　　11.6.1　无刷同步发电机 ······························· 259
　　11.6.2　无刷励磁系统实例 ······························· 261
　11.7　并联运行发电机之间无功功率的分配 ······················· 264
　　11.7.1　无功功率的合理分配 ····························· 265
　　11.7.2　无功功率的转移 ······························· 266
　　11.7.3　无功功率分配的稳定性 ··························· 267
　　11.7.4　无功功率分配方法 ····························· 269
　　11.7.5　电流稳定环节 ································· 271
　　11.7.6　差动环流补偿原理 ····························· 272
　11.8　电网无功的自动补偿 ··································· 274
　　11.8.1　无功补偿作用 ································· 274
　　11.8.2　补偿的容量 ································· 274
　　11.8.3　补偿方式 ··································· 275
　　11.8.4　容量自动调节 ······························· 275
　　练习题 ·· 276
第12章　柴油发电机组的频率及有功功率自动调整 ·············· 277
　12.1　基础知识 ·· 277
　12.2　调速器与调速特性 ····································· 278
　　12.2.1　调速器的工作原理 ····························· 278
　　12.2.2　调速特性 ··································· 279
　12.3　频率的调整 ·· 280
　12.4　并联发电机组间的有功功率分配与转移 ····················· 281

12.5　调差系数与功率分配间的关系 ···································· 282

12.6　自动调频调载装置 ··· 284

　12.6.1　基本功能 ··· 284

　12.6.2　构成和基本单元 ··· 284

　12.6.3　虚有差调节法的自动调频调载装置 ························· 289

练习题 ··· 293

第13章　柴油发电机组的安装及维护运行 ···························· 294

13.1　柴油发电站施工图 ··· 294

13.2　柴油发电机组的安装 ··· 295

　13.2.1　机组安装前的准备工作 ······································ 295

　13.2.2　柴油发电机组的安装步骤及方法 ····························· 311

　13.2.3　机组附属设备的安装 ··· 320

13.3　柴油发电机组的操作运行 ··· 327

　13.3.1　柴油发电机组的试运行 ······································ 327

　13.3.2　柴油发电机组的正常运行 ···································· 330

　13.3.3　柴油发电机组的非正常运行 ·································· 332

13.4　柴油发电机组的维护检修 ··· 333

　13.4.1　柴油机的维护检修 ·· 333

　13.4.2　柴油机安全运行的一些问题 ·································· 339

　13.4.3　柴油机的故障及主要防事故措施 ······························ 340

　13.4.4　发电机可能发生的故障、原因分析和处理方法 ················· 344

　13.4.5　发电机的维护检修 ·· 345

　13.4.6　发电机的干燥 ·· 346

练习题 ··· 349

第一篇　地下工程柴油电站基础知识

第1章　地下工程柴油电站的基本构成

柴油电站是用柴油机作为动力的发电站。目前,柴油发电站广泛应用于远离电力网、水源不足或缺煤的中小型矿山企业、石油矿区、小城镇等;近几年乡镇企业为克服电力不足的困难,大都设置了柴油发电站作为备用电源;通信、广播、医院等重要部门也设置柴油电站作为应急电源;国防、军事工程及人防等地下工程中更是广泛采用柴油发电站作为战备电源。柴油发电站应用如此广泛,是因为其具有效率高、起动快、耗水量少、设备紧凑、运输方便、土建速度快、操作维护简单方便等优点。

随着发电站的主要设备——柴油机、发电机(包括励磁装置)、控制设备的不断更新,增压技术逐步完善,新的调压励磁方式和电站自动化逐渐普及,柴油电站的供电可靠性、电能质量和运行经济性将进一步得到提高。科学技术的不断发展,使得柴油发电站的使用将越来越广泛。

目前,我国地下工程内部电站主要为柴油发电站,其为保障国防和人防等地下工程的正常运行发挥着巨大作用。

1.1　柴油机的特点

1.1.1　柴油机的优点

柴油机与其他热机相比具有以下优点:

(1) 热效率高,燃油消耗率低。柴油机的有效效率较高,约为 30% ~46% ;而其他几种热机的有效效率为:往复式蒸汽机为 8% ~16% ;高压汽轮机为 24% ~40% ;燃气轮机为 20% ~30% ;汽油机为 22% ~30% 。

柴油机的燃油消耗率较低。目前国内外船舶发电站和固定式发电站使用的情况表明,与蒸汽涡轮发电站和燃气涡轮发电站(最大到 10 万 kW 左右)相比,柴油发电机有较低的燃油消耗率。

(2) 设备紧凑,重量轻。柴油机动力装置的设备比较简单,体积小,重量轻,辅助设备少。按单位容积功率(每单位汽缸工作容积发出的功率)和单位重量(每一有效功率所占的重量)指标进行比较,蒸汽动力装置的单位容积马力和单位重量要比柴油机的指标大 4 倍以上。

由于柴油机这一特点,使柴油发电站的金属耗量低、厂房面积小、结构简单、建设速度快,安装费用及总投资费用大大降低。

（3）起动迅速,并能很快达到全功率。柴油机的起动一般需几秒钟,即使是大马力柴油机也可在 15～40min 内从起动转变到全负荷。而蒸汽动力装置从起动到全负荷一般需要 3～4h。由于这一特点,使柴油发电站更适用于重要部门的应急电源。

（4）冷却水耗量小。柴油机所需的冷却水量比蒸汽动力装置少得多。按单位耗水量比较,柴油发电站为 34～82L/(kW·h);而蒸汽动力装置(或蒸汽机发电站)为 350～450L/(kW·h)。如果是小型发电站,冷却系统采用闭式循环,则冷却水耗量几乎为零,这在缺水地区更显示出其优越性。

（5）操作维护简单方便。柴油机的运转操作比较简单,所需操作人员也较少,对操作人员的技术水平要求也不高。柴油机的检修、保养所需时间短,比蒸汽装置的检修、保养容易得多。

1.1.2　柴油机的缺点

柴油机是比较完善的热工机械之一,但也存在以下主要缺点:

（1）仅能使用液体燃料,而液体燃料的价格较贵,故使柴油发电站的电能成本较高。

（2）柴油机的磨损比较大,使用寿命较短,检修、保养频繁。此外,它的运行稳定性和过负荷能力也比蒸汽动力装置差。通常柴油机容许的过负荷不超过其 12h 功率的 10%。且过负荷时间不超过 1h。

（3）运转中振动和噪声较大,在地下坑道中尤为严重,使操作人员的工作环境较差。

（4）单机容量小,使用受到限制。目前国外最大柴油发电机组为 48000kW。而汽轮发电机组最大功率可以达到 1100000kW 以上。这样对于较大的供电系统采用柴油机发电机是不适宜的。

柴油机的优点使柴油发电站的应用广泛,同时柴油机的缺点使得柴油发电站使用受到限制。是否设置柴油发电站,要根据工程的多方面具体情况来确定,切莫顾此失彼。

1.2　柴油发电站的应用范围

任何一个新建工程和企业,都要考虑建设供电系统。在条件许可的情况下,应首先考虑由地区电力系统供电。只有在引入外电的条件受限时才考虑设置自备电站。自备电站的类型还要根据工程(或企业)性质等因素,进行技术经济比较以后,才能确定。

1.2.1　建设发电站的条件

（1）工程(或企业)所在地位置偏僻,远离地区电力网时;

（2）需要保证某些特殊要求或不能同时取得两个独立电源的一级负荷用电时;

（3）建设小型自备发电站技术经济合理时。

以上情况下都应建设发电站,对于常用的自备发电,如果煤、水供应充分方便,一般应建设汽轮机发电站。当工程(企业)所在地区偏僻、运输困难、水源不足时,应考虑建设柴油发电站。对于不常用的备用发电站,一般以建设柴油发电站为宜。对于国防、人防、军事工程的战备发电站,由于考虑战时外电有可能被破坏,同时考虑军事行动时间性较强的特点,都应考虑建设柴油发电站。

1.2.2 技术经济比较因素

在确定是否采用柴油发电站作为自备电站时,应从以下几个主要方面进行技术经济比较来选择最佳方案:

(1)供电负荷的大小。目前国产柴油发电机组的单机容量大多在 1000kW 以下,使柴油发电站的适用范围受到限制。考虑到并联运行,一般在电力负荷为 3000kW 以下的中小型工程(或企业)建设柴油发电站较为适宜。若负荷太大,势必使柴油发电机组的台数增多,这样会给维护检修和运行管理带来不便,造成技术经济上的不合理。

(2)供电可靠性和电能质量的要求。一般情况下,由地区电力网供电的可靠性和电能质量都比较高,如工程(或企业)离地区电力网距离不远,则应优先选择地区电力网供电。对于国防工程和人防工程中的用电,均应建设柴油发电站。因为要考虑战时外电中断时的用电,该电站作为战备电源。

(3)建设投资和运行费用。这是比较方案的重要指标。工程(或企业)距电力网太远,送电负荷又大,为了保证线路一定的电压质量,必须加大导线截面,增加金属消耗量及线路器材,使输电线路建设费用和电能损失增大,造成技术经济上的不合理,这时就要考虑建设自备发电站。另外,如果燃料运输距离很远或发电站的容量较大,台数较多,使发电站的运行费用较高,这时是否建设自备发电站,要同电力网供电的投资费用及其他因素结合起来进行综合的技术经济比较后才能确定。

(4)水的供应。当已确定要建设自备发电站,但如果工程(或企业)所在地水源不足,不能满足蒸汽动力装置用水需要,但可以另增设供水系统来保证蒸汽动力装置用水,把这些因素与建设柴油发电站时的燃料较贵等一系列因素进行综合的技术经济比较,然后再确定建设什么类型的发电站。

除此以外,还要分析当时、当地的具体情况,进行充分的比较论证,力求使供电系统的建设更加合理。

1.3 柴油发电站的分类

柴油发电站按其性质和用途可分为以下几种类型。

1. 常用发电站

这类电站是常年运行,又可以分为常用自备发电站和区域性发电站两种。常用自备发电站是指满足工矿企业内部电力负荷需要而设置的经常运行的发电站,主要是对一个工矿企业供电。区域性发电站是指满足县、区、小城市或工矿企业的电力负荷居民生活用电需要的经常运行的发电站,其供电范围比常用自备发电站要广,装机容量比较大,一般设置在远离电力网的偏僻地区或小型工业区。

2. 备用发电站

这类电站是不经常运行的,在通常情况下电力负荷由电力网供应,只有当电力网发生故障,为了保证一级负荷和重要生产用电负荷而设置的备用发电站。例如电台、电视台、通信部门、医院,重要生产和科研单位都应设备用柴油发电站。还有一些企业为了经济效益不受电力网故障的影响,也设置了柴油发电站作为备用。

3. 战备发电站

这类电站是为国防工程、人防工程和军事设施供电而设置的备用发电站,是不经常运行的。通常情况下,工程用电是由电力网供电,备用机组只作维护运行。战时,当电力网被破坏,应能快速为工程提供电源。这类电站的性质和要求与工矿企业备用发电站不同,一般都建在地下工事内。

4. 临时发电站

这类电站是为基本建设工地、地质和石油勘探工地、铁路和公路工地设置的发电站。某些偏僻的厂矿在建设不长时间后可由电力网供电,或者某些矿山年限不长开采完毕后即可搬迁的,也应建设临时发电站。有些偏僻的县、区、城镇,在电力线路未修到之前也可建设临时发电站。这类发电站的特点是需要经常运行,但运行的年限很短,因此,其厂房、附属设备、生活设施等均可从简考虑。

以上四种类型的发电站都称为固定式发电站。

5. 移动式发电站

这类电站是流动性较强部队的装备之一,同时也适用于钻探等机动性较强的作业分队使用。它具有快速移动场地、附属设备简单、单机容量小等特点。可分为汽车电站、拖车电站、发电机组三种形式。柴油机、发电机、控制设备、散热器等装在同一汽车上的称汽车电站,装在同一拖车上的称拖车电站,装在同一公共底盘上的称发电机组,或称为滑移式、滑行式电站。

6. 船舶发电站

这类电站是客船、货船、军舰等船只上采用的。船舶发电站大都是柴油发电站。由于船舶电站是随船只一起在江河湖海上颠簸的,其工作条件要比陆地上差,因此要根据各类船只的性质和用途不同提出不同的要求。随着船舶向大型化、高速化和自动化方向发展,对船舶电站提出了更高的要求。

1.4 地下工程柴油电站的特殊问题

相比于地面柴油电站,地下工程柴油电站通常将柴油发电机组置于地下,其特殊问题是:

(1)机房是染毒区,控制室是清洁区。设置地下柴油发电站的目的,是为了在未来战争中,保证一个可靠的独立电源,以供工程用电。在现代战争中,有可能使用核武器和化学武器,那么地面就要染毒,而柴油机运行时,需要地面供给大量的空气,所以机房是允许染毒的。为了防止机房毒剂漏入控制室和主体工事内,就要在机房与控制室(主体)的连接段进行密闭处理,使得控制室与机房的控制联络系统要求更高。

(2)机房内的通风散热条件差。地面柴油机房的热量和污浊空气,可以通过门窗排除掉。而地下柴油机房则不行,为了保证柴油发电机组的正常运行,就必须采取专门措施来降温和通风。为了减少机房的热量散到机房内,机组排烟管要作隔热保温处理;为了进一步降低机房温度,需在机房内设置冷却降温装置;为了机房能排除污浊气体并补充新鲜空气,机房内需设进排风系统。

（3）对柴油机减振和消音有更高要求。机组运行时,柴油机的振动噪声比较大。在地面的机房,通常离工作区较远,同时其空间较大,机组产生的振动和噪声对人们的影响并不很突出。而地下机房离使用房间很近,并且机房与使用房间的连接是刚性连接(混凝土材料),因此,机组产生的振动和噪声很容易经固体、空气传入主要房间,影响工程的正常使用。为此地下电站应该有一套减振和消音的措施。

（4）有防护要求。为了防止敌人武器的破坏,保证发电站正常使用,除机房结构上应有一定的防护要求外,进风、排风和排烟系统还应设置相应的防护设备(如活门扩散室等),将冲击波的强度降到工程允许压力值以下。

1.5　地下工程柴油电站的组成

为了保证柴油发电机组的正常运行和发配电的需要,柴油发电站除设置柴油发电机房外,还要设置控制室、变压器室、水库(含混合水池)、油库(含日用油箱)、水泵间、蓄电池间等。地下柴油电站还应设置进排风机室、排风排烟扩散室等。大型的(或独立的)柴油发电站还应设置操作人员休息室、电话间、备品间、机修间、卫生间等。

1. 机房

机房是设置柴油发电机组的房间。为了使柴油发电机组正常工作,应对机房的构建提出具体要求。

在地面柴油发电站中,机房内应有良好的采光,并尽量使机房有穿堂风。在炎热地带,应设置天窗以便改善通风效果。机房应有两个出入口,与控制室之间的门应为隔音门,出入口门应为防火门并且一律向外开。设备出入口应满足机组及大型设备的运输要求。机房的最低高度应能满足检修机组时起吊设备最低起吊高度的要求。

在地下柴油发电站中,机房除尽量满足以上条件外,还应设置通风降温措施。为了使机组在战时外部染毒情况下能继续工作,机房通常是设置在密闭范围之外的,即染毒区。这样柴油机可以燃烧染毒的空气,不致消耗工程内部有限的新鲜空气。因此,机房与控制室、主体工程的连接处要密闭,对管沟等处要进行密闭处理。

2. 控制室

控制室内装有发电机控制屏、高低压配电屏以及根据需要设置的操作控制台等。这些设备的操作主要是与机房进行密切频繁的联系。因此,控制室一般应紧靠机房设置。如果几个电站机房由一个中央控制室控制,可以离开机房一段距离(尽量减小与机房的距离),但必须采用比较完整可靠的遥控装置和通信联络、监视设备,以便机房与控制室的联系。

在地下工程中,控制室是清洁区,是用密闭墙与机房隔开的,此时密闭墙上可设置专用的密闭观察窗,以便观察机组运行情况。为了在机房染毒期间人员可以进入机房检修和操作机组,在控制室与机房间应设有专门的密闭通道,以及一系列的洗消设施。

另外,控制室也应设置向外开的防火门,出入口的数量应根据控制室的幅员来确定。控制室的顶棚、墙面、地面的装修要求,可根据经济条件适当提高,要做到明亮、通风、清洁。在与机房的隔墙上最好采用吸音、隔振等处理措施。

3. 变压器室

由于柴油机的使用寿命短,在许多工程中为了提高供电的可靠性和用电的经济性,都考虑引接地方电网电源。在防护工程中变压器室往往都是设在防护工程内的,根据防护工程供电设计要求,要在柴油电站附近设置单独的变压器室。

变压器室应紧靠控制室设置,通常设置在电站机房内。另外,还要考虑变压器进出线的方便和满足运输变压器的要求。

通常一个工程只设置一台变压器,如确需设置两台以上时,除单台变压器容量小于50kVA外,不允许两台以上变压器放在同一变压器室内。

在防护工程中,变压器室是允许染毒的。

4. 水库和油库

水库和油库通常设置在机房的一端或一侧。为了控制柴油机的进水温度,通常还要设置混合水池。工程中还设有日用油箱。

水泵和油泵一般都应设置在离水库、油库较近的单独房间内,具体位置确定要考虑水管、油管走向的方便。水管和油管应有明显标记予以区别。油库、油泵间应有严格的消防措施。

5. 蓄电池室

在较大工程中,有多台电起动柴油发电机组或者兼有直流供电系统时,由于蓄电池数量较多,需专门设置蓄电池室。

蓄电池室的位置通常要靠近直流配电间、直流用电负荷、柴油机。

蓄电池室应有严格的防酸、防火、防爆措施。

6. 机修、备品间

电站的机修间主要是考虑柴油机和发电机的检修而设置,其面积不宜过大,一般在机修间内设置一些专用的工具台和小型加工机床以及电、气焊设备,有的还可以设置洗手盆、拖布池等。

备品间主要是用来存放一些检修机组所用的储备零配件及检修用的消耗器材等。可设置存放零配件的专用柜、架等,以利零配件放置有序。

机修间、备品间一般可以设在一起,布置在机房附近,以便于检修工作的进行。在有些不大的电站中,机修间可不单设,只在机房里留有一定的空间作为检修机组用,备品间只用专用的柜、架代替。

另外,电气设备的储备件不宜与柴油机的零配件存放在一起,而是在控制室内设置专门的储备柜或储备间来放置电气设备的储备件。

7. 进、排风机室

在地下工程中,柴油电站内通常要设置进、排风机。

电站的进风机和排风机通常设置在专门的风机室内。电站规模较小时也可不设专门的风机室,而是在电站的适当位置设置进、排风机。

风机室一般设置在机房靠近工程口部的一端,同时要考虑风管的走向方便。

柴油发电站的组成是要根据建设的技术要求确定的,以上各部分对于一个常设的柴油发电站都是必需的。临时发电站、移动式发电站都可以参照以上原则从简设置,船舶柴油发电站要根据其特点按有关部门要求布置。对于柴油发电站各组成部分的设置标准也要由各工程的实际情况而定。

柴油发电站各组成部分的布置,要根据实际情况,综合考虑多种因素而定。图1-1、图1-2分别示意了地下柴油发电站各组成部分的布置形式供参考,地面电站也可参考。

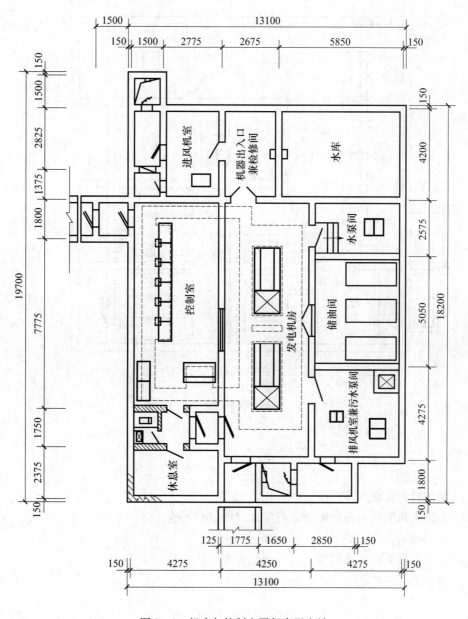

图 1-1　机房与控制室平行布置电站

7

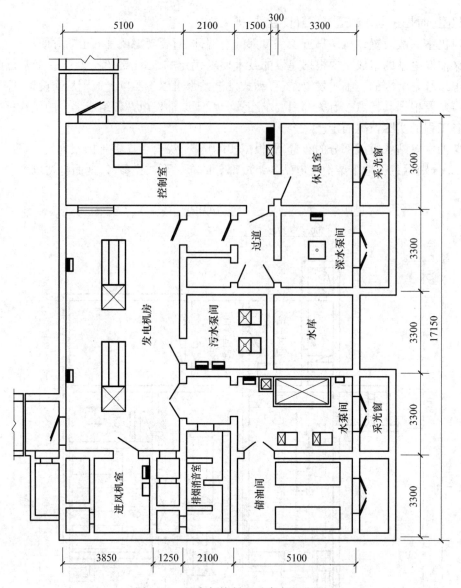

图 1－2　机房与控制室垂直布置电站

练习题

1. 柴油机的优缺点有哪些？

2. 建设柴油电站应考虑的技术经济比较因素有哪些？

3. 柴油电站分哪几类？

4. 地下工程柴油电站面临的特殊问题有哪些？

5. 地下工程柴油电站的组成有哪几部分？

第2章 地下工程柴油电站的设置

2.1 柴油发电站的建设原则

任何一个新建企业(或工程),都要考虑供电系统的方案,在确定电源时,是否要设置自备电源,设置什么类型的自备电站,要综合企业(或工程)建设的多方面情况,比较多种供电方案,分析各种方案的利弊,才能做出决策。

2.1.1 建设柴油发电站的因素

企业(或工程)的供电,应首先考虑由地区电力系统供电,只有在下列情况下才应设置柴油发电站或汽轮机发电站,作为自备电源:

(1) 企业(或工程)所在地远离地区电力系统,经过比较,建设自备发电站技术经济合理。

(2) 企业(或工程)内的一级负荷供电不能取得两个独立电源,或者是有特殊要求需要设置自备发电站。

(3) 对于常用自备发电站(用电量较大),如果煤、水供应充足方便,应首先考虑建设汽轮机发电站。如企业(或工程)地处偏僻,运输困难,水源不足时,可建设柴油发电站。

(4) 对于战备电源,由于工程特点,不管技术经济的合理性,都应建设柴油发电站,以备战时用电。

(5) 由于国产柴油发电机组的单机容量较小,因此,一个企业(或工程)的电力负荷在3000kW以下,建设柴油发电站为宜。因负荷太大,势必使柴油发电机组的台数增多,维护检修和运行管理都不方便,造成技术经济上的不合理。

2.1.2 柴油发电站的建设原则

一旦确定需要建设柴油发电站以后,就要着手电站的设计工作。设计时应认真领会和执行国家基本建设的各项方针政策,结合当时市场的设备和燃料的供应情况,根据建设发电站的设计任务书,深入调查研究,全面分析、综合比较,确定最佳建设方案。一般要考虑以下原则:

(1) 合理地选择柴油发电站的站址和总体布置,尽量节约用地,降低工程造价。

(2) 保证发电站运行的可靠性。

(3) 应能满足用户的用电质量(主要是保证要求的频率和电压水平)和容量。

(4) 因地制宜,就地取材,合理选用各种材料,并尽可能考虑废热利用,提高燃料的有效利用率,保证运行的经济性。

(5) 保证设备安装调试、运行管理、维护检修的方便,并且要考虑到工程的扩建和发展。

（6）要考虑防止对周围环境的污染，以保证发电站的工作人员和附近地区居民有较好的卫生条件。

2.1.3 地下工程内部柴油发电站的设计程序及主要内容

柴油发电站的设计程序一般分为初步设计和施工图设计两个阶段。通常在设计前应先由建设单位主管部门下达设计任务书，设计人员应根据任务书中规定的工程规模、工程性质、工程任务和工程投资指标进行设计。

2.1.3.1 初步设计的主要内容

1. 设计说明书

初步设计中的说明书是该阶段设计的主要内容，它应概述以下内容：

（1）设计依据，设计原则，设计范围，装机容量，机组型号和台数，机组运行方式以及供电系统的运行方式；

（2）电站主要设备的选择；

（3）机房及主要房间的布置形式；

（4）燃油的运输方式、消耗量、储存及处理情况，燃油系统设备选择；

（5）电站的冷却方式及冷却系统，军用工程中的排烟口、通风口、水路泵站的伪装及防护；

（6）主要技术经济指标。

2. 图纸

初步设计的图纸较少，主要包括：

（1）设备平面布置图；

（2）供电系统图；

（3）电气管线总图。

3. 附表

附表一般包括：

（1）主要设备、材料表（供概算用）；

（2）燃油和冷却水的有关资料；

（3）其他有关文件和表格。

2.1.3.2 施工图设计的主要内容

1. 目录、设计说明和施工说明

施工图设计是在初步设计经主管单位批准之后进行。该阶段设计是在初步设计的基础上进行。

目录是要根据设计文件的内容编写。施工图设计说明要简述初步设计审批概况，说明电站的总体方案，对初步设计中没有解决的有关问题作出决定和处理。此外，要对主要设备的施工安装提出要求，简述施工中的有关规定。

2. 图纸

图纸是施工图设计的主要内容，施工单位要根据施工图进行施工安装。施工图的深度，有关部门有具体规定，但总的原则是要满足施工安装、设备订货、非标准设备和器材的

加工,以及编制施工图预算的要求。一般应包括下列主要图纸:

(1)柴油发电站总平面布置图;

(2)电气系统图;

(3)风、水、油管平面布置图和断面图;

(4)风、水、油管道系统图;

(5)电气系统二次原理图;

(6)发电机控制、保护、并车系统图;

(7)发电站信号联络系统图;

(8)各类屏(盘、台)布置及接线图;

(9)各种设备布置图;

(10)动力、照明、接地平面图和系统图;

(11)柴油发电机组等大型设备基础安装图;

(12)非标准设备的系统、平面布置等制造图;

(13)各预埋、预留孔框、构件图;

(14)其他有关指导施工安装的图纸。

3.设备及主要材料表

施工图设计要较详细地列出设备和主要材料表,以供施工图预算和设备材料订货用。

2.1.4 柴油发电站站址选择

柴油发电站站址,应根据发电站的类型和性质及其特点进行选择,同时考虑所属各用户的特点、需求等因素,还要考虑建设发电站地区的自然条件、地质情况、交通运输情况、附近工矿企业的情况以及战时的地理位置等多方面的问题。

如果是属于工矿企业的自备发电站,则应以该企业的整体规划为依据;如果是地下工程的军用电站,则应以地下工程整体布局及战术技术要求为依据,进行发电站的站址选择。要尽可能使各方面能配合协调,考虑综合利用平战结合,进行总体布置。通常在确定站址时要满足下列要求:

(1)发电站的位置要尽量靠近负荷中心,以减少电力线路的建设费用、维护管理费用和电能损失,降低建设成本,提高运行的经济性。

(2)站址应尽量设在水质较好、水源丰富、取水方便的地方。电站的用水除满足运行用水外,还应满足生活用水、消防用水及企业或工程用水。

(3)应有较好的地质、地形条件。发电站应设置在不会被洪水淹没的地方,站址标高应高于 50 年一遇的洪水位。在地下工程中,要选择地形隐蔽、石质坚硬完整,并具有一定的自然防护能力的地方,以提高发电站的可靠性。还要考虑战时发电站的排烟口、进排风口、排水通道的伪装。

(4)交通运输方便。站址选择要考虑设备、建筑材料、燃油的运输方便,为发电站的建设提供有利条件,减少建设费用,提高运行管理的经济性。

(5)发电站应尽量远离有爆炸危险的工厂、仓库,同时也应尽量远离要求较高的厂房。在地下工程中要远离主要使用房间,例如指挥办公区、通信控制中心等。

(6)应考虑到进出线路和管道的方便。要保证架空线和电缆的出入方便,要保证油管和水管的连接方便。

（7）发电站站址应选择在有利于防毒洗消、自然通风条件好和排烟方便的地方。

总之，发电站站址的选择是一个比较复杂的工作，需要考虑的问题很多，各专业的要求往往相互牵连而又相互矛盾，要全部满足是比较因难的。因此，必须进行全面分析和综合比较，充分协调，最后才能确定一个最合理的方案。

2.1.5　主要技术经济指标

在柴油发电站的设计和运行中，需要根据各种技术经济指标来分析、衡量其经济性。

1. 造价指标

发电站的造价指标，以单位容量的基建投资费用来表示，它是衡量发电站的建设在经济上和技术上是否先进合理的指标之一，也是概算发电站建设投资的主要数据。计算公式为

$$J = \frac{Q}{N}$$

式中：Q 为发电站建设总费用，元；N 为发电站总装机容量，kW；J 为每千瓦装机容量的费用，元/kW。

2. 单位面积指标

发电站的单位面积指标，以单位容量占用机房面积来表示，它可以衡量发电站平面布置的合理程度，也是发电站建设的经济指标之一，是确定机房建筑面积大小的指标，可以间接表示机房造价的高低。

$$K = \frac{S}{N}$$

式中：S 为柴油发电机房总面积，不包括控制室、水库、油库、办公室、备品修理间等房间，以四周墙的中心线为计算长度，cm^2；N 为发电站总装机容量，kW；K 为每千瓦装机容量占用机房面积，cm^2/kW。

这个指标应在符合规范规定，在满足运行操作要求和维护检修方便的前提下，适当减小机房面积，由于通风散热问题，通常南方大于北方。

3. 电能成本

造价指标和单位面积指标用以衡量基本建设的经济性，而电能成本用以衡量发电站运行的经济性，它是由发电站的运行状态、效率、燃料消耗率、电站自用电消耗率等各种因素决定的，电能成本以每度电（或每千度电）的费用表示：

$$J = \frac{F}{N_2 \cdot T_2} \qquad （未扣除站自用电量）$$

$$J = \frac{F}{(N_2 - C_2) \cdot T_2} \qquad （扣除站自用电量）$$

式中：F 为发电站的全年总运行费用，元/年；N_2 为发电站总装机容量，kW；C_2 为站最高自用电负荷，kW；T_2 为装机容量年利用小时数，h；$N_2 \cdot T_2$ 为发电站全年发电量，kW·h；$(N_2 - C_2) \cdot T_2$ 为发电站扣除自用电，实际输出年发电量，kW·h；

发电站的全年总运行费用 F 应包括下列各项费用：① 燃油费用；② 固定资产基本折旧费用；③ 职工工资及工资附加费用；④ 设备大修修理费用；⑤ 设备中、小修理费用；

⑥ 维护管理费用;⑦ 其他费用(包括润滑油费用)。

这 7 项中燃油费用是最主要的,约占总费用的 70% ~80% 。

2.2　柴油发电站的布置形式

2.2.1　柴油发电站的平面布置要求

柴油发电站的平面布置除了要有满意的单位面积指标等项经济技术指标外,还应有以下要求:

(1)机房和各房间的布置要符合发电站运行工作的程序,各种管线布置力求简单和缩短长度。

(2)地面电站各建筑物布置应尽量紧凑,但要保证生产和防火要求的距离。地下电站布置要更加紧凑,但要满足地下工程中的有关规定。

(3)尽可能做到布局合理、协调一致、美观整齐。注意改善和保护环境,防止噪声、振动、有害气体的危害和污染。应与工程(或企业)的整体布局相一致。

(4)应考虑到扩建的可能性。地下电站通常考虑备用机组位置,地面电站要考虑较大规模的扩建或改建。

地下和地面电站的平面布置方案较多,特别是地面电站的布置,要与企业厂矿的整体布局、综合利用相适应。影响柴油发电站布置的因素较多,这里仅仅举几个典型的方案,供设计时参考。

图 2 - 1 的方案没有考虑水库及冷却部分,图 2 - 1 ~图 2 - 4 的方案都没有设置起动系统,可根据具体情况布置。图 2 - 4 是山区小型发电站,它是根据山区地形来布置的。

2.2.2　地下工程柴油电站的分类

地下工程中的柴油发电站按照其与主体工程的位置关系,通常可分为工程口部发电站、支坑道式发电站和独立发电站三种。

2.2.2.1　工程口部电站

工程口部电站是指在主体工程口部适当位置所设置的电站,按照其与主体轴线之间的位置关系又可分为平行通道式电站、垂直通道式电站和 Ⅱ 形电站。

1. 平行通道式电站

平行通道式电站是电站机组的轴线与主通道轴线相平行的一种布置形式,如图 2 - 5 所示。平行通道式电站的优点是机组搬运和人员出入比较方便、管线拐弯少。缺点是占用坑道轴线长,坑道染毒地段增长,对主体隔离效果差。一般在石质好、机组容量较小、坑道轴线长度能排得下且对噪声要求不高的工程中可采用这种形式。

2. 垂直通道式电站

电站轴线与主通道轴线相互垂直布置称为垂直通道式电站,如图 2 - 6 所示。

垂直通道式电站的主要优点是跨度较小,占用轴线短,对口部设备房间的布置影响

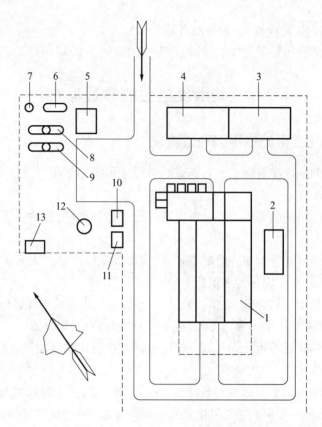

图 2-1　发电站站区布置方案一

1—主厂房(包括机房、控制配电室、油处理间等)；2—室外变电所；3—修理间；

4—办公室和材料库；5—油泵房；6—露天润滑油库；7—排污井；8—露天轻柴油库；

9—露天轻柴油库；10,11—事故油池；12—压力水箱；13—卫生间。

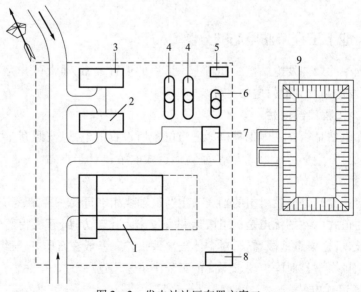

图 2-2　发电站站区布置方案二

1—主厂房(包括控制配电间、油处理间)；2—排污井；3—办公室及材料库；

4—露天重柴油库；5—修理间；6—露天轻柴油库；7—油泵房；8—卫生间；9—冷却喷水池。

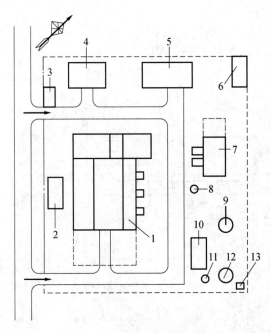

图 2-3　发电站站区布置方案三

1—主厂房(包括配电间、废热锅炉间、水处理间等)；2—室外变电所；3—警卫室；

4—办公室和材料库；5—修理间；6—卫生间；7—冷却塔；8—水塔；9,12—露天轻柴油库；

10—油泵房；11—润滑油库；13—排污井。

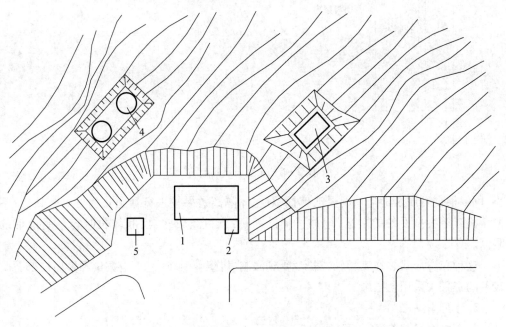

图 2-4　发电站站区布置方案四

1—主厂房；2—室外变电所；3—冷却水池；4—油库；5—油泵间。

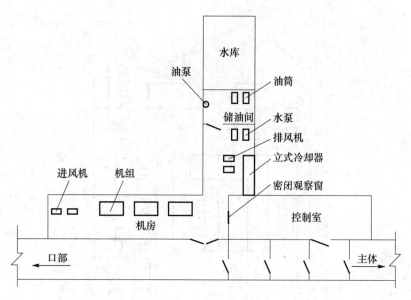

图 2-5 平行通道式电站

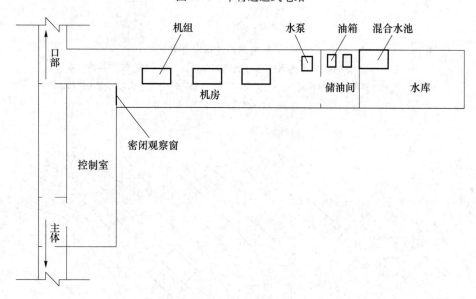

图 2-6 垂直通道式电站

小,可以根据石质及地形情况灵活配置,对主体隔离效果较平行通道式为好。其缺点:不便于机组等大型设备的搬运,增加了辅助面积;当机组较多,房间较长时容易受地形的限制。

这种布置形式多在工程轴线长度受到限制、机组容量较大、机组数量不多而口部石质较差的工程中采用。

3. Π 形电站

整个电站呈 Π 字形布置,如图 2-7 所示。

Π 形电站的优点是平面布置上有较大的灵活性,占用主体通道的轴线较短,对主体隔音效果较好。但这种布置形式不便于机组等大型设备的搬运,管线长、转弯多、被覆接

16

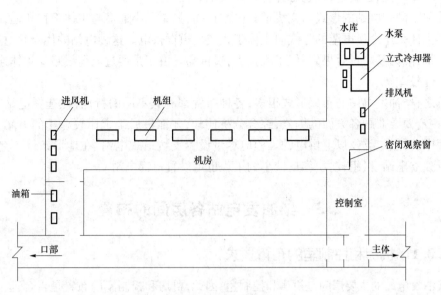

图 2-7 Ⅱ形电站

头多,平面布置复杂,面积较大,利用率较低。只有在机组台数、容量较大时才采用Ⅱ形电站。

2.2.2.2 支坑道式电站

在主体的适当位置专门打一支坑道作为电站,称为支坑道式电站,如图 2-8 所示。

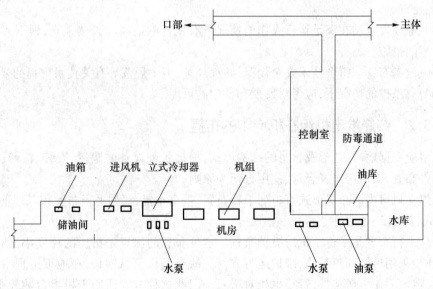

图 2-8 支坑道式电站

支坑道式电站由于仅用一小通道与主体工程相连,电站本身自成一套系统,管线等布置较为灵活,可以单独设置机械和人员出入口,对主体防毒隔音效果较好。缺点是工程量较大,与其他形式相比,经济性较差。对噪声要求较高的指挥工程和重要的通信工程可采用这种布置形式。

17

2.2.2.3 独立式电站(也称外部窑洞式电站)

外部窑洞式电站的形式与支坑道式电站相同,只是无小通道与主体工程相通,一般由电站至主体采用埋设电缆的方式向主体工程或坑道群供电。这种电站的优点是对主体工程无干扰,隔离及防毒效果好;但工程量大,造价高。由于是通过电缆线路与主体连接,供电可靠性较差。

总之,柴油发电站的布置形式很多,各种布置都有其不同的特点,在选择电站布置形式时,一定要要兼顾各方面的因素,综合分析比较,才能最后确定比较合理的方案。在地下工程中,一般二类及以上供电的工程应尽量设置支坑道式电站,在地形条件不允许时,宜设置独立电站,机组较少、容量较小的工程也可设置口部电站。

2.3　柴油发电站各房间的布置

2.3.1　机房和控制室的布置要求

柴油发电站的主要房间是机房和控制室,因此,机房和控制室的布置是否合理,直接影响到柴油发电站的经济性和运行管理的方便。机房和控制室布置总的要求是保证发电站运行安全可靠,操作维修方便,投资费用和运行维护费用最少。具体布置时应考虑以下原则:

(1)机房和控制室在符合要求的前提下,占地面积和占用空间应最小。

(2)便于大型设备的搬运,布置形式力求简单,尽可能减少跨度种类。

(3)电站内的地沟、管线配置应简捷,弯头应尽量少,应尽可能减少交叉,力求紧凑合理、整齐美观。

(4)地面发电在满足运行操作的情况下有良好的通风和天然采光,地下发电站应有防毒密闭措施。

(5)设备布置应符合技术安全规范、防火规范、卫生规范等有关技术规程的要求。

(6)有条件的情况下,应考虑发展和扩建的可能。

2.3.2　柴油发电机组在机房中的布置

机组应根据地质、地形及自身的结构形式,根据各种设备的搬运、安装、检修、运行管理等条件布置,以机房布置合理、使用方便为原则。

机组在机房内的布置形式有单列平行布置、垂直布置、双列平行布置和双列垂直布置4种形式,如图2-9所示。

单列平行布置是平行于机房纵轴布置。这种布置的优点是机房的跨度小,便于管道连接、便于采用单轨葫芦起吊,维护运行方便。缺点是机房纵轴长,在地下工程中占坑道轴线长,在地面使机房狭长,管线也相对增长。因此这种方式适用于机组台数较少、地下坑道轴线长的场合。

垂直布置是指机组与机房纵轴相互垂直布置。这种布置的优点是占用机房纵轴线短,便于管道连接、维护运行方便。缺点是机房的跨度较大,不便于采用单轨葫芦起吊。因此这种方式适用于机组台数较多的大、中型发电站,地下工程中如石质较好、跨度允许、坑道轴线较紧张的情况下也宜采用垂直布置。

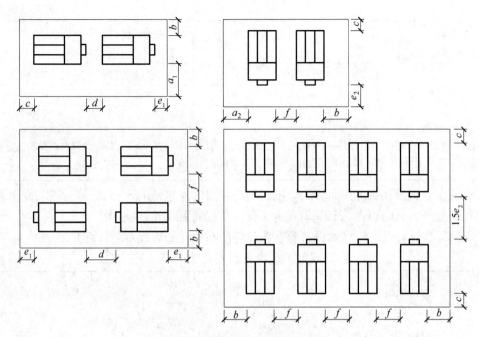

图 2-9 柴油发电机机组在机房内的布置形式

在机组台数很多、机组跨度允许、满足运行维护条件的情况下,也可采用双列平行布置和双列垂直布置,但这种布置形式一般很少采用,其缺点是机房跨度大,管线连接交叉弯头较多,运行维护不方便。只有在单列平行布置和单列垂直布置明显不合理或条件受限时才考虑采用双列布置。

柴油发电机房幅员尺寸,应根据柴油发电机及其附属设备的安装及运行操作要求、柴油发电机的运输和检修的位置以及机房内管沟的需要适当安排确定,表 2-1 列出了各种布置形式下机房跨度和顶高等尺寸,供参考。

表 2-1 机房幅员表

电站布置 形式	柴油机型号	机房跨度 /m	机房顶高 /m
单列 平行 布置	4135D	3.5	3.5
	12V135D	4.0	4.0
	4160、6160A、6160A-6、6160A-9	4.0	4.0
	8160	4.5	4.0
	6250、6250Z	5.0	4.5
双列 平行 布置	4135D	5.0	3.7
	12V135D	6.0	4.3
	4160、6160A、6160A-6、6160A-9	6.5	4.5
	8160	7.0	4.6
	6250	7.5	6.2
	6250Z	8.5	5.2

(续)

电站布置 形式	柴油机型号	机房跨度 /m	机房顶高 /m
垂直布置	4135D	5.5	3.7
	6135D	6.0	4.0
	12V135D	6.0	4.3

注:① 表中跨度按机组两侧不设附属设备考虑,顶高按机房主要设备明设及机组运行、安装、大修需要考虑;
② 表中尺寸适用于坑道工程,当电站为掘开式时,其尺寸宜适当压缩

　　柴油发电机组在机房内布置与周围的间距主要考虑电站的运行、维护、安装、检修、允许间距规范等方面的因素,表2-2列出了机房布置间距尺寸,供参考。
　　起动设备、供油设备、供水设备等有关设备的布置将在后续章节详细介绍。

表2-2　机房布置间距尺寸表(mm)

柴油机型号	4135 6135D	12V135D	4160 6160A	8160	6250D	6250Z
发电机额定容量/kW	40,50 64,75	120	56,84 120,160	120	200	300
a_1 操作面侧间距(单列布置兼运输通道)	1500	1800	1800	1900	2000	2000
a_2 操作面侧间距(垂直布置不作运输)	1500	1200	—	—	—	—
a_3 操作面侧间距(双列布置兼运输通道)	1600	1800	1900	2000	2100	2100
b 背侧间距	800	900	1000	1050	1050	1050
c 柴油机端间距	1200	1200	2000	2000	2500	2500
d 平行布置机头至机尾两基础间距	1500	1800	2000	2000	2500	2500
e_1 发电机端间距(不作运输通道)	1200	1800	1500	1600	1800	1800
e_2 发电机端间距(兼作运输通道)	1500	1900	—	—	—	—
f 垂直布置两基础间间距	1600	1600				

注:① 表中135及系列机组以外形尺寸为准;250系列机组基础凸出地面,以基础尺寸为准;
② 双列平行布置中c或e_1应根据机组型号选用表中两者中较大的尺寸;
③ 表列尺寸适于坑道工程,当电站为掘开式时,其间距尺寸宜适当压缩;
④ c、d值包括机油冷却器尺寸;
⑤ 若有其他附属设备在机组周围布置,可适当放宽尺寸

2.3.3　控制和配电装置在控制室(配电室)中的布置

1. 控制室的布置

　　通常发电机的控制装置和供电配电装置都是单独布置在控制室(配电室)内的,与机房分开。
　　电站控制室主要用来监视操纵柴油发电机组,室内除布置发电机控制屏和联络信号装置外,还应设置必要的通信联络设备,如电话机、交换机以及遥控测量、隔室操作等设

备,有条件的工程还可设置一部分电视或其他电子监视、测量设备。此外,还应设置值班桌、电工用品柜以及值班人员的休息位置。

由于目前地下工程规模一般都较小,还有一些小型厂矿企业,其所设柴油发电站的容量小、机组台数少,单独设置控制室不经济,因而大多数中小型发电站的控制室与配电室合用一个房间。低压配电屏和发电机控制屏排列在一起,这样既便于对机组的控制,又便于对整个工程供电系统的监视和操作。

如果工程内有高压配电装置,则应单独设置高压配电室,当高压开关柜数量较少时,也可以考虑与低压配电屏设置在同一房间内,但高、低压配电屏一般应分别布置在两侧,操作通道的宽、高应按高压要求。

高、低压配电屏上严禁安装风管或其他无关设备。室内地面禁止安装与配电无关的管线和设备。有时必须在操作和维护通道内安装采暖设备时,应以不妨碍操作维护为原则。

配电装置的各部分电器间距(净距),应不小于表2-3所列数据(见图2-10)。

表2-3 配电装置最小电气间距表(mm)

额定电压/kV		0.5	1~3	6	10
不同相导体间及带电部分至接地部分间	A	20	75	100	125
带电部分至栅栏	B_1	800	825	850	875
带电部分至网状栅栏	B_2	100	175	200	225
带电部分至无孔栅栏	B_3	50	105	130	155
无遮栏裸导体至地面高度	C	2200	2375	2400	2425
需要不同时停电检修的无遮栏裸导体间水平间距	D	1500	1875	1900	1925

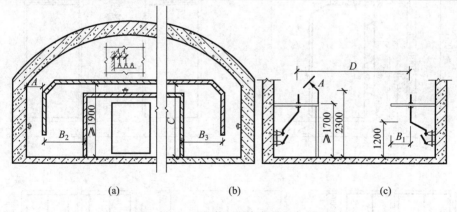

图2-10 配电装置的各部分电气间距

高压配电室如需单独设置时,在设计时应考虑以下各项:

(1)高压配电室长度超过7m时应开两个门,并应设在两端。门的大小要以运输高压配电柜方便为准,GG—1A型配电柜门宽为1.5m,门高为2.5~2.8m。

(2)固定式配电柜操作通道的推荐尺寸,从盘面算起,单列布置为2m,双列布置为2.5m;当配电柜的数量较多时,其通道宽度应适当加宽。

(3)当高、低压配电屏在同一房间内布置且呈单列布置时,其高、低压配电屏之间距不应小于2m。

（4）若为架空进出线时，其进出套管至室外地面的最小高度为4m,架空线悬挂点对地距离一般不低于4.5m,高压配电室净空高度一般为4.2～4.5m。

（5）室内电力缆沟底应有一定的坡度和集水坑,以便临时排水。

（6）供给一级负荷用电的配电装置,在母线分段处应设有防火隔板或设置有门洞的隔墙。

高压配电室的布置应保证安全可靠、维护运行操作方便。

GG—1A型高压配电柜布置见图2-11。

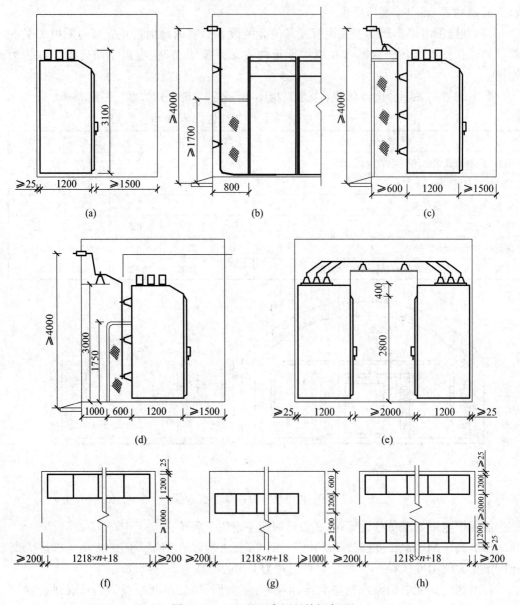

图2-11　GG—1A高压开关柜布置

手车式高压配电柜布置见图2-12,其布置尺寸如表2-4所列。

22

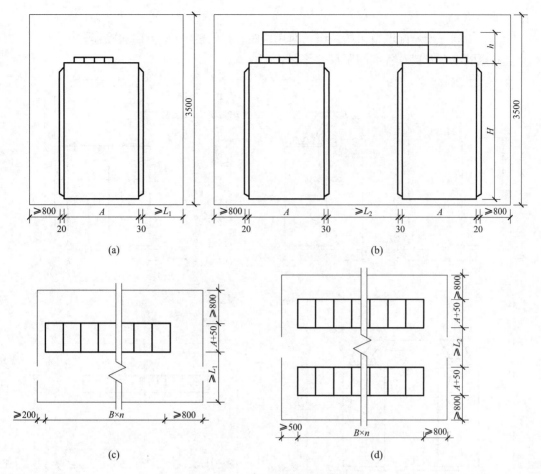

图 2-12 手车式高压开关柜的布置

表 2-4 手车式高压配电柜布置尺寸

型 号	尺寸/mm					
	A	B	H	h	L_1	L_2
GC—1	1400	800	2100	800	单车长 +900	双车长 +600
GFC—1	1470	1000	2100	924	单车长 +900	双车长 +600
GFC—10A	1200	800	2000	800	单车长 +900	双车长 +600
GFC—15	1200	700	1900	924	单车长 +900	双车长 +600
GFC—3A	1200	700	1900	1030	单车长 +900	双车长 +600

低压配电室布置应考虑以下方面:

（1）低压配电屏一般应离墙安装,屏背后的维护通道不小于0.8m。当无发电机控制屏并且配电屏的数量较少时,也可采用单面操作维护式配电屏靠墙安装。屏前操作通道的宽度应便于维护操作,当单列布置时不应小于1.5m,双列布置时不应小于2.0m。

（2）当配电室长度在7m以上时,一般两端各设置一个门(窑洞式布置形式除外)。除通往电压等级更高设备房间的门外,一律向外开门。

（3）事故照相或控制用的低压蓄电池组,宜设置在单独的小间或专门木柜内,并应有排风设施。

（4）由同一低压配电室供给一级负荷用电时,母线分段处应有防火隔板。

低压配电室布置及各部间距尺寸见图 2 – 13。

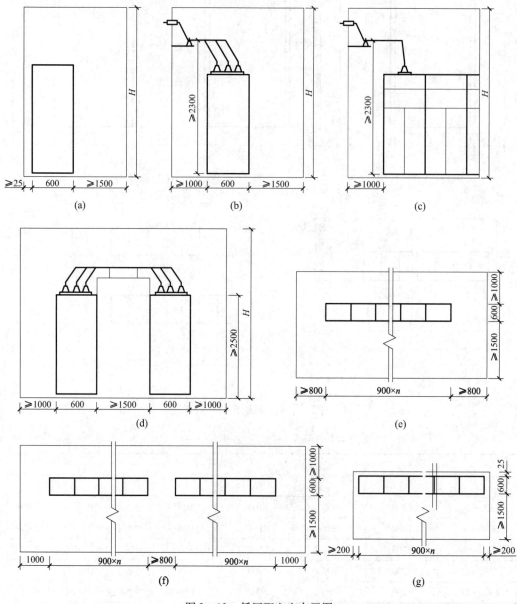

图 2 – 13　低压配电室布置图

2. 3. 4　控制、配电设备与机组布置在同一房间

有些民用备用发电站或容量较小、机组台数较少的常用发电站,把控制屏和配电屏布置在机房内。

这种布置形式的优点是不需要建筑单独的控制室,发电站建设投资节省,机电之间联系方便。缺点是机房内噪声、振动、灰尘较大,室内温度较高,对电气仪表和操作人员的工作环境都有一定的影响。

这种方式的布置见图 2-14,具体尺寸参照表 2-1、表 2-2。图 2-14 在实际布置时可适当调整,其要求是尽可能减少机房不良环境对控制、配电设备的影响。

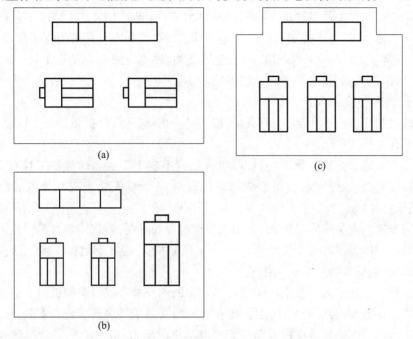

图 2-14　控制、配电设备与机组在同一房间布置形式

这种方式的布置在柴油机采用闭式循环时应注意柴油机风扇的风向要背向控制屏,以免高温对控制设备的影响。

2.4　柴油发电机组的选择

柴油发电机组的选择,应根据发电站的用途及运行特性决定,应包括机组容量、台数和型号的选择。

发电站所有机组标定功率的总和称为发电站的装机容量,包括运行容量和备用容量两部分。运行容量指发电站在最大电力负荷时所运转机组的总容量,备用容量是指电站运行机组在检修或故障时所能投入运行的机组总容量。

2.4.1　运行机组的选择

1. 运行机组总容量的确定

运行机组的总容量应满足企业(或工程)由内电源供电的最大计算负荷的需要。为了保证今后的负荷增加和设备规格变化能保证使用,以及考虑多台机组并联运行时有功功率分配的不均匀,在确定运行机组总容量时应留有 10% ~15% 的富裕量,即

$$P_{Y\Sigma} = (1.1 \sim 1.15)P_{j\Sigma}$$

式中:$P_{Y\Sigma}$ 为运行机组实际所发出的总功率。由于使用条件的变化,柴油发电机的实际功

率与其铭牌标定功率是不同的,因此,初步按铭牌功率选择机组后,要对柴油发电机组的实际功率进行校核。关于柴油发电机的功率修正问题,将在下面专门讨论。

$P_{j\Sigma}$ 为工程由电源供电的计算负荷之和,其中包括了发电站自身的负荷。发电站用电负荷依使用燃油的种类及其输送、修理方式、供水方式、起动方法而不同。不包括地下工程柴油电站的通风、给排水控制系统的用电负荷。发电站用电负荷可根据实际设备统计,也可估算,通常在 1% ~10% 内取值,一般使用柴油,供水方便的电站取 1% ~1.5% 或者更低一些;使用重柴油,供水系统复杂的电站取 3% ~6% 。

2. 运行机组台数的确定

机组的台数应从供电要求、生产供应、技术经济指标、运行维护条件等方面综合考虑。具体有以下几个因素:

(1) 在有Ⅰ级负荷的工程中,运行机组台数应不少于 2 台。这样使工程有 2 个或 2 个以上的独立电源,以便在一台机组故障或检修时,Ⅰ级负荷可自动切换到非故障机组上,保证供电可靠性。

(2) 除非工程内负荷容量很大,选用大型机组受到限制,不选用多台机组就不能满足容量要求外。一般工程的运行机组的台数尽量不要太多,通常不超过 4 台。这样既可简化供电系统,又能减少运行维护工作量。

(3) 在同一工程中应尽量选用国家定型配套的同一型号和容量的机组。这样既增加了机组备用零件的互换性,有利于运行、维护、修理,又便于机房的布置和安装。

(4) 单台机组的容量应考虑起动鼠笼式电动机的能力,机组全压起动鼠笼式电动机容量的百分比见表 2 – 5。

(5) 尽量选用性能好、运行可靠的机组。机组是供电系统中最重要的设备,其性能直接影响系统供电的质量。因而,在确定机组时必须持极慎重的态度。在确定某一机型前,搜集该机的详细资料,详尽了解其性能。目前国产低压柴油发电机组主要有 135 系列、160 系列和 250 系列,大容量高压柴油发电机组主要有 350 系列和 230 系列。部分国产柴油发电机组常用技术参数可见表 2 – 6。

此外,地下工程中的柴油发电机组最好选用适应地下工程环境要求的品种。

表 2 – 5　发电机、变压器全压起动鼠笼式电动机容量百分比

电源种类	励磁调压方式	$\dfrac{\text{鼠笼式电动机容量}}{\text{发电机(变压器)容量}}$	
柴油发电机组	手动调压	10%	
柴油发电机组	碳组式自动调压器	12% ~15%	
柴油发电机组	带励磁机的可控硅调压器	15% ~25%	
柴油发电机组	可控硅、相复励自动调压装置	15% ~30%	
柴油发电机组	三次谐波励磁装置	50%	
变压器		不经常起动	30%
变压器		经常起动	20%

表 2-6 国产柴油发电机组常用技术参数

型号	功率/kW	电压/V	转速/(r/min)	柴油机型号	发电机型号	外形尺寸长×宽×高/mm×mm×mm	重量/kg	生产厂
24GF(A44)	24	400	1500	72-74-24	4110	3035×914×1620	1900	无锡柴油机厂
24GF1-1(A243)	24	400	1500	72-74-24	4110	2785×834×1320	1600	无锡柴油机厂
24GF16	24	400/230	1500	72-74-24TH	2135AD	1900×800×1340	1280	南通柴油机厂
24GF(24GF1-2)	24	400	1500	T2SA-24	495ZD	1680×620×1250	950	山东泰安电机厂
24GFZ3	24	400/230	1500	TZH-24TH	2135AD-9	1850×780×1350	1120	南通柴油机厂
30GF1-3(S303)	30	400	1500	72-74-24	4120SD	2380×830×1360	1390	无锡柴油机厂
30GF1-4(30GF1W)	30	400	1500	TFWM-30	4120SD	2262×830×1280	1390	无锡柴油机厂
30GF1-5(30GF1W)	30	400	1500	TFWM-30	4120SD	2840×980×1510	2020	无锡柴油机厂
30GF2	30	400	1500	TFWC30-4TH	4115D1	2100×800×1200	1200	天津发电设备厂
30GF4	30	400/230	1500	T2S-30	4115D2	2320×780×1300	1120	河北新河机械厂
30GF7-2	30	400/230	1500	T2S-30	4115J	1600×600×1400	930	绥化电机厂
30GF9	30	400/230	1500	TZH-30	4125	2300×895×1880	2100	洛阳发电设备厂
30GF10	30	400/230	1500	T2SA-30	495ZD	1800×720×1040	900	潍坊发动机厂
36GF1	36	400/230	1500	T2S-36	6100D	2010×740×1090	1100	大连柴油机厂
40GF4	40	400/230	1500	T2S-40TH	4135D	2944×1048×1380	1700	郑州电器厂
40GF8	40	400	1500	TFWM-30	4135D	2135×830×1310	1540	福州发电设备厂
40GF18	40	400	1500	T2WK-40	4135D	2350×900×1500	1970	柳州电机厂
50GF5	50	400/230	1500	TZH-50	4135-1	2357×784×1360	1670	江门柴油机厂
50GF8	50	400	1500	TF-50-4	4135D-3	2472×800×1348	1750	天津发电设备厂
50GF27	50	400/230	1500	T2S43/32-4	4135D1	2350×825×1770	1800	黄山发电设备厂
50GF(50GF5)	50	400/230	1500	D250	4135D1	2561×784×1367	1900	南京柴油机厂
55GF	55	400	750	SFW49.3/30-8	4E135DB	2836×1054×1240	2400	福建机器厂
60GF	60	400	750	T2WN49.3/30-8	4160-A	2630×1016×1484	3100	武汉内燃机厂
64GF5	64	400/230	1500	TZH-64	6135D3	2690×900×1375	1940	湖北发电机厂
64GF	64	400/230	1500	72-A201-94-64	6135D3	2995×900×1485	2450	南京柴油机厂
75GF7-3	75	400/230	1500	7210-94-75	6135D3	2750×900×1485	2100	湖南柴油机厂
75GF23	75	400/230	1500	TZH-75	6135D3	2802×904×1440	2250	江门柴油机厂
75GFZ	75	400/230	1500	72-94-75D2/T2	6135D-3	1800×720×1400	2200	无锡动力机厂

型号	功率/kW	电压/V	转速/(r/min)	柴油机型号	发电机型号	外形尺寸 长×宽×高/mm×mm×mm	重量/kg	生产厂
84GF1	84	400	750	T2S-84-8	6E135D	3366×1065×1680	3450	福州发电设备厂
84GF	84	400	750	GD3505	4160-Z	2890×1020×1524	3500	武汉内燃机厂
90GF4	90	400/230	1500	TZH-90-4	6135AD-3	2830×900×1397	2420	南京柴油机厂
90GF	90	400/230	1500	T2H2-90	6135Zcaf	2453×933×1384	2350	南通柴油机厂
100GF	100	400/220	1500/1800	T2H280-4	6135ZD	2700×910×1860	2400	南平电机厂
100GF1	100	400	1500	TFWM-280S-4	6135ZD	2700×910×1400	1970	福州发电设备厂
120GF	120	400/230	1500/1800	TZH280-4	6135AZD	3390×910×1860	2510	南平电机厂
120GF28	120	400/230	1500	TZHM4-120	12V135D	3050×1550×1600	3500	兰州电机厂
125GF	125	400	1000	TSWN59/34-6	6E135DB-1	3614×1054×1240	3670	福建机器厂
130GF	130	400/230	750	WTF-130-8	6E150C	3460×998×1325	4000	宁波电机厂
140GF	140	220/127	1800	TFWM2-140TH	3V135AD-3	2677×1124×1488	2670	贵州柴油机厂
150GF	150	400	1500	TZH355-4	12V135D	3390×1710×1920	3650	南平电机厂
150GF6	150	400/230	1500	TZHM-150TH	12V135AD	3270×1145×1748	4200	洛阳发电设备厂
160GF3	160	400	1000	TCZ-118-6	6160A-6	3870×1000×1615	4300	潍坊柴油机厂
160GF7	160	400/230	1500	TZH-160	12V135AD	3390×1710×1920	4100	兰州电机厂
200GF12	200	400/230	1500	T2XV-200-4	12V135ZD	3430×1376×1925	4150	上海柴油机厂
200GF	200	400/230	1500	T2-200	12V135ZD	3318×1698×1950	4060	无锡动力机厂
200GF	200	400	1500	TX-200-4	12V135Z	2635×1540×1955	3380	福州发电设备厂
200GFZ3	200	400/230	1500	T2-200	12V135ZD-7	3390×1698×1950	4100	无锡动力机厂
250GFZ3	250	400/230	1500	TZHM2-250	12V135AZD-4	3374×1370×1744	4350	贵州柴油机厂
250GF	250	400	1500	TZH355-4	12V135AZD	3500×1710×1920	4150	南平电机厂
250GF2	250	400	1500	TX-250-4	12V135Z	2725×1700×1955	3500	福州发电设备厂
250GFZ2	250	400	1500	TFWM-355M2	12V135Z	3000×1540×1955	3700	福州发电设备厂

2.4.2 备用机组的选择

备用机组的容量和台数应根据工程的性质、任务和战术技术要求来确定。

在地下工程中,对一类供电工程,备用机组容量按全负荷的100%设置;二类供电工程,备用机组容量则按I级负荷的100%设置;三类以下供电工程,一般不专门设置备用机组。

在一般企业或工程的常用发电站中,也应考虑设置检修备用机组。检修备用机组容量应按下列原则考虑:

(1)当发电站内最大一台机组故障或检修时,备用机组投入运行后应能满足全部电力负荷的要求。

(2)发电站的检修备用容量一般不小于电力计算负荷的25%。通常,运行机组为4台,设一台备用机组,运行机组超过4台时,设2台备用机组。

28

（3）通常情况下，只按一台机组故障或检修来考虑备用量，不需考虑机组检修时的故障备用。

在一般企业或工程备用发电站中，如无特殊要求，一般不设备用机组。

此外，如果发电站内运行机组台数较多时可适当减少备用机组的数量。而对无外部电源且需经常使用的地下工程，其备用量则应适当增加。

2.4.3 单台柴油发电机组功率的修正

由于工程所在地的海拔高度、温度、湿度以及柴油机进气、排烟阻力与柴油机规定的额定运行条件不同，实际所能发出的功率将小于其铭牌规定的额定功率。因此在最后确定机组的容量和台数之前，必须对机组的实际出力进行修正，以便得出机组的实际出力数据。

1. 柴油机的功率标定

柴油机的铭牌标定功率是指在规定的标准大气压状态下发出的功率，国标规定的标准大气状况为：

陆用柴油机：环境温度为20℃，大气压力为760mmHg，相对湿度为60%；

船用柴油机：环境温度为30℃，大气压力为760mmHg，相对湿度为60%。

另外，柴油机铭牌上的"额定功率"根据用途和使用要求而有其不同的含义。根据国标《内燃机台架试验办法》规定内燃机的铭牌标定功率可分为：25min 功率；1h 功率；12h 功率和持续功率4种。陆用固定式发电站柴油机通常是指12h 功率。

12h 功率为柴油机允许连续运行12h 的最大有效功率。在通常情况下，持续功率为12h 功率的90%。

2. 不带增压器柴油发电机组的功率修正

对不带增压器的柴油机，海拔高度、温度、湿度对柴油机的有效功率影响程度，一般应按国家有关规定或制造厂提供的数据进行修正。如无资料时，也可按下面的经验公式计算柴油机在不同工作条件下实际所能发出的功率：

$$P = \{N_e[C(1-C_1)] - N_p\} \cdot \eta$$

式中：P 为机组实际输出功率 kW；N_e 为柴油机的额定功率 kW；N_p 为风扇消耗功率 kW；η 为发电机的效率；C 为考虑海拔和温湿度对柴油发电机组功率影响的修正系数（可由表2-7、表2-8、表2-9查得）；C_1 为考虑进气、排烟阻力影响的修正系数。进气、排烟阻力每增加100mmH$_2$O 功率下降的百分值可按表2-10选用。

表2-7 相对湿度50%时功率修正系数 C

	海拔高度/m	0	200	400	600	800	1000	1500	2000	2500	3000	3500	4000
	大气压力/mmH$_2$O	760	742	725	708	691	674	634	596	560	526	493	462
大气湿度	40℃	0.92	0.89	0.87	0.84	0.82	0.79	0.73	0.68	0.62	0.57	0.52	0.47
	35℃	0.94	0.92	0.89	0.86	0.84	0.81	0.75	0.70	0.64	0.59	0.54	0.49
	30℃	0.96	0.93	0.90	0.88	0.85	0.83	0.77	0.71	0.65	0.61	0.55	0.50
	25℃	0.96	0.95	0.92	0.90	0.87	0.85	0.79	0.73	0.67	0.62	0.57	0.52
	20℃	1.00	0.97	0.94	0.92	0.89	0.87	0.80	0.74	0.69	0.63	0.58	0.53

表2-8　相对湿度80%时功率修正系数 C

海拔高度/m		0	200	400	600	800	1000	1500	2000	2500	3000	3500	4000
大气压力/mmH$_2$O		760	742	725	708	691	674	634	596	560	526	493	462
大气湿度	35℃	0.922	0.896	0.866	0.842	0.816	0.792	0.732	0.676	0.622	0.572		
	30℃	0.948	0.918	0.888	0.868	0.838	0.818	0.758	0.696	0.638	0.592		
	25℃	0.968	0.938	0.908	0.880	0.858	0.838	0.778	0.718	0.658	0.602		

表2-9　相对湿度100%时功率修正系数 C

海拔高度/m		0	200	400	600	800	1000	1500	2000	2500	3000	3500	4000
大气压力/mmH$_2$O		760	742	725	708	691	674	634	596	560	526	493	462
大气湿度	40℃	0.88	0.85	0.82	0.80	0.77	0.75	0.69	0.63	0.58	0.53	0.48	0.44
	35℃	0.91	0.88	0.85	0.83	0.80	0.78	0.72	0.66	0.61	0.56	0.51	0.46
	30℃	0.94	0.91	0.88	0.86	0.83	0.81	0.75	0.69	0.63	0.58	0.53	0.48
	25℃	0.96	0.93	0.90	0.88	0.83	0.83	0.77	0.71	0.65	0.60	0.55	0.50
	20℃	0.99	0.96	0.93	0.91	0.88	0.85	0.79	0.73	0.68	0.62	0.57	0.52

表2-10　进气、排烟阻力每增加100mmH$_2$O、功率下降的百分值

机组型号	4135、6135	6135G	6250
进气	1.56~1.58	1.4~1.5	2.12~2.14
排烟	0.58~0.59	0.47	0.50~0.52

注:对一般电站位于工程的一端、接近头部的工程,进气、排烟阻力不很大,一般进气阻力≤100mmH$_2$O、排烟阻力≤300mmH$_2$O 时 $C_1 \approx 0.97$

3. 带增压器柴油发电机组的功率修正

对带有增压器的柴油机组,海拔高度、温度、湿度对功率的影响,目前尚处于研究阶段,没有比较成熟的公式和方法。为满足设计估算功率的需要,根据国内有关单位在现场实测试验和技术资料,在国家有关部门或制造厂未提供数据时,可按以下方法进行估算。

对无中间冷却器的废气涡轮增压式柴油机(如135系列、160系列、250系列)功率修正按海拔高度每增加1km功率下降8%,温度每升高10℃功率下降5%,湿度影响可忽略不计。以上柴油机额定功率的标准工况一般大气压力760mmHg、环境温度20℃、湿度50%。

对带有增压器的6250Z型柴油发电机的试验表明,当进气阻力每增加100mmH$_2$O,功率下降4.78%~7.35%;排烟阻力每增加100mmH$_2$O,功率下降3.6%。这一数据在设计时可酌情采用。

表2-11列出了各类常用发电机组在相对湿度为80%、$C_1 = 0.97$ 时的实际输出功率,设计时可供参考。

表 2-11 各类柴油发电机在相对湿度80%，$C_1 = 0.97$ 时的实际输出功率表（kW）

型号	气温/℃	实际输出功率/kW									
		海拔0m	海拔200m	海拔400m	海拔600m	海拔800m	海拔1000m	海拔1500m	海拔2000m	海拔2500m	海拔3000m
1—5A (10)	25	4.7	4.5	4.3	4.2	4.0	3.9	3.5	3.2	2.9	2.6
	30	4.6	4.4	4.2	4.1	3.9	3.8	3.4	3.1	2.7	2.5
	35	4.4	4.3	4.1	4.0	3.8	3.7	3.3	3.0	2.6	2.3
1—12 (20)	25	10	9.8	9.3	9.1	8.7	8.5	7.7	7.0	6.2	5.6
	30	9.8	9.4	9.1	8.8	8.5	8.2	7.5	6.2	6.0	5.4
	35	9.5	9.2	8.8	8.5	8.2	7.9	7.1	6.2	5.8	5.2
*127,129 (25)	25	12	21	12	12	12	12	11.6	10.6	9.7	9.0
	30	12	12	12	12	12	12	11.2	11.2	9.4	8.7
	35	12	12	12	12	12	11.8	10.8	10	9.1	8.4
A203 A205 (40)	25	20	20	20	20	19	18	17	15.4	14	12.6
	30	20	20	20	19.2	19	18	16.4	15	13.4	12.2
	35	20	20	1902	18.5	18	17.3	15.8	14.4	13	11.7
A243Z A245Z (45)	25	24	24	23.4	22.8	21.9	21.4	19.6	17.9	16.2	14.7
	30	24	23.6	22.8	22.2	21.4	20.8	19	17.3	15.6	14.3
	35	23.8	23	22.2	21.4	20.8	20	18.3	16.7	15.1	13.6
A303Z A305Z (60)	25	30	30	30	30	30	29.4	27.1	24.8	22.3	20.5
	30	30	30	30	30	29.4	28.6	26.4	23.9	21.7	19.9
	35	30	30	30	29.6	28.6	27.6	25.3	23.2	21	19
SC40AZ (80)	25	40	40	40	40	40	38.8	36	32.5	29.2	26.2
	30	40	40	40	40	38.8	37.8	34.6	31.4	28.4	26
	35	40	40	40	39	37.8	36.4	32.6	30.4	27.6	25
GC50KH (80)	25	46.1	44.1	42.8	41.8	40.3	39.2	36.2	32.8	29.7	27.1
	30	44.1	43.4	41.8	40.8	39.2	38.2	35	31.8	28.8	26.3
	35	43.6	42.4	40.8	39.4	38.1	36.8	33.7	30.6	27.9	25.3
50HD (80)	25	47.1	45	43.9	42.9	41.2	40	37	33.8	30.8	28
	30	46	44.5	43	41.7	40.2	39.2	36	32.9	29.7	27.3
	35	44.7	43.2	41.7	40.5	39.2	37.8	34.6	31.6	28.9	26.3
1—60 (90)	25	55.2	53	51.6	50.5	48.8	47.2	44	40.4	37	34
	30	54	52.2	50.5	49.2	47.2	46.4	42.9	39.4	35.8	33
	35	52.6	51	49.3	47.9	46.4	44.9	41.4	38	34.8	31.9
SC64AZ (120)	25	64	64	64	63.1	61	59.2	54.5	49.7	45	41
	30	64	64	63.1	61.5	59.2	57.6	52.8	47.8	43.4	39.8
	35	64	63.7	61.5	59.5	57.5	55.5	50.8	46.5	42	38

（续）

型号	气温/℃	实际输出功率/kW									
		海拔 0m	海拔 200m	海拔 400m	海拔 600m	海拔 800m	海拔 1000m	海拔 1500m	海拔 2000m	海拔 2500m	海拔 3000m
GC75KH 1—75Z—1 (120)	25	71.5	67.1	65	63.9	61.5	60	55	50	45.5	41.5
	30	68.5	66.2	63.9	62.2	60	58.2	53.6	48.6	43.9	40.2
	35	66.5	64.5	62.2	60.3	58.2	56.2	51.5	47	42.6	38.6
1—84 (135)	25	84	81	79	77	74.5	72.5	67.3	62	56.4	52
	30	82.5	80	77	75.2	72.6	70.8	65.5	60	54.7	50.5
	35	80	78	75.2	73	70.8	68.5	63.1	58.1	53.1	48.7
8—120A (185)	25	115	110	107.5	105	101	99	91.5	84.2	77	71
	30	112	109	105	102	99	96.5	89	81.7	74.5	68.8
	35	109	106	102	99.5	96.5	93.3	86	79.3	72.5	66.2
*SC120BG (240)	25	120	120	120	120	120	120	119	109	99.5	92
	30	120	120	120	120	120	120	115.5	106	96.6	89.4
	35	120	120	120	120	120	120	112	103	94	86
D200 KW—T (300)	25	189	182	176	172	166	162	150	138	126	116
	30	185	178	172	168	162	158	146	134	122	113
	35	179	174	168	163	158	153	141	130	119	109
6250ZC (450)	25	265	265	265	259	250	244	220	208	190	175
	30	265	265	260	254	244	239	220	203	184	170
	35	265	262	253	245	237	231	215	196	179	164
6250ZC (450)	25	289	280	270	265	255	249	230	212	194	178
	30	283	272	265	259	249	242	224	206	188	173
	35	275	267	257	251	244	235	216	199	183	167

注：① 表中凡带风扇的机组均已减去所消耗的功率,其中有"＊"符号的为未查明是否带风扇,按不带风扇计算的;
② C_1 为进气排烟阻力影响修正系数

柴油发电机组一般是由制造厂家成套供应的。当成套供应的机组不能满足需要时,或因其他原因需另行配套机组时,应首先确定发电机的容量,然后根据发电机的容量来选择柴油机。在选择柴油机时,至少应满足两个条件:

（1）柴油机的转速应能保证发电机的标准电压频率要求。通常发电机标准电压频率为50Hz。可按下式进行计算:

$$n = \frac{50 \times 60}{N_g}$$

式中:n 为柴油机转速,r/min;N_g 为发电机的极对数。

可见与发电机配套的柴油机转速分别是 125r/min、167r/min、187r/min、250r/min、300r/min、375r/min、500r/min、600r/min、750r/min、1000r/min、1500r/min、3000r/min 等。当柴油机转速不能满足要求时,应装置变速装置来保证发电机的电压频率要求。但这种

32

方法实际上很少采用。

（2）必须保证柴油机有足够的输出功率。与前述道理相同，柴油机的实际输出有效功率要根据不同的工作条件进行修正。已知发电机功率和工作条件，选用柴油机功率可按下式计算：

$$N = \left(\frac{P_e}{\eta} + N_p \right) \frac{1}{C - (1 - C_1)}$$

式中：N 为实际需要的柴油机功率，kW；P_e 为发电机额定功率，kW；η、N_p、C、C_1 为意义同前。

选用柴油机的额定功率应满足：

$$N_e \geqslant N$$

N_e 为柴油机铭牌标定的额定功率，kW。

练习题

1. 地下工程内部柴油发电站设计的主要内容是什么？
2. 简述地下工程柴油电站的分类及其优缺点。
3. 简述柴油发电机组在机房中布置形式及其优缺点。
4. 简述如何选择柴油发电机组。

第3章　地下工程柴油电站的通风系统

柴油发电站的通风空调问题在地面电站中不是很突出,只要机房空气流通、环境气温又较好,通常不需采取通风空调措施。在条件较差的情况下,也只需采取一些简单的措施来使机房空气流通,例如装设气窗、开设通气门、装设轴流风机、排风扇等。而在地下工程中,特别是地下工程柴油电站中,通风空调措施是必不可少的。

3.1　电站通风系统

3.1.1　地下工程柴油电站的特点

(1)需要燃烧空气。柴油机工作时,柴油在汽缸中燃烧需要大量的氧气来助燃,用来助燃的空气称为燃烧空气。这部分空气在地下工程中需要有专门的设备管道从地面获取。

(2)产生有害气体。柴油机工作时,从机组的汽缸、排气管道的不严密处不断排出一氧化碳和败酯醛等有害气体。此外,起动用蓄电池(操作电源、通信设备用事故照明等用)工作时会产生氢气和硫酸雾,这些有害气体需要采取措施消除或从地下工程内排出。

(3)产生大量余热。柴油发电机组在运行时,柴油机、发电机以及排烟管、热水排水管都要向室内散发大量余热,变压器、开关柜、电站等电气设备也要发出热量。这些热量除向围护结构散失一部分热量外,剩余热量会使电站的温度升高,如不采取措施降温,将使电站不能正常工作。

(4)产生巨大的噪声。柴油机在运转时,会产生巨大的噪声,其他设备(空气压缩机、风机、水泵等)也会产生噪声,使机房或整个电站的噪声超过标准,给周围工作房间带来影响。

根据 ISO 推荐,工业中最大允许噪声级为 N-85,实际计算大大超过该标准,因此,必须采用消音措施。

3.1.2　地下工程柴油电站通风的任务

根据地下柴油电站的上述特点,为了保证电站内人员和机械的正常工作,必须设置通风空调系统,通风空调系统的主要任务如下:

(1)不间断地向电站供给燃烧空气。电站内柴油机所需要燃烧空气量,是由柴油机的功率数来确定的,试验测得:每千瓦小时需要燃烧的空气是为 $6.8m^3$。电站需要的燃烧空气是为

$$L_{燃} = 6.8P(m^3/h)$$

式中:P 为电站柴油机的功率,kW。

（2）排除电站内的有害气体。为了保证电站内人员的正常工作,必须排除有害气体。排除有害气体的办法是采用通风的方法输入清洁空气排除废气。

排除有害气体的通风量,对于国产 135 系列、160 系列和 250 系列柴油发电机组,可按下列两种情况计算:

排烟管架空敷设:$l = 13.6 \sim 20.4 \mathrm{m^3/(kW \cdot h)}$;

排烟管地沟敷设:$l = 27.2 \sim 34 \mathrm{m^3/(kW \cdot h)}$。

所以电站排除有害气体的进风量为

$$L_{进} = P \cdot l \, (\mathrm{m^3/h})$$

式中:P 为柴油机的功率数(增压柴油机按增压功率数计算),kW。

（3）消除余热,保证电站内空气温湿度的要求。电站内空气温度过高、湿度过大,对人体健康和设备的运行维护都是不利的。因此必须采取有效措施,使电站内空气的温湿度保持在表 3 - 1 所列的范围内。

表 3 - 1　电站温湿度要求

		电站温湿度要求	
		温度	湿度
人员在机房内操作	夏季	≤35℃	<75%
	冬季	15 ~ 35℃	
人员隔室操作	夏季	45 ~ 50℃(发电机周围≤40℃)	
机组设置隔罩时		隔罩内排气温度一般为 40 ~ 45℃	
电站控制室	夏季	16 ~ 28℃	<75%
	冬季	16 ~ 26℃	

（4）减少柴油发电机组所产生噪声的不良影响。减少柴油发电机组所产生噪声的不良影响,包括两个方面的内容:①要减少这种噪声对主体工程的影响,这就要求柴油电站尽可能远离主体工程,以采用支坑道形式建筑柴油机电站为宜。若采用口部电站,应装设隔声门,以防止噪声传入主体工程。②要减少这种噪声对电站内工作人员的影响,通常采用另设控制室的办法,来隔绝机组噪声对人员的影响。

在上述任务中,消除电站内的余热是柴油发电站进行通风空调设计的主要任务,常用的措施有风冷、水冷、风水冷结合等形式。采用水冷时,水源一般是天然水(深井水或水库里的水),必要时也可用制冷机制备冷冻水。一个地下发电站究竟采用何种措施来降温,应根据其所在的位置、气候条件及水源情况来选定。

保证发电站内各机组的燃烧和排除由于机组工作产生的有害气体,主要通过进、排风系统来解决。对于蓄电池产生的氢和硫酸雾,如蓄电池较多又集中(未设蓄电池室),就要采取消氢措施和通风措施。

3.1.3　地下工程柴油电站的通风系统

根据地下工程柴油电站通风空调系统的任务,并根据各个发电站的具体条件及战术技术要求设置不同的通风空调系统。下面介绍几种常见的通风空调系统。

（1）电站设独立的通风系统，其系统布置原理如图3-1所示。

该系统的工作情况是：在清洁式通风时，启动进风机Ⅰ和排风机Ⅱ，打开阀门1、3、4、5。新鲜空气直接送入机房，柴油机燃烧空气直接由机房内供给，排风机排掉机房内的混浊空气，柴油机燃烧后的废气由排烟管道排出。在隔绝式通风时，停下进、排风机Ⅰ和Ⅱ，关掉阀门1、3、4、5。打开阀门2，机房内与外面隔绝。柴油机燃烧所需空气仍由工程外通过阀门2供给，燃烧后的废气由排烟管道排出。关掉阀门4是为防止机房内的染毒空气进入控制室或工程主体内。

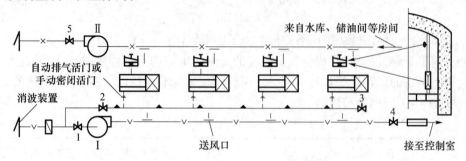

图3-1　电站设独立的通风系统

（2）电站为支坑道式时，其通风系统常采用图3-2所示的形式。

该系统的工作情况和第一种基本相同。电站具有独立的进排风系统，其进排风道的布置见如图3-2。

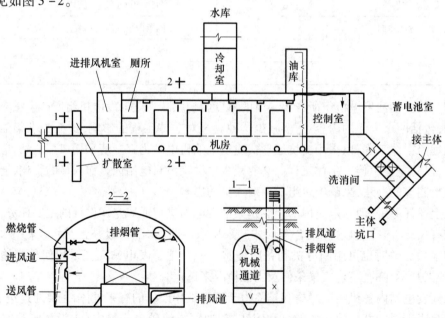

图3-2　支坑道式电站通风系统

（3）当电站利用工程主体排风进行通风换气时，其通风系统可按图3-3布置。

该系统的工作情况分为外电供电和内电供电两种方式。外电供电时，机房柴油机不工作，主体排风不能考虑柴油机燃烧所需空气。内电供电时要同时考虑通风和柴油机燃烧所需空气。每种供电方式下还要分几种通风方式。具体各风机、阀门的开启情况见表3-2。

36

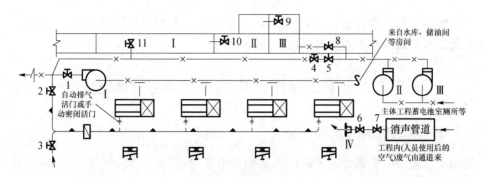

图3-3 电站利用工程主体排风进行通风换气的通风系统

表3-2 通风系统操作表

供电方式	通风方式	开	关
外电	清洁式	Ⅱ、Ⅲ、4、5	Ⅰ、Ⅳ、1、2、3、6、7、8、9、10、11
	过滤式	Ⅱ、8、9、10、11	Ⅰ、Ⅲ、Ⅳ、1、2、3、4、6、7
	隔绝式		全关
内电	清洁式	Ⅰ、Ⅱ、Ⅳ、1、3、4、5、6、7	Ⅲ、2、8、9、10、11
	过滤式	Ⅱ、2、8、9、10、11	Ⅰ、Ⅲ、Ⅳ、1、3、4、5、6、7
	隔绝式	2	其他全关

（4）口部电站的通风系统设置,如图3-4所示,其工作情况和说明与前几种类似,不再重述。

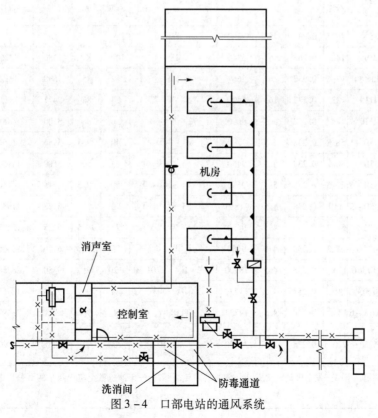

图3-4 口部电站的通风系统

电站的通风系统方式还有很多种,具体选用和布置要根据具体情况而定。但其功能应能满足工程的战术技术要求,符合规范规程要求。

3.2 地下工程柴油电站通风系统的设置

3.2.1 电站机房的余热计算

柴油电站机房的余热量等于机房内柴油发电机组(含排烟管)及其他设备(如照明、空压机等)的发热量减去电站围护结构的散热量,即

$$Q_{余} = Q_{发} - Q_{散}$$
$$Q_{发} = Q_1 + Q_2 + Q_3 + Q_4$$

式中:$Q_{余}$ 为电站机房的余热量,kcal/h;$Q_{发}$ 为电站机房的发热量,kcal/h;$Q_{散}$ 为电站机房围护结构的散热量,kcal/h;Q_1 为柴油机发热量,kcal/h;Q_2 为发电机发热量,kcal/h;Q_3 为柴油机排烟管发热量,kcal/h;Q_4 为其他设备发热量,kcal/h;Q_1 和 Q_2 的值可由表 3-3 查得。

表 3-3 柴油发电机组散热量表

机组型号	柴油机散热					发电机散热				$\sum Q = Q_1 + Q_2$ /(kcal/h)	柴油机废热水热量/(kcal/h)
	型号	P /kW	B /(kg/ kW·h)	η_1 /%	Q_1 /(kcal /h)	型 号	N /kW	η_2 /%	Q_2 /(kcal /h)		
1-5B	285-1	7.35	0.286	6	1260	T2S	5	81.5	796	2056	5355
1-12	2105	14.7	0.265	6	2340	MSA	10.8	84	1486	3826	9945
1-12	2105-1	17.6	0.252	6	2664	T2S	12	85	1548	4212	11322
A243	3110	33	0.272	6	5400	72-74-72	24	88	2477	7877	22950
A303	4110	44	0.272	5.5	6600	72-74-30	30	88	3100	9700	30600
SC40A2	4135D-1	58.8	0.238	5.5	7700	72-84-40D$_2$/T$_2$	40	88.5	3956	11656	35700
SC64A2	6135D-3	88.2	0.238	4.5	9450	72-84-64D$_2$/T$_2$	64	90	5500	14950	53550
GC50JK	4135D-5	73.5	0.238	5.5	9625	72-84-50D$_2$/T$_2$	50	89.5	4515	14140	44625
GC75JK	6135D-5	110	0.238	4.5	11813	72-94-75D$_2$/T$_2$	75	90.5	6128	17941	66937
1-75Z-1	6135D	88.2	0.238	4.5	9450	72-94-75	75	90.5	6128	15578	53550
1-75Z-2	6135D	88.2	0.238	4.5	9450	T$_2$SB-75	75	90	6450	15900	53550
SC120A2	12V135D	176.4	0.238	4.5	18900	TZT-104-120BTH	120	91	9350	28250	107100
1-84A	6160A	99.2	0.252	4.5	11239	GD$_2$-505	84	90	7224	18463	63682
9-160	6160A-6	183.8	0.238	4.5	19733	T118-6	60	90	13760	33493	111562
6250- D200KW-T	6250	220.5	0.238	4	21000	T-74-107H	200	92	13800	35900	133875

注:P—柴油机额定功率;N—发电机额定功率;B—柴油机的耗油率;η_1—柴油机散至室内热量的百分比;η_2—发电机的效率

38

表中给出的 Q_1 和 Q_2 值是在额定功率下所散发的热量,而柴油发电机实际功率是与进气的温度和相对湿度有关的。因此,在用表 3-3 查得 Q_1 和 Q_2 值后,要乘以功率修正系数 β。β 值可由表 3-4 查得。

Q_3 值也可由表查出,它要根据烟管的直径和保温情况查表 3-5~表 3-9。

表 3-4 功率修正系数 β

相对湿度 $\phi=50\%$ 时的 β 值										
海拔/m 气压/mmHg $t/°C$ β 进气温度		0	5	10	15	20	25	30	35	40	45
0 / 760	1.08	1.06	1.04	1.02	1.00	0.98	0.96	0.94	0.92	0.89
200 / 743	1.05	1.03	1.01	0.99	0.97	0.95	0.93	0.92	0.89	0.86
400 / 725	1.03	1.00	0.98	0.96	0.94	0.92	0.90	0.89	0.87	0.84
600 / 708	1.00	0.97	0.95	0.94	0.92	0.90	0.88	0.86	0.84	0.82
800 / 691	0.97	0.94	0.93	0.91	0.89	0.87	0.85	0.84	0.81	0.79
1000 / 674	0.94	0.92	0.90	0.89	0.87	0.85	0.83	0.81	0.79	0.77
1500 / 634	0.87	0.85	0.83	0.82	0.80	0.79	0.77	0.75	0.73	0.71
2000 / 596	0.81	0.79	0.77	0.76	0.74	0.73	0.71	0.70	0.68	0.65
2500 / 560	0.75	0.74	0.72	0.71	0.69	0.67	0.65	0.64	0.62	0.60
3000 / 526	0.69	0.68	0.66	0.65	0.63	0.62	0.61	0.59	0.57	0.55
3500 / 496	0.64	0.63	0.61	0.60	0.58	0.57	0.55	0.54	0.52	0.50

相对湿度 $\phi=100\%$ 时的 β 值										
0 / 760	1.07	1.05	1.03	1.01	0.99	0.96	0.94	0.91	0.88	0.84
200 / 743	1.04	1.02	1.00	0.98	0.96	0.93	0.91	0.88	0.85	0.82
400 / 725	1.01	0.99	0.97	0.95	0.93	0.90	0.88	0.85	0.82	0.79
600 / 708	0.99	0.97	0.95	0.93	0.91	0.88	0.86	0.83	0.80	0.77
800 / 691	0.96	0.94	0.92	0.90	0.88	0.85	0.83	0.80	0.77	0.74
1000 / 674	0.93	0.91	0.89	0.87	0.85	0.83	0.81	0.78	0.75	0.72
1500 / 634	0.87	0.85	0.83	0.81	0.79	0.77	0.75	0.72	0.69	0.66
2000 / 596	0.80	0.79	0.77	0.75	0.73	0.71	0.69	0.66	0.63	0.60
2500 / 560	0.74	0.73	0.71	0.70	0.68	0.65	0.63	0.61	0.58	0.55
3000 / 526	0.69	0.67	0.65	0.64	0.62	0.60	0.58	0.56	0.53	0.50
3500 / 493	0.63	0.62	0.61	0.59	0.57	0.55	0.53	0.51	0.48	0.45
4000 / 462	0.58	0.57	0.56	0.54	0.52	0.50	0.48	0.46	0.44	0.41

(续)

大气温度35℃、30℃、25℃时相对湿度 φ = 80% 时的 β 值								
海拔高度/m	0	100	200	300	400	500	600	700
大气压力/mmHg	760	751	742	733.5	725	716.5	708	699.5
β值 35℃	0.922	0.909	0.896	0.881	0.866	0.854	0.842	0.829
30℃	0.948	0.933	0.918	0.903	0.888	0.878	0.868	0.853
25℃	0.968	0.953	0.938	0.923	0.908	0.898	0.888	0.872

800	900	1000	1250	1500	1750	200	2500	3000	3500	4000
691	682.5	674	654	634	615	596	561	526	493	462
0.816	0.804	0.792	0.762	0.732	0.704	0.676	0.622	0.572	0.522	0.472
0.838	0.828	0.818	0.788	0.758	0.728	0.698	0.638	0.592		
0.858	0.848	0.838	0.808	0.778	0.748	0.718	0.658	0.608		

6160A—9 型增压柴油机功率修正系数 β 值											
海拔/m	大气压力/mmHg	温度/℃ −10	−5	0	5	10	15	20	25	30	35	40
0	760								0.96	0.94	0.91	0.88
200	740	在此区域内					0.98	0.96	0.93	0.91	0.89	0.86
400	725	功率不作修正			0.99	0.97	0.95	0.93	0.91	0.89	0.87	0.84
600	708				0.97	0.95	0.93	0.91	0.89	0.87	0.85	0.83
800	691	0.97	0.97	0.97	0.94	0.93	0.91	0.89	0.87	0.85	0.83	0.81
1000	674	0.94	0.94	0.94	0.92	0.90	0.89	0.87	0.85	0.83	0.81	0.79
1200	658	0.91	0.91	0.91	0.89	0.87	0.86	0.84	0.83	0.81	0.79	0.77
1500	634	0.87	0.87	0.87	0.85	0.83	0.82	0.80	0.79	0.77	0.75	0.73
1800	611	0.83	0.83	0.83	0.82	0.80	0.79	0.77	0.76	0.74	0.73	0.70
2000	596	0.81	0.81	0.81	0.79	0.77	0.76	0.74	0.73	0.71	0.70	0.68

注:本表已考虑了湿度的影响

Q_4 可根据不同设备由通风空调专业知识求得。

$Q_散$ 也可按传热学中的方法计算。

但由于 Q_4、$Q_散$ 与 Q_1、Q_2、Q_3 相比值较小,再者,Q_4 与 $Q_散$ 正好是一个发热一个散热。所以设计规范中规定电站机房的热负荷只包括柴油机散发热量 Q_1、发电机散发热量 Q_2 和排烟管道所散发热量 Q_3,而其他设备、人员和照明的发热量 Q_4 及通过围护结构的散热量 $Q_散$ 可以不予计算,即

$$Q = Q_1 + Q_2 + Q_3$$

例:某地下电站机房内配置两台 6135D 型柴油机带 75kW 发电机的机组。机房的建筑平断面尺寸如图 3 – 5 所示。已知岩石的导温系数 $\alpha = 0.00245 m^2/h$,导热系数 $\lambda = 1.1kcal/(m \cdot h \cdot ℃)$。岩石温度为 18℃。机房内操作人员 2 人,照明标准 15W/m²,求电站机房的余热量。

表 3 – 5　玻璃纤维制品保温计算

公称直径/mm	管子直径/mm	$t_{cp}=225℃$, 取 $\lambda=0.05$　$t_c=400℃$, $t_n=35℃$				$t_{cp}=175℃$, 取 $\lambda=0.043$　$t_c=300℃$, $t_n=35℃$				$t_{cp}=125℃$, 取 $\lambda=0.04$　$t_c=200℃$, $t_n=25℃$			
		保温层厚度/mm	保温外径/mm	V/(m³/m)	q_c/(kcal/m·h)	保温层厚度/mm	保温外径/mm	V/(m³/m)	q_c/(kcal/m·h)	保温层厚度/mm	保温外径/mm	V/(m³/m)	q_c/(kcal/m·h)
50	57	50	177	0.0221	106	40	157	0.0168	77	30	137	0.0122	56
65	73	50	193	0.0251	124	40	173	0.0193	90	35	163	0.0167	60
80	89	55	219	0.0314	135	45	199	0.0240	98	35	170	0.0189	70
100	108	60	248	0.0391	146	45	218	0.0282	111	35	198	0.0216	81
125	133	60	273	0.0446	168	50	273	0.0364	119	40	233	0.029	86
150	159	60	299	0.0503	193	50	279	0.0413	138	45	269	0.037	91
200	219	70	389	0.0811	219	55	350	0.0635	167	50	349	0.0581	110
250	273	70	443	0.0956	260	55	413	0.0754	202	50	403	0.069	129
300	325	75	505	0.117	285	65	485	0.102	212	55	465	0.0868	142
350	377	80	567	0.141	310	65	537	0.115	230	55	517	0.0983	165
400	426	80	616	0.155	340	65	586	0.127	252	55	566	0.109	179
450	478	80	668	0.171	380	65	638	0.140	284	55	618	0.121	198
500	529	80	719	0.186	413	65	689	0.153	308	55	669	0.132	216
600	630	80	820	0.216	486	65	790	0.178	345	55	770	0.154	261
700	720	90	930	0.272	490	75	900	0.229	358	60	870	0.187	263
800	820	90	1030	0.305	550	75	100	0.257	406	60	970	0.211	303

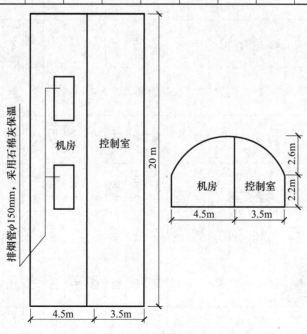

图 3 – 5　某机房的建筑平断面尺寸

表 3-6 硅石制品保温计算

公称直径/mm	管子直径/mm	$t_{cp}=275℃$, 取$\lambda=0.1245$ $t_c=500℃$, $t_n=35℃$				$t_{cp}=225℃$, 取$\lambda=0.043$ $t_c=400℃$, $t_n=35℃$				$t_{cp}=175℃$, 取$\lambda=0.089$ $t_c=300℃$, $t_n=35℃$				$t_{cp}=125℃$, 取$\lambda=0.085$ $t_c=200℃$, $t_n=25℃$			
		保温层厚度/mm	保温外径/mm	V/(m³/m)	q_c/(kcal/m·h)	保温层厚度/mm	保温外径/mm	V/(m³/m)	q_c/(kcal/m·h)	保温层厚度/mm	保温外径/mm	V/(m³/m)	q_c/(kcal/m·h)	保温层厚度/mm	保温外径/mm	V/(m³/m)	q_c/(kcal/m·h)
50	57	70	217	0.0344	265	65	207	0.0344	168	55	187	0.0249	127	50	177	0.0220	86
65	73	70	233	0.0384	305	70	233	0.0384	186	60	213	0.0314	140	55	203	0.0282	95
80	89	75	259	0.0464	331	75	259	0.0464	204	65	239	0.0386	154	55	219	0.0314	107
100	108	80	288	0.0500	362	75	278	0.0515	230	65	258	0.0431	172	60	248	0.0391	116
125	133	85	323	0.0680	400	80	313	0.0630	252	70	293	0.0535	191	60	273	0.0446	135
150	159	90	359	0.0813	436	85	349	0.0758	277	75	329	0.0758	207	65	309	0.0551	145
200	219	95	430	0.114	536	90	420	0.107	330	80	409	0.0937	252	70	389	0.0811	177
250	273	100	503	0.140	604	95	493	0.132	380	80	463	0.110	287	70	443	0.0956	210
300	325	100	555	0.159	685	95	545	0.150	435	85	525	0.134	326	75	505	0.117	230
350	377	105	617	0.187	746	100	607	0.178	470	85	577	0.150	368	75	557	0.132	260
400	426	105	666	0.206	825	100	656	0.195	521	85	626	0.165	408	75	606	0.146	287
450	478	110	728	0.237	866	105	718	0.225	551	90	688	0.192	432	75	658	0.161	317
500	529	110	779	0.257	950	105	769	0.245	600	90	739	0.209	470	80	719	0.186	330
600	630	110	880	0.289	1100	105	870	0.283	694	90	810	0.242	516	80	820	0.216	384
700	720	120	990	0.362	1200	110	970	0.332	750	95	910	0.287	600	80	910	0.243	432
800	820	125	1100	0.422	1240	110	1070	0.371	844	95	1010	0.321	660	80	1010	0.273	486

表 3－7 硅藻土制件保温计算

公称直径/mm	管子直径/mm	$t_{cp}=275℃$，取 $\lambda=0.1395$ $t_c=500℃$，$t_n=35℃$				$t_{cp}=225℃$，取 $\lambda=0.127$ $t_c=400℃$，$t_n=35℃$				$t_{cp}=175℃$，取 $\lambda=0.11$ $t_c=300℃$，$t_n=35℃$				$t_{cp}=125℃$，取 $\lambda=0.1035$ $t_c=200℃$，$t_n=25℃$			
		保温层厚度/mm	保温外径/mm	$V/(m^3/m)$	$q_c/(kcal/(m\cdot h))$	保温层厚度/mm	保温外径/mm	$V/(m^3/m)$	$q_c/(kcal/(m\cdot h))$	保温层厚度/mm	保温外径/mm	$V/(m^3/m)$	$q_c/(kcal/(m\cdot h))$	保温层厚度/mm	保温外径/mm	$V/(m^3/m)$	$q_c/(kcal/(m\cdot h))$
50	57	75	227	0.0379	286	70	217	0.0344	212	60	197	0.0279	156	45	167	0.0193	109
65	73	75	243	0.0422	327	70	233	0.0384	248	60	213	0.0344	180	50	193	0.0251	118
80	89	80	260	0.0500	358	75	250	0.0464	265	65	239	0.0386	196	50	209	0.0281	136
100	108	85	298	0.0606	390	80	288	0.0560	286	70	268	0.0472	212	55	238	0.0353	146
125	133	90	333	0.0732	432	85	323	0.0680	319	75	303	0.0582	236	60	273	0.0446	162
150	159	95	369	0.087	470	90	350	0.0813	355	80	339	0.0704	260	60	299	0.0593	185
200	219	100	449	0.121	569	95	439	0.114	421	80	409	0.0937	300	65	379	0.0751	220
250	273	110	523	0.156	630	100	503	0.140	481	80	463	0.110	357	70	443	0.0956	247
300	325	110	575	0.177	712	100	555	0.159	550	90	515	0.125	408	70	495	0.109	287
350	377	115	637	0.207	780	100	607	0.178	620	90	587	0.159	425	75	557	0.132	312
400	426	115	680	0.227	860	100	656	0.195	672	90	630	0.175	467	75	606	0.146	340
450	478	115	738	0.248	947	105	718	0.225	720	95	698	0.203	498	80	668	0.171	350
500	529	115	780	0.260	1020	110	770	0.257	755	95	749	0.221	555	80	719	0.186	390
600	630	120	900	0.324	1150	110	880	0.296	875	100	860	0.269	605	80	820	0.216	455
700	720	125	1000	0.378	1210	115	980	0.347	955	100	950	0.302	700	85	920	0.258	492
800	820	130	1110	0.430	1350	120	1000	0.405	1038	105	1060	0.354	740	90	1030	0.305	526

表 3-8 矿渣制品保温计算

公称直径/mm	管子直径/mm	$t_{cp}=275℃$, $t_c=500℃$, 取λ=0.06, $t_n=35℃$				$t_{cp}=225℃$, $t_c=400℃$, 取λ=0.0495, $t_n=35℃$				$t_{cp}=175℃$, $t_c=300℃$, 取λ=0.045, $t_n=35℃$				$t_{cp}=125℃$, $t_c=200℃$, 取λ=0.042, $t_n=25℃$			
		保温层厚度/mm	保温外径/mm	V/(m³/m)	q_c/(kcal/m·h)	保温层厚度/mm	保温外径/mm	V/(m³/m)	q_c/(kcal/m·h)	保温层厚度/mm	保温外径/mm	V/(m³/m)	q_c/(kcal/m·h)	保温层厚度/mm	保温外径/mm	V/(m³/m)	q_c/(kcal/m·h)
50	57	55	187	0.0249	152	50	177	0.0220	108	45	167	0.0193	74	30	137	0.0122	58
65	73	55	203	0.0282	175	50	193	0.0251	128	45	183	0.0221	88	30	153	0.0142	70
80	89	55	219	0.0314	202	50	209	0.0281	142	45	199	0.0240	98	30	160	0.0162	81
100	108	60	248	0.0391	218	55	236	0.0353	157	45	218	0.0282	117	30	188	0.0186	93
125	133	60	273	0.0446	254	55	263	0.0401	183	50	253	0.0361	125	40	233	0.0267	94
150	159	65	309	0.0551	274	60	299	0.0503	191	50	279	0.0413	143	40	259	0.0328	105
200	219	70	389	0.0811	332	70	389	0.0811	210	55	359	0.0535	175	40	329	0.0473	137
250	273	75	453	0.103	373	70	443	0.0956	282	60	423	0.0820	194	40	383	0.0566	165
300	325	75	505	0.117	432	70	495	0.100	303	60	475	0.0912	228	40	435	0.0656	193
350	377	75	557	0.132	488	75	557	0.132	314	60	527	0.106	254	40	487	0.0746	234
400	426	80	616	0.155	517	75	606	0.146	384	60	576	0.118	280	40	536	0.0831	242
450	478	80	668	0.171	570	75	658	0.161	399	65	638	0.140	300	40	588	0.092	268
500	529	80	719	0.186	626	80	719	0.186	405	65	680	0.153	321	50	659	0.121	280
600	630	85	830	0.229	687	80	820	0.216	475	65	790	0.178	380	50	760	0.142	289
700	720	85	920	0.258	774	85	920	0.258	507	70	890	0.215	398	50	850	0.160	328
800	820	90	1030	0.305	835	85	1020	0.289	570	70	990	0.242	453	50	950	0.181	378

表 3-9 石棉灰保温计算

公称直径/mm	管子直径/mm	$t_{cp}=275℃$, 取$\lambda=0.156$, $t_c=500℃$, $t_n=35℃$				$t_{cp}=225℃$, 取$\lambda=0.118$, $t_c=400℃$, $t_n=35℃$				$t_{cp}=175℃$, 取$\lambda=0.044$, $t_c=300℃$, $t_n=35℃$				$t_{cp}=125℃$, 取$\lambda=0.132$, $t_c=200℃$, $t_n=25℃$			
		保温层厚度/mm	保温外径/mm	$V/$ (m^3/m)	q_c /(kcal /m·h)	保温层厚度/mm	保温外径/mm	$V/$ (m^3/m)	q_c /(kcal /m·h)	保温层厚度/mm	保温外径/mm	$V/$ (m^3/m)	q_c /(kcal /m·h)	保温层厚度/mm	保温外径/mm	$V/$ (m^3/m)	q_c /(kcal /m·h)
50	57	100	277	0.066	280	80	237	0.0415	231	60	197	0.0278	180	30	137	0.0123	153
65	73	100	293	0.073	317	90	273	0.0543	250	60	213	0.0314	209	30	153	0.0142	182
80	89	100	309	0.079	355	90	280	0.0593	280	60	220	0.0349	236	40	189	0.0218	188
100	108	120	368	0.109	362	90	308	0.0653	314	70	268	0.0472	247	40	208	0.0248	205
125	133	120	393	0.120	410	100	353	0.0840	337	70	293	0.0534	281	40	233	0.0287	244
150	159	140	450	0.158	413	100	370	0.0929	388	70	319	0.0601	324	40	259	0.0328	280
200	219	140	520	0.207	517	110	469	0.135	447	70	389	0.0811	406	40	329	0.0473	364
250	273	150	603	0.255	572	110	523	0.156	518	80	463	0.110	440	40	383	0.0566	440
300	325	150	655	0.278	615	120	595	0.195	555	80	515	0.125	493	40	435	0.0656	503
350	377	150	707	0.315	720	120	647	0.217	628	80	567	0.141	578	40	487	0.0746	585
400	426	150	756	0.344	790	120	696	0.238	690	80	616	0.155	636	40	536	0.0831	642
450	478	170	848	0.425	793	120	748	0.260	760	80	668	0.171	708	50	608	0.111	645
500	529	170	899	0.440	860	130	819	0.307	780	80	719	0.186	713	50	659	0.121	672
600	630	170	1000	0.520	1000	130	920	0.353	900	90	810	0.242	816	60	780	0.166	693
700	720	170	1090	0.577	1100	130	1010	0.394	1007	90	930	0.272	916	60	870	0.187	777
800	820	170	1190	0.645	1220	130	1110	0.439	1107	90	1030	0.305	1025	60	970	0.211	815

解:按照表 3-1 的要求,取机房内的空气参数为:$T_N = 35℃$, $\phi_N = 75\%$

(1) 计算发热量 $Q_发$。

① 柴油发电机组的发热量:根据柴油发电机的型号查表 3-3 知,一台柴油发电机组的散热量为 $Q_1 + Q_2 = 15578$ kcal/h。

考虑功率修正系数 β,根据 $T_N = 35℃$, $\phi_N = 75\%$,查表 3-4 得 $\beta = 0.925$。

因此两台柴油发电机组的散发热量为

$$Q_1 + Q_2 = 2 \times 0.925 \times 15578$$
$$= 28819 \ (\text{kcal/h})$$

② 排烟管散发热量 Q_3。根据排烟管直径 $d = 150$mm 及保温情况,查表 3-9 知,每米排烟管的散热量为 $q = 388$ kcal/(h·m)。现架空的排烟管有 18m,所以排烟管的散热量为

$$Q_3 = 18 \times 388$$
$$= 6984 \ (\text{kcal/h})$$

③ 人员、照明设备发热量。根据地下工程暖通空调设计手册中有关规定,其人员、照明设备发热量为

$$Q_人 = 125 \times 2$$
$$= 250 (\text{kcal/h})$$

$$Q_照 = 15 \times 20 \times 4.5 \times \frac{3600}{1000 \times 4.19}$$
$$= 1160 \ (\text{kcal/h})$$

最后得到

$$Q_4 = 250 + 1160$$
$$= 1410 \ (\text{kcal/h})$$

(2) 计算围护结构的散热量。

根据有关公式和参数可按下列方法计算:

$$Q_散 = K(T_N - T_0)F$$

式中:K 为传热系数;F 为散热面积。

K 值可按下式计算:

$$K = \frac{1}{\dfrac{1}{\alpha} + \dfrac{1.13\sqrt{aZ}}{\beta\lambda}}$$

$$\beta = 1 + 0.38F_0$$

$$F_0 = \sqrt{\frac{aZ}{R^2}}$$

式中:α 为机房内空气与围护结构表面的对流换热系数,当气流速度小于 2.5m/s 时, $\alpha = 25$kcal/(h·m²·℃);a 为岩石导温系数,已知 $a = 0.00245$m²/h;λ 为岩石导热系数,已知 $\lambda = 1.1$kcal/(m·h·℃);β 为传热的形状修正系数;F_0 为傅里叶准则;Z 为加热期时间,对于有余热的工程,取 $Z = 8760$h;R 为传热当量半径,这里 $R = 3.17$m。

因为 $F_0 = \sqrt{\dfrac{aZ}{R^2}}$，则

$$\beta = 1 + 0.38 \sqrt{\frac{aZ}{R^2}}$$

$$= 1 + 0.38 \sqrt{\frac{0.00245 \times 8760}{3.17^2}}$$

$$= 1.56$$

所以

$$K = \cfrac{1}{\dfrac{1}{5} + \cfrac{1.13 \times \sqrt{0.00245 \times 8760}}{1.56 \times 1.1}}$$

$$= 0.31 \ (\text{kcal/m} \cdot \text{h} \cdot \text{℃})$$

散热面积为

$$F = 20 \times 4.5 \times 2 + 20 \times 3.93 + 4.5 \times 3.93 \times 2$$

$$= 294 \ (\text{m}^2)$$

最后得

$$Q_{散} = K(T_N - T_0)F$$

$$= 0.31 \times (35 - 18) \times 294$$

$$= 1544 \ (\text{kcal/h})$$

（3）计算电站机房的余热量 Q。

$$Q = Q_1 + Q_2 + Q_3 + Q_4 - Q_{散}$$

$$= 28820 + 6984 + 1410 - 1544$$

$$= 35670 \ (\text{kcal/h})$$

如果忽略 Q_4 和 $Q_{散}$，则电站机房的余热量为

$$Q = Q_1 + Q_2 + Q_3$$

$$= 28820 + 6984$$

$$= 35804 (\text{kcal/h})$$

可见计算结果差不多，完全可以不计 Q_4 和 $Q_{散}$，并且使计算过程大大简化。

3.2.2 水冷式通风系统的设置

当电站位于水源比较丰富、夏季工程外空气温度较高的地区，宜采用水冷式通风系统，利用地下或主体工程空调用过的废水对电站进行冷却降温。

水冷系统的优点：电站的进排风量小，因而进排风系统的设备小，占地面积也较小，有利于防护；而且在滤毒通风时，电站的染毒程度较轻。缺点：用水量较大。

1. 水冷系统进排风量的确定

（1）进风量。进风量按照排除有害气体所需的空气量进行计算，即

$$L_{进} = P \times L_0 (\text{m}^3/\text{h})$$

式中:P 为柴油机的功率,kW。L_0 为柴油机每马力每小时排除有害气体所需的空气量。对于 135 系列、160 系列、250 等系列柴油机,如果排烟管架空敷设,$L_0 = 13.6 \sim 20.4\text{m}^3/$(kW·h);如果排烟管地沟埋设,$L_0 = 27.2 \sim 34\text{m}^3/(\text{kW·h})$。

(2)排风量。除隔绝式通风外,在清洁式通风和滤毒式通风时,柴油机都直接吸收电站内的空气助燃,助燃后的空气从排烟管排除,柴油机相当于一个小排风机。因此,电站的排风量应等于进风量减去燃烧空气量,即

$$L_{排} = L_{进} - L_{燃} \, (\text{m}^3/\text{h})$$

$$L_{燃} = 6.8P(\text{m}^3/\text{h})$$

式中:6.8 是指每功率每小时燃烧空气量为 6.8m^3。

另外,柴油发电站是产生有害气体的房间,要求负压排风。所以,电站的实际排风量应等于或稍大于计算排风量,即

$$L'_{排} \geqslant L_{排}$$

这一点对其他冷却方式也是同样适用的。

2. 水冷系统的冷却方式

用水进行冷却降温时,通常可以采用两种方式:①冷水与机房内热空气不直接接触,即采用表面式冷却器冷却;②冷水与机房内的热空气直接接触,即淋水式冷却。

(1)表面式冷却。目前地下电站中常采用 KL—2、3 型铝管轧片表面式空气冷却器进行降温。用表面式空气冷却器降温的电站水冷通风系统方案如图 3-1 所示。

另一种表面式冷却器是 S 型冷暖风机,这也是目前地下电站常采用的,它主要由冷却排管和风机组成。其构造见图 3-6。

S 型冷风机的技术性能见表 3-10。表中的制冷量 Q 是在表中给定的进水温度和进风温度情况下,冷风机所能达到的制冷量。

当实际的进水温度和进风温度与表 3-10 不同时,可采用下式进行换算,以求得所需的参数:

$$Q_{\text{X}} = Q\frac{T_{\text{CX}} - t_{1\text{X}}}{T_{\text{C}} - t_1} \quad (\text{kcal/h})$$

式中:Q_{X} 为改变参数后的产冷量,kcal/h;Q 为从表 3-10 查得的产冷量,kcal/h;

T_{CX} 为实际工程给定的 S 型冷暖风机的进出水温度的平均值,即 $T_{\text{CX}} = \dfrac{T_{\text{X进}} + T_{\text{X出}}}{2}$(℃);$t_{1\text{X}}$ 为实际工程给定的进风温度,℃;T_{C} 为表中给定的进出水温度的平均值,即 $T_{\text{C}} = \dfrac{T_{进} + T_{出}}{2}$(℃);$T_1$ 为表中给定的进风温度,℃。

在实际工程设计中,可以预知冷却水的温度,即冷风机的进水温度($T_{\text{X进}}$)。而冷风机出水温度($T_{\text{X出}}$)必须通过下面公式计算出。在进水温度一定的条件下,出水温度与冷风机型号、通风量、进风量、进风温度、水流速、耗水量等因素有关。

$$T_{\text{X进}} = \frac{\left(\dfrac{2}{KF} + \dfrac{1}{0.24G}\right)WT_{\text{X进}} + 2t_{1\text{X}} - T_{\text{X出}}}{\left(\dfrac{2}{KF} + \dfrac{1}{0.24G}\right)W + 1}$$

式中:KF 为传热系数和换热面积乘积,见表 3-11;G 为通风量,kg/h,根据冷风机型号查表 3-10 得出;W 为耗水量,kg/h,同上;$T_{X进}$ 为工程给定的进水温度,℃;T_{1X} 为工程给定的进风温度,℃。

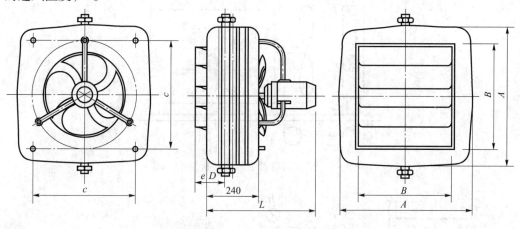

图 3-6 S 型冷暖风机

表 3-10 S 型冷暖风机的技术性能

型号	进水温度15℃,进风温度30℃			进水温度6℃,进风温度25℃			水流速/(m/s)	耗水量/(kg·h)	水柱/mmH₂O	通风量/(kg/h)	电机型号功率转速
	制冷量/(kcal/h)	出风温度/℃	回风温度/℃	制冷量/(kcal/h)	出风温度/℃	回风温度/℃					
S324	3050	25	17.7	5150	16.6	10.6	0.5	1130	844	2540	JL0-1 $\frac{1}{4}$
S334	3980	23.4	17.4	7730	12.2	10.7	0.5	1694	1360	2520	120W $n=1400$r/min
S524	5670	25.7	20.2	9270	14.6	14.6	0.5	1130	1100	5450	JL0-1 $\frac{2}{4}$
S534	7960	23.8	19.7	13050	14.9	13.7	0.5	1694	1790	5380	120W $n=1400$r/min

表 3-11 S 型冷暖风机 KF 值

水流速/(m/s) 型号	KF								
	0.1	0.2	0.3	0.4	0.5	0.6	0.8	1.0	1.5
S324	217	240	254	266		282	294	333	
S334	276	306	325	340		360	375	390	
S524		485	513	538	554	570	594	612	653
S534		623	662	692	712	733	764	794	838

对于 135 系列柴油机,其本身带有一个散热水箱,如图 3-7 所示。该水箱用来冷却从柴油机缸套出来的热水,在地下工程中这个水箱往往不能使用,但可利用这个水箱来降低机房的温度,起到冷暖风机的作用。这种水冷系统如图 3-8 所示。

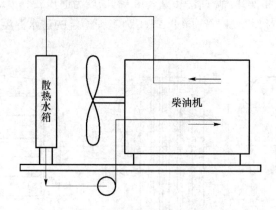

图 3 – 7　柴油机自带水箱冷却机组示意图

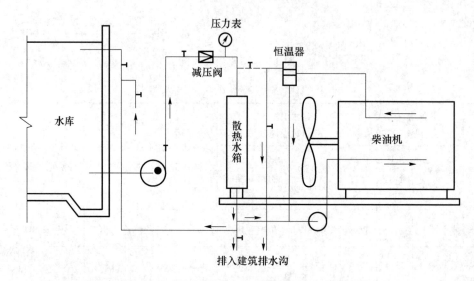

图 3 – 8　柴油机自带水箱降低机房温度示意图

其工作情况:用水泵向水箱供给冷水,水路采用开式。利用柴油机自带风扇把机房内的热空气吹过水箱,使热空气与水箱的冷水进行热交换,水箱中的冷水就把空气中的热量带走,达到降温的目的。从水箱出来的水再供给柴油机冷却用。从柴油机出来的水经节温器,一部分重新进入柴油机缸套内,另一部分由建筑排水沟排走。

利用 135 系列柴油机的自带水箱进行电站降温时,应注意以下问题:

① "水箱"的进水压力不得超过 $0.8kg/cm^2$,压力过大会压坏水箱。通常采用两种办法来控制水箱的压力:一种办法是在满足水量的条件下,选小扬程的水泵,同时在供水管上适当增加阀门,用调节阀门、增大阻力的办法达到控制水箱压力的目的;另一种办法是加装减压阀来控制水箱的压力。加装减压阀的办法简单,一次调好,即可长期使用。

② 扩大供水干管和回水干管。因为从水箱出来的水,大部分经回水干管流走,只有很少一部分经自带水泵进入汽缸套。如果供水干管、回水干管和原来的支管一样粗,就会导致水量分配的失调。

③ 排水管的设置位置。实践证明,排水管不宜直接接在自带水箱的回水管上,因为

有时进水量小于排水量,这样就会使自带水箱里的水被放空,导致自带水泵吸不上补充的冷却水,引起柴油机温度迅速上升,甚至可能出现汽缸被烧坏的事故。因此,排水管应设在比自带水箱略高一些的地方,通常设在水库前挡墙的回水管上。

④ 恒温器出水管与自带水箱的连接问题。

从图中可以看出,水库、水泵、自带水箱、风扇等作为降低机房温度使用,与柴油机汽缸套冷却系统本身不直接发生关系。只是因为从自带水箱出来的水温度不高,通过支管与柴油机自带水泵吸水管相接,作为柴油机汽缸套补充冷却水之用。

恒温器的出水管与自带水箱必须连起来(图中虚线部分),这一点很重要。原因是:考虑到战时,在外水源遭到破坏,水库存水又用完的情况下,或者在隔绝式通风的情况下,如果恒温器的出水管与自带水箱连起来了,那么就可以利用自带水箱来冷却汽缸套的循环水。虽然,这时机房温度会迅速升高,但总还能够多运行一段时间,从而多保证一段时间的供电。根据这个要求,必须将恒温器出水管和自带水箱连接起来,只是平时要将阀门关闭,不到万不得已时,不要打开。

由于 135 系列柴油机的自带水箱,有时缺乏热工性能的资料,因此很难进行设计计算。但某工程设计院曾进行了现场测定,测定的结果可供设计时参考。

某坑道内安装了 6 台 6135 型柴油发电机组,其中 4 台机组连续运转了 5 天,最后一天进行隔绝式通风 14h,机房由柴油发电机组自带散热水箱进行冷却降温。通入水箱的冷水温度 $t_{w1}=16.5 \sim 19℃$,水温上升 $\Delta t_w = 4 \sim 4.5℃$,每台机组耗水量 $W = 4000 \sim 5000kg/h$,每台机组被水带走的热量约 $Q_s = 4000kg/h \times 4.5℃ \times 1kcal/kg = 18000kcal/h$。通过散热水箱的风量为 $L = 13100m^3/h$,空气的温降为 $3.5 \sim 4.5℃$,空气传给每台机组散热水箱的热量为 $Q = 13100 \times 1.2 \times 0.24 \times 4 = 15091kcal/h$。这样,机房的温度能保持在 $t_N = 30 \sim 33℃$。在隔绝式通风时,由于柴油机机油的冷却也通过散热水箱,因此,将冷却后的空气再升高 0.7℃,每台机组机油散发热量 $Q \approx 2650kcal/h$。

(2)淋水式冷却。使机房内的热空气与冷水直接接触,也能达到机房降温的目的。同时水还能溶解机房空气中的一部分瓦斯(CO)。

目前地下电站中,常常采用带填料层的喷雾淋水装置——立式冷却器来进行机房的冷却降温。用立式冷却器降温的电站通风系统原理如图 3-9 所示。

下面介绍立式冷却器的构造与工作原理。

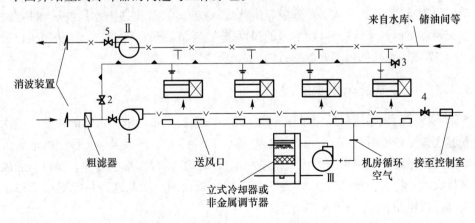

图 3-9 立式冷却器降温的电站通风系统

立式冷却器的构造如图 3 – 10 所示,主要由下面几部分组成:

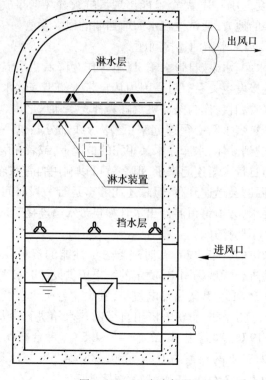

出风口

淋水层

淋水装置

挡水层

进风口

图 3 – 10 立式冷却器

① 下部进风口。

② 上部出风口。

③ 淋水装置。有几排淋水喷头,作用是喷冷水。

④ 潜水层。由 25mm × 25mm × 3mm 陶瓷环堆砌在铁丝网上而成,铁丝网的有效面积为 85% ,淋水层的厚度为 200 ~ 400mm。其主要作用是使空气和水有充分的接触,使热湿交换更加充分完善。

⑤ 挡水层。构造同淋水层,只是厚度为 100mm,主要作用是挡住气流中的水滴。

工作原理:机房的热风从下部进风口进入立式冷却器,首先在淋水层与冷水接触,进行热湿交换。然后经单级逆喷,使空气的温度进一步降低,最后降温的空气从出风口进入机房,如此循环达到降低机房温度的目的。

3. 2. 3　风冷式通风系统的设置

所谓风冷式通风系统就是由工程外送入冷空气吸收并带走电站机房的余热。当工程外空气温度常年较低时(一般工程内外温差不小于 5 ~ 8℃),水源水量又很少的地区可采用风冷式通风系统。这种系统的优点是不用水,系统简单,操作维护方便。缺点是通风系统进风量大,设备大,占地面积大,不便于电站的防毒密闭。因此这种系统适用于独立电站或支坑道式电站,不适用于炎热地区。

风冷却式通风系统所需的进风量可按下式计算:

$$L = \frac{Q_{\text{余}}}{C_p(t_B - t_H) \cdot r} \quad (\text{m}^3/\text{h})$$

式中：C_p 为空气的比热容；r 为进入机房的空气容重；t_B 为排风空气温度，℃；t_H 为进风空气温度，℃。

当电站机房采用风冷式通风系统时，要求从工程外进入的冷风量不但能满足机房降温（排除余热）的要求，而且又要能带走柴油机循环冷却水所散发的热量。为此通常采用淋水式立式冷却器或小型点波填料冷却塔作为柴油机循环冷却水的冷却设备。

风冷式通风系统原理图如图 3－11 所示。

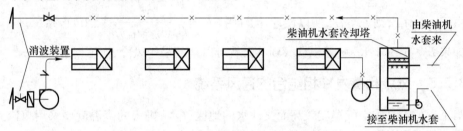

图 3－11 风冷式通风系统原理图

该系统的工作过程：进风机将工程外冷空气送到电站机房内，吸收机房余热（$Q_{\text{余}}$），使冷空气温度升高，再由排风机将机房内热空气（通常不超过 35℃）送到立式冷却器或冷却塔内冷却柴油机出来的热水，使空气进一步增温（并且增湿），由排风管送到工程外。如此不断循环，达到降低机房空气温度和降低柴油机冷却水温度的目的。

柴油机循环冷却水散热量与进入冷却器的风量的关系可按下式计算：

$$L = \frac{Q}{\gamma(i_K - i_B)} \quad (\text{m}^3/\text{h})$$

式中：Q 为柴油机循环冷却水散热量，查表 3－3 得出；γ 为机房内空气的容重；i_K 为排出冷却器的空气热焓；i_B 为进入冷却器的空气热焓。

3.2.4 水冷和风冷结合的通风系统的设置

当工程位于水源不很丰富，而且夏季工程外的空气温度不高的地区时，夏季可以在水冷的基础上再用风冷，冬季全部采用风冷。这种系统称为水冷和风冷相结合的通风系统。

这种系统的优点：能适应水源和气温的变化，使用上灵活可靠，在外界染毒时使用水冷，可以减少电站的染毒程度，克服了风冷系统的缺点。该系统的突出缺点：系统复杂，设备较多，增加投资。

这种系统的设计，一般是先根据水源能提供的水量 W，确定水冷系统所能带走的热量。

$$Q' = \frac{W \cdot \Delta t_W \cdot C_W}{1.1}$$

式中：Δt_W 为进出水温差，一般取 $\Delta t_W = 4 \sim 6℃$；C_W 为水的比热容，一般取 $C_W = 1\text{kcal}/(\text{kg} \cdot ℃)$；1.1 为为安全系数。

然后再确定需要风冷系统带走的热量。

$$Q'' = Q_{余} - Q'$$

风冷系统所需要的进风量为

夏天：
$$L_x = \frac{Q''}{C_P(t_B - t_{Hx})\rho} \quad (\text{m}^3/\text{h})$$

冬天：
$$L_d = \frac{Q''}{C_P(t_B - t_{Hd})\rho} \quad (\text{m}^3/\text{h})$$

式中：t_B 为排风空气温度，℃；t_{Hx} 为夏天进风空气温度，℃；t_{Hd} 为冬天进风空气温度，℃；ρ 为进风空气密度，kg/m³。

由于 $t_{Hd} < t_{Hx}$，则 $L_x > L_d$，所以设计计算时按 $L_x = \frac{Q''}{C_P(t_B - t_{Hx})\rho}$ 考虑风冷系统。

如果 $L_x \cdot \rho \cdot C_P(t_B - t_{Hd}) > Q_{余}$，则冬天就可以全部采用风冷，而不用水冷。

3.2.5 风冷和蒸发冷相结合的通风系统

当工程位于夏季空气温度较高而又缺水的地区，电站机房的降温就要采用风冷式通风系统。但此时通风量一般都较大，为了使通风量减少，就可以考虑采用风冷与蒸发冷相结合的方案。这种方案的通风系统原理与采用风冷式方案完全相同，只是在电站机房内增设蒸发冷却装置，利用水分蒸发吸热原理，降低机房空气的温度。

蒸发冷却一般采用直接喷雾或淋水式加湿。直接喷雾可采用 101 型、103 型电动喷雾机、其结构如图 3 - 12 所示。

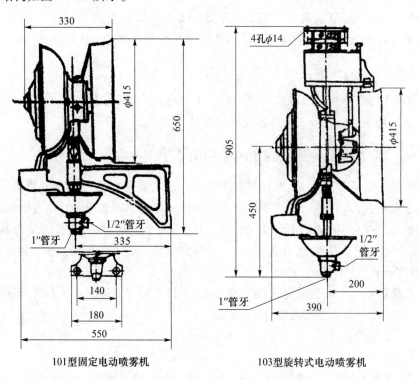

101型固定电动喷雾机　　　　　103型旋转式电动喷雾机

图 3 - 12　101 型、103 型电动喷雾机

101 型、103 型电动喷雾机的技术性能为：电动机额定电压380V（三相），额定功率

0.18kW,耗水量(96～110)% kg/h,产雾量约为 22.5～33.4kg/h,每千克雾可吸收热量 595kcal。

3.2.6 变压器室的通风系统

变压器是个发热设备,因此变压器室通风主要是考虑消除室内余热;另外,变压器油也可能产生可燃有害气体,也需要空气流通,排除有害气体,从而保证变压器的正常运行。

1. 变压器的散热量

变压器的散热量包括空载损耗和短路损耗两部分,即

$$Q = 860 \times (N_1 + N_2\eta) \quad (\text{kcal/h})$$

式中:N_1 为额定电压时的空载损耗,kW;N_2 为额定负荷时的短路损耗,kW;η 为使用系数,有

$$\eta = \frac{P}{P_e}$$

式中:P 为实际使用容量;P_e 为额定容量。

变压器的散热量见表 3-12。

表 3-12 各种变压器热损耗及中心高度

型号（铝线）	额定电压的空载损耗 N_1 /W	额定负荷下的短路损耗 N_2 /W	额定负荷下的散热量 Q /(kcal/h)	变压器散热管中心距地的高度/mm	型号（铜线）	额定电压的空载损耗 N_1 /W	额定负荷下的短路损耗 N_2 /W	额定负荷下的散热量 Q /(kcal/h)	变压器散热管中心距地的高度/mm
SJL₁-20/10	119	596	615	334	SJ-10/6	105	335	378	365
SJL₁-30/10	156	832	850	347	SJ-10/10	140	335	408	365
SJL₁-40/10	182	972	992	395	SJ-20/6	180	600	670	412
SJL₁-50/10	222	1128	1161	384	SJ-20/10	220	600	705	425
SJL₁-63/10	255	1390	1415	446	SJ-30/6	250	850	946	445
SJL₁-80/10	305	1730	1750	414	SJ-30/10	300	850	990	465
SJL₁-100/10	349	2060	2071	439	SJ-50/6	350	1325	1440	422
SJL₁-125/10	419	2430	2450	466	SJ-50/10	440	1325	1520	430
SJL₁-160/10	419	2855	2815	561	SJ-100/6	600	2400	2580	620
SJL₁-200/10	577	3660	3632	577	SJ-100/10	730	2400	2690	685
SJL₁-250/10	676	4075	4086	604	SJ-180/6	1000	4000	4300	581
SJL₁-315/10	785	5050	5018	639	SJ-180/10	1200	4100	4560	581
SJL₁-400/10	930	5960	5925	673	SJ-10/6	1600	6070	6600	633
SJL₁-500/10	1085	7119	7055	868	SJ-320/6	1900	6200	6970	633
SJL₁-630/10	1320	8420	8376	750	SJ-320/10	2500	9400	10230	731
SJL₁-800/10	1670	11750	11541	888	SJ-560/10	4100	11900	13750	817
SJL₁-1000/10	2030	13280	13167	836	SJ-750/10				

2. 变压器室的允许温度

目前国产变压器,一般要求环境温度最高不超过 40℃。考虑地下工程特点,变压器

室的温度可取 35℃,变压器室的排风温度通常不超过 40℃。

3. 变压器室的通风设计原则

(1)变压器室一般都是利用通风来消除余热,室内进风和排风温差不超过 15℃。

(2)变压器容量在 315kVA 以下,应尽量采用自然通风方式。自然通风常采用百叶窗,从房间下部进风,上部排风,如图 3 - 13 所示。

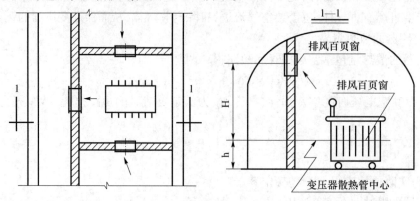

图 3 - 13 变压器室自然通风布置

(3)变压器容量在 315 ~ 630kVA 时,若自然通用不能满足要求,则可采用机械通风,通常采用轴流风机、排风扇等。从房间下部(或一侧)自然进风,从房间上部(或另一侧)机械排风。如图 3 - 14 所示。

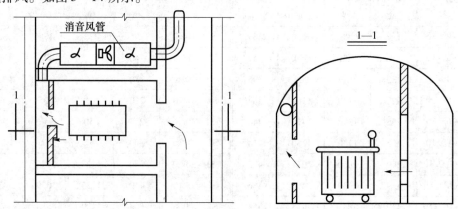

图 3 - 14 变压器室机械排风

(4)对变压器容量在 630kVA 以上的变压器室通风,必要时可考虑设置局部冷却设备。但应设在单独小间内,不能放在变压器室内。

(5)变压器室内不得设置通风、冷却设备和调节阀门。变压器上部不得设通风管道。进、排风管上应装设防火阀门。

(6)所设风管、风口等应符合电气安全距离的要求。

4. 自然通风系统的设计计算

(1)通风量的确定:

$$L = \frac{Q}{0.24 \times \Delta t \cdot \bar{r}} \quad (\text{m}^3/\text{h})$$

式中:Q 为变压器的散热量,(kcal/h),可查表 3 - 12;Δt 为进风与排风的温差,℃;$\bar{r}$ 为室内空气的平均容重,kg/m³;

$$\bar{r} = \frac{r_1 + r_2}{2}$$

r_1 为进入空气的容重,kg/m³;r_2 为排出空气的容重,kg/m³。

（2）进排风温度不同时,产生的热压:

$$\Delta h = H(r_1 - r_2)$$

式中:H 为变压器中心离排风口中心的高度,m;r_1、r_2 分别为进风和排风空气的容重,kg/m³。

（3）空气流动阻力 $\Delta h'$:

$$\Delta h' = \xi_{进} \frac{r_1 V_{进}^2}{2g} + \xi_{变} \frac{\bar{r} V_{变}^2}{2g} + \xi_{排} \frac{r_2 V_{排}^2}{2g}$$

空气流经变压器时,阻力很小,可以忽略不计。当进排风口面积相差不多时,$V_{进} = V_{排} = V$,则

$$\Delta h' = (\xi_{进} \cdot r_1 + \xi_{排} \cdot r_2) \frac{V^2}{2g}$$

式中:$\xi_{进}$、$\xi_{排}$ 分别为进风口和排风口的局部阻力系数,可查有关资料得到。一般对于百叶窗,当有效面积 F_0 与毛面积 F 之比等于 0.6 时,$\xi_{进} = \xi_{排} = 2$,因此有

$$\Delta h' = 4 \cdot \frac{\bar{r} V^2}{2g}$$

（4）确定空气流经风口的速度:进排风温度不同时,产生热压用来克服空气流经进风与排风百叶窗的局部阻力。因此有

$$H(r_1 - r_2) = 4 \cdot \frac{\bar{r} V^2}{2g}$$

$$V = \sqrt{\frac{H(r_1 - r_2)g}{2\bar{r}}}$$

（5）确定进、排风口的有效面积:

$$F_0 = \frac{L}{V}$$

（6）确定进、排风口的毛面积:

$$F = \frac{F_0}{0.6}$$

例:已知某变压器室安装 S1L1—125/10 变压器一台。采用自然通风,进排风百叶窗的布置如图 3 - 15 所示,进风温度为 30℃,求当窗高 3m 时百叶窗的面积。

解:（1）查表 3 - 12,变压器的散热量为:

$Q = 2450$kcal/h;散热管中心距地面高度为:$h = 0.466$m ≈ 0.5m。

（2）根据变压器室的通风原则,设排风温度为 40℃,则

$$t_1 = 30℃ , r_1 = 1.165\text{kg/m}^3$$

$$t_2 = 40℃ , r_2 = 1.128\text{kg/m}^3$$

$$\bar{r} = \frac{1.165 + 1.128}{2} = 1.146 \, (\text{kg/m}^3)$$

（3）求通风量：

$$L = \frac{Q}{C_P \cdot \bar{r} \cdot \Delta t} = \frac{2450}{0.24 \times 1.146 \times 10} = 890 \quad (\text{m}^3/\text{h})$$

（4）求空气流经窗口的流速：

$$H = 3 - 0.5 = 2.5 \, (\text{m})$$

$$V = \sqrt{\frac{H(r_1 - r_2)g}{2\bar{r}}} = \sqrt{\frac{2.5 \times (1.165 - 1.128) \times 9.8}{2 \times 1.146}} = 0.63 \, (\text{m/s})$$

（5）求进、排风口的有效面积：

$$F_0 = \frac{L}{V} = \frac{890}{0.63 \times 3600} = 0.39 \, (\text{m}^2)$$

（6）求进、排风口的毛面积：

$$F = \frac{F_0}{n} = \frac{0.39}{0.6} = 0.65 \, (\text{m}^2)$$

因此，可用 $0.82\text{m} \times 0.8\text{m}$ 风口。

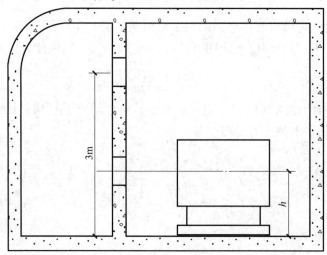

图 3 – 15　百叶窗布置

3.2.7　蓄电池室的通风系统

蓄电池充电时，会产生氢气和硫酸雾。氢气超过一定浓度（4.2% 体积百分比）会发生爆炸，硫酸雾对人体健康有影响，对设备有腐蚀。因此蓄电池室的通风主要是排除氢气和硫酸雾等有害气体。

1. 蓄电池室有害气体的浓度标准

氢气的最大浓度为 0.7%（体积比），隔绝式通风时不超过 2.5%（体积比）。硫酸雾的最大允许浓度为 0.002mg/L。

2. 通风量的确定

蓄电池充电时，产生氢气和硫酸雾的多少与蓄电池的形式（敞开式还是封闭式）、蓄电池的容量(A·h)、工作情况(浮充还是强充)等因素有关,因此通风量也与这些因素有关。

(1)敞开式蓄电池。硫酸雾发生量

$$M = nPF$$

式中:n 为蓄电池个数;P 为充电时每平方米电解液表面散出的硫酸雾量,强充 $P = 650mg/(m^2 \cdot h)$,浮充 $P = 6mg/(m^2 \cdot h)$;F 为每个蓄电池的电解液表面积,m^2。

排除硫酸雾所需风量为

$$L_{雾} = \frac{nPF}{0.02 \times 1000} (m^3/h)$$

氢气发生量为

$$V_H = 0.44 \sum In \quad (L/h)$$

式中:I 为充电电流(A),强充 $I = N/10$,浮充 $I = N/800$,其中 N 为每个蓄电池的容量,(A·h)。

排除氢气所需风量:

$$L_{氢} = \frac{0.44 \sum In}{0.7\% \times 1000} = 0.063 \sum In \quad (m^3/h)$$

通常 $L_{雾} > L_{氢}$。

(2)封闭式蓄电池。对于封闭式铅蓄电池,防止硫酸雾逸出的问题已经解决,但在充电时氢气仍然在逸出,因此蓄电池室的通风量按排除氢气来确定,即

$$L_{氢} = 0.063 \sum In$$

隔绝式通风时,不能排风。此时尽量采用浮充电方式,以减少蓄电池室的氢气。随着隔绝时间的延长,室内氢气的浓度会越来越高。隔绝式通风时室内氢气浓度可按下式计算:

$$A = \frac{Z \cdot V_H}{1000V} \quad (\%)$$

式中:V_H 为氢气发生量,$V_H = 0.44 \sum In(L/h)$;Z 为隔绝式通风时,蓄电池充电时间,h;V 为蓄电池室的有效空间体积,m^3。

一般要求 A 应小于 2.5%,若超过此值,又不能解除隔绝式通风方式,可以利用 CQ—1 型消氢器进行消氢,来降低室内氢气浓度。

3. CQ—1 型消氢器

(1)消氢器的作用、原理与构造。H_2 和 O_2 可以生成水,但要在点燃温度下,才能发生化合反应。而通过触媒剂(即催化剂)可以使它们在低于氢氧燃烧化合的点燃温度下,化合成水(H_2O)。这种触媒可采用氯化钯,它对氢气有强烈的吸附作用,使被吸附的氢在性质上发生变化。当氢气在触媒剂表面与氧气接触,并满足其化合所需温度时即按下列化学反应进行:

$$2H_2 + O_2 \rightarrow 2H_2O + 热\uparrow$$

如不间断地保证温度条件,则触媒促进 H_2 和 O_2 化合的反应也是不间断的。

CQ—1 型消氢器的结构如图 3-16 所示。

蓄电池室内的空气,在加热器 8 的作用下,形成对流,从箱盖 3 侧的百叶窗进入消氢器空气中的 H_2 在触媒盘上与空气中的 O_2 化合反应生成水 H_2O,消了氢的空气从箱体 1

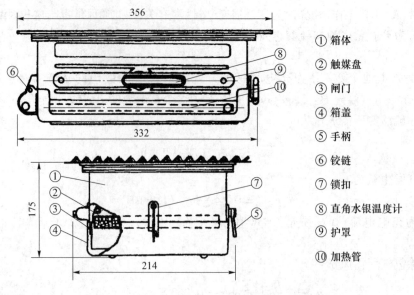

图 3 - 16　CQ—1 型消氢器

① 箱体
② 触媒盘
③ 闸门
④ 箱盖
⑤ 手柄
⑥ 铰链
⑦ 锁扣
⑧ 直角水银温度计
⑨ 护罩
⑩ 加热管

两侧的百叶窗回到房间内,如此不断地循环,就能降低蓄电池室中氢的浓度。

(2) 消氢器的性能。每台 CQ—1 型消氢器处在含氢浓度为 4% 的环境中时,其消氢能力小于 260L/h;处在含氢浓度为 2.5% 的环境中时,其消氢能力为 140L/h。

消氢器所用电源,可以为直流也可以为交流(50Hz)。

消氢器的电加热器由两根丝组成,可以串联,也可以并联。串联时电压可为 220V,并联时电压可为 110V。每根电阻丝的耗电功率为 90W(±10%)。

(3) 消氢器的选择。工程设计中,消氢器的消氢能力可按每台 140L/h 计算(即含氢浓度为 2.5% 时的消氢能力)。

蓄电池室的氢气发生量为

$$V_H = 0.44 \sum In$$

由于消氢器只是在隔绝式通风的情况下才能使用,其他情况下(清洁式、滤毒式)氢气由排风带出,所以式中的充电电流应为浮充电流。

所需消氢器的台数为

$$n = \frac{V_H}{140}$$

(4) 安装使用与维护。CQ—1 型消氢器是连续消氢的固定式装置,使用时按仪器底板上 4 只通孔,用附件螺钉将仪器按图 3 - 16 紧固于工作室的顶部,参阅图 3 - 17 的安装尺才。

使用仪器时,为了免使触媒盘污染、沾油,操作者必须戴上洁净手套,仔细装入仪器内后要把箱盖关闭。然后使加热器与电源接通,仪器则投入工作。

如停用时,先将电源断开,使仪器冷却,仔细取出触媒盘。若较长时间不使用时,应放置原包装盒内妥存。

在维护中应注意如下几点:

① 加热器绝缘电阻受潮后会变小,当 $R < 1M\Omega$ 时,可将全套仪器置于 80 ~ 100℃ 的

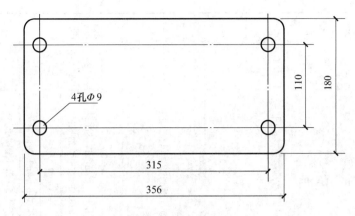

图 3 – 17　安装尺才

烘箱中烘干后再使用。

　　② 在仪器使用环境中,严禁有氯、硫化氢等气体存在,以免触媒中毒。

　　(5) 蓄电池通风设计的原则。

　　① 长期使用的大容量蓄电池室应设置独立的排风系统。当蓄电池室的排风量不大时,其排风系统可与工程内的总排风系统合并。

　　② 蓄电池室设独立的排风系统,其风机和风管应选用塑料风机和塑料风管。如果选用铁皮风管,内表面应进行防酸处理。

　　当蓄电池室的排风系统与工程总排风系统合并时,风机和由蓄电池室排风所通过的风管内表面应作防酸处理。

　　③ 蓄电池室必须负压排风,套间进风,并设置自动排气活门和手动密闭阀门进行控制,如图 3 – 18 所示。蓄电池室内不得安装风机和电动机。

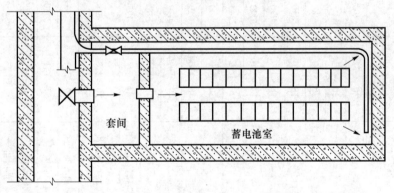

图 3 – 18　蓄电池室通风系统示意图

　　④ 蓄电池室内的排风管不宜装在蓄电池的上方。排风口应布置在蓄电池组集中的部位,通常下部排除总风量的 2/3,上部排除总风量的 1/3,室内最高点至少应有一个排风口。

3.2.8　通风机与风管

　　通风系统的主要设备是通风机和风管。

　　通风机应根据气流性质、所需风量、风压等参数选用国家成套定型产品。常用通风机的性能参数和用途见表 3 – 13。

表 3-13 通风机性能及用途

类别	型号	名称	全压范围 P_{ck} /mmH₂O	风量范围 L /(m³/h)	功率范围 /kW	输送介质最高允许温度 ≤t /°C	主要用途	备注
一般离心通风机	4—72—118		20~324	991~227500	1.1~210	80		
	4—62—11		20~402	510~185000	1.1~210	50		淘汰产品
	4—62—101		20~400	600~185000	1.0~5.5	80		
	T4—72	离心通风机	18~320	850~14620	0.75~11.0	80	国防工程通风换气常用	代替 QDG
	4—79		18~340	990~17720	0.75~15.0	80		代替 HDG
	QDG		13~330	2090~167000	0.6~240	80		
	HDG		6~152	2243~199800	0.8~130	80		淘汰产品
高压离心通风机	8—18—101		350~1700	600~50000	1.7~410	80		
	8—18—11	离心通风机	348~1500	619~12250	1.5~100	80	国防工程过滤通风系统用	
	8—18—12		348~1690	619~48800	1.5~410	50		
	9—27—12		388~1245	1485~83100	4.0~570	50		
防爆离心通风机	11—74	低噪声离心通风机	15~76	495~22700	0.04~10	空调设备配套用		
	B4—72—11	防爆离心通风机	20~277	991~77500	1.1~75		用于产生易挥发性气体的油库、蓄电池通风换气用	
	B4—62—11	防爆离心通风机	20~252	510~59500	1.1~55			
锅炉离心通风机	Y4—70—11	锅炉引风机	67~141	2430~14360	3.0~7.5	250	用于1.5~4t/h 蒸汽锅炉	
	ACLF—305	离心通风机	6~75	1000~5450	1.5	50	用于1.5~2t/h 锅炉配套	
	2T—H	铝炉风机	80	3100		65	用于锅炉送风及一般换气	铝制叶片
船用离心通风	120型	离心通风机	25~35	100~600	0.06~0.07		用于防止潮气侵蚀的地方	
	CQ型		30~450	400~12000	0.8~10	50		

（续）

类别	型号	名称	全压范围 P_{ck} /mmH$_2$O	风量范围 L /(m³/h)	功率范围 /kW	输送介质最高允许温度 ≤t /℃	主要用途	备注
手摇电动两用	300型	手摇电动两用通风机	106	300	0.6		人防通风换气用	
	PB-49		85	300	0.25			
塑料通风机	4-72-11	塑料离心通风机	20~141	991~55700	1.1~30	60		
	4-62-11		25~130	2500~11000	1.7~4.5	60	用于防腐，防爆工程排风换气	
	4-62-1		13~130	1000~2000	1.0~4.5	50		
	管塑-AB		10~130	576~20000	0.6~4.5	45		
	管塑-A		20~150	510~13000	1.0~5.5	45		
	管塑-B		30~90	6000~23000	4.5~7.5			
	ZS653		20~235	500~23000	1.0~10	50		
轴流通风机	30K4-11	轴流通风机	2.6~51.6	550~49500	0.09~10	45	国防工程通风换气常用	
	03-11		2.6~51.6	890~49500	0.25~10	45		
	T30K1-14"A"		4.0~34	890~46700	0.6~7.5			
	T30K1-11"D"	长轴轴流通风机	2.9~29.2	890~17100	0.25~2.8			
	30K4-11		2.5~39	675~48000	0.09~7.5			
	B30K1-11	防爆轴流通风机	3.8~20.5	1820~19000	0.6~3.0		排含有爆炸或易燃气体空气	
	40L1-11		3.5~25	800~14500	0.05~2.8			
	50A11-11	轴流通风机	2.8~69.3	19400~184000	1.5~30		空调或一般厂房换气	
	50A11-12		27.5~92.1	39700~272000	10~100			静压（H_j）
	50B1-11		16~44	15300~111000	3~30			

风管的选用与通风机相同,要根据风量、风压、使用场合等因素确定。风管分为圆形和矩形两种,风管材料一般有铁皮和塑料两种,其规格见表 3-14 和表 3-15。一般通风系统的常用风速见表 3-15,矩形通风管道规格见表 3-16。

风管风量计算公式如下:

圆形风管风量

$$L_{圆} = 3600\,\frac{\pi}{4}d^2V \quad (\mathrm{m^3/h})$$

式中:d 为风管内径,可由表 3-14 查出,m;V 为风速,m/s。

矩形风管风量

$$L_{矩} = 3600abV \quad (\mathrm{m^3/h})$$

式中:a 为矩形风管长边内尺寸,m;b 为矩形风管短边内尺寸,m。

计算时还要考虑粗糙程度的阻力,这里不再一一介绍。

表 3-14　圆形通风管规格

外径 D/mm	钢板制风管		塑料风管		外径 D /mm	钢板制风管		塑料风管	
	外径允 许偏差 /mm	壁厚/mm	外径允 许偏差 /mm	壁厚/mm		外径允 许偏差 /mm	壁厚/mm	外径允 许偏差 /mm	壁厚/mm
100	±5	0.5	±0.1	3.0	500	±5	0.75	±1	4.0
120					560				
140					630		1.0		
160					700				5.0
180					800				
200					900				
220					1000			±1.5	
250					1120				
280					1250		1.2		
320		0.75			1400				6.0
360				4.0	1600				
400					1800		1.5		
450					2000				

表 3-15　一般通风系统常用风速

风道名称		干管/(m/s)	支管/(m/s)
口部通风管道		8~10	4~6
空调 通风 管道	噪声评价曲线 N20—30	3~4	2
	噪声评价曲线 N30—45	4~6	3
	噪声评价曲线 N45—65	6~8	4
混凝土、砖砌风道		4~10	2~6
诱导高速、通风管道		15~20	8~15

64

表 3-16　矩形通风管道规格

外边长 a×b /mm×mm	钢板制风管 外边长允许偏差/mm	壁厚/mm	塑料风管 外边长允许偏差/mm	壁厚/mm	外边长 a×b /mm×mm	钢板制风管 外边长允许偏差/mm	壁厚/mm	塑料风管 外边长允许偏差/mm	壁厚/mm
120×120					800×320				
160×120					800×400				
160×160		0.5			800×500		1.0		5.0
200×120					800×630				
200×160					800×800				
200×200					1000×320				
250×120					1000×400				
250×160					1000×500				
250×200					1000×630				6.0
250×250				3.0	1000×800				
320×160					1000×1000				
320×200			-2		1250×400				
320×250					1250×500		1.2		
320×320	-2				1250×630				
400×200		0.75			1250×800	-2		-3	
400×250					1250×1000				
400×320					1600×500				
400×400					1600×630				
500×200					1600×800				
500×250					1600×1000				
500×320				4.0	1600×1250				8.0
500×400					2000×800				
500×500					2000×1000				
630×250					2000×1250				
630×320									
630×400		1.0	-3						
630×500									
630×630				5.0					

3.3　地下工程柴油电站的排烟系统

柴油发电站排烟系统的任务是:将燃油在柴油机汽缸内燃烧后所产生的高温废气从机房或地下工程内排出。由于废气具有高温(400～600℃)、高速(烟气流速约为20～30m/s)的特点,给排烟系统的设备提出了许多要求,例如保温(不让烟管热量散发到机房内)和消音问题。

另外,在地下工程内的柴油电站中,还要有"三防"要求,例如消除冲击波,排烟口伪装等问题(地面柴油发电站或民用电站则较为简单)。本节主要针对地下工程柴油电站介绍排烟系统的设计原则、设备选择、消波和保温方法及烟管的敷设要求。

3.3.1　排烟消波系统

国防工程中电站的排烟系统必须具有一定的防护能力,以保证在核武器袭击时仍能正常工作。柴油机排烟系统的允许余压值,应根据工程的重要性和负荷对电源稳定性的要求参考表 3-17 选用。设计时,一般冲击波余压按 $0.9kg/cm^2$ 考虑。

表 3-17　冲击波余压对柴油发电机的影响

冲击波余压 /(kg/cm^2)	冲击波作用时间/s	对柴油机运转的影响	对发电机输出的影响	备 注
≤0.9	0.5	无	无	适用于用电要求较高的工程
2	2	转速瞬时(1~2s)降低 10%~15%	输出电压瞬时(1~2s)下降30%左右	不致停电,仍能供电,适用于一般要求不间断供电的工程
3	2.5	转速瞬时(1~2s)有较大降低,一般为 25%~30%	输出电压在瞬时(1s~2s)产生较大降低,在60%~75%	一般不会停机,但电压产生较大的降低可能使磁力起动器脱扣,适用于用电要求不高的工程

目前工程中排烟消波系统有活门+扩散室系统和活门+活门+扩散室系统两种。其中活门+活门+扩散室系统用在抗力 $36kg/cm^2$ 及其以上的工程中。活门采用悬摆式活门或压板式活门。悬摆式活门消波率为 75%~85%,压板式活门消波率为 83%~95%。

3.3.2　排烟系统设计要求

(1) 当电站机房设置多台柴油机组时,各机组的排烟应合并成一根干管或排烟道,经消波系统引向工程外部,组成独立的排烟系统。排烟管路应尽量顺直、减少弯头和附件,有条件时宜打筑斜井或竖井排烟。排烟系统的总阻力不应大于 $300mmH_2O$。柴油机排烟管出口与排烟支管连接处,宜采用柔性连接。支管上一般装设排烟阀门。

(2) 排烟管引入工程外部时,应隐蔽伪装,防止向工程内部倒烟,并考虑防冲击波破坏堵塞、防雨水和扩散消烟等措施。

(3) 排烟管应选用耐热、防腐和具有一定强度的管材,管壁厚度应根据抗冲击波允许余压值和防腐蚀要求确定。电站机房至消波装置的排烟管,应尽量架空明设。埋在被覆外的排烟管,应在方便的部位设置清扫孔。排烟管应不小于 0.5% 的坡度,并在每段最低点设置排污阀门。

(4) 排烟管必须采取防热措施,表面温度不超过 60℃,隔热材料应根据就地取材的原则,选用导热系数小、价格低、强度高、便于施工的材料。排烟管的直线段应考虑温度补偿,并尽量利用自然补偿。

3.3.3　排烟管的敷设方式

柴油机排烟管道通常有架空敷设和地沟敷设两种方式。架空敷设又可分为水平架空和垂直架空,如图 3 - 19 所示。

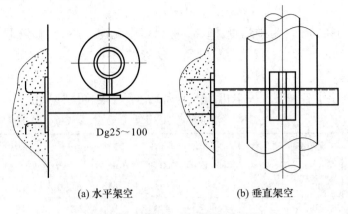

(a) 水平架空   (b) 垂直架空

图 3 - 19 柴油机排烟管架空敷设

这种敷设方式的优点是:烟管转弯少,管道短,阻力小,有利于柴油机运行。其缺点是:占用空间使布置不整齐,增加室内散热量。垂直架空敷设方式存在消音器支撑困难和需要房顶开洞的缺点,因此,垂直架空敷设很少采用。

地沟敷设方式如图 3 - 20 所示。在地下工程中还有采用被覆层外敷设的方式,如图 3 - 21 所示。

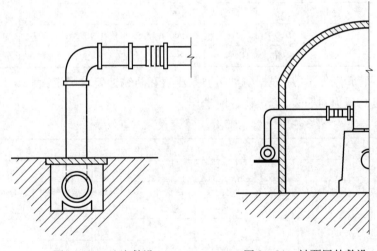

图 3 - 20 地沟敷设   图 3 - 21 被覆层外敷设

这两种敷设方式的共同优点是:机房空间布置整齐,室内散热量小。其缺点是:管道长且转弯多,使排烟阻力增大。特别是地下工程中烟管较长,阻力更大,影响柴油机出力。若管路不太长,如地面电站和坑道的口部电站等,由于转弯所引起的排烟阻力对柴油机出力影响不大,也常采用地沟敷设方式和被覆层外敷设方式,以利减少机房热量。

3.3.4 排烟系统设备的选择

排烟系统设备包括烟管、阀门、法兰、温度补偿器、防雨帽等。

1. 排烟管

(1) 排烟管管径选择,一般可按下式计算:

$$d = \sqrt{\frac{4G}{3600\pi W \cdot \gamma_t}}$$

式中:d 为烟管内径,m;G 为排烟量,kg/h;W 为烟气流速,m/s,支管按 $W=20\sim25$m/s,母管按 $W=8\sim15$m/s 考虑;γ_t 为烟气比重。支管按 400℃,$\gamma_{400}=0.535$,母管按 200℃,$\gamma_{200}=0.761$ 考虑。

表 3-18 列出了各种柴油发电机组排烟管配管管径表,可供选用。

表 3-18 柴油机与排烟管配管管径表

机组型号	额定功率/kW	进气量/(m³/h)	排烟量/(m³/h)		支管管径/mm	母管管径/mm			
			400℃	200℃		2台	3台	4台	5台
SC40AZ	40	306	715	502	108	219	219		
50HD	50	285	668	470	108	219	219	273	
GC50KH	50	306	715	502	108	219	219	273	
1—60	60	347	810	568	108	219	219	273	
SC64AZ	64	459	1070	752	133	273	273		
GC75KH	75	459	1070	752	133	273	273	325	377
1—75Z—1	75	459	1070	752	133	273	273	325	377
1—84	84	516	1207	845	159	273	273	325	
8—120A	120	516	1220	856	159	273	325	377	
8C—120BG	120	920	2140	1500	159 二根	325	377	426	
D200KW—T	200	1350	3130	2200	219	377	478	529	630

(2)排烟管管壁厚度,应根据防冲击波余压值和防锈蚀要求确定,表 3-19 列出了排烟管管壁厚度与压力对照表,可供设计时选用。

表 3-19 排烟管管壁厚度及承受压力对照表

	管壁厚度/mm							
冲击波压力/kg	3~6		12		24		36	
敷设方法 / 烟管外径/mm	地沟及明敷	被覆外敷设	地沟及明敷	被覆外敷设	地沟及明敷	被覆外敷设	地沟及明敷	被覆外敷设
89	3	4.5	3	4.5	3	4.5	4	5
108					4	5	4	5
133					4	5	5	6
159					4.5	6	5.5	7
219			4	5	5	6	7	8
273					6	7	7	8
325			4.5	6	7	8	8*	8*
377	4	5	5	6	8	8*	8*	8*
426			5	7	8*	8*		
478			5.5	7	8*			

* 根据抗力计算采取加强措施

68

考虑到防止烟管的锈蚀,当烟管管径≤150mm 时可选用钢管或铸铁管;当管径≥200mm 时选用焊接钢管,表3-20 列出了几种管材的规格。对大型电站,可采用排烟通道。

表 3 - 20　管材规格表

公称直径 Dg/mm	1 1/2″	2″	2 1/2″	3″	4″	5″	6″
外径×壁厚 $D_H \times S$	48×3.5	60×3.5	75.5×3.75	88.5×4	114×4	140×4.5	165×4.5
重量/(kg/m)	3.84	4.88	6.64	8.34	10.85	15.04	17.81
公称直径 Dg/mm	125	150	200	250	300	350	400
外径×壁厚 $D_H \times S$	133×4	159×4.5	219×3	273×4.5	325×4.5	377×4.5	426×6
重量/(kg/m)	12.75	17.15	15.98	29.7	35.6	41.3	62.2
公称直径 Dg/mm	450	500	600	700	800	900	1000
外径×壁厚 $D_H \times S$	478×6	529×6	630×6	720×6	820×6	920×6	1020×6
重量/(kg/m)	69.8	77.4	92.3	105.7	120.5	135.2	150

注:6″以下为水煤气输送钢管,ϕ200 以上为直缝卷焊钢管,其余为无缝钢管

2. 阀门

排烟管上的阀门应根据受冲击波余压的 2 倍及排烟温度选择,其密闭圈应为铸铁或不锈钢制成,常用的国产阀门规格见表3-21,一般可选用 Z$_{44}$W—10 型,明杆平行双闸板闸阀。

表 3 - 21　常用国产阀门规格表

阀门名称	型号	最高介质温度/℃	工作压力 (kg/cm²)	试验压力	公称直径 Dg/mm
明杆平行双闸板闸阀	Z44W—10	225	10	16	
明杆楔式双闸板闸阀	Z41H—16C	425	16	24	
明杆楔式双闸板闸阀	Z41H—25	425～450	25	38	40,50,65,80,100,125,150,200,250,300,350,400
明杆楔式双闸板闸阀	Z41H—40	425～450	40	60	
明杆楔式双闸板闸阀	Z41H—64	450	64	96	

3. 法兰

法兰的工作压力与阀门的工作压力相同,选用标推法兰,其垫片选用 1.5～3mm 厚的石棉板并涂以黑铅粉。

4. 排烟管温度补偿

柴油机在运行以后,排烟管受膨胀的补偿方法有:

(1) 排烟管终端做成滑动固定,利用其自由伸缩来进行补偿。

(2) 当烟管弯头较多、角度较大时,可利用弯头的夹角变化来补偿。

(3) 排烟管道直线段较长的可装设三波补偿器、套管补偿器或波纹管来进行补偿。三波补偿器可不经常检修,但承受压力较小,装设于不受冲击压力直接作用的管段;套管补偿器可承受较大压力,但需经常检修以保证其严密性,可装于受冲击压力直接作用并便于检修的管段;波纹管是较理想的温度补偿装置,它是一种具有横向波纹的圆柱形薄壁壳体,在载荷的作用下,可获得较大的轴向位移和角位移。表3-22 和表3-23 列出了三种补偿器的参数,供设计时选用。

表 3－22　波纹管参数表(单位:mm)

排烟公称直径	波纹管型号	波纹管							套管		法兰盘	
		外径	公称内径	壁厚(单层)	最多波数	总长	单波轴向位移	最大耐压/(kg/cm²)	管径	公称内径	螺栓孔	外径
100	2AG－125×98×0.4+90											
125	2AG－160×127×0.4+115	125	98	0.4	12	157	±1.2	3	90	98	4φ18	205
150	2AG－125×98×0.4+90	160	127	0.4	13	250	±1.44	3	115	127	8φ18	235
200	2AG－210×164×0.4+150	210	164	0.4	11	310	±2.4	3	150	164	8φ18	260
250	2AG－250×211×0.4+200	250	211	0.4	10	246	±1.8	3	200	211	8φ18	315
300	2AG－320×262×0.4+250	320	262	0.4	8	283	±2.6	3	250	262	12φ18	370
350	2AG－370×324×0.4+310	370	324	0.4	10	346	±2.9	3	310	324	12φ23	435
400	2AG－400×352×0.4+340	400	352	0.4	9	343	±3.1	3	340	352	12φ23	485
450	2AG－460×400×0.4+390	460	400	0.4	7	321	±3.1	3	390	400	12φ23	535
500	2AG－530×478×0.4+460	530	478	0.4	6	324	±4	3	460	478	12φ23	590
630	2AG－560×503×0.4+490	560	503	0.4	8	355	±3.6	3	490	503	16φ23	640
	2AG－660×600×0.4+590	660	600	0.4	8	355	±3	3	590	600	20φ25	755

表 3－23　补偿尺寸表(单位:mm)

公称直径	管外径	三波补偿器			套管伸缩节		
Dg	Dg	外径	长度	补偿量	外径	长度	补偿量
100	108	356	270	30	185	850	250
125	133	381	270	30	212	850	250
150	159	406	270	30	248	1100	300
200	219	456	270	30	338	1230	300
250	273	508	420	21	390	1230	300
300	325	568	420	21	442	1230	300
350	377	618	420	21	490	1230	300
400	426	668	420	21	552	1450	400
450	478	718	420	21	606	1450	400
500	529	768	420	21	678	1515	400

烟管在各种温度下的伸长见表 3－24。

表 3－24　烟管在各种温度下伸长量

烟管工作温度/℃	100	200	300	400
管道伸长量/(mm/m)	0.96	2.16	3.36	4.56

5. 防雨帽

排烟竖井露出地面不宜大高,以 80cm 左右为宜,应加装防雨帽,同时应考虑在冲击波作用时防雨帽被破坏不致堵塞管口。

3.3.5 排烟管的保温

柴油发电机运行时,排烟管将散发大量的热能,这些热能散到机房内或通道中,将使机房和通道的空气温度升高,甚至使地下工程内的附近房间温度也升高。这样对机组的运行和人员的操作都是不利的,也将给电站降温系统增加负担。为此,对排烟管道必须作保温处理。

常用地面柴油发电站通常也要对排烟管道作保温处理。只有对那些小型柴油电站,通风条件良好、运行时间较短的备用发电站,可以不进行保温处理,但也要对地面和低空的烟管进行拦挡,防止烫伤人员。

进行保温处理时,选用保温材料应就地取材,并尽量选用导热系统较小的材料。

常用柴油发电机组在额定负荷运行时其排烟温度见表 3 – 25。

常用保温材料性能见表 3 – 26。

表 3 – 25　柴油发电机组的排烟温度

机 组 类 型	额定功率/kW	排烟温度/℃	备　注
285	7.35	460	
6160A	110	380	
6250	243	450	
1105	7.35	350	
4135ZG	88	540	带增压器
6135ZG	140	540	带增压器
12V135Z	280	550	带增压器
12V180Z	735	420 ~ 520	带增压器

表 3 – 26　保温材料性能表

名称		容重/(kg/m³)	导热系数 λ /(kcal/m·h·℃)	安全使用温度/℃	抗压强度/(kg/cm²)
玻璃纤维制品		100 ~ 160	0.03 ~ 0.05	400 以下	
硅石制品	500#	<500	$0.075 + 0.00018t_{cp}$	600	
	600#	<600			
硅藻土制件		≤450	$0.09 + 0.00018t_{cp}$		4
矿渣棉制件品		130 ~ 250	0.0350.06	800	1 ~ 2
石棉灰		245	$0.112 + 0.00016t_{cp}$		

当采用玻璃纤维制品、硅石制品、硅藻土制件进行保温时,应将这些制品加工成瓦状管壳,呈半圆或 1/4 圆形,然后用 16# 镀锌铁丝将其绑扎到烟管上。绑扎要求每块制品不少于两处,不允许连续缠绕绑扎,绑扎好后再用保温材料将缝隙填实抹平,最后磨光涂油漆。图 3 – 22 为烟管保温层示意图。

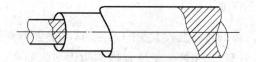

图 3 – 22 排烟管保温措施示意图

3.3.6 排烟管的敷设要求

（1）为了便于安装维护和检修,排烟管尽可能采用明设,尽量少在或不在被覆侧墙外预埋敷设。

（2）排烟管在地沟内敷设时,地沟尺寸不能太小,以便于安装和检修。为减少排烟管保温层施工时的工程量,若在不可能积水的地沟内敷设时,可将保温隔热材料在排烟地沟中塞填、压实,但需采用有一定防潮性能的隔热材料,如石棉灰、矿渣棉等。

（3）排烟管敷设时应有 0.5% 以上的坡度,在排烟管最低点设置放水阀,并设一放水管与建筑排水沟相连,以便排除管内积水。放水阀可采用 $Z_{44}W - 10$、Dg50 的闸阀。

（4）排烟管敷设时应便于清除烟管内的积灰。

（5）为了缩短烟管长度,减少排烟阻力,可根据工程情况采用由机房拱顶垂直或倾斜打竖井的排烟方式。

（6）排烟管阀门安装不宜太高,以方便操作。

（7）排烟支管与柴油机排气管连接时最好采用软接头连接,以免机组运行时造成机组和烟管的机械性损坏。

（8）排烟支管与排烟母管连接时可采用斜接(交角 45°)异径或等径三通以减少排烟阻力。排烟管敷设时尽量减少弯头和尽量沿最短路径敷设。

（9）排烟管在敷设前排烟管内外应除锈并用高温防腐漆作防腐处理。

（10）排烟管支撑一般可采用预埋角钢或混凝土支墩,其间距当排烟管直径小于150mm 时为 4 ~ 5m,直径大于 200mm 时为 5 ~ 7m。当设有补偿器时,在两个补偿器之间适当位置(考虑每个补偿器所担负能力计算)设一固定支架和若干个滑动支架。当设有烟加热水器时,在烟加热水器两侧应设置支架和混凝土支墩。在拱顶敷设时可采用吊架安装,需在被覆施工时根据烟管直径大小和重量荷载预埋 $\phi 8 \sim \phi 18$ 钢筋头,其间距与角钢或混凝土支撑相同。

（11）排烟管的连接通常采用焊接,也可以采用法兰连接,法兰连接时要适当密闭处理,防止漏烟。

（12）排烟管进消波室的标高,其管壁应高于消波室地面 20cm;排烟管进排烟竖井的标高,其管下应高于竖井地面 50cm。

练习题

1. 地下工程柴油电站通风的任务是什么?
2. 简述柴油电站通风系统操作表。

3. 电站机房的余热计算方法是什么?

4. 某地下电站机房内配置两台 6135D 型柴油机带 75kW 发电机的机组。机房的建筑平断面尺寸如图 3 – 5 所示。已知岩石的导温系数 $\alpha = 0.00245 m^2/h$,导热系数 $\lambda = 1.1 kcal/(m \cdot h \cdot ℃)$。岩石温度为 18℃。机房内操作人员 2 人,照明标准 15W/m^2,求电站机房的余热量。

5. 已知某变压器室安装 S1L1—125/10 变压器一台。采用自然通风,进排风百叶窗的布置如图 3 – 15 所示,进风温度为 30℃,求当窗高 5m 时百叶窗的面积。

6. 地下工程柴油电站排烟系统设备包括哪些?

7. 排烟管的敷设要求有哪些?

第4章 地下工程柴油电站的给排水系统

为了保证柴油发电站的正常运行,必须设置给排水系统来保证电站设备和其他用水。地面柴油发电站通常只考虑柴油机的冷却用水和人员的生活用水,因此,地面柴油发电站的给排水系统都比较简单。有些小型地面电站的机组采用闭式循环的的冷却系统,使电站的给排水系统更为简单,甚至不设置该系统。本章主要讨论地下工程柴油电站的给排水系统。

地下工程柴油电站的给排水系统与地面柴油发电站有许多差别。它除了考虑机组等设备用水外,还要考虑电站机房降温设备的用水,以及战时的"三防"用水等。通常地下工程柴油电站用水包括:

(1)柴油机机体冷却用水;

(2)机房降温的冷却用水;

(3)润滑油冷却器的冷却用水;

(4)空气压缩机(空调机)的用水;

(5)消防和战时三防的洗涤用水;

(6)其他用水(生活饮用和冲洗用水等)。

4.1 电站冷却系统

电站冷却系统包括柴油机冷却系统和机房内降温冷却系统。冷却系统的选择是根据工程技术要求、水源的水量水温、当地的气象以及通风冷却方式等因素来综合比较后确定的。

电站冷却系统的形式主要是按机房内降温冷却给水的方式来划分的。目前,广泛采用的冷却系统有水冷(直流式)、风冷(循环式)、风水冷结合(直流和循环结合)。有些电站设置小型机组(发电量小于30kW),台数较少(1~2台),可以利用排风竖井和冷房间来冷却柴油机的冷却水,以此来简化电站冷却系统。

4.1.1 水冷系统

水冷系统就是用水源供给的低温水通过喷雾或冷风机来冷却机房的热空气,同时供给柴油机体及其他设备的冷却水。

水冷系统的适用条件:地下工程内部有冷却废水可被利用或工程外部有可靠水源,水量丰富,常年水温较低,水质较好,取水较为方便等。

水冷系统的优点:管路简单,操作维护方便,机房染毒的浓度较小,冷却效果容易保证。其缺点:用水量大,使取水和净水增加了投资。水源缺乏地区和水质较差时不宜采用。

水冷系统常采用立式冷却器和冷风机组两种形式。图 4 - 1 所示为立式冷却器水冷系统,图 4 - 2 所示为冷风机组水冷系统。

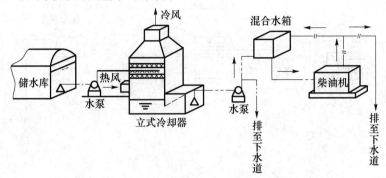

图 4 - 1　采用立式冷却器水冷系统示意图

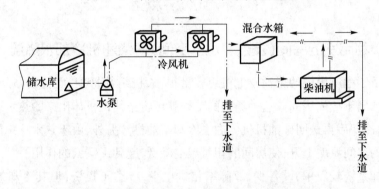

图 4 - 2　采用冷风机(S、R 型)水冷系统示意图

立式冷却器和冷风机水冷系统的工作流程:从外水源或水库来的低温水,先供给立式冷却器(或冷风机),作为降低机房气温之用。从立式冷却器(或冷风机组)出来的温水流入混合水池(或混合水箱),混合水池(或混合水箱)中的水经柴油机自带的循环水泵(有的需另设水泵)抽送到柴油机机体内冷却汽缸及其他设备。柴油机用过的一部分热水,重新回到混合水池(或混合水箱)与立式冷却器(或冷风机组)来的温水混合,达到适宜柴油机进水温度要求,再供给柴油机冷却用。另一部分热水可由建筑排水沟或下水道排出工程,也可作冲洗用水。

4.1.2　风冷系统

风冷系统就是利用冷的空气来带走柴油机机体中的热量以及降低机房空气温度。

风冷系统的适用条件:工程所在地区的常年气温较低,水源又很贫乏,经过经济技术比较,认为风冷系统比较经济合理。

图 4 - 3 为风冷系统示意图。其工作流程:吸入工程外部或经设备制冷的大量冷空气来冷却柴油机机体排出的热水,柴油机机体排出来的热水是用水泵送入立式冷却器进行冷却的,由立式冷却器出来的温水经水泵送入混合水池(或混合水箱),与由水库来的低

温水混合至柴油机进水温度的水,再去冷却柴油机机体及其设备。如立式冷却器容量有限,可按柴油机排出热水的一部分经下水道排掉或另作它用。

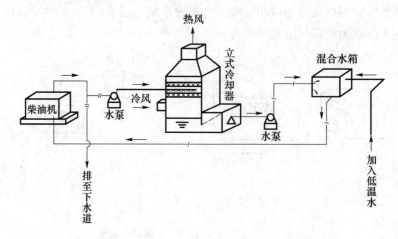

图 4 – 3　风冷系统示意图

4.1.3　利用冷的房间(发热量小的房间)使柴油机冷却水降温

有些地下工程所设置的柴油发电机组容量很小,机组数量少,而行政办公房间多,这些房间大多数属于冷的房间。这种类型的工程就可将柴油机机体出来的热水引到冷的房间中,将热水冷却后再送回柴油机机体内去冷却柴油机。另外,由于热水从冷的房间经过又可以使冷的房间温度上升,使房间的相对湿度降低,起到了空调的作用。

这种冷却系统较简单,设备少,故障率相对也少,节约了投资,但其冷却效果不是很好,因此,只适用于小型柴油发电站。另外,采用这种系统时要注意管路系统的密闭性,以防在染毒的情况下,染毒冷却水的毒气外渗。

4.1.4　节温器在冷却系统中的应用

对于柴油发动机,要使其发出应有的功率,必须保证柴油机机体达到一定的温度,即机体冷却水的水温要保持一定的范围,为此在柴油发电站的冷却系统中要设置温度调节器,即节温器。

135 系列的柴油机随机带有节温器,一般不拆除,可继续使用。如果考虑节温器易坏的情况,可加一旁通管路,另设一组节温器作为备用。

250 系列柴油机本身不带节温器。通常可采用 WDT – 52 型淡水温度调节器和蜡质温度自动调节器,来实现冷却水的温度调节。如果一只流量不够,也可采用两只以上并联使用。

凡是采用了节温器的供水系统,均可以取消混合水池或混合水箱,进、出柴油机机体的水温由节温器来控制。

图 4 – 4 为 6250 型装设节温器的开式循环冷却系统示意图。

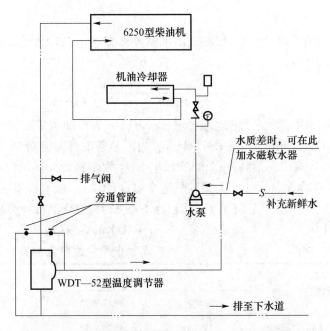

图4-4 6250型柴油机采用节温器开式冷却系统示意图

4.2 电站供水量计算及水质要求

电站供水系统应根据重复使用的原则进行供水量计算。一般是机房降温冷却用过的水,再给柴油机机体和机油冷却器使用。

机房内降温冷却用水量,是按通风要求进行计算的,这部分内容已在本书前面介绍过,这里只介绍柴油机机体冷却供水量的计算方法。

柴油机在运转过程中,燃料在汽缸内燃烧所产生的热量,一部分转化为机械能而做功,另一部分则传给汽缸壁和其他机件,还有一部分由废气从排烟管排出。此外,其他转动摩擦部件也要产生热量。

为保证柴油机受热机件及增压器外壳等部分不受高温的影响,并保证摩擦工作面的良好润滑,就要在受热部分进行冷却。此外,柴油机运动部件由于摩擦所产生的热量,也要经润滑油被冷却水加以冷却而带走。

柴油机冷却系统的作用就是从各主要受热零件传走一部分热量,使机件保持正常的工作温度。因此柴油机的冷却关系到柴油发电机能否连续运转及其使用寿命,故应引起足够的重视。

4.2.1 柴油机冷却水量计算

由冷却水带走的热量与很多因素有关,包括柴油机燃烧室的形状、活塞的冷却方式、行程与缸径比值(S/D)、着火后燃期的长短、转速的高低、排气系统的结构以及增压度等。

柴油机冷却水量的多少直接影响柴油机运行中机件冷却程度。冷却水量不足或过大将引起机件温度的过高或过低,因此须根据柴油机类型、结构及进出水的温度等来确定合适的冷却水量。

一般柴油机制造厂对冷却水量及进、出水温差都有规定,如无资料,或温差有变化时也可按照下列公式计算:

$$W = \varepsilon \cdot N_H \cdot \frac{m \cdot b \cdot Q_H}{1000C \cdot (t_2 - t_1) \cdot \gamma}$$

式中:W 为柴油机在额定负荷下的冷却水量(m^3/h);ε 为冷却水带走的热量与燃料在汽缸中燃烧放热量的百分比(%);见表 4-1;N_H 为单台柴油机额定功率(kW);m 为柴油机运转台数(台);b 为燃料消耗率(kg/kW·h);Q_H 为燃料低发热量(kcal/kg);一般柴油的低发热量约 10000kcal/kg;t_1 为柴油机进水温度(℃),一般 $t_1 = 40 \sim 60$℃;视柴油机种类而定;t_2 为柴油机出水温度(℃),一般 $t_2 = 50 \sim 85$℃;视柴油机种类和水的暂时硬度而定;C 为水的比热,一般 $C = 1$kcal/(kg·℃);γ 为水的容重(kg/L)。

表 4-1 冷却水带走的热量与燃料在汽缸中燃烧放热量的百分比(%)

柴油机型号			燃烧室				排气管冷却时所需增加的数值
			直接喷射式		予燃式		
四行程	单作用非增压	活塞不冷却	25～36		25～40		6～8
		活塞冷却	汽缸及缸盖活塞	28～22 7～9	25～31	19～40 7～9	26～33
	单作用非增压	活塞不冷却	20～25				
		活塞冷却	汽缸及缸盖活塞	15～18 6～8	21～26		
二行程	单作用	活塞不冷却	24～30		17～22 5～7	22～29	5～6.5
		活塞冷却	汽缸及缸盖活塞	15～18 4.5～18	19.5～26		
	双作用	活塞冷却	汽缸及缸盖活塞	16～18 7～8	23～26		

4.2.2 柴油机冷却水温

柴油机的出水温度因水质的变化而不同。当冷却水硬度较低时,出口水温可适当提高,但不能过高。原因是:

(1)冷却水出口温度过高,在冷却水的压力较低时可能产生汽化现象,使冷却效果显著降低,影响柴油机运行。

(2)当汽缸壁温度超过150℃时,润滑油易于碳化,加速活塞的磨损;破坏密封性能(漏气),降低柴油机热效率。

因此,即使柴油机采用软化水时也不应使出口水温超过90℃。使用硬度较高的水时,柴油机冷却水的出口温度,应该保证在柴油机制造厂规定的范围内。

关于柴油机冷却水的出口温度与冷却水硬度的关系,可参考表4-2。

表 4-2 柴油机冷却水的出口温度与冷却水硬度

水的暂时硬度（碳酸盐硬度）		允许出水温度
毫克当量/升（mg/L）	德国度（°）	℃
<1.4	<4	<90
1.4～2.5	4～7	<70
>2.5	>7	<60

柴油机冷却水的进出水温度差 Δt 不宜过大，否则汽缸内外壁温差太大而容易破裂，一般最常用的 $\Delta t = 15～25℃$；有的柴油机（如 250 系列）要求，Δt 不高于 $5～10℃$（在实际运转中很难达到）。

作为估算指标，当冷却水温度差为 10℃ 时，折合为马力的冷却水量为 $60～95L/(kW \cdot h)$，当温度差为 20℃ 时，每马力冷却水耗量为 $30～48L/(kW \cdot h)$。

4.2.3 柴油机冷却水水质

1. 冷却水质量对柴油机的影响

冷却水的质量对柴油机运行和使用寿命有很大的影响。冷却水质不良，将引起汽缸水套沉积水垢和污秽物，恶化汽缸壁的导热性能，降低冷却效果，使柴油机受热不均，汽缸壁温度升高以至破裂，因此，柴油机对冷却水质量有一定的要求。

有些地区矿山柴油机发电站，在运行中发现，由于水质不良，产生许多不良后果。

（1）由于水的硬度大，柴油机和冷却水管道结垢严重，影响发电站的安全、经济运行。有的柴油机，汽缸水套结垢造成局部堵塞，发生气缸破裂和拉缸等事故。

（2）冷却水含酸，腐蚀设备。有些矿山柴油机发电站，因冷却水呈酸性（$pH = 5.5～6.5$），冷却水管道、排气管冷却水套及冷却水池喷嘴均被腐蚀，一般 2～3 年就要拆掉更换。

（3）冷却水浑浊度大，恶化冷却效果。有的发电站由于冷却水太浑，柴油机汽缸水套内有时沉淀厚度达 10～20mm 的泥沙，冷却效果恶化，曾发生停机、拉缸和裂缸等事故。

实践证明，冷却水质量不好，对柴油机发电站的安全经济运行影响很大，应引起重视。冷却水质不符合要求时，应进行处理。

2. 柴油机对冷却水质量的要求

（1）没有游离的矿物质及有机酸（pH 值应为 6.5～9.5 范围内）；

（2）有机物含量不大于 25mg/L；

（3）悬浮物含量不大于 25mg/L；

（4）暂时硬度不大于 10°（德国度）；

（5）含油量不大于 5mg/L。

3. 冷却水的处理

柴油机冷却水的质量不符合上述要求时，应进行水的净化和软化处理。

（1）浑浊度大的冷却水，应采用沉淀过滤设备进行处理，使柴油机冷却水的悬浮物含量小于 25mg/L。

（2）酸性偏高的冷却水，一般在选择该工程水源时就应加以考感，应选 pH > 6.5 的水作为水源。

有的工程采取加碱中和的办法提高冷却水的 pH 值,虽能减轻腐蚀,但费用高,常年运行很不经济。

(3)暂时硬度大的冷却水,应采取软化水处理措施。

水的软化处理方法有多种,如离子交换软化处理、石灰软化处理、石灰—苏打软化处理以及磁化软水器等处理方法。

目前,较广泛采用磁化软水器,其构造简单、制造容易、投资小、运行方便。

磁化法就是使水流过一个磁场,水流与磁力线相交,水受磁场外力作用,水中的钙、镁盐类就结不成坚硬水垢,而大部分都生成松散的水垢和泥渣,随水流排出设备。

磁场的产生有两种,一种是靠永久磁铁产生磁场,这种设置称为永磁软水器;目前国内广泛采用。另一种靠通以电流而产生感应磁场,称为电磁式软水器,国内很少采用。

永磁式软水器很多地方都有生产,已为定型产品。图 4-5 为永磁式软水器示意图。

磁水器的安装使用是否恰当,是影响其处理效果的主要因素之一。永磁式软水器在安装使用上有以下要求:

1)安装要求

环形磁铁组成的圆形磁水器要求装在水泵的压水管路上,安装位置距离柴油机近一些为好,一般 1m 左右,以便使磁水器处理过的水立即进入设备,中间不能再设水箱或水池,更不可使处理后的水暴露于空气中,以免影响处理效果。

磁水器要求立装且装满水,水流由下向上流动。平装或倒装(水流自上而下)都会使水中逸出的气体停滞在磁水器中而影响磁化效果。

为了防止铁和氧化铁碎屑流入磁水器,应该在磁水器前安装一个磁过滤器,磁过滤器的构造如图 4-6 所示。如不安磁过滤器,铁和氧化铁屑进入磁水器后,会被磁铁吸住,一则堵塞导水间隙,影响处理能力;二则易造成磁回路短路,削弱磁场能量。

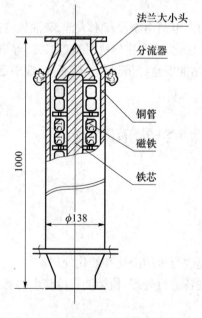

图 4-5 圆形永磁式磁水器示意图

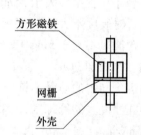

图 4-6 磁过滤器构造示意图

磁水器与前后连接的管道最好用塑料管或胶管等绝缘材料,这是为了避免钢管上有杂散电流,而削弱磁场能量。

磁水器在安装及维修时,应不受振动或冲击,否则易造成磁铁碎裂。磁铁碎裂对处理效果有不良影响。

2)使用要求

使用中必须加强排污,建立严格的排污制度,对于已经使用很久的锅炉或柴油机,均已结垢很厚,安装使用磁水器后,旧垢将逐渐脱落,如果不加强排污,使用磁水器将达不到良好效果,有的甚至发生水路堵塞造成严重事故。对有老垢的设备,最好先将老垢清除掉。对旧设备使用磁水器后,一般3~4h排污一次为宜,每次排污6s左右。排污管管径不应小于50mm。对新投入使用的设备也要通过试验确定排污间隙,还要定期(3~4个月)清洗磁水器和磁过滤器。

进入磁水器的水温要稳定,不能忽高忽低,否则磁铁因热胀冷缩易变形或碎裂。恒磁铁体的工作条件是40~80℃,因此水温最好不超过70℃。磁铁安装在锅炉前时,宜安装逆止阀以防止热汽或热水倒流至磁水器中。磁水器安装在柴油机上时,应安装在冷热水混合后的柴油机进水管上。

要控制流速在磁水器的设计范围内,过慢过快,都会影响磁化效果。铁芯和磁铁间的过水间隙为3~4mm,水即由此间隙穿过而切割磁力线,水流速度为0.5~1.0m/s。

使用磁水器后,设备内仍可能结有很薄的水垢,这些垢在湿润条件下易刷去,因此在检修设备时应及时清理,否则风干后仍然坚硬难除。

柴油机用的混合水池(箱)要经常注意清洗,其中的泥沙、杂物极易堵塞磁过滤器和磁水器。

柴油机安装磁水器软化冷却水示意图如图4-7所示。

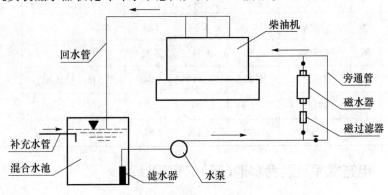

图4-7 柴油机冷却水管上安装磁水器示意图

4.2.4 柴油机低温补充水的计算

柴油机冷却水的出水温度很高,除一部分排走外,必须补充一部分低温水与之混合,才能达到柴油机进水温度的要求。

设柴油机冷却水量为 W,则

$$W = q_{补} + q_{回}$$

$$W = q_{排} + q_{回}$$

所以 $q_{补} = q_{排}$，根据热平衡原理，有

$$C \times (t_2 - t_1) \times W = C(t_2 - t_0) \times q_{排}$$
$$= C \times (t_2 - t_0) \times q_{补}$$

即得

$$q_{补} = \frac{t_2 - t_1}{t_2 - t_0} \times W$$

式中：$q_{补}$ 为柴油机冷却水量中需要补充温度为 t_0 补充水量（m^3/h）；t_0 为补充水的温度（℃）；$q_{回}$ 为柴油机出水应流回柴油机或混合水池（箱）的水量（m^3/h）；$q_{排}$ 为柴油机出水经下水道或另作它用所排走的水量（m^3/h）；t_1、t_2、C、W 意义同前。

常用的几种柴油机冷却水量见表 4 - 3。

表 4 - 3　柴油机冷却水量

序号	柴油机型号	额定功率/kW	机体需消耗热量（每台）/(kcal/h)	机体冷却水量/(m^3/h)				补充新鲜水量/(m^3/h)	备注
				$\Delta t = 10℃$	$\Delta t = 15℃$	$\Delta t = 20℃$	$\Delta t = 25℃$		
1	285 - 1	5	5880	0.588	0.392	0.294	0.235	0.147	
2	210 - 1	12	12600	1.26	0.84	0.63	0.504	0.315	
3	3110	24	28350	2.335	1.89	1.418	1.134	0.709	
4	4110	30	37800	3.78	2.52	1.89	1.152	0.459	1. ε 采用 30%
5	4135D	50	42000	4.20	2.80	2.10	1.68	1.05	2. 补充新鲜水量计算：
6	6135D	75	63000	6.30	4.2	3.15	2.52	1.575	$t_0 = 20℃$
7	12V135	120	126000	12.6	8.4	6.3	5.04	3.15	$t_1 = 50℃$
8	4160	56	486000	4.86	3.24	2.43	1.944	1.215	$t_2 = 60℃$
9	6160	84	72900	4.29	4.86	3.645	2.916	1.823	
10	6160Z	120	97129	9.718	6.475	4.856	3.885	2.428	
11	6250	200	157488	15.75	10.499	7.875	6.299	3.938	

4.2.5　电站水库及混合水池（箱）的容积计算

电站水库的容积，应根据发电站全部运行柴油发电机组的最大小时耗水量及损失量（冷却系统的漏损、蒸发等），乘以储存小时数来确定。即

$$V = T \cdot \sum W$$

式中，V 为冷却水库容积（m^3）；T 为储存小时数（h）；$\sum W$ 为发电站全部运行柴油机的最大小时耗水量与损失量之和（m^3/h）。

以上没有考虑机房降温用水量，若要考虑这部分用水，则需另外计算。

关于冷却水库的储存小时数，要根据发电站的具体条件而确定。通常地面发电站取 5~7h，地下发电站取 8~10h。设计时，可根据不同的工程按其规范要求取值。

有条件的常用发电站的冷却水库应隔开,以便在必要时进行清洗。

为了保证柴油机进水温度符合要求,在没有节温器的情况下,通常要设置混合水池(或混合水箱)来调节柴油机的进水温度。混合水池(混合水箱)的容积通常不宜过大,一般可按柴油机在额定功率下 5～15min 所需的冷却用水量考虑。

4.2.6 冷却水泵及给、排水管的选择

冷却水泵的流量及台数应按柴油机最大冷却水量进行选择。通常采用一机一泵供水,且尽可能利用随柴油机水泵,当电站柴油机台数超过 4 台时,也可采用集中供水系统。

水泵流量可按下式计算:

$$W_s = K \cdot W_y$$

式中,W_s 为冷却水泵流量(m^3/h);W_y 为发电站在额定功率下全部运行柴油机所需冷却水量(一机一泵时为单台机组冷却水量)(m^3/h);K 为富余系数,一般取 1.2～1.3。

水泵扬程按柴油机内及管路系统的流阻来决定,即

$$H = H_1 + H_2 + H_3 + H_4 + H_5 + H_6 \quad (mH_2O)$$

式中,H 为所需冷却水泵扬程(m);H_1 为水泵轴中心至吸水泵管最低水位的高度(m);H_2 为吸水管段的阻力损失(m);H_3 为水泵轴中心至冷却装置出口水管的高度差(m);H_4 为柴油机冷却水套的内部阻力(mH_2O),常见几种柴油机的内阻见表 4-4;H_5 为压力管阻力损失(mH_2O);H_6 为冷水塔或喷水池喷嘴所需压力(mH_2O)。

表 4-4 常见柴油机冷却水套内阻

序号	柴油机型号	阻力损失/m	允许最小水头/m
1	4135	3～4	6
2	6135	3～4	6
3	12V135	3～4	6
4	6160	3～5	6
5	6250	5～7	10
6	8350	≤10	13

根据以上数据及系统布置则可按照规格性能表选择相应的水泵。常采用 B 型或 BA 型离心式水泵。替代 B 型或 BA 型离心式水泵的是 IS 型系列。另外,机油冷却器及柴油机汽缸壁水侧的工作压力一般为 $2kgf/cm^2$ 左右,设备出厂水压试验压力通常为 $4kgf/cm^2$;为保证冷却水不渗入机内以及保持汽缸的严密性,在柴油机或机油冷却器的入口处水压不宜超过 $2kgf/cm^2$。

表 4-5 列出了 IS 型单吸清水离心泵主要性能参数,供参考。

给排水管的计算选择通常是先知道流量,选择合适的流速,计算出管道的直径,然后计算出水在管道中的阻力损失,如果阻力损失超过要求需重新选择流速进行计算。由于计算比较繁琐,对于一般工程可利用图表查出管径、流速和阻力损失。

表 4-5 IS 型水泵主要性能参数

型 号	转速 n	流量 Q		扬程 H	效率 η	功率/kW		必需汽蚀余量
	r/min	m³/h	L/s	m	%	轴功率	电机功率	m
IS50—32—125	2900	7.5	2.08	20	60	1.13	2.2	2.0
		12.5	3.47					
		15	4.17					
	1450	3.75	1.04	5	54	0.16	0.55	2.0
		6.3	1.74					
		7.5	2.08					
IS65—50—160	2900	15	4.17	35	54	2.65	5.5	2.0
		25	6.94	32	65	3.35		2.0
		30	8.33	30	66	3.71		2.5
	1450	7.5	2.08	8.8	50	0.36	0.75	2.0
		12.5	3.47	8.0	60	0.45		2.0
		15	4.17	4.2	60	0.49		2.5
IS65—40—250	2900	15	4.17	80	53	10.3	15	2.0
		25	6.94					
		30	8.33					
	1450	7.5	2.08	20	48	1.42	2.2	2.0
		12.5	3.47					
		15	4.17					
IS80—65—125	2900	30	8.33	22.5	64	2.87	5.5	3.0
		50	13.9	20	75	3.63		3.0
		60	16.7	18	74	3.98		3.5
	1450	15	4.17	5.6	55	0.42	0.75	2.5
		25	6.94	5	71	0.48		2.5
		30	8.33	4.5	72	0.51		3.0
IS80—50—200	2900	30	8.33	53	55	7.87	15	2.5
		50	13.9	50	69	9.87		2.5
		60	16.7	47	71	10.8		3.0
	1450	15	4.17	13.2	51	1.06	2.2	2.5
		25	6.94	12.5	65	1.31		2.5
		30	8.33	11.8	67	1.44		3.0
IS100—80—125	2900	60	16.7	24	67	5.86	11	4.0
		100	27.8	20	78	7.00		4.5
		120	33.3	16.5	74	4.28		5.0

84

型 号	转速 n	流量 Q		扬程 H	效率 η	功率/kW		必需汽蚀余量
	r/min	m³/h	L/s	m	%	轴功率	电机功率	m
IS100－80－125	1450	30	8.33	6	64	0.77	1.5	2.5
		50	13.9	5	75	0.91		2.5
		60	16.7	4	71	0.92		3.0
IS100－65－250	2900	60	16.7	87	61	23.4	37	3.5
		100	27.8	80	72	30.3		3.8
		120	33.3	74.5	73	33.3		4.8
	1450	30	8.33	21.3	55	3.16	5.5	2.0
		50	13.9	20	68	4.00		2.0
		60	16.7	19	70	4.44		2.5
IS125－100－315	2900	120	33.3	132.5	60	72.1	110	4.0
		200	55.6	125	75	90.8		4.5
		240	66.7	120	77	101.9		5.0
	1450	60	16.7	33.5	58	9.4	15	2.5
		100	27.8	32	73	11.9		2.5
		120	33.3	30.5	74	13.5		3.0
IS125－100－400	1450	60	16.7	52	53	16.1	30	2.5
		100	27.8	50	65	21.0		2.5
		120	33.3	48.5	67	23.6		3.0
IS150－125－250	1450	120	33.3	22.5	71	10.4	18.5	3.0
		200	55.6	20	81	13.5		3.0
		240	66.7	17.5	78	14.7		3.5
IS150－125－315	1450	120	33.3	32			30	
		200	55.6					
		240	66.7					
IS150－125－400	1450	120	33.3	53	62	27.9	40	2.0
		200	55.6	50	75	56.3		2.8
		240	66.7	46	74	40.6		3.5
IS200－150－250	1450	240	66.7	20	82	26.6	37	
		400	111.1					
		460	127.8					
IS200－150－315	1450	240	66.7	37	70	34.6	55	3.0
		400	111.1	32	82	42.5		3.5
		460	127.8	28.5	50	44.6		4.0

85

型　号	转速 n	流量 Q		扬程 H	效率 η	功率/kW		必需汽蚀余量
	r/min	m³/h	L/s	m	%	轴功率	电机功率	m
IS200 – 150 – 400	1450	240	66.7	55	74	48.6	90	3.0
		400	111.1	50	81	64.2		3.8
		460	127.8	45	76	74.2		4.5

表 4 – 6 列出了各种管道中工作介质的允许流速，供参考。

表 4 – 6　各种管道中工作介质的允许流速

工作介质	管道名称		允许流速/(m/s)
冷却水	供水管 $D_g \leq 200mm$		1.2 ~ 1.7
		$D_g \geq 250mm$	2.0 ~ 2.5
	供水管 $D_g \leq 200mm$		1.0 ~ 1.5
		$D_g \geq 250mm$	0.5 ~ 1.5
	水泵吸入管		0.5 ~ 1.5
	水泵出水管		2 ~ 3
压缩空气	压缩空气管	一般输送	8 ~ 12
		从空气瓶到柴油机	1 ~ 5
烟气	柴油机排气管		20 ~ 25
饱和蒸汽	蒸汽管 $D_g = 100 \sim 200mm$	$D_g > 200mm$	30 ~ 40
			25 ~ 35
		$D_g < 100mm$	15 ~ 30
乏汽	排气管	从受压容器中排出	80
		从无压容器中排出	15 ~ 30
凝结水	自流回水管		<0.5
乏气	放空管（无压容器中排出）		15 ~ 20

冷却水管分为压力给水管和无压排水管两种。

压力给水管的管径和压降可查图 4 – 8。该图是按重度 $\gamma = 958kg/m^3$ 和粗糙度 $K = 0.2mm$ 的条件绘制的。

例:已知柴油机冷却水量 $G = 10000kg/h$,求供水管直径及压降。

首先按表 4 – 6 查出允许流速 $v = 1.2 \sim 1.7m/s$,再查图 4 – 8 得到 $D_g = 50mm$,$v = 1.42m/s$;单位长度管压降 $\Delta H = 55mmH_2O/m$。

再根据 ΔH 校核阻力损失是否符合要求,若不符合要求需另选流速重新查图 4 – 8 求出管径及压降,直到满意为止。

无压排水管可根据表 4 – 7 直接选用。

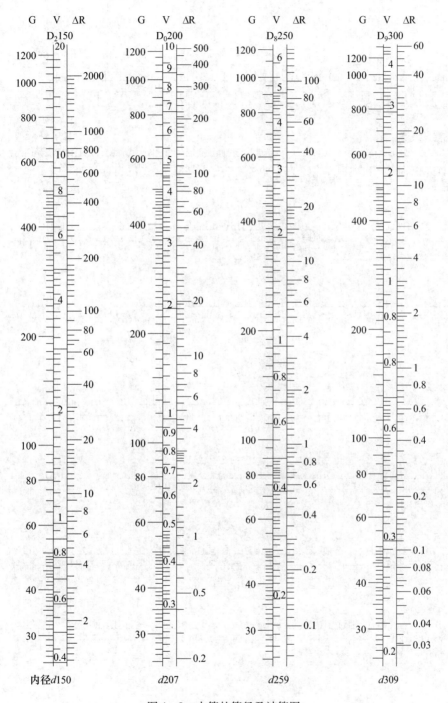

图 4-8　水管的管径及计算图

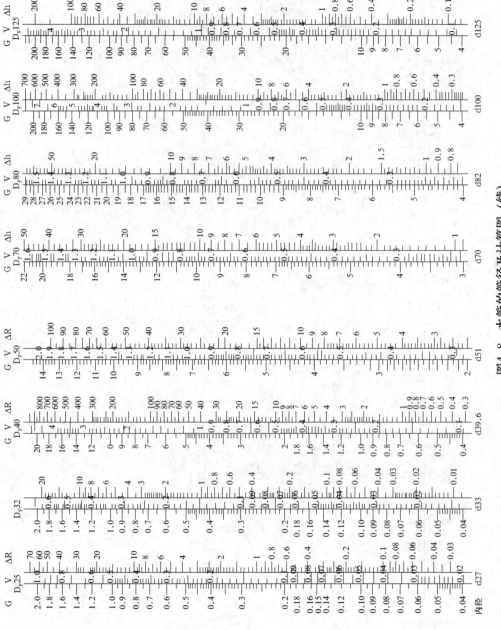

图4-8 水管的管径及计算图（续）

88

表 4-7　无压排水管管径计算表

管径 mm 坡度‰ G1000kg/h V/m/s	5		6		8		10		20		30		40		50	
	G	v	G	v	G	v	G	v	G	v	G	v	G	v	G	v
50							1.83	0.42	2.6	0.59	3.18	0.72	3.67	0.38	4.10	0.93
75							5.43	0.55	7.7	0.77	9.43	0.95	10.87	1.09	12.16	1.22
100							14.58	0.69	20.6	0.98	25.2	1.19	29.16	1.38	32.58	1.54
150	31.4	0.66	35.65	0.74	39.6	0.84	45.18	0.95	64.2	1.35	78.94	1.66	91.33	1.92	103.2	2.17
200	79.16	0.70	88.20	0.78	102.9	0.91	116.46	1.03								
250	146.6	0.83	160.8	0.91	187.3	1.06	210.2	1.19								
30	239.18	0.94	262.1	1.03	305.0	1.20	343.5	1.35								
350	360.0	1.04	398.1	1.15	460.4	1.35	519.4	1.50								
400	520.2	1.15	569.8	1.26	660.5	1.46	741.0	1.64								

4.3　电站废热利用

　　燃油在柴油机汽缸内燃烧所产生的热能,只有一部分转变为有效功从柴油机飞轮轴端输出。一般柴油机的热效率仅有 30% ~46%,其余的热能大多损失掉了。为了节约能源,综合利用热能,在柴油机发电站的设计和建设中,对于柴油机的余热,应尽可能加以利用。

4.3.1　柴油机的热平衡

　　柴油机的热损失有以下几项:

　　1. 冷却损失

　　冷却损失是指由柴油机冷却水所带走的热能。该部分损失的大小是随柴油机的容量、型式和冷却水温度而定的,一般占燃油总发热量的 25% ~40% 。

　　2. 排气损失

　　排气损失是指由柴油机排烟管排出气体的物理热和燃油不完全燃烧的损失,一般占燃油总发热量的 25% ~35% 。

　　3. 散热损失

　　散热损失是指以辐射和对流方式散到周围介质中的热量,这部分损失通常比较小,一般占燃油总发热量的 2% ~5% 。

　　图 4-9 为一般中小型柴油机在满负荷的热平衡图。

　　图中,Q 为燃油总发热量;q_s 为冷却水带走的热量;q_r 为排废气所带走的热量;q_0 为散热损失热量;q_e 为转化为有效的热量(机械能)。

　　柴油机的热平衡随负荷的变化而变化,当负荷减少到空转时,q_e 下降到零,q_s 特别是 q_r 增加;通常情况下,冷却水带走的热损失比排气的热损失大。

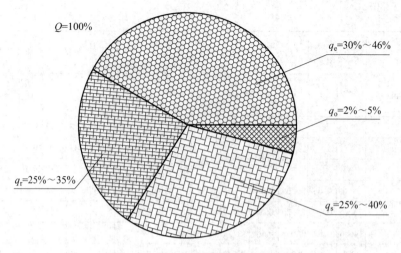

图 4-9 柴油机满负荷时的热平衡图

根据热平衡图可以看出,当柴油机满负荷时,冷却水及废气中的热量损失,约占燃油在汽缸中燃料发出的热量的60%~70%,因此,设法利用这两种热量损失的一部分,可以提高设备运行的经济性。

4.3.2 冷却水热量的利用

柴油机冷却水可利用的最大热量用下式进行计算:

$$Q_s = \varepsilon \cdot N_H \cdot b \cdot Q_H \cdot K_B$$

式中,Q_s 为柴油机冷却水利用的最大热量(kcal/h);ε 为冷却水带走的热量与燃烧总发热量的百分比,一般 $\varepsilon = 30\% \sim 35\%$;$N_H$ 为柴油机额定功率(kW);b 为燃料消耗率[kg/(kW·h)];Q_H 为燃油的发热值(kcal/kg);K_B 为考虑散热损失等系数,一般 $K_B = 0.8 \sim 0.9$。

4.3.3 排气废热利用

柴油机在运转功率 N'_e 时的排气可获得的最大热量用下式计算:

$$Q_g = G_r \cdot C_P \cdot (t'_1 - t'_2)$$
$$= N'_e \cdot b \cdot (G_0 \cdot \alpha \cdot \psi + 1) \cdot C_P(t'_1 - t'_2)$$

式中,Q_g 为柴油机在运转功率 N'_e 时的排气可获得的最大热量(kcal/h);G_r 为柴油机的排气量(kg/h);G_0 为每千克燃油燃烧时需要的理论空气量(kg/kg),一般 $G_0 = 14.5$ kg/kg;α 为过剩空气系数,在标定负荷时,二冲程柴油机 $\alpha = 3 \sim 4$,四冲程中低速柴油机 $\alpha = 1.6 \sim 2.2$;ψ 为扫气系数,一般低增压器冲程柴油机 $\psi = 1.1 \sim 1.15$,高增压柴油机 $\psi = 1.2 \sim 1.25$,对于非增压柴油机 $\psi = 1$;N_e' 为柴油机的运转功率(kW);b 为意义同前(kg/kW·h);C_P 为在 t'_1 和 t'_2 范围燃烧产物的平衡定压比热,一般取 $0.24 \sim 0.25$ kcal/(kg·℃);t'_1、t'_2 为废热利用设备前后的排气温度,一般取 t'_2 不低于150℃。

例:某电站安装6250Z型柴油机三台,运行两台,备用一台。按持续功率运行时(按两台机组90%负荷考虑)发电机负荷为 $2 \times 0.9 \times 330 = 594$ kW,取 $\varepsilon = 30\%$,$K_B = 0.9$,查样本得 $b = 0.238$ kg/(kW·h),$Q_H = 10000$ kcal/kg,取 $t'_1 = 380$℃,$t'_2 = 150$℃;试计算该电

站可利用冷却水的最大热量和排气(烟)可利用的废热量。

解：

（1）冷却水可利用的最大热量：

$$Q_s = \varepsilon \cdot N_H \cdot b \cdot Q_H \cdot K_B$$
$$= 0.30 \times 594 \times 0.238 \times 10000 \times 0.9$$
$$= 382725 \quad (\text{kcal/h})$$

（2）排气(烟)可利用的最大热量：

$$Q_g = N'_e \cdot b \cdot (G_O \cdot \alpha \cdot \psi + 1) \cdot C_P (t'_1 - t'_2)$$
$$= 594 \times 0.238 \times (14.5 \times 1.8 \times 1 + 1) \times 0.24 \times (380 - 150)$$
$$= 211481 \quad (\text{kcal/h})$$

4.3.4 电站废热利用方法

在坑道工事，柴油机冷却水一部分回流供柴油机重复使用，其余部分可供平时洗涤和人员洗澡，战时可作人员洗消之用，也可作为工事采暖。

关于柴油机排气(烟)的利用，大都采用烟加热水器设备来加热热水，供人员洗涤、洗澡、洗消和采暖。

（1）常采用的烟加热水器型式：有套筒式和盘管式两种。

① 套筒式。套筒式烟加热水器构造如图4-10所示，由水套、烟管等组成。对于经常运转使用的电站，这种烟加热水器不仅能满足战时洗消用水，而且平时可以供洗涤、洗操，甚至可用于烧开水、煮饭(用烟加热水器产生的蒸汽通入汽锅内)。

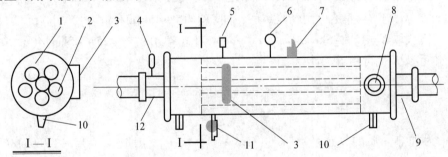

图4-10 套筒式烟加热水器构造示意图

1—水套；2—烟管；3—水位计；4—温度计；5—安全阀；6—压力表；
7—出水管；8—检查孔；9—进烟管；10—排污管；11—进水管；12—出烟管。

② 盘管式。盘管式烟加热水器构造如图4-11所示，由盘管、支架、烟筒等组成。

（2）烟加热水器的计算：

① 排烟可利用的热量公式：

$$Q_y = G_r \cdot C_P \cdot (t'_1 - t'_2) \quad (\text{kcal/h})$$

或

$$Q_y = N'_e \cdot b \cdot (G_O \cdot \alpha \cdot \psi + 1) \cdot C_P (t'_1 - t'_2) \quad (\text{kcal/h})$$

式中，各符号意义同前。

② 需烟加热水器所加热的热量，用下式计算：

$$Q_T = Q''_{bt} \times (t''_1 - t''_2) \times C \times K_1 \quad (\text{kcal/h})$$

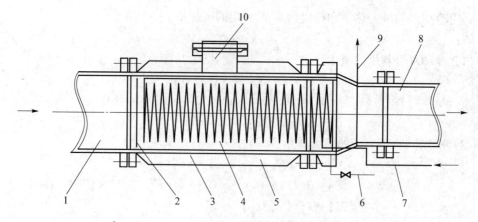

图 4 – 11　盘管式烟加热水器构造示意图

1—进烟管；2—支架；3—烟管；4—盘管($d=15\sim20$mm)；5—保温层；6—放水管($d=25$mm)；
7—进水管($d=15\sim20$mm)；8—出烟管；9—出水管($d=15\sim20$mm)；10—检查孔。

式中，Q_T 为需烟加热水器所加热的热量(kcal/h)；Q_{bt}'' 为每小时所需加热的热水量(kg/h)；t_1''、t_2'' 为进出烟加热水器的水温(℃)；C 为水的比热[1kcal/(kg·℃)]；K_1 为考虑热水管路及热水箱散热损失的安全系数，$K_1=1.2\sim1.3$。

③ 烟加热水器所需的加热面积，用下式计算：

$$F=\frac{Q_T\cdot K_2}{K\cdot\Delta t_{CP}}\quad(\text{m}^2)$$

式中，F 为烟加热水器所需的加热面积；K_2 为安全系数，$K_2=1.5\sim2.0$；K 为传热系数[kcal/(m²·℃·h)]，其值可用经验数值，一般 $K=15\sim45$kcal/(m²·℃·h)；

对套筒式取 $K=15\sim25$kcal/(m²·℃·h)；对盘管式取 $K=25\sim45$kcal/(m²·℃·h)。传热系数 K 也可用下式计算求得：

$$K=\cfrac{1}{\cfrac{1}{\alpha_1}+\cfrac{\delta_1}{\lambda_1}+\cfrac{\delta_2}{\lambda_2}+\cfrac{\delta_3}{\lambda_3}+\cfrac{1}{\alpha_2}}\quad[\text{kcal/(m}^2\cdot\text{℃}\cdot\text{h)}]$$

式中，α_1 为加热介质的放热系数[kcal/(m²·℃·h)]，一般取 $\alpha_1=15\sim100$kcal/(m²·℃·h)；α_2 为被加热水的受热系数[kcal/(m²·℃·h)]，一般 $\alpha_2=500\sim15000$kcal/(m²·℃·h)；λ_1、λ_2、λ_3 为烟灰层、金属管壁、水垢层的导热系数[kcal/(m²·h·℃)]；δ_1、δ_2、δ_3 为烟灰层、金属管壁、水垢层的厚度(m)。Δt_{CP} 为烟和被加热水的计算温度差，对于套筒式和盘管式烟加热水器，采用算术平均温度差：

$$\Delta t_{CP}=\frac{t_1'+t_2'}{2}-\frac{t_1''+t_2''}{2}\quad(\text{℃})$$

式中，各符号意义同前。

④ 烟加热水器所需被加热水管长度，用下式计算：

$$l=\frac{F}{\pi d}\quad(\text{m})$$

式中，l 为烟加热水器所需被加热水管长度(m)；F 为所需烟加热水器的加热面积，(m²)；d 为烟加热水器被加热水管的直径(m)；

$$d = \frac{d_外 + d_内}{2} \quad (m)$$

式中,$d_外$ 为被加热水管外径(m);$d_内$ 为被加热水管内径(m)。

(3)烟加热水器设计和安装应注意的问题:

① 烟加热水器要求重量轻,结构简单,加工安装和拆卸方便,烟管及水管要有防锈措施。

② 烟加热水器要有检查孔、排污管,要考虑烟灰清扫的措施。套筒式烟加热水器还要设压力表、温度计、水位计、安全阀、放气管、放空管等。

③ 烟加热水器在结构上应尽量减少对排烟废气的阻力,以免阻力过大影响柴油机出力(排烟阻力每增加 100mmH$_2$O,柴油机出力下降的百分比:4135、6135,下降 0.58% ~ 0.59%;6135G,下降 0.47%;6250,下降 0.50% ~0.52%)。

④ 烟加热水器最好置于电站专设的套间内,使其便于平时维护和检修。烟加热水器一般装在柴油机排烟母管上,也有装在排烟支管上的,总之应尽量靠近柴油机。专为烟加热水器设置的套间内,应设吊钩或支墩(架)支撑。

烟加热水器不宜设在地沟中,因检修困难并容易锈蚀。

⑤ 烟加热水器的维修:

a. 烟加热水器在运行时,应先使进出水循环流动,然后启动柴油机,待水温逐渐升高后,方可放热水供使用。切记,烟加热水器过热后再进冷水,会导致烟管破裂。

b. 经常运行的柴油机烟管,烟加热水器每年应除内部灰一次。

c. 烟加热水器内发现漏水,应拆下检查,找出原因,进行修复。

练习题

1. 电站冷却系统的形式主要有哪些?
2. 柴油机对冷却水质量有哪些要求?
3. 简述柴油机低温补充水的计算方法。
4. 已知柴油机冷却水量 $G = 10000kg/h$,求供水管直径及压降。
5. 柴油机的热损失有哪几项?
6. 电站废热利用有哪些方法?

第5章 地下工程柴油电站的供油系统

燃油是柴油发电站的唯一燃料。合理地选用燃料,根据柴油发电站的性质和机组型号、容量确定燃油的供油系统,恰当地选用供油设备和管理,这些都是建设柴油发电站的重要组成部分。在防护工程中,还要根据工程的重要性、交通运输情况、工程口部的地形条件以及战术技术要求,选择可靠的供油系统和储存一定的燃油,以保证突发情况下柴油发电站的正常运行。

此外,柴油机运行时要消耗一定数量的润滑油,合理地选用润滑油和设置润滑油系统,直接影响柴油发电站运行的可靠性、经济性和耐久性。

5.1 燃油和润滑油

5.1.1 燃油和润滑油的性能及要求

燃油及润滑油的性能直接影响柴油机的正常运行及柴油机运行的经济性。

5.1.1.1 柴油和机油的主要参数

1. 柴油的着火性能——十六烷值

十六烷值是评定柴油着火性能(自燃性)和燃烧特性的指标。由于柴油机是压缩自行发火,所以柴油的自燃性对燃烧过程的质量和柴油机的运转有很大的影响。

测定十六烷值的方法通常采用一种标准燃料,这种燃料是由十六烷($C_{16}H_{34}$)和甲基萘配制成。十六烷最易自燃,燃烧特性良好,定其十六烷值为 100,甲基萘最不易自燃,燃烧特性不好,定其十六烷值为 0。当测定的柴油的自燃性与配制的标准燃料的自燃性相同时,则标准燃料混合液中十六烷体积百分数即定为被测柴油的十六烷值。

柴油的十六烷值高,自燃性好,柴油机工作平稳,易于低温起动,反之会使滞燃期过长,从而使柴油机运转不平稳。但柴油十六烷值过高也不好,若高于 65 时,喷入燃烧室的柴油来不及与空气混合就着火,易使柴油在高温下裂解成游离炭,造成排气管冒黑烟,经济性能差。因此,必须根据柴油机的结构特点,特别是转速、燃烧室形状和汽缸内温度等因素来选择合适的十六烷值。

2. 柴油的挥发性能——馏程

馏程是表征柴油的挥发性(蒸发性、蒸发度)。它是用柴油馏出某一百分比的温度范围来表示的。例如国产 10 号柴油规定:50% 的馏出温度不高于 300℃,90% 的馏出温度不高于 350℃。这就是国产 10 号柴油的馏程指标。

由于柴油喷入汽缸是汽化以后着火燃烧的,所以柴油的挥发性直接影响燃烧过程的进行。柴油喷入燃烧室必须在极短的时间内完成蒸发和混合,而蒸发时间要求是随柴油机转速而定的,因此,不同转速的柴油机对柴油的挥发性要求也不同。低速柴油机挥发性差一些没有多大关系,而高速柴油机则要求挥发性好。但挥发性太强也不好,一方面增加了存放的损失,另一方面由于汽化时间太短,将使汽缸内燃烧速度过快,形成"突爆",对运行经济性不利。

另外,高速柴油机的燃烧室结构不同,对柴油的挥发性要求也不同。如对于预燃室式的燃烧室则可使挥发性差一点,而直接喷射式燃烧室则要求柴油的挥发性强一些。

总之,要根据柴油机的转速、燃烧室的结构来选择柴油的挥发性能。

3. 黏度

黏度是燃油和润滑油的一个重要指标,它表示液体内部摩擦力的物理特性。对于燃油会影响其喷雾质量、过滤性和在管路中的流动性,对于润滑油会影响到薄层油膜的形成。

柴油的黏度过高,柴油的滤清和流动困难、喷雾恶化、燃烧性能差;反之,黏度过低,会使喷油泵柱塞偶件和喷油嘴针阀偶件处漏油,另外也会加速这些偶件磨损。

润滑油的黏度过高,油膜内摩擦增加,供油缓慢,柴油机起动困难;反之,黏度过低,就难以形成适当厚度的油膜,起不到正常润滑和密封汽缸的作用。

所以,不管是燃油还是润滑油都要根据柴油机性能要求选择适当的黏度,以保证柴油机的正常运行。

黏度的表示方法有以下三种。

(1)动力黏度(绝对黏度)μ。动力黏度是指面积各为 $1cm^2$ 的两液体层,以 $1cm/s$ 的速度相对运动 $1cm$ 时所产生的阻力。如果阻力为 1 达因,则动力黏度为 1 泊。1 泊 = 100 厘泊 = $0.012kg \cdot s/m^2$。

(2)运动黏度 v。运动黏度是指液体的动力黏度与其同温度下的密度之比,即

$$v = \frac{\mu}{\rho}(m^2/s)$$

式中:ρ 为被测液体密度,$(kg \cdot s^2)/m^4$;

运动黏度的单位为泊或厘泊。1 泊 = $1cm^2/s$ = 100 厘泊。

(3)恩氏黏度 E。恩氏黏度是指在一定温度下,200mL 油品从恩氏标准黏度计中流出的时间与温度为 20℃时 200mL 蒸馏水流出的时间之比。其单位为°E。

柴油和润滑油的黏度是随油温升高减小,随油温下降而升高的。所以,平时所指黏度是指在一定温度下的黏度。

4. 凝点

液体燃料失去流动特性时的温度称为凝点。当燃油或润滑油达到凝点时,使抽注、运输、储存以及在柴油机中工作都无法进行。因此,凝点是供油和储运过程的重要指标。柴油就是依据凝点来标号的。

5. 闪点

燃油在加热的条件下,其蒸气与周围空气混合,当接触火焰时,发出闪火的最低温度,称为闪点。

闪点是表示燃油的安全指标,用它来划分油品的危险等级。闭口闪点在 45℃ 以下的为易燃品,在 45℃ 以上的为可燃品。

6. 残碳(含碳量)

油料蒸发后所留下来的碳,如果用百分比表示则称含碳量。显而易见,含碳量越低则油质越好。

由于油料中残碳所占百分比较小,通常用 10% 蒸余物的残碳量(即燃料含碳的 10 倍)来表示。

7. 含硫量

硫是燃油中的有害成分,硫在燃烧时会产生二氧化硫,在遇到湿蒸气或水就会形成亚硫酸或硫酸,对金属有强烈的腐蚀作用。另外,硫的氧化物沉积于积炭中形成坚硬的物质,加剧汽缸、活塞的磨损。因此要求燃油中的含硫量越少越好。

8. 机械杂质和水分

机械杂质会引起喷油器堵塞,加剧柴油机柴油系机件特别是精密偶件的磨损。柴油中的水分会使燃烧恶化,并能将溶解的盐带入汽缸增加积炭。因此,轻柴油中不允许有机械杂质和水分。如果在储运中混入,则必须经过沉淀和过滤处理方可使用。

9. 灰分

灰分是指燃油完全燃烧后的剩余物。柴油中所含灰分越少越好,因为燃烧后剩余的灰分将加剧汽缸的磨损。国家规定轻柴油灰分含量不大于 0.025%,重柴油灰分不大于 0.04% ~ 0.08%。

10. 酸度

酸度表示燃油中有机酸及其他酸类混合物的含量。酸度的单位是以中和 100mL 燃油中的酸量所需的氢氧化钾的毫克数量来表示的,酸度越小越好,因为酸度大能增加柴油机油泵柱塞的磨损和汽缸的磨损。

轻柴油的酸度规定不大于 10mgKOH/100mL。

11. 胶质

燃油中某些化学成分在温度较高或阳光的作用下被氧化聚合而成的胶状沉淀物,称为胶质。它会使供油系统的流动截面减小,甚至堵塞油路,因此柴油中的胶质也必须加以限制。柴油中的胶质以 100mL 柴油经氧化而生成的胶质毫克数表示。

12. 发热值

发热值是指 1kg 燃油在完全燃烧后所产生的热量,它是评定燃油质量的重要指标。燃油的发热值有总热值和净热值之分,从总热值中扣除燃烧过程所产生的水蒸气的汽化潜热即为净热值。

柴油机所用燃油的净热值一般均在 9700 ~ 10500kcal/kg 范围内。发热值越高,燃油消耗率越低,运行的经济性越好。

13. 机油的黏温性能(黏度比)

通常机油的黏度是随温度的升高而成比例地下降。黏温性通常用 100℃ 和 50℃ 时运动黏度的比值作为衡量标准。黏温性数值小,说明机油的润滑性能好,在低温时,油不会太稠,在高温时,油不会太稀,能保持一定的油膜,起到应有的润滑和密封作用。

14. 机油的热氧化安定性能

热氧化安定性能就是指润滑油在高温发生氧化作用时油本身具有防止金属表面上形成胶状薄膜的能力。为了提高这种能力,防止氧化作用,常在润滑油中加入添加剂,以提高润滑油的热氧化安定性。燃油及润滑的性能参数还有一些,这里就不具体介绍了。表

5-1—表5-4列出了轻柴油、重柴油、柴油机润滑油、汽油机润滑油的质量指标,供参考。

表5-1 轻柴油质量指标

项目		质量指标					试验方法
		10号	0号	-10号	-20号	-35号	
十六烷值	不大于	50	50	50	45	43	GB 386-64
馏程:50%馏出温度/℃	不高于	300	300	300	300	300	GB 255—64
90%馏出温度/℃	不高于	355	355	350	350	—	
95%馏出温度/℃	不高于	365	365	—	—	350	
黏度(20℃):恩氏黏度/°E		1.2~1.67	1.2~1.67	1.2~1.67	1.15~1.67	1.15~1.67	GB 266—64
运动黏度/厘泡		3.0~8.0	3.0~8.0	3.0~8.0	2.5~8.0	2.5~7.0	GB 265—64
10%蒸余物残碳(%)	不大于	0.4	0.4	0.3	0.3	0.3	GB 263—64
灰分/%	不大于	0.025	0.025	0.025	0.025	0.025	GB 508—65
硫含量/%	不大于	0.2	0.2	0.2	0.2	0.2	GB 380—64
机械杂质/%		无	无	无	无	无	GB 511—65
水分/%	不大于	痕迹	痕迹	痕迹	无	无	GB 260—64
闭口闪点/℃	不低于	65	65	65	65	50	GB 261—64
腐蚀(铜片50℃,3h)		合格	合格	合格	合格	合格	GB 378—64
酸度/(mgKOH/100mL)	不大于	10	10	10	10	10	GB 258—64
凝点(℃)	不高于	10	0	-10	-20	-35	GB 510—65
水溶性酸或碱		无	无	无	无	无	GB 259—64
实际胶质/(mg/100mL)	不大于	70	70	70	70	70	GB 509—65

注:浊点不准高于凝点指标的7℃

表5-2 柴油机润滑油质量指标(SY 1152—71)

项目		质量指标			试验方法
		HC—8	HC—11	HC—14	
运动黏度(100℃)/厘泡		8~9	10.5~11.5	13.5~14.5	GB 265—64
运动黏度比($\nu_{50℃}/\nu_{100℃}$)	不大于	6.0	6.5	7.0	GB 265—64
酸值(未加添加剂时)(mgKOH/g)	不大于	0.1	0.1	0.1	GB 264—64
残碳(未加添加剂时)/%	不大于	0.2	0.4	0.55	GB 268—64
灰分/%:未加添加剂时	不大于	0.005	0.005	0.006	GB 508—65
加添加剂后	不大于	0.25	0.25	0.25	
闪点(开口)/℃	不低于	195	205	210	GB 267—64
凝点/℃	不高于	-20和-15	-15	0	GB 510—65
水溶性酸或碱:未加添加剂时		无	无	无	GB 259—64
加添加剂后		中性或碱性	中性或碱性	中性或碱性	
机械杂质/%:未加添加剂时	不大于	无	无	无	GB 511—65
加添加剂后	不大于	0.01	0.01	0.01	

（续）

项 目		质 量 指 标			试验方法
		HC—8	HC—11	HC—14	
水分/%	不大于	痕迹	痕迹	痕迹	GB 260—64
腐蚀度/(g/m²)	不大于	13	13	13	GB 391—64
热氧化安定性(250℃)/min	不小于	20	20	25	SY 2618—66
醛或酚		无	无	无	GB 390—64 或 GB 504—65

注:夏季用各号柴油机机油的凝点,在用户同意下可不受本标准规定的限制。在南方各省冬季用的8号柴油机机油,凝点允许不高于-10℃出厂。11号柴油机机油的凝点在3月1日至8月底允许不高于-5℃出厂,但特种用油除外。凝点为-20℃的8号柴油机机油主要供西北、东北和青藏等地区使用

表5-3　重柴油质量指标

项 目		质 量 指 标			试验方法
		GB 445—64		SY 1072—64	
		RC₃—10	RC₃—20	30 号	
黏度(50℃)恩氏黏度/°E	不大于	—	—	5.0	GB 266—64
运动黏度/厘泊	不大于	13.5	20.5	36.2	GB 265—64
残碳/%	不大于	0.5	0.5	1.5	GB 268—64
灰分/%	不大于	0.04	0.06	0.08	GB 508—64
硫含量/%	不大于	0.5	0.5	1.5	GB 387—64
机械杂质/%	不大于	0.1	0.1	0.5	GB 511—65
水分/%	不大于	0.5	1.0	1.5	GB 260—64
闪点(闭口)/℃	不低于	65	65	65	GB 261—64
凝点/℃	不高于	10	20	30	GB 510—65
水溶性酸或碱		无	无	—	GB 259—64

注:使用重柴油的柴油机必须有完善的过滤设备和预热设备

表5-4　汽油机润滑油质量指标(GB 458—72)

项 目		质 量 指 标				试验方法
		HQ-6D	HQ-6	HQ-10	HQ-15	
运动黏度(100℃)厘泊		6.0-8.0	6.0-8.0	10-12	14-16	GB 265-64
运动黏度比(y₅₀℃/y₁₀₀℃)	不大于	5.5	5	—	7.0	GB 265-648.5
残炭(未加添加剂时)%	不大于	0.20	0.20	0.35	0.65	GB 268-64
酸值(未加添加剂时)/(mgKOH/g)	不大于	0.15	0.15	0.15	0.20	GB 264-64
灰分/%:未加添加剂时	不大于	0.01	0.01	0.02	0.025	GB 508-65
加添加剂后	不大于	0.25	0.25	0.25	0.25	
水溶性酸或碱:未加添加剂时		无	无	无	无	GB 529-64
加添加剂后		中性或碱性	中性或碱性	中性或碱性	中性或碱性	

98

项目		质量指标				试验方法
		HQ-6D	HQ-6	HQ-10	HQ-15	
机械杂质%：未加添加剂时	不大于	无	无	无	无	GB 511-65
加添加剂后	不大于	0.01	0.01	0.01	0.01	
水分%	不大于	痕迹	痕迹	痕迹	痕迹	GB 260-64
闪点(开口)℃	不低于	185	185	200	210	GB 267-64
疑点℃	不高于	-30	-20	-15	-5	GB 510-65
腐蚀度(g/m²)	不大于	10	10	10	10	GB 391-64
浮游性/级	不大于	2.5	2.5	2.5	2.5	SYB 2655-60S

5.1.1.2 柴油机对燃油的主要要求

（1）燃油应含有合适的十六烷值和馏程。

柴油的十六烷值一般按如下原则选用：

柴油机额定转速	十六烷参考值
<1000r/min	35~40
1000~1500r/min	40~45
>1500r/min	45~60

高速直喷式燃烧室的柴油机通常馏程为 200~365℃。

（2）燃油应有适当的黏度。一般轻柴油的黏度在20℃时为2.5~8厘泊,可以满足要求。

（3）燃油应有较低的凝固点。通常根据地区和季节选用以保证供油系统畅通。

（4）燃油应不含有机械杂质和水分。

（5）燃油不应有腐蚀柴油机机械的物质。

（6）燃油的燃烧产物不应在喷油器和燃烧室内形成积炭。

5.1.1.3 柴油对润滑油(机油)的主要要求

（1）要有适当的黏度。根据地区和季节选用,以保证机油能良好地形成薄层油膜。

（2）机油的黏温性能要好(黏度比要小)。

（3）热氧化安定性能要好。

（4）机油应具有良好的清洗作用和浮游性能。

（5）残碳含量和灰分要低。

（6）不应含有可溶性酸和碱。

（7）只允许含有极少量的水分和机械杂质。

5.1.2 燃油和润滑油的规格及用途

1. 燃油及润滑油的分类

燃油可分为汽油、柴油、煤油等,汽油、柴油、煤油按其用途及性能又可分为许多种类,例如柴油可分为轻柴油、重柴油、农用柴油、坦克用柴油、页岩柴油等。

润滑油可分为机油、黄油、齿轮油、锭子油等。同样,根据用途不同也可再进行分类。

例如,机油可分为柴油机用机油、汽油机用机油、航空机油、稠化机油、压缩机用机油、冷却机油、仪表用机油等。

虽然柴油和机油的种类较多,但常用的品种也不太多,下面介绍几种常用柴油和机油的型号,供在使用中选用。

2. 常用燃油及润滑油的规格及用途

柴油是以凝点来标号的,国产轻柴油有 RC—Z10(+10 号)、RC—0(0 号)、RC—10(10 号)、RC—20(20 号)、RC—35(35 号)、RC—50(50 号)几种,各牌号的轻柴油其凝点分别为 10℃、0℃、-10℃、-20℃、-35℃。

根据地区季节的不同,柴油机要选用不同牌号的柴油。南方及夏季要用低标号的,北方及冬季要用高标号的。例如,南京地区,全年可使用 10 号轻柴油;而在东北地区,若夏季可用 10 号轻柴油,而到了冬季则需更换 20 号或 35 号轻柴油。

南方的夏季也可使用 0 号轻柴油或 +10 号柴油。

35 号和 50 号轻柴油大都用于军用车辆或坦克上。

重柴油可分为 10 号、20 号、30 号三个品种,其凝固点分别为 +10℃、+20℃、+30℃。

使用重柴油时,应根据柴油机转速选用合适的牌号,同时还要采取相应的净化处理,以保证柴油机的正常运行。

10 号重柴油用于 500~1000r/min 的中速柴油机,20 号重柴油用于 300~700r/min 的中速柴油机,30 号重柴油用于 300r/min 以下的低速柴油机。

使用重柴油或农用柴油使燃料较便宜,电能成本降低,但对柴油机运行不利,因此,要视具体情况而定是否采用重柴油或农用柴油。目前国防、人防、普通企事业单位都是用轻柴油。

机油是以运行黏度值来标号的。常用国产机油牌号有 6 号、8 号、10 号、14 号、15 号几种,其中 6 号、10 号、15 号为汽油机用润滑油,8 号、11 号、14 号为柴油机润滑油。机油的牌号越高,其黏度越大。

选用机油应根据地区和季节的不同而不同,6 号和 8 号机油分别用于严寒地区冬季的汽油机和柴油机上,10 号和 11 号机油在一般情况下,我国中部地区的汽油机和柴油机可全年使用,南京地区就是如此,15 号和 14 号机油用于炎热地区夏季的汽油机和柴油机上。

汽油机机油和柴油机机油的性能相差不大,因此,在无条件保证时,也可互相替代。

3. 燃油的净化

燃油的净化对减少油泵、喷油器的磨损和保证柴油机的正常运行有着重要的意义。燃油的净化方法有沉淀、过滤、分离三种。一般轻柴油只用沉淀和过滤的方法就可以满足要求。分离方法只用于燃用重油或质量较差的重柴油。

(1)沉淀。沉淀是最简单又最常用的一种净化方法。由于燃油的密度小于水和机械杂质,所以可以用沉淀的方法将水和机械杂质从燃油中分离出来并通过排污排掉,达到净化的目的。

沉淀速度与燃油黏度有关,沉淀的适宜黏度为 $1cm^2/s$,因此对黏度较高的燃油需加温后再沉淀。注意加温必须使油温低于闪点 10~20℃。一般利用油罐或油箱作为沉淀箱,因此,柴油电站的油箱通常设两只,以便替换使用,便于沉淀。沉淀的时间以 3~6 天为宜。

（2）过滤。过滤是柴油在进入柴油机前必须要进行的净化手段。除柴油机柴油系中的柴油滤清器，在油箱的进出口处都要设过滤器。目前常采用的有脏物过滤器和铜网罩。

（3）分离。它是利用一种高速旋转而产生离心力的机器，把混合在燃油中的水和机械杂质分离出来，达到净化燃油的目的。这种方法适用于黏度高的燃油。分离机有专门厂家生产。

5.2　供油系统及供油量计算

供油系统主要指燃油供给系统；而润滑油供油系统较简单，它主要是柴油机本身的润滑油系统，无需在柴油机运行时不间断地供给润滑油，因此供油系统中主要涉及的是柴油供油。

5.2.1　供油系统

1. 压力供油系统

如图 5 - 1 所示，输油车通过转动油泵、油管接头井、输油干管，将燃油送至电站内油池，然后用电站内固定油泵将燃油输送至日用油箱，再自流供给柴油机。

压力供油系统一般用于机组容量较大、柴油机自带日用油箱、电站内用油池储油的情况。

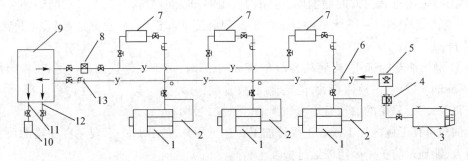

图 5 - 1　压力供油系统示意图

1—柴油机；2—回油管；3—输油车；4—移动油泵；5—油管接头井；6—输油干管；7—日用油箱；8—电站固定油泵；9—油池；10—油桶；11—溢流管；12—放空管；13—燃油粗滤器。

2. 自流供油系统

自流供油系统如图 5 - 2 所示。这种系统适用于中小型电站。输油车（油桶）利用自然高差自流到工事内电站中架高油箱（池），然后自流供柴油机使用。此系统不需油泵，但输油管阻力要进行计算，地形高差必须能满足使用要求。

5.2.2　供油系统中各部分的作用及要求

（1）油管接头井（阀门井）：是连接外部输油车（管）和电站内输油管的措施；也是供油系统防爆措施。所选的阀门抗力不小于 10kg/cm^2。油管接头井应设置在工事口部适当位置以及电站油箱（池）间内；井的盖板要有一定的防护能力。

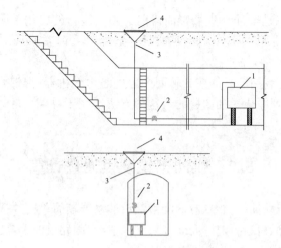

图 5-2 自流供油系统示意图

1—架高油箱(池); 2—阀门(油管接头井); 3—输油管; 4—钢制喇叭口(接输油车)。

(2) 口部移动油泵的设置：当输油干管较长、阻力较大或口部低于储油箱很多,以至将油泵设在电站内吸油有困难时采用；并要求在工事口部适当位置设电源插座。

(3) 电站内油泵：主要是从油池向日用油箱输油,设在油池前的油泵间内,一般不考虑备用油泵。

(4) 电站油箱、油池：电站内不间断供油,在电站内部应设置储油设备。其容积依当地运输条件、附近有无大的储油库、电站内机组容量大小和战术技术要求的储油天数而定。一般要求储存 7～15 天的油量。为了清理沉淀物和检修,要求储油箱(池)不少于 2 个(2 格)。

① 钢板油箱的选用：当储油容积在 15m³ 以下时,可采用钢板油箱。优点：密闭性能好,不漏油。缺点：占地面积大,消耗金属多,易腐蚀。

目前,广泛采用的油箱有矩形和圆形(卧、立式)两种。

油箱可在工程内加工或在工程外加工。在工程外加工时,一定要注意油箱的尺寸不宜过大,能通过防护密闭门搬运进去。

② 钢筋混凝土油池：当电站内储油容积大于 15m³ 时宜采用钢筋混凝土油池。优点：金属消耗少,防火性能好,占地面积少。缺点：由于混凝土密实性较差,施工不好容易造成渗漏。

③ 储油罐：比较大型的柴油机发电站,也有采用储油罐；有的和电站一起设置；也有的专门设置储油罐。

储油罐的布置分地下、半地下和地上三种方式。

a. 地上储油罐：箱底的标高比附近地坪高或埋入深度小于罐体高度的 1/2 者称地上储油罐。地上储油罐施工建设快、造价低、维修方便,但对安全防火要求高、散热量较大,需要用卸油泵向罐内注油。

b. 地下储油罐：罐内最高液面低于附近地面(距油罐 4m 范围内的地面)最低标高 0.2m。地下储油罐掩蔽、保温、安全防火和自流注油,但土建工程量大、造价高、维护检修较困难,而且油泵房也需相应的建在地下。

c. 半地下储油罐：罐底埋入地下深度不小于罐体高度的 1/2,且罐内的液面不高于附近地平面最低标高 2m。半地下储油罐特点介于地上和地下储油罐之间。

储油罐按形状,可分为卧式和立式油罐两种。一般大容量储油均采用立式,小容量储油(100m³ 以下)采用卧式较多。

储油罐按制造的材料可分为金属和非金属油罐两种。金属油罐是应用最广泛的储油设备,比较耐用、不漏、施工方便,但是消耗金属比较多。

非金属油罐又分为钢筋混凝土和砖砌两种。非金属油罐不仅可以节约钢材,而且具有抗腐蚀性能和绝热性能好、可以因地制宜、就地取材建造等优点;但对施工质量要求较高,容易产生裂缝和渗油,不如金属油罐易于修复。

油罐布置应符合《建筑设计防火规范》的规定。

可燃液体与储油罐之间的距离应不小于下列规定:

地上储油罐:0.75D;

半地下储油罐:0.5D;

地下储油罐:0.4D。D 为两相邻储油罐中较大罐的直径(m)。

储油罐附件:储油罐主要附件有通风管(或呼吸阀)、量油孔、油位计、人孔、透光孔、排污阀、加热器、进出油管、平台扶梯等。油罐的附件应根据油罐的容量、燃油的性质和性能进行选择,并根据油罐的布置确定附件的安装位置。

a. 通气管(或呼吸阀):使储油罐内部与大气相通,便于油罐处于常压状态,一般安装在罐顶,其上应装防雨帽金属网(或其他型阻火器)。

通气管(或呼吸阀)的直径等于或大于进(出)油管直径。

b. 量油孔:应装在梯子平台附近,便于测量。

c. 油位计:一般采用浮筒式油位计。

d. 人孔及透光孔:主要是为油罐检修和清洗用,还可兼作自然通风的作用。一般小油罐不设透光孔。

④ 其他储油设施:目前还有采用水封油池、玻璃钢油罐、玻璃油罐等。

(5)日用油箱:多数柴油机都带日用油箱,如不带的,需要时也可自行加工制作。其作用是储油(8~12h 柴油机用油)和检查柴油机的耗油量,以分析柴油机运转状况。

电站内日用油箱总数不少于两只,一般可一台柴油机设一只。

日用油箱放置位置,一般是靠在柴油机旁的侧墙上,其安装高度要求高出地坪 2m 左右,用吊架或支架固定。

(6)电站燃油的防火:

① 油箱(池)最好设在单独房间内,并设防火隔墙及防火门,储油间内的照明应采用防爆灯具,通风口采用防火风口。

② 严禁将油箱、过滤器及油管接点部分安装在烟管上方,如在排烟管的侧面或下方设置上述设备时,其距离不得小于 0.5m。

③ 在柴油机房和储油间内应放置干粉灭火机或其他灭火设备,也可布置沙箱。

5.2.3 供油量计算

1. 燃油耗油量及储油容积计算

柴油机每天耗油量可按下式计算:

$$W_{燃} = 24b \cdot N \cdot m \quad (\mathrm{kg})$$

式中:$W_{燃}$ 为柴油机每天的耗油量,kg;b 为燃油消耗率(kg/(kW·h)),b 值可由柴油机说明书中查出;N 为单台柴油机的额定功率,kW;m 为柴油机运转台数。

油箱(池)的容积可按下式计算:

$$V_{燃} = \frac{24N \cdot m \cdot b \cdot T}{1000\gamma}K \quad (\mathrm{m}^3)$$

式中:$V_{燃}$ 为燃油箱(池)的容积,m³;T 为储油时间,天,根据战术技术要求确定,通常取 7 ~15 天,地面常用柴油发电站,可多取一些天;γ 为柴油容重,一般取 $\gamma = 0.85\mathrm{kg/L}$;$K$ 为系数,一般取 1.1 ~1.3;N、b、m 为意义同前。

表 5 -5 列出几种常见柴油机燃油耗油量及油箱容积表,供参考。

表 5 -5 常见几种柴油机燃油耗油量

序号	柴油机型号	额定功率 /kW	燃油耗油率 g/(kW·h)	燃油耗油量(每台)		日用油箱容积 /L		油箱容积 /m³	
				kg/h	m³/天	8h	12h	7 天	10 天
1	285—1	5	267	2.31	0.055	18.48	27.72	0.39	0.55
2	210—1	12	286	4.94	0.119	39.66	59.5	0.833	1.19
3	3110	24	286	11.12	0.267	88.96	133.44	1.869	2.67
4	4110	30	286	14.82	0.357	118.56	177.84	2.499	3.57
5	4135D	50	238	16.47	0.395	131.76	197.64	2.765	3.95
6	6135D	75	238	24.71	0.593	197.68	296.52	4.151	5.93
7	12V135	120	238	49.41	1.186	395.33	593.00	8.302	11.86
8	4160	56	245	19.06	0.457	152.48	228.50	3.199	4.57
9	6160	84	245	28.59	0.686	228.67	343.08	4.802	6.86
10	6160Z	120	238	38.09	0.914	304.67	457.00	6.398	9.14
11	6250	200	238	61.76	1.482	494.00	741.00	10.37	14.82

2. 润滑油耗量及储油容积计算

润滑油耗量可按下式计算:

$$W_{润} = \frac{P}{\eta_F} \cdot q_2 \times 10^{-3} \quad (\mathrm{kg/h})$$

式中:$W_{润}$ 为润滑油消耗量,kg/h;P 为发电机功率,kW;η_F 为发电机效率;q_2 为柴油机在额定功率下的耗油率,可由柴油机说明书中查出,g/kW·h,常用柴油机的润滑油消耗率见表 5 -6。

表 5 -6 常用柴油机额定功率时的润滑油消耗率

柴油机型号	135	160	250	350
消耗率/(g/(kW·h))	≤3.4	2.7 ~5.4	<4.1	<5.4

润滑油的储油容积通常很小,一般小型柴油发电站只要用普通油桶储存一些就可满足要求,大型电站也可用储油箱来储存。其储油量可按电站机组 3 ~6 个月的润滑油消耗量与更换油量之和考虑。其储油容积计算为

$$V_{润} = G \cdot n + \frac{P \cdot m}{\eta_F} \cdot q_2 \times 10^{-3} \times t \cdot \gamma \quad (\text{L})$$

式中：$V_{润}$ 为润滑油储存容积，L；G 为电站所有机组每次换油量，各类型号柴油机油底壳（或油箱）储油量可由柴油机说明书查出，表 5－7 列出几种常见型号柴油机润滑油的注入量；n 为更换机油次数，通常在小修或油变质时才更换，因此 n 可取 1～2；t 为机组运行总小时数，h；γ 为润滑油容重，一般取 $\gamma = 0.9 \sim 0.93$kg/L；其他字母同前含义。

表 5－7　柴油机油底壳（或油箱）润滑油注入量

柴油机型号	4135	6135	12V135	4160	6160A	6250	6250Z	6300
润滑油注入量/L	22	25	50	70	70	248	248	800

5.2.4　供油设计中应注意的问题

（1）电站内油箱（池）在设计施工时，必须保证严密不漏油。同时必须考虑设计顶盖、人孔、透气管、排污管、油位计等。

（2）将柴油回油管与柴油机的输油泵吸油管相连接，以便输油泵把回油再送至喷油嘴供燃烧使用。

（3）电站内供油管敷设时，应力求向流动方向倾斜，轻柴油管敷设坡度为 0.003～0.005，重柴油管道为 0.005～0.01。若油管不能保证固定坡度，则应在最高点安装放气阀，最低点安装放油阀。

（4）燃油管一般采用镀锌钢管、无缝钢管、铜管、塑料管等。

（5）燃油管路中所用阀门，一定要采用油用阀门，否则会漏油。

5.3　供油系统的设备选择

供油系统的设备主要包括输油管和油泵，其阀门除需用油用阀门外，还需根据管径、油泵的进出口径来选择。

5.3.1　输油管的选择

输油管的选择包括管材选择和管径选择。

1. 管材选择

通常选择镀锌钢管作为输油管或长距离输送管道。铜管由于价格昂贵很少采用，只有在较短距离、管径又较小的情况下采用。

塑料油管主要用于柴油机燃油进口处的连接，或者用于支管道的软连接，过长的塑料管会由于折弯而使油路堵塞。

普通钢管或有缝焊接钢管都不宜作为输油管。

2. 管径选择

柴油和水一样都是流动的液体，所不同的是柴油的黏度比较大，而水则比较小。所以柴油输油管管径的选择方法与水管管径的选择方法一样，主要是根据流量和允许流速来确定，然后可根据油管的阻力损失来校核。

输油管管径可按下式计算：

$$D_g = \frac{4Q}{\pi V} \quad (\text{m})$$

或

$$D_g = \frac{4G}{\pi V \cdot \gamma} \quad (\text{m})$$

式中：D_g 为输油管管径，m；V 为通过油管介质的流速，m/s，它与柴油的黏度有关，表 5 – 8 列出不同黏度的允许流速；G 为输油管通过的介质的重量流量，kg/s，其值一般根据油车的放空时间或油池（箱）的充满时间计算确定，油车放空时间不宜超过 30min，内部油箱（池）充满时间可在 0.5 ~ 3h 范围内选择；Q 为输油管通过的介质的体积流量，m^3/s；γ 为柴油的容重，kg/cm^3，一般取 $\gamma = 850$kg/m^3。

在实际工程中，为了简化计算，通常是根据 $D_g = 4Q/\pi V$ 在各种不同流量、流速下计算出所需管径，并列表供设计时查用，见表 5 – 9。该表是采用轻柴油在 20℃ 时，恩氏黏度 $E_{20} = 1.2 ~ 2.0$，运动黏度 $\gamma_{20} = 0.035 ~ 0.114$ 编制的。

表 5 – 8 不同黏度时的介质的流速

石油产品黏度		平均流速/(m/s)		备注
恩氏黏度/°E	运动黏度/(cm²/s)	吸入管	排出管	
1 ~ 2	0.010 ~ 0.114	1.5	2.5	
2 ~ 4	0.114 ~ 0.284	1.3	2.0	
4 ~ 10	0.284 ~ 0.740	1.2	1.5	
10 ~ 20	0.740 ~ 1.482	1.1	1.2	
20 ~ 60	1.482 ~ 4.446	1.0	1.1	
60 ~ 120	4.446 ~ 8.892	0.8	1.0	

表 5 – 9 油管直径选择表

流量/(m³/h)	管子公称直径/mm									
	25	32	40	50	70	80	100	125	150	200
1	0.57	0.35	0.22	0.14						
2	1.13	0.69	0.44	0.28						
3	1.70	1.04	0.66	0.42						
4	2.26	1.38	0.88	0.57	0.29					
5	2.83	1.72	1.10	0.71	0.36					
6	3.40	2.07	1.33	0.85	0.43					
7		2.42	1.55	0.99	0.51	0.39				
8		2.76	1.77	1.13	0.58	0.44				
9		3.11	1.99	1.27	0.85	0.50	0.32			
10		3.45	2.21	1.41	0.72	0.55	0.35			
15			3.31	2.12	1.08	0.83	0.53	0.34		
20			4.42	2.83	1.44	1.11	0.72	0.45	0.31	
25				3.54	1.80	1.38	0.88	0.57	0.39	

流量/(m³/h)	管子公称直径/mm									
	25	32	40	50	70	80	100	125	150	200
30				4.42	2.17	1.66	1.06	0.68	0.47	0.26
35					2.53	1.93	1.24	0.79	0.55	0.31
40					2.89	2.21	1.41	0.91	0.63	0.35
45					3.25	2.49	1.59	1.02	0.71	0.40
50					3.61	2.76	1.77	1.13	0.79	0.44
60					4.34	3.32	2.12	1.36	0.94	0.53
70						3.68	2.48	1.58	1.10	0.62
80						4.42	2.83	1.81	1.26	0.71
90							3.18	2.04	1.41	0.80
100							3.54	2.26	1.57	0.88

输油管阻力损失由两部分组成,即

$$h = h_输 + h_{油局} \quad (\text{m 油柱})$$

式中:h 为油管的总阻力损失;$h_输$ 为油管的沿程阻力损失;$h_{油局}$ 为油管的局部阻力损失。

输油管的沿程阻力损失可按下式计算:

$$h_输 = \lambda \cdot \frac{L}{d} \cdot \frac{V^2}{2g} \quad (\text{m 油柱})$$

式中:λ 为摩擦系数,它根据管内介质的流动状态(用雷诺数大小区分)和油管内表面的粗糙度而变化的;d 为管道直径,m;L 为管道计算长度,m;V 为管内油的流速,m/s;g 为重力加速度,$g = 9.81\text{m/s}$。

输油管的局部阻力损失也可用公式计算,但实际工作中,对于较长输油管道的局部阻力损失可按沿程阻力损失的 25% ~ 30% 来考虑,较短的输油管道可根据实际情况适当取值。

同样,在实际工程设计中,为方便输油管的沿程阻力计算,也制作了"油管长度损失计算表",供设计时查用,见表 5 - 10。

表 5 - 10　油管单位长度损失计算表

Q	D = 50		D = 70		D = 80		D = 100		D = 125		D = 150	
	V	i	V	i	V	i	V	i	V	i	V	i
0.25	0.127	0.00132	0.065	0.00034								
0.30	0.153	0.00160										
0.40	0.204	0.00213										
0.50	0.255	0.00267	0.130	0.00069	0.100	0.00014						
0.60	0.306	0.00320	0.150	0.00083								
0.70	0.357	0.00598	0.182	0.00097								
0.80	0.408	0.00755	0.208	0.00111								
0.90	0.459	0.00928	0.234	0.00125								

Q	D = 50		D = 70		D = 80		D = 100		D = 125		D = 150	
	V	i	V	i	V	i	V	i	V	i	V	i
1.00	0.510	0.01116	0.260	0.00225	0.199	0.00081	0.127	0.00033				
1.25	0.638	0.01651	0.325	0.00334								
1.50	0.765	0.02273	0.390	0.00457								
1.75	0.893	0.03015	0.455	0.00598	0.398	0.00402						
2.00	1.020	0.03861	0.520	0.00758			0.225	0.00140	0.163	0.00048	0.113	0.00021
2.25			0.585	0.00932								
2.5			0.650	0.01120								
2.75		0.08280	0.715	0.01325								
3	1.53	0.14084	0.780	0.01542	0.598	0.00818	0.383	0.00283	0.245	0.00099	0.170	0.00041
4	2.04	0.21410	1.04	0.02733	0.797	0.01348	0.509	0.00468	0.326	0.00162	0.227	0.00068
5	2.55	0.30257	1.30	0.04135	0.996	0.2054	0.637	0.00689	0.408	0.00240	0.283	0.00101
6	3.06		1.56	0.05830	1.195	0.02875	0.764	0.00955	0.489	0.00331	0.340	0.00140
7			1.82	0.07790	1.394	0.03825	0.892	0.01257	0.571	0.00433	0.396	0.00183
8			2.08	0.10049	1.594	0.04937	1.019	0.01609	0.625	0.00548	0.453	0.00230
9			2.34	0.12519	1.793	0.06124	1.146	0.02008	0.734	0.00672	0.510	0.00283
10			2.60	0.15303	1.992	0.07458	1.274	0.02432	0.816	0.00809	0.566	0.00340
12			3.12	0.21547	2.390	0.10554	1.529	0.03420	0.980	0.01128	0.680	0.00468
15					2.988	0.15927	1.991	0.05174	1.223	0.01695	0.849	0.00691
17							2.166	0.06528	1.387	0.02141	0.963	0.00867
20							2.548	0.08835	1.631	0.02896	1.133	0.01169
22							2.802	0.10524	1.794	0.03477	1.246	0.01398
25							3.184	0.13331	2.039	0.04374	1.416	0.01771
28									2.284	0.05424	1.586	0.02188
30									2.447	0.06177	1.699	0.02481
32									2.610	0.06972	1.812	0.02800
35									2.855	0.08242	1.982	0.03310
38									3.100	0.0960	2.152	0.03871
40											2.265	0.04271
42											2.378	0.04669
45											2.548	0.05316
48											2.718	0.05999
50											2.831	0.06481

注:1. 表中单位:Q(L/s),V(m/s),D(mm),i(m 油柱/m);

2. 本表只适用于各种型号的轻质柴油;

3. 本表适用于无缝钢管、镀锌钢管、铸铁管

5.3.2　输油泵的选择

输油泵可分为卸油泵和供油泵。卸油泵的任务是将油罐车运来的油注入储油池（箱）中，而供油泵的任务是将油池（箱）的油输送到日用油箱中的。在较小的电站中卸油泵和供油泵通常只用一个油泵。

输油泵应根据输油量和所需压力来选择合适的油泵。卸油泵应根据运油设备、每次进油量和运输设备所允许停留时间来考虑油泵容量。供油泵容量应按 0.5～1h 能将日用油箱充满来选择。如卸油泵和供油泵合用一台时，应按容量大的选择。

输油泵通常有齿轮油泵、往复油泵、离心油泵、手摇泵等各种类型。工程中常采用齿轮式油泵和手摇泵，前者用于较大的柴油发电站中，后者用于较小或简易的柴油发电站中。在坑道工程的口部常设置移动式油泵，移动式油泵有成品购置或在订货时提出要求，也可以在固定式油泵的底座上自行安装滚轮来达到移动的目的。

具体选择油泵的方法和选择水泵的方法相同，即要达到流量和扬程的要求。

表 5-11 列出了 KCB 型齿轮式油泵的主要性能，供选用时参考。

表 5-11　KCB 型油泵工作性能表

| 型　号 | 流量 Q | | 排出压力 | 转速 | 功率/kW | | 电动机型号 | 允许吸上真空高度 |
	m³/h	L/s	kg/cm²	r/min	轴功率	电动机功率		mH₂O
KCB—17.5	1.05	0.29	14.5	1450	1.1	1.6	JBS22—4	5.0
KCB—18.3	1.1	0.305	14.5	1450	1.1	1.7	JO41—4	5.0
KCB—18.3—1	1.1	0.305	14.5	1450	1.1	2.2	JO₂31—4	5.0
KCB—3.33	2.0	0.55	14.5	1450	2.2	2.8	JO42—4	5.0
KCB—3.33—2	1.97	0.545	14.5	1450	2.2	2.7	IJBS22—4	5.0
KCB—3.33—1	2.0	0.55	14.5	1450	2.2	3.0	JO₂32—4	5.0
KCB—53.3	3.2	0.89	3.3	1450	1.6	1.6	JBS22—4	3.0
KCB—55	3.3	0.91	3.3	1450	1.7	1.7	JO41—4	3.0
KCB—55—1	3.3	0.91	3.3	1450	2.2	2.2	JO₂31—4	3.0
KCB—83.3	5.0	1.39	3.3	1450	2.8	2.8	JO42—4	3.0
KCB—83.3—2	4.92	1.37	3.3	1450	2.7	2.7	IJBS22—4	3.0
KCB—83.3—1	5.0	1.39	3.3	1450	3.0	3.0	JO₂32—4	3.0
KCB—300—1	17.0	4.72	3.3	960	3.3	4.5	JO52—6	6.5
KCB—3000—2	18.0	5.0	3.3	970	3.3	7.0	JO62—6	5.0

练习题

1. 压力供油系统由哪些部分？
2. 供油设计中应注意的问题是什么？
3. 输油管的选择包括哪些？

第6章 地下工程柴油电站的消音及减振

人们对空气环境的要求,除了温度、湿度、清洁度、气流速度等"四度"要求外,还有一个安静的要求,即不要有嘈杂的声音,通常把这种嘈杂的声音称为噪声。

噪声对人的危害是多方面的,目前国际上对噪声危害的研究表明,噪声对人体的危害不亚于大气污染对人体的危害。因此,在环境保护中,应对噪声进行控制。虽然人对噪声有一定的适应能力,但必须有一个限度。如果声级高达 140~150dB 时,可以使人耳发生损伤,导致听力下降,甚至全聋。如果人长期在 90dB 左右的噪声环境下工作,人耳的听力将会逐渐下降。强烈的噪声会刺激人体中枢神经系统诱发各种疾病,导致神经衰弱、血压升高和心动过速等。再低一些的噪声虽不会导致直接人体病变,但会影响人们的休息和工作,导致睡不好觉、吃不下饭、精神困倦、工作效率低等。长期如此,也会影响人们的身体健康。

噪声就是由于机械振动等引起空气波动而产生的,因此柴油发电站是产生振动、噪声的一个源,为使柴油发电站的操作人员能正常工作,同时尽可能不影响电站邻近各房间的环境,有必要在建设柴油发电站时考虑到消音和减振措施。

6.1 噪声及其消音

6.1.1 声音的量度

衡量声音的强弱通常用声级,声级通常又可分为声强级、声压级、声功率级等,下面简要介绍几个声音量度的参数。

1. 声强与声强级

声强与声强级是描述声波在介质中各点的强弱的物理量。声强用 I 表示,声场中某一点的声强,是指在该点垂直于声波方向上的单位面积上在单位时间内通过的声波的平均能量,即

$$I = \frac{1}{2}\rho \cdot C \cdot A^2 \cdot \omega^2 \quad (\text{J/m}^2\text{s 或 W/m}^2)$$

式中:ρ 为介质的密度,kg/m³; C 为声速,m/s; A 为声波的振幅,m; ω 为圆频率,1/s。

声强级是表述声强大小的。由于直接用声强单位来表示声音的强弱使数字过大,也不方便,所以人们用一个倍比关系的对数量来表示声强的大小——级。

$$L_I = \lg \frac{I}{I_0}$$

式中:L_I 为声强级,贝耳(B); I 为声场中某一点的声强,W/m²; I_0 为基准声强,$I_0 = 10^{-12}$ W/m²。

110

基准声强是指正常人刚刚能听到的声音的声强。而正常人所能忍受的最大声强为 $1\mathrm{W/m^2}$，当声强大于 $1\mathrm{W/m^2}$ 时，会使人耳疼痛，而且不能引起听觉，因此能引起人的听觉的声强范围是 $10^{-12} \sim 1\mathrm{W/m^2}$。

声强级往往用贝耳的 1/10 作单位，称为分贝（dB）。

$$1 \text{贝耳（B）} = 10 \text{分贝（dB）}$$

2. 声压与声压级

声压与声压级也是描述声波在介质中各点的强弱的物理量。声压用 P 表示。在声场中某一点空气的压力，由于该点声波的存在，使在原来的大气压力上叠加了一个压力，这个叠加的压力就叫做声压。当然声波是随时间作周期性变化的，某点的声压也是随声波的变化而变化的，即

$$p = P_\mathrm{m}\cos(\omega t + \phi)$$

式中：P_m 为声压的振幅。

$$P_\mathrm{m} = \rho \cdot C \cdot A \cdot \omega$$

可见声压振幅与介质密度、声速、声波振幅、圆频率有关。

由于声压是随时间变化的，两个声音的强弱用声压就不好比较了，因此，通常用有效声压 P 来表示，它是指在一个周期内声压的均方根值，即

$$P = \sqrt{\frac{\int_0^T p^2 \mathrm{d}t}{T}} = \frac{\rho \cdot C \cdot A \cdot \omega}{\sqrt{2}}$$

由此可得声压与声强的关系：

$$I = \frac{P^2}{\rho \cdot C}$$

因此，只要测出声场中某点的声压，也就知道了该点的声强。

如同电流、电压一样，通常所说的声压都是指有效值，而不是指瞬时值。

声压级同声强级一样，采用声场中某点的声压 P 与基准声压 P_0（$P_0 = 2 \times 10^{-5} \mathrm{N/m^2}$）的比值的对数表示声压的级别。用 L_P 表示，单位与声强级单位一样。

$$L_P = 20\lg\frac{P}{P_0} \quad (\mathrm{dB})$$

3. 声功率与声功率级

为了直接表示声源发出声能量的大小，引用声功率的概念。声源在单位时间内以声波的形式辐射的总能量叫做声功率，用 W 表示，单位为 J/s 或 W。

同声强、声压一样，声功率也可用"级"表示：

$$L_W = 10\lg\frac{W}{W_0} \quad (\mathrm{dB})$$

式中：W_0 为基准声功率，$W_0 = 10^{-12}\mathrm{J/s}$。

4. 声音的频谱

频谱是指声音的频率分布情况。人耳所能听到的声音，其频率为 $20 \sim 20000\mathrm{Hz}$，有 1000 倍的变化范围。为了方便，人们把这宽广的声频范围，划分为几个有限的频段，或频程、频带。

目前通用的频程中心频率是 $31.5\mathrm{Hz}$，$63\mathrm{Hz}$，$125\mathrm{Hz}$，$250\mathrm{Hz}$，$500\mathrm{Hz}$，$1000\mathrm{Hz}$，$2000\mathrm{Hz}$，

4000Hz,8000Hz,16000Hz 等 10 倍频程。这 10 个倍频程所包括的频段如表 6-1 所列。

表 6-1　倍频程频率范围

中心频率/Hz	31.5	63	125	250	500	1000	2000	4000	8000	16000
频率范围/Hz	22~45	45~90	90~180	180~355	355~710	710~1400	1400~2800	2800~5600	5600~11200	11200~22400

5. 响度级和等响曲线

声强和声强级(或声压和声压线)是量度声音强弱的客观物理量。但是,人们通常用人耳来衡量声音"响"的程度。一般来说声压越大,声音就越响。但是,人耳对声音的感觉不仅与声压有关,而且也与频率有关。声压级相同而频率不同的两个声音,我们听起来就不一样响。例如,两个声压级都是 40dB 的声音,一个频率是 100Hz,另一个频率是 1000Hz,人耳听起来就会觉得频率为 1000Hz 的声音要比频率为 100Hz 的声音响得多。所以声强和声强级(或声压和声压级)是反映声音大小的客观物理量,而响度是人耳对声音大小反应的主观量。

根据人耳的这种特性,人们仿照声压级的概念,引出一个与频率有关的综合人耳对声压和频率的总的感觉的量——响度级,其单位是"方"(Phon)。若选取 1000Hz 的纯音作为基准声音,它的响度级就等于它的声压级。其他噪声的响度级,就由人耳将它和基准声音进行比较来确定。

例如,某噪声听起来与频率为 1000Hz 的声压级为 85dB 的基准声音同样,则该噪声的响度级就是 85Phon。

利用与基准声音相比较的方法,经过大量试验,可以得出整个可听范围内的声响度级。把这一结果绘制成图,称为等响曲线图,如图 6-1 所示。图中每条曲线表示了频率和声压不同而响度相同的声音。图上各等值曲线上的数值表示声音的响度级(Phon 值),同时也就是和这个声音同样的频率为 1000Hz 的纯音的声压线。

6.1.2　噪声的允许标准

1. 噪声评价曲线

要把噪声全部消除掉是很不容易做到的,也没有必要这样,任何需要安静的房间总是允许某些噪声的存在,只是不同性质的房间允许存在噪声的声压级不同罢了。这就是噪声允许标准。

由于人耳对各种频率的噪声听觉不同,对高频声敏感,对低频声不太敏感。所以,高频声允许的声压级应该小一些,而低频声允许的声压级可以大一些。因此,噪声标准应给出不同频率的噪声允许的声压级。ISO 推荐噪声评价曲线(NC 曲线)作为噪声标准。如图 6-2 所示。

由此可见,低频声和高频声所允许的声压级是不一样的。而在同一曲线土,各倍频程噪声级可以认为具有相同程度的干扰。例如,N60 曲线,1000Hz 倍频程声压级为 60dB,8000Hz 为 54dB,125Hz 为 74dB。对于不同号数的评价曲线,以 1000Hz 为比较标准时,各倍频程声压级允许提高或降低的修正值列表于 6-2。

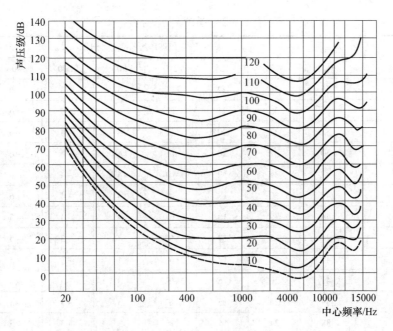

图 6-1 等响曲线

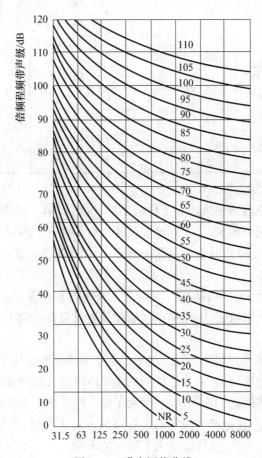

图 6-2 噪声评价曲线

表 6 – 2　噪声评价曲线

评价曲线号数 N	倍频程声压级修正值/dB							
	31.5	63	125	250	500	2000	4000	8000
0	55	36	22	12	5	−4	−6	−7
5	53	35	21	11	4	−4	−6	−7
10	52	33	20	11	4	−4	−6	−7
15	50	32	20	11	4	−4	−6	−7
20	49	31	19	10	4	−4	−6	−7
25	47	30	18	10	4	−4	−6	−7
30	46	29	18	10	4	−4	−5	−7
35	44	28	17	9	4	−3	−5	−7
40	42	27	17	9	4	−3	−5	−7
45	41	26	16	9	3	−3	−5	−7
50	39	25	15	8	3	−3	−5	−6
55	38	24	15	8	3	−3	−5	−6
60	36	23	14	8	3	−3	−5	−6
65	35	22	13	7	3	−3	−5	−6
70	33	21	13	7	3	−3	−5	−6
75	31	20	12	7	3	−3	−5	−6
80	30	19	12	6	2	−3	−4	−6
85	28	18	11	6	2	−3	−4	−6
90	27	17	10	5	2	−3	−4	−6
95	25	16	10	5	2	−3	−4	−6
100	23	15	9	5	2	−3	−4	−5

2. 主要空调房间的噪声标准

噪声标准的制定应能满足生产和工作的需要,同时要消除噪声对人体的危害。噪声标准与技术经济条件密切相关,无原则地提高噪声标准将导致浪费。

另外,在地下工程中噪声具有其突出的特点,在制定标准时应予以考虑。地下工程噪声的主要特点是:

(1)封闭空间加重了噪声的危害。地下工程中的房间通常没有窗户,出入口也不多,围护结构大多对声音反射较强,因此噪声经墙壁反射就会有持续很久的嗡嗡混响声,从而加重了其危害性。

(2)拱形截面使噪声分布不均匀。地下工程中半圆形的拱体像凹面镜一样将噪声反射并聚焦在一个很小的区域内,使这个区域的噪声声压级可能增加 5 ~ 15dB。

(3)产生噪声的房间离工作区较近,增大了噪声的影响。由于地下工程施工困难,造价昂贵,不可能像地面一样把产生噪声的设备房间远离工作区,通常柴油机房、空调机房都与工作房间在同一工程内,这样就增大了噪声的影响。

地面工程室内噪声允许标准见表 6 – 3。

114

地下地下工程各种房间允许噪声标准见表6-4。

表6-3　地面工程室内噪声允许标准

建筑物性质	噪声评价曲线 N 号
电台、电视台的播音室	20~30
剧场、音乐厅、会议室	20~30
体育馆	40~50
车间(根据不同用途)	45~70

表6-4　地下工程各种房间允许噪声标准

房间性质	噪声评价曲线 N 号
广播录音室、播音室	20及20以下
首长办公室、生活房间、会议室	25~35
作战室、收信房间、长途台、医院	35~40
一般人员生活、办公房间、发信机房、电报房	40~50
电传打字房、传真报房、广播发射机房	50~65

3. 柴油发电机组机组的噪声

柴油发电站是工程中最大的发声源,而电站中最大的声源是柴油发电机组。

柴油发电机组的总噪声级 L 可按下式估算:

$$L \approx 30\lg n + 12\lg 1.36P - 9 \quad (dB)$$

式中:L 为柴油发电机组的总噪声,dB;n 为主轴的转速,r/min;p 为柴油机功率,kW。

例:2105—1 型立式二缸四冲程柴油机,$P = 15\text{kW}$,$n = 1500\text{r/min}$,代入公式 $L = 30\lg 1500 + 12\lg 1.36P - 9 = 102\text{dB}$。

不同类型柴油机噪声现场测定值见表6-5。

表6-5　柴油机的噪声

柴油发电机型号规格	测试地点	不同频率声压级/dB									
		31.5	63	125	250	500	1000	2000	4000	8000	总声级
2105型 12kW	人防机房内	87.5	92.8	98.2	94.3	97.2	94.7	91	82.2	76.8	103
4135型 50kW	××地下工程	93.5	97	94	96.3	100.5	99	92.5			107
6135型 75kW	××地下工程	93	87	98	92.5	101.5	104	99	92	84	112
12V135型 120kW	××工厂	81.5	87.5	95.6	100.9	97.8	97	94.3	90	84	104.6

表 6-6　工业中最大允许噪声级为 N—85 的不同频带

噪声评价标准	频带/Hz						
N 曲线	31.5~75	75~150	150~300	300~600	600~1200	2400~4800	4800~9600
60	83	75	68	63	60	58	54
80	103	96	91	88	85	83	80

根据 ISO 推荐工业中最大允许噪声级为 N—85(不同频带见表 6-6),如果不作隔声措施,柴油机房内的噪声级已超过了标准。另外 ISO 又推荐了通话不感费力的噪声级曲线大约是 N—60,其总声级 $L \geqslant 83dB$,因此,柴油发电机组的噪声降低量至少不低于 20dB,才能改变柴油发电机房的声响。

6.1.3　地下工程内部电站的消音

柴油发电机组的噪声声压级较高,当柴油机的转速较高时,其声波频率也较高,因此,要保证柴油机房及其周围房间达到允许声压标准,就必须采取有效措施进行消音。

柴油发电站的消音,首先应是积极地减少噪声的产生,例如:机器设备的减振;各类设备的安装符合要求,减少不必要的撞击而产生噪声;正确的调试,使机组运行正常,以减少由于运行不平稳而产生的噪声。其次是利用吸声材料和消音器进行消音,使已产生的噪声声压级得到衰减而下降。最后还可以采用堵、隔的办法来隔音。下面主要介绍利用吸声材料和消音器进行消音。

1. 利用吸声材料消音

自然界的任何材料都能吸声,但其吸声效果差距很大。因此,吸声材料不是指所有具有吸声能力的材料,要根据材料吸声系数 α 的大小而定。

当声波能量与材料接触时,入射声能一部分被反射,一部分透过材料继续传播,一部分被材料吸收并变成热能。分别用吸声系数 α、反射系数 β、透过系数 τ 表示这三部分声能的分布。显然,任何材料,有

$$\alpha + \beta + \tau = 1$$

吸声材料是指 $\alpha > 0.2$ 的材料。吸声材料的最大特点是松散和多孔。例如玻璃棉、矿渣棉、泡沫塑料、吸声砖、加气混凝土、木丝板等,都是较好的吸声材料。

地面柴油发电站通常门窗较多,又远离工作区,一般不需采用什么消音措施。而在地下工程的柴油发电站中,需要进行处理。例如,在柴油机房的墙壁上贴吸声材料。但在一般的地下工程中,也很少采取贴吸声材料来消音,而是把墙壁拉毛,以减小反射系数 β,提高吸声系数 α。

在地下工程中使用吸声材料时,除考虑其吸声性能外,还必须要求具有防火、防潮、防霉的性能。地下工程常采用防水超细玻璃棉毡和水玻璃膨胀珍珠岩吸声制品作为吸声材料。这两种的吸声系数较高(0.6~0.9),同时具有阻燃性、防潮性、抗霉性。具体性能见表 6-7。

表 6－7　两种吸声材料的技术性能

防水超细玻璃棉毡(厚度:10cm)						
项　目	技术性能					
吸声系数 α(正入射)	不同频率下的吸声系数/%					
	100	125	250	500	1000	2000
	12	25	94	93	90	96
外　观	白色					
纤维平均直径/μm	4~5					
纤维平均长度/cm	4~5					
容重/(kg/m³)	20					
弹性恢复率/%	98(压力 6.38kg/cm²,24h)					
吸水率/%	40~50(20℃水,24h)					
吸湿率	0.5(相对湿度90%以上)					
导热系数/(kcal/(m·h·℃))	0.03~0.4					
燃烧性能	难燃					
抗霉菌性	不霉					
水玻璃膨胀珍珠岩吸声制品(厚度:10cm)						
项　目	技术性能					
吸声系数 α(正入射)	不同频率下的吸声系数/%					
	100	125	250	500	1000	2000
	16.5	45	65	59	62	68
容重	350~450kg/m³					
抗压强度	12kg/cm² 以上					
导热系数	0.065kcal/(m·h·℃)					
耐水性	浸水一个月强度损失 15% 以下					
吸水性	124%(浸 20℃水,24h)					
显气孔率	70% 以上					
吸湿率	22%(相对湿度93%一个月)					
抗冻性	干冻重量无变化,强度损失 10% 以下					
燃烧性	难燃					
抗霉性	不霉					

2. 消音器

柴油发电站的柴油机通常都要装设消音器。

消音器的作用是降低排烟气流冲击,减小噪声的声压级。消音器由外壳、隔板和内管组成。其工作原理是:当高压废气从汽缸排出经过消音器时,首先在外壳空筒内得到扩散、冷却,使气流速度下降,然后又经过小孔受到阻力,使气流速度更慢,这样从消音器的出口处排出的废气速度慢且较平滑,减小了冲击现象,从而达到减小噪声的目的。

有些工程不设这种随机配备的消音器,而是在排烟系统设置扩散室,排烟扩散室也起到了消音的作用。当然其主要作用还有防止外来冲击波给机器带来的危害。

另外,在通风系统中也有多种多样的消音器,如管式消音器、折板式消音器、声流式消音器、共振式消音器、珍珠岩室式消音器、风口消音器等。这些消音器主要用于空调房间内,柴油发电站通常是不采用的。

6.1.4 地下工程内部电站的隔音

除了采用消音措施来降低噪声外,对于柴油发电站这样大的噪声源,还可以采用隔音措施来减少对周围工作房间的干扰。在地下工程中,隔音措施是不可少的。

隔音就是把声源控制在一个局部范围内,减少噪声向外传播。柴油发电站的隔音,就是要把噪声控制在机房甚至更小的范围内,而尽量做到对主体工程没有干扰,减小对控制室的干扰程度。

地下工程通常采取下列措施来进行隔音。

1. 合理分区

在设计布局时尽量将柴油发电站布置于支坑道中,将工作、休息房间布置在远离电站的区域内。把其他有声源的设备房间也集中布置在对工作、休息房间干扰小的区域内。

2. 采用隔声墙和隔声门

隔声和消声不同,消声应选用吸声系数 α 大的材料,即选用轻质多孔的材料,而隔声应选用反射系数 β 大的材料,即选用密实、容重大的。适合做隔声材料的有钢筋混凝土、混凝土和钢板等。

墙和门的选用是隔声效果的关键。必须根据声源的频谱特性,选用适当的材料制作门和墙,表6-8和表6-9分别列出了几种常见门和墙的隔声效果,供参考。

表6-8 几种门的隔声效果

序号	门的名称	型号	综合频率的隔声效果/dB	说明
1	防护密闭门	6026 型(90×180)	20	金属结构
2	防护密闭门	6314 型(70×160)	37	钢筋混凝土结构
3	密闭门	6022 型(70×180)	26~32	金属结构
4	密闭门	6023 型(90×180)	27	金属结构
5	密闭门	6309 型(90×180)	26~30	钢筋混凝土结构
6	钢板检查门	500×70	5~8	
7	钢丝网水泥门	一道门	15~18	无泡沫塑料密封条
8	钢丝网水泥门	二道门	35~40	无泡沫塑料密封条
9	钢丝网水泥门		27	门框设泡沫塑料密封条
10	塑料贴面门		11~15	
11	普通木门		18	门框设泡沫塑料密封
12	有机玻璃检查门	双层	40	电站控制室用
13	防护密闭门 密闭门		42	钢筋混凝土结构

表 6 - 9　房间墙的隔声效果

类别	重量/(kg/m²)	平均隔声量	各频率下空气声的隔声量/dB						备注
			125	250	500	1000	2000	4000	
24cm木丝板墙	51.5	40	31	36	40	47	45	45	13mm 木丝板沫灰
1 砖墙	500	37	27	30	36	46	48	47	双面粉刷
1 砖墙	444	58	37	43	53	63	73	83	双面勾缝
双层 1 砖墙	800	64	50	51	58	71	78	80	空气层 $\delta = 155$mm
空斗墙 (24cm)	370	31	21	22	31	33	42	46	双面粉刷
钢板	19.2	28.5	23.5	20.5	29.5	35.5	41.5	47.5	

3. 堵塞串声的孔洞

柴油发电站与主体相通的电缆、水管等管孔洞,必须严密堵塞,隔断噪声的传播。堵塞的方法一般可用沥青、麻丝、环氧树脂或黄油灌注。如果有管线地沟与主体工程相通,也应采取措施进行隔断。

另外,电线穿管、水管等金属管道很容易传声传振,因此对柴油电站与主体相通的金属管也应作必要的处理。其方法是在管道与墙或混凝土地基的交接处加防振垫或做软接头,如图 6 - 3 所示。

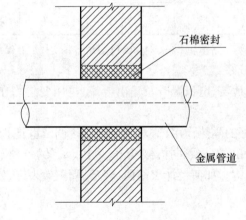

图 6 - 3　防传声处理

4. 设置隔罩进行隔声

在地下工程中,柴油发电机组是最大的噪声源,而且这种声源又比较集中,能不能像座钟一样把柴油发电机组也罩起来,这样就可以把声源控制在更小的范围内,达到更好隔声效果。

被罩试验机械是一台 2105 型 12kW 柴油发电机组,隔罩是用 2mm 钢板 + 超细玻璃棉 + 2mm 钢板 + 超细玻璃棉 + 铁丝网组成的。隔罩做成装配式,并留有操作门,如图 6 - 4 所示。对噪声测量结果见表 6 - 10。

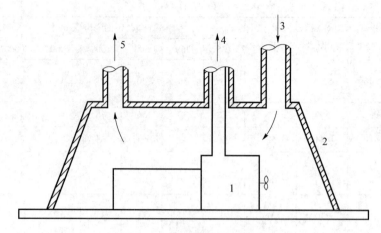

图 6 - 4　设置隔罩进行隔声

1—柴油机；2—隔罩；3—进风管；4—排烟管；5—排风管。

表 6 - 10　设置隔罩进行隔声的测量结果

频率/Hz　　　噪声/dB	中心频率							
	63	125	250	500	1000	2000	4000	8000
室内未加罩前	97.7	92.3	93.7	96	92	89.2	85	80
室内加罩后	52	64	64	64	66	56	52	45
隔声量	45.7	28.3	29.7	32	26	33.2	33	35

　　从人的直观感觉来看,加罩前两人对面讲话听不清楚。加罩后两人对面讲话可以很容易听清楚,可见效果较好。

　　经过几十小时连续运转,电机温升及输出电流、电压变化均在允许范围内,证明隔罩对发电机运转影响不大。

　　此外,隔罩还有良好的隔热作用,这对机房的空气调节也是非常有利的。

　　从这个试验可以看出,根据不同机械噪声(风机、水泵等)的不同频谱,选择合适的隔声材料和隔声结构是关键。如何设计出简便、轻巧、隔声效果好、使用方便的隔声罩,还需要进一步的研究和试验。

6.2　柴油发电机组的减振

　　柴油发电机组在加工制造时,不可避免地会出现转动部件的质量问题,如中心轴偏离现象、转动部件的间隙不恰当等。此外,在柴油发电机组的安装过程中,也会出现上述问题。这些因素都会使柴油发电机组在运转时产生较大的振动,这种振动传给基础,并以弹性波的形式从基础沿被覆结构传到房间中,又以噪声的形式出现,这种噪声称为固体声。振动的传递一方面产生噪声,同时还会影响柴油发电机组的正常运行,严重的可损坏柴油发电机组以及危及建筑结构的安全。因此必须采取措施防止这种振动在固体中传递,即减振。

　　减弱柴油发电机组传给基础的振动,是用消除它们之间的刚性连接来实现的。如在振源与基础之间设减振装置(弹簧、橡胶、软木或其他减振器),在振源与管道之间设软接管(水管、油管的橡皮管连接,烟管的波纹管连接),都会使振源传给基础和管道的振动得到减弱。

　　根据减振器安装的位置不同,减振方法又可分为积极减振和消极减振两种。将减振器直接装在振源和基础之间,减弱振源向基础传递振动,这种方法称为积极减振。另一种是当基础振动时,为了避免安装在基础上的设备、仪器、仪表等受基础振动的干扰,在设备、仪器、仪表与基础之间设置减振器,这种方法称为消极减振。以下所讲的是积极减振。

6.2.1　振动传递率

　　振动传递率 T 是衡量隔振效果好坏的重要指标。它表示了通过减振器后还有多少干扰力能传到基础上去,其表达式为

$$T = \frac{传递率}{干扰率} = \frac{1 + 4\left(\dfrac{f}{f_0}\right)^2 \left(\dfrac{c}{c_0}\right)^2}{\left[1 - \left(\dfrac{f}{f_0}\right)^2\right]^2 + 4\left(\dfrac{f}{f_0}\right)^2 \left(\dfrac{c}{c_0}\right)^2}$$

式中:T 为振动传递率,%;f 为外干扰力的频率,1/s 或 Hz;f_0 为振动系统的固有频率,Hz;

$$f_0 = \frac{1}{2\pi}\sqrt{\frac{K}{M}}$$

c 为阻尼器(减振器)的阻尼系数,$N/(m \cdot s)$;c_0 为系统的临界阻尼系数,表示外力停止作用后,使系统不能产生振动的最小阻尼系数;f/f_0 为频率比,实际减振设计中频率比取 2.5 ~ 5;c/c_0 为阻尼比,实际最佳阻尼比为 0.05 ~ 0.20,一般橡胶减振器的 $c/c_0 = 0.10$。

　　振动传递率 T 值越小,表示减振效果越好。从上式可以看出,振动传递率与频率比 f/f_0、阻尼比 c/c_0 有关,这种关系在图 6 - 5 中表示得更为直观。由图可见:

　　(1)当 $f/f_0 \ll 1$ 时,振动传递率近似等于 1,外干扰力通过减振器毫不减少地传给基础,此时减振器不起减振作用。外力主要受到减振器弹性力的抵抗,所以 $f/f_0 \ll 1$ 的范围称为弹性控制区。

　　(2)当 $f/f_0 \approx 1$ 时,振动传递率都是大于 1 的,当 $f/f_0 = 1$ 时,振动传递率最大。这时减振器不但起不到减振作用,反而放大了振动的干扰,这就是共振现象。但是共振的程度受到阻尼比 c/c_0 的影响,若增大阻尼比可以大幅度地降低振动传递率,因此,这个区域称为阻尼控制区。

　　(3)当 $f/f_0 > \sqrt{2}$ 时,振动传递率小于 1。这时减振器才真正起到减振作用,而且频率比 f/f_0 越大,减振效果越好。在这个区域内,设备的振幅与系统的质量成反比,要想减小设备振幅,就要增大质量。所以这个区域称为质量控制区,也称为减振区。

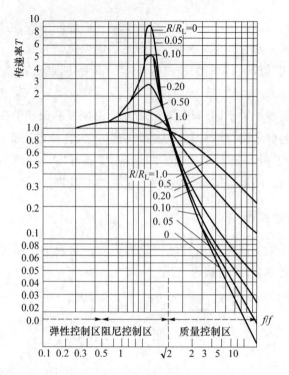

图 6 - 5　振动传递率曲线

设计减振器或选用减振器主要是利用减振区的特性。在柴油发电站的减振设计中,往往是根据减振器的性能粗略地计算减振效果,因此为了简化计算,常将阻尼比 c/c_0 项忽略,这样振动传递率公式可表示为

$$T = \left| \frac{1}{1 - \left(\frac{f}{f_0} \right)^2} \right|$$

综上所述,要获得良好的减振效果,应当使减振器与设备共同组成的固有频率 f_0 比设备的干扰力频率 f 小得多,使得 f/f_0 比较大。虽然在理论上讲 f/f_0 值越大越好,但要设计 f_0 很小的减振器,不但工艺困难、造价昂贵,而且对提高减振效果的意义也不大。因此,工程上通常选用 $f/f_0 = 2.5 \sim 5$ 的减振器,使 T 值在 $0.04 \sim 0.25$。

6.2.2　减振器的类型及主要技术参数

目前广泛应用的减振器有弹簧减振器、橡胶减振器、橡胶或软木减振垫等。

1. 弹簧减振器

弹簧减振器的特点:静态压缩量大,固有频率低,承载能力高,耐高温、耐油污、性能稳定;但是它的构造复杂,造价较高,通常用于较重的机器上。如 135 系列柴油发电机组在柴油机与底架之间就装设了这种减振器。在机组与基础之间通常不选用此种减振器。

弹簧减振器的构造如图 6 - 6 所示。

弹簧减振器的性能参数见表 6 - 11。

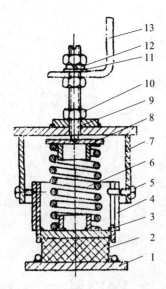

图 6 - 6　弹簧减振器的构造

1—底座;2—橡胶;3—支座;4—橡胶;5—螺钉;6—弹簧;7—外罩;8—定位套;9—螺栓;
10—螺母;11—斜垫圈;12—弹簧垫圈;13—基础支架。

表 6 - 11　TJ 型钢弹簧减振器性能表

技术指标	型号			
	TJ—1	TJ—2	TJ—3	TJ—4
极限负荷 P/kg	132	298	529	670
弹簧钢度 q/(kg/cm)	33.3	58.3	77.8	80.7
减振器安装高度/cm	22.5	26.5	30.1	35.1
减振器高度/cm	18.8	22.7	26.4	31.4
减振器底面积/cm²	13×13	16×16	19×19	20.4×20.4
弹簧钢丝直径/cm	0.8	1.2	1.6	1.8
弹簧自由高度 h_0/cm	11.4	15.6	19.6	23.9
弹簧最大压缩量/cm	4	5.1	6.8	8.3
弹簧材料	60 硅锰	60 硅锰	60 硅锰	60 硅锰

2. 橡胶减振器

目前市场上的橡胶减振器的规格较多,根据受力形式不同,橡胶减振器可分为压缩型和剪切型。柴油发电机组的减振器大多选用压缩型,现在广泛应用的是船用减振器 E 型和 EA 型。而剪切型橡胶减振器广泛用于通风机、制冷压缩机、水泵等机器上。

E 型和 EA 型减振器的特点:承载能力高,静态压缩量较大,性能稳定;但耐油性能不好,价格也较高。

E 型和 EA 型减振器的构造、技术数据及特性曲线见图 6 - 7 ~ 图 6 - 10。

3. 橡胶或软木减振垫

将橡胶或软木等减振材料剪成小块,放在机组与基础之间,也能起到减振作用,如设计得好,效果是很好的。

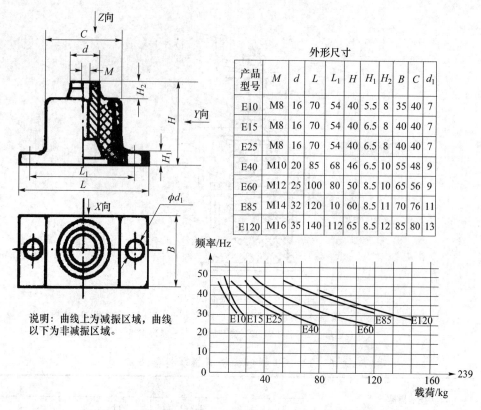

外形尺寸

产品型号	M	d	L	L_1	H	H_1	H_2	B	C	d_1
E10	M8	16	70	54	40	5.5	8	35	40	7
E15	M8	16	70	54	40	6.5	8	40	40	7
E25	M8	16	70	54	40	6.5	8	40	40	7
E40	M10	20	85	68	46	6.5	10	55	48	9
E60	M12	25	100	80	50	8.5	10	65	56	9
E85	M14	32	120	10	60	8.5	11	70	76	11
E120	M16	35	140	112	65	8.5	12	85	80	13

说明:曲线上为减振区域,曲线以下为非减振区域。

图 6 - 7　E10 ~ E120 技术参数

加工成如图 6 - 11 所示的小块就可经说是简易的减振器了。也可根据柴油发电机组的底座形状加工成相应的形状,以达到更佳的效果,表 6 - 12 列出几种材料的允许荷载和弹性模量,供选用时参考。

表 6 - 12　几种材料的允许荷载和弹性模量

材料	允许荷载/(kg/cm^2)	动弹性系数 $E_动$/(kg/cm^2)	$E_动/\sigma$
软橡皮	0.8	50	63
中等硬度的橡皮	3 ~ 4	200 ~ 250	75
海绵状橡皮	0.3	30	100
软 木	1.5 ~ 2.0	30 ~ 40	20
软木屑板	0.6 ~ 1.0	60	60 ~ 100
软毛毡	0.2 ~ 0.3	20	65 ~ 100
硬毛毡	1.4	90	64

6.2.3　减振器的选用方法

减振器的选择首先是要根据需减振设备的性质,还要考虑到工程的战术技术要求,确定比较合理的减振传递率 T 值。柴油发电站的减振要求通常不很高,$T = 0.2 ~ 0.3$ 都可以。总的要求是既要达到较好的减振效果,又要保证设备的正常运行和投资的经济性。

在掌握了减振标准后,可根据柴油发电机组的总重量、减振器的数量,初选荷载符合

124

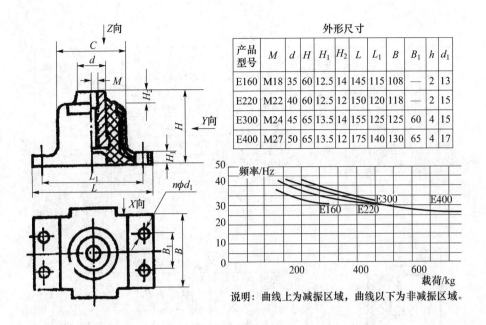

外形尺寸

产品型号	M	d	H	H_1	H_2	L	L_1	B	B_1	h	d_1
E160	M18	35	60	12.5	14	145	115	108	—	2	13
E220	M22	40	60	12.5	12	150	120	118	—	2	15
E300	M24	45	65	13.5	14	155	125	125	60	4	15
E400	M27	50	65	13.5	12	175	140	130	65	4	17

说明：曲线上为减振区域，曲线以下为非减振区域。

技术数据

型号	额定负荷/kg			Z向额定负荷下变形量/mm		静刚度/(kg/cm)			动刚度/(kg/cm)			阻尼比	Z向破坏负荷/kg≥	产品重量/kg
	Z向	Y向	X向	公称	允差	Z向	Y向	X向	Z向	Y向	X向			
E160	160	150	70	0.6	±0.3	2700	1600	750	5500	2500	1400	0.08~0.12	2400	1.95
E220	220	190	80	0.6		3400	2000	800	7000	3500	1500		3300	2.37
E300	300	210	90	0.6		5200	3200	1200	11000	5500	2260		4500	2.90
E400	400	260	100	0.7		7200	4000	1280	13000	6200	2400		6000	3.40

图 6-8　E160~E400 技术参数

要求的减振器，然后求出 f 和 f_0，按式 $T = \left| \dfrac{1}{1-(f/f_0)^2} \right|$ 进行校核，达到减振标准即可，否则需重新选择再进行校核计算，直到符合要求为止。

柴油发电机组的扰动力频率按下面方法确定：

四行程柴油机可按柴油机的轴转数×(1/2~1/3)汽缸数，二行程柴油机可按柴油机的轴转数×汽缸数来计算。

固有频率 f_0 按式 $f_0 = \dfrac{1}{2\pi}\sqrt{\dfrac{K}{M}}$ 确定。

例：已知柴油发电机组型号为6135D—3，试选择 EA 型橡胶减振器。

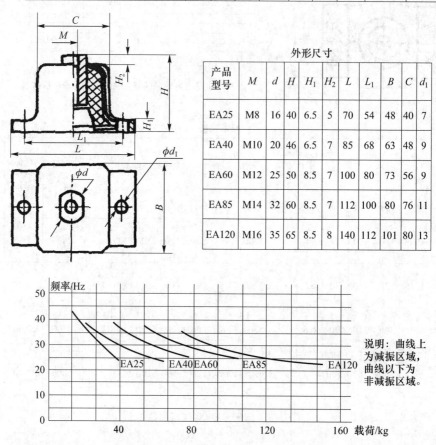

技术数据

型号	额定负荷/kg			Z向额定负荷下变形量/mm		静刚度(kg/cm)			动刚度(kg/cm)			阻尼比	Z向破坏负荷/kg≥	产品重量/kg
	Z向	Y向	X向	公称	允差	Z向	Y向	X向	Z向	Y向	X向			
EA25	20	25	10	1.0		250	550	250	500	950	560		375	0.22
EA10	40	40	15	1.2		500	600	450	870	1000	800	0.08	600	0.42
EA60	60	60	25	1.2	±0.4	800	1200	500	1500	1900	900	～	900	0.72
EA85	85	85	35	1.2		1000	1300	550	1850	2100	1000	0.12	1275	1.1
EA120	120	110	50	1.5		850	1000	450	1530	1700	800		1800	1.60

外形尺寸

产品型号	M	d	H	H₁	H₂	L	L₁	B	C	d₁
	M	d	H	H_1	H_2	L	L_1	B	C	d_1
EA25	M8	16	40	6.5	5	70	54	48	40	7
EA40	M10	20	46	6.5	7	85	68	63	48	9
EA60	M12	25	50	8.5	7	100	80	73	56	9
EA85	M14	32	60	8.5	7	112	100	80	76	11
EA120	M16	35	65	8.5	8	140	112	101	80	13

说明：曲线上为减振区域，曲线以下为非减振区域。

图 6-9 EA25～EA120 技术参数

根据型号可知:75kW,1500r/min,机组总重量2300kg,有6个支撑点固定。

减振标准确定为 $T=0.2～0.3$。

柴油机的扰动力频率按每转两次计算,因为高速柴油机每次汽缸冲击较密,不必都予以考虑,即

$$f = \frac{1500 \times 2}{60} = 50 \quad (Hz)$$

6个支撑点要选6个减振器承受重量为

126

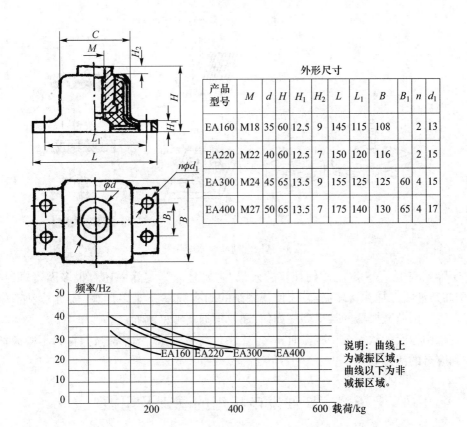

外形尺寸

产品型号	M	d	H	H_1	H_2	L	L_1	B	B_1	n	d_1
EA160	M18	35	60	12.5	9	145	115	108		2	13
EA220	M22	40	60	12.5	7	150	120	116		2	15
EA300	M24	45	65	13.5	9	155	125	125	60	4	15
EA400	M27	50	65	13.5	7	175	140	130	65	4	17

说明: 曲线上为减振区域, 曲线以下为非减振区域。

技术数据

型号	额定负荷/kg			Z向额定负荷下变形量/mm		静刚度/kg/cm			动刚度/kg/cm			阻尼比	Z向破坏负荷/kg≥	产品重量/kg
	Z向	Y向	X向	公称	允差	Z向	Y向	X向	Z向	Y向	X向			
EA160	160	150	70	1.0		2000	1200	550	4000	2450	1150		2400	1.95
EA220	220	190	80	1.1		2500	1600	700	4500	2800	1400	0.08	3300	2.37
EA300	300	210	90	1.1	±0.4	2800	1900	800	5600	3350	1500	~	4500	2.90
EA400	400	260	100	1.4		3000	2700	900	6500	5000	1700	0.12	6000	3.40

图 6-10　EA160~EA400 技术参数

$$M_z = \frac{2300}{6} = 383 \quad (\text{kg})$$

选用 EA400 型减振器, Z 向负荷 400kg, 符合要求。

校核 T 值是否符合要求。

固有频率: $$f_0 = \frac{1}{2\pi}\sqrt{\frac{K}{M}} = \frac{1}{2\pi}\sqrt{\frac{6500 \times 980}{383}} = 20.54 \quad (\text{Hz})$$

$$f/f_0 = 50/20.54 = 2.43$$

则 $$T = \left|\frac{1}{1-(f/f_0)^2}\right| = \left|\frac{1}{1-2.43^2}\right| = 0.204$$

从验算结果看, 符合要求。

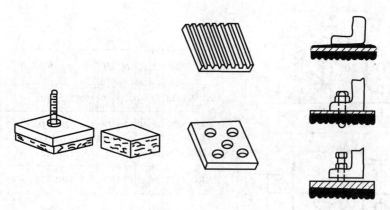

图 6-11　橡胶、软木减振垫

实际工程中,不一定能达到计算的效果,主要是因为实际中还有很多因素难以考虑到,例如柴油机已加弹簧减振器了,使得系统的固有频率 f_0 难以计算,扰动力频率 f 也是粗略计算。因此减振器的效果到底如何,还要根据实际检测而定。

若采用橡胶和软木进行减振时,一定要注意荷载重量,要保证减振材料不被破坏,才能起到应有的减振效果。

6.3　柴油发电机组的基础及隔振

柴油发电机组要长期稳定可靠地运行,必须要构筑一个良好的基础。基础的有关数据在说明书中已给出,有的说明书则不给出基础尺寸和要求等,再者已给出的基础尺寸也是受到地基土壤条件的限制,因此,在构筑机组基础时,还要根据具体情况来确定基础的技术参数。

6.3.1　基础构筑的土壤条件

(1)应有较好的基础地基,如岩石、半岩石、密实的砂土、密实而稠度不大的黏土等。

(2)水对基础的影响较大,侵入地基的水,将影响地基的饱和度和稠度,降低其耐力性能。在有腐蚀性水时,还会对地基混凝土有腐蚀作用。因此,当柴油发电站建在地下水位较高的地区时,基础需采取防水措施。

(3)基础地基土壤应有较高的允许压力。柴油发电机组对地基的许可压力一般要求为 $1.5 \sim 2.5 \mathrm{kg/cm^2}$,如低于要求值,则需要采取措施。常见土壤的许可压力见表 6-13。

表 6-13　常见土壤的许可压力

土　壤　名　称	许可压力/($\mathrm{kg/cm^2}$)
弱塑性黏土和砂质黏土	1~2
弱性砂质黏土	1~2.5
硬性黏土	2.5~6
中密性水饱和粉砂土	1.0
中密性湿润细砂土	1.5

土 壤 名 称	许可压力/(kg/cm^2)
中密性较湿润细砂土	2 ~ 2.5
紧密的中颗粒砂土	3.5
紧密的卵石砂土	4
黄土及黄土砂质黏土	20 ~ 25

6.3.2　基础的重量及体积

基础的重量及体积主要是依据柴油发电机组的重量、外形尺寸、转速及其不平衡程度而定。

基础的最小平面尺寸应大于机组底座或公用底盘的边缘,四边缘一般大于机组底盘100mm,还应留出 30 ~ 50mm 的找平找正层,以保证安装完毕后有足够的边缘尺寸。

基础的重量通常按机组重量的倍数考虑。当柴油机汽缸数增大时,由于单位马力的重量下降,使基础的重量相对减轻。通常情况下,基础的重量大约为柴油发电机组重量的2 ~ 2.5 倍。

基础应做成大块式,基本上是刚体结构。基础的混凝土标号应不低于150 号,基础内应根据实际情况配有钢筋。体积较小的基础($40m^3$ 以下),可以预留孔,开口处周围配筋;体积较大的基础(大于 $40m^3$),除按上述配筋外,还应在底板和基础周围配筋。靠近边缘的地脚螺栓孔洞周围也应配筋。柴油发电机组基础的体积可按下面经验公式确定:

$$V = C \cdot M \cdot \sqrt{n} \quad (m^3)$$

式中:V 为基础体积,m^3;M 为柴油发电机组重量,kg;n 为柴油机转速,r/min;C 为系数,与柴油机形式及汽缸数有关,通常 1 缸取 0.155,2 缸取 0.125,3 缸取 0.1,4 缸取 0.082,5缸取 0.074,6 缸取 0.071,8 缸以上取 0.065。

6.3.3　基础的隔振措施

基础的减振措施除了选择适应的基础土壤条件及确定适当的重量和体积外,还可在基础的周围和底部设置减振层,以求得良好的减振效果。在已经采用橡胶减振器的情况下,可不设减振层。

对于机组隔振要求不很高的发电站,可以采用填砂隔振的方法。这种方法简单,施工方便,造价低,可以达到一定的减振效果。如图 6 - 12 所示。

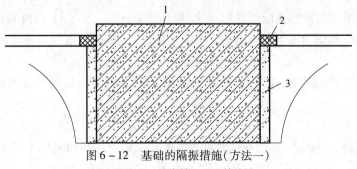

图 6 - 12　基础的隔振措施(方法一)

1—基础;2—沥青封口;3—填砂层。

填砂层的厚度要根据机组类型及隔振要求而定,一般可取 50~150mm。采用中砂填层,砂中不应有水泥、泥土等,否则达不到应有的隔振效果。

如果隔振要求较高,可在底部也加设隔振层,而且可设置多层,隔振层的材料也是多种多样,主要有油毛毡、羊毛毡、橡皮垫、软木垫等。这种方法减振效果好,但施工复杂,造价昂贵。如图 6-13 所示。

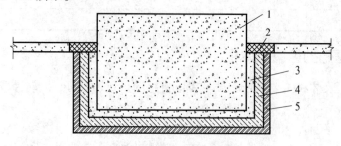

图 6-13 基础的隔振措施(方法二)

1—基础;2—沥青封口;3—填砂层;4—软木层(或毛毡、橡皮等);5—沥青油毛毡。

有些柴油发电机组的重量较大,而底平面又不大,这时为保证机组平稳运行且有可靠的减振效果,则可在机组底盘下设置混凝土板或钢板,来扩大它的底面积。

以上所说的基础都是埋入地下的,在有些特殊情况下,基础比较大且平面尺寸较大时,也可将基础直接放在地面上,在基础与地面之间设置隔振层,实践证明减振效果也很好。如图 6-14 所示。

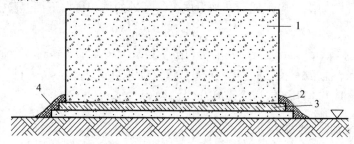

图 6-14 基础的隔振措施(方法三)

1—基础;2—沥青封口;3—软木层(或毛毡、橡皮等);4—砂层。

6.3.4 基础构筑的方法步骤及要求

1. 开挖基坑

根据设计图纸规定的基础位置和尺寸,先标出基坑尺寸。若工程内的管沟、电缆沟、其它设备的基坑离柴油机组基坑较近,可一并开挖,然后再用混凝土灌注基坑或用砖砌基坑。

若需要设置隔振层,在开挖基坑时,要考虑隔振层的尺寸,以便保证基础和隔振层的幅员尺寸。

2. 配模

在灌好或砌好基坑后,需要根据基础尺寸配模。但有的机组基础不需配模,而 250 型机组必须配模。

130

模板采用 15~25mm 厚的木板制作，靠水泥面要刨光。下模前应先标定基础的中心线，然后再下模，使模的纵、横中心线与所标定的纵、横中心线重合，误差不得大于 20mm，模板高出地面高度应符合图纸要求。模板放正后，周围要用撑材支撑牢固。

地脚螺孔预留孔件最好采用圆管，也可用薄木板制成。木盒一般制成长方形，下口稍大于上口，上口短边外沿一般为地脚螺栓直径的 5~7 倍或再大一些。木盒木板不宜太厚，一般为 10~15mm，且木质不宜太坚硬，外面要刨光，上下两口要封死，以免灌注时混凝土漏入木盒内，造成拆木盒的困难。为便于拆出，木盒应做成如图 6-15 的形式，1 与 2 两块板在外，3 与 4 两块板夹在中间，钉木盒所用铁钉不宜太长。基础凝固后，用扁铲将 3、4 两块木板向中间挤砸，木板便能取出。

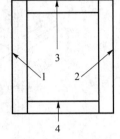

图 6-15　木盒断面

施工实践证明，拆木盒很麻烦费事。推荐不采用木盒，而用钢管代替。根据具体情况，钢管可用 75~150mm 的厚壁或薄铁管都行，但管外壁一定要光滑，基础灌注后 1~1.5h，混凝土初凝就将钢管拔出。必须注意，由于混凝土在凝固过程中膨胀，过了 3h 以后，拔管就比较困难。

施工中也有采用麻杆束或高粱杆束的。将适当粗细的一束麻杆外面用油毛毡包扎起来代替木盒用，灌注后 1~1.5h，将麻杆一根根抽出，最后将油毛毡向内卷提出来。

木盒或钢管的位置，一定要按照机组实际地脚螺孔的位置放置。因为机组产品在不断改进，机组地脚孔相互尺寸也在变化，为此在配模之前，一定要对机组进行开箱检查，具体测量其地脚螺孔间实际距离。若机组地脚螺孔距离与设计图纸或说明书上有矛盾，要以机组实际尺寸为准。如 250 型 200kW 柴油发电机组，因所配发电机不同或导轨尺寸的不同，地脚螺孔的相互尺寸也不同。对此切不可疏忽大意，以免造成大返工。

木盒或钢管放对位置后，要加以固定，以免灌基础时产生移位或上下摆动。

图 6-16 为 6250 型柴油机基础的配模图，因 250 型发电机组不带公共底架，柴油机油底壳下面又不是平的，所以机组基础不能灌注成平的。

3. 基础灌注

灌注前应做好一切准备工作，若采用机械拌合，也要做好人工拌合的思想准备，万一机械出故障，则由人工继续拌合。基础要一次灌完，中间时间隔开过长，混凝土已凝固，再灌就会使基础变成上下两半截，这是不允许的。

有减振要求的，在灌注前应先进行减振处理。并将基坑底部及四周用水浇湿。

基础一般采用 140 号素混凝土，即水泥、细沙、碎石的体积比为 1：2：4。拌合时，要严格控制配料比例，且不能为省力而多加水，这样将降低混凝土标号。

灌注时每灌 20~30cm 捣固一次，捣固要确实，特别是边沿角更要注意，捣不确实就会出现蜂窝鼠洞。捣固到表面出水为止。捣固要分层进行，捣固后一层时，不应将已经捣固过的前层再行捣固，因为前层还在初凝，再捣固也会降低混凝土质量。

灌注到最后一层时，所用碎石粒度要减小，以利表面抹平。灌注完后，对基础表面要抹水平，不水平度不能超过 1%，整个基础表面纵、横向高差不能超过 20mm。这一点非常重要，否则机组安装前，对基础还要进行第二次抹平，那样就会影响基础质量。

灌注过程中，要始终保持地脚螺孔的木盒或钢管的相对位置不变。

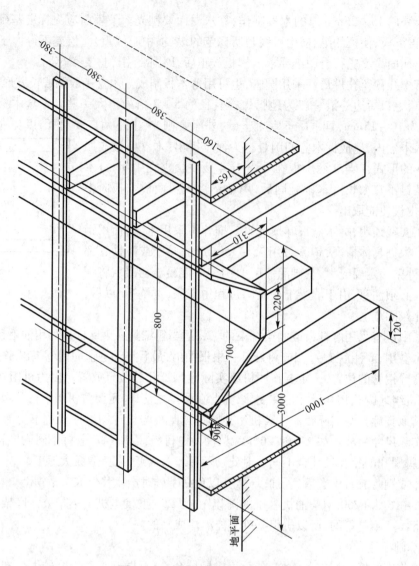

图 6 - 16 250 型柴油机基础配模图

4. 养护

基础灌注完后,必须进行养护。养护的方法是:在基础上面盖上稻草或其他杂草、草袋等,并经常洒水。因为混凝土在凝固过程中要吸收大量水并放出热,若不及时洒水,基础会发生断裂现象。养护 24h 即可拆模,养护 28 天方可安装设备,最短也不能少于15 天。

5. 基础缺陷处理

若基础灌注完后发现表面凸凹不平或不水平,在 4h 内应用 1:2 水泥砂浆抹平。

拆模后若发现有蜂窝、鼠洞、麻面,也要用 1:2 水泥砂浆处理。

6. 几点要求

(1) 为了减小建筑物遭受振动和摇撼,柴油发电机组的基础与厂房等建筑物结构基础应有一定间隔距离,一般不少于 1.5~2 倍的机组基础埋深。柴油发电机组的基础与厂房结构不能有刚性连接,更不可把建筑物结构部分装置在机组基础上。

（2）设备地脚螺栓的最小埋设深度应按实际作用力确定。一般取 20～40 倍螺栓直径。

螺栓轴线距基础边缘的最小距离,一般不小于 4 倍螺栓直径。如果为预留孔,则孔边至基础边距离不小于 50mm。否则应采取加固措施。

预埋螺栓的底到基础底之间的距离不应小于 50mm,如为预留孔,则孔底与基础底之间距离应不小于 100mm。

（3）柴油发电机组的基础隔振层所用材料,用一段时间后有可能老化变形,使其性能发生变化,减振效果也会变差,这属于正常现象。一般而言,毡类 2～3 年,橡胶制品 3～5 年,软模 20 年左右就会出现以上现象。因此,有必要时可设法更换,或者采取其他措施以达到减振效果。

练习题

1. 地下工程内部电站如何消音?
2. 地下工程通常采取哪些措施进行隔音?
3. 简述减振器的类型及主要参数。
4. 柴油发电机组的基础构筑有哪些步骤?

第7章 地下工程柴油电站的控制设备

柴油发电站的控制设备是根据电站的性质而设置的，随着战术技术要求和使用条件的不断提高以及科学技术的发展，柴油发电站的自动化程度也不断提高，使柴油发电站的控制设备增多，且更为复杂。本章主要介绍发电机控制屏、电站联络信号系统、电站通风、给排水系统的控制等内容。

7.1 发电机组控制箱(屏)

发电机控制屏一般由厂方随机组一并配套供应。高压发电机控制屏(6.3kV 或 10.5kV)，通常要用户根据需要另行订货，或自行购置设备组装，而不与发电机组配套供应。

目前国内生产的中小型柴油发电机控制屏种类较多，型号规格、外形尺寸等也不统一。

7.1.1 发电机组控制箱(屏)的基本结构

发电机控制屏是监视和控制发电机输出的电能质量，保证电能可靠地输送到母线上或直接分配给用户。通常发电机控制屏上设有输送电能的自动空气开关，检测电压、电流、频率、功率、功率因素的仪表，电源及开关位置的信号指示，过负荷、短路保护装置。中、小型发电机控制屏上还带有自动励磁调压装置，以便在负荷变化时，保持发电机端电压稳定，此外还有与上述装置配套的附属设备及元器件。

1. 控制箱

控制箱主要用于移动式或容量较小的发电机组，一般为封闭式金属结构，使用优质钢板冲压、焊接而成。它经减振器安装在发电机背上，与发电机组成一体。图7-1为CGD型发电机控制箱。面板上装有电流表、电压表、频率表、功率表、按钮、指示灯和自动空气断路器的操作机构，可以方便地监视发电机运行情况并进行操作。控制箱侧面还装有磁场变阻器，供调节发电机电压或无功用。控制箱面板上设置仪表的多少随发电机的容量不同和用户要求不同而不同，有的没有功率表，有的只装电流表和电压表，最简单的只装一只电压表。随发电机的励磁方式不同，用于调节发电机电压或无功的设备也不同。除上述用磁场变阻器外，有的用电抗器，电压调整率高的则用自动励磁调节器。

为了满足发电机组的并联运行和监视内燃机的运行情况，控制箱还设置有调差装置、灯光同步指示器、同步电压表、水温表、油温表、油压表、蓄电池充电电流表、电钥匙开关、起动按钮等，如图7-2所示。

轻便型单相发电机组控制箱结构比较简单，有的面板上只装一只电压表、一只自动空

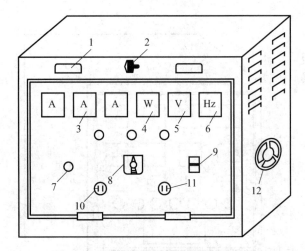

图 7-1 CGD 型发电机组控制箱

1—照明灯；2—钮子开关；3—交流电流表；4—功率表；5—交流电压表；6—频率表；7—输出指示灯；
8—电压转换开关；9—自动空气断路器；10—直流插座；11—交流插座；12—磁场变阻器。

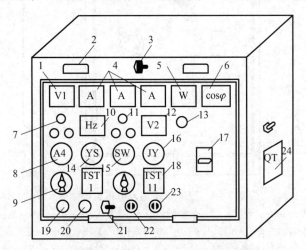

图 7-2 PF13-75 型发电机组控制箱

1—交流电压表；2—照明灯；3—钮子开关；4—交流电流表；5—功率表；6—功率因数表；7—绝缘监视灯；
8—充电电流表；9—电压转换开关；10—频率表；11—同期指示灯；12—同步表；13—输出指示灯；
14—油温表；15—水温表；16—油压表；17—自动空气断路器；18—电压调节器；19—电钥匙开关；
20—起动按钮；21—灭磁开关；22—直流插座；23—交流插座；24—无功调节器。

气断路器、一只钥匙开关、两只交流电插座、一只直流输出插座和一只保险丝。发电机组交流电压经整流器整流后输出直流电。

2. 控制屏

控制屏主要用于固定式容量较大的发电机组，一般为封闭式，也有的为开启式金属结构，它们都是独立的立式结构。图 7-3 为 LGD-21 型控制屏，屏面上装有交流电流表、电压表、三相功率表、频率表、功率因数表、直流电流表、电压转换开关、手（自）动切换开关、同期开关、合闸指示灯、分闸指示灯、同期指示灯、起励按钮、分闸按钮、调压和均压变阻器调节手轮、自动空气开关操作手柄等。屏内装有刀开关、自动空气开关、仪表互感器、熔断器、过流继电器、中性电抗器等设备，以监视、操作和保护发电机组的正常运行。

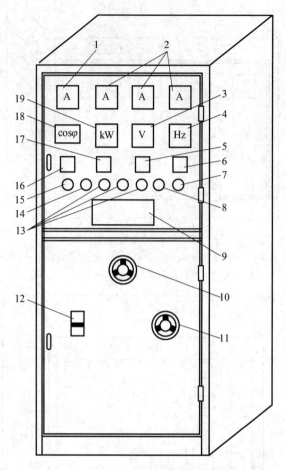

图 7-3   LGD-21 型发电机组控制屏

1—直流电流表；2—交流电流表；3—交流电压表；4—频率表；5—电压转换开关；6—同期开关；
7—起励按钮；8—合闸按钮；9—电压调节器；10—均压电阻；11—磁场变阻器；
12—自动空气断路器；13—同步指示灯；14—合闸指示灯；15—分闸指示灯；
16—手、自动切换开关；17—转换开关；18—功率因数表；19—三相功率表。

7.1.2   发电机组控制箱(屏)的电气线路图

发电机组控制箱(屏)的电气线路,尽管各厂家的产品不完全一致,但一般大同小异,归纳起来有 3 种类型。

1. 轻便型单相发电机组控制箱的电气线路图

图 7-4 为日本某轻便型单相发电机组控制箱的电气线路图,从图中可看出,这种电路比较简单,其中交流输出经自动空气断路器送至两个交流插座,而直流输出则经过保险丝直接接到接线柱上。其测量部分只有一只电压表。

国产单相发电机组控制箱也大致如此,一般只装一只断路器、一只交流插座和一个电压表、一只送电指示灯,通常都没有直流输出。若发电机励磁采用负序磁场无刷励磁,也不装磁场变阻器。

2. 单机运行的小型三相发电机组电气线路图

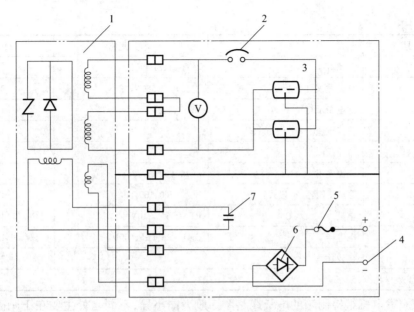

图 7 - 4 轻便型单相发电机组控制箱的电气线路图

1—发电机；2—开关；3—交流输出插座；4—直流输出接头；5—保险丝；6—整流桥；7—电容器。

图 7 - 5 为 CGD 系列内燃发电机控制箱电气线路图,其主要元器件型号规格见表 7 - 1。其中三相交流输出主要经过自动空气断路器 QF 接至接线柱(容量较大的则直接由 QF 输出端引出),另外还有 220V 交流插座和 24V 直流插座。直流插座和照明灯由蓄电池供电。为了监视发电机的绝缘情况,配有 3 只"绝缘指示灯"。从图中可以看比,发电机的励磁系统为电抗、交流复合式相复励励磁系统。发电机电压和无功电流由装在控制箱内的磁场变阻器进行调节。另外有 6 只电工测量仪表用于测量和监视发电机的运行情况。

表 7 - 1   CGD - 2X 型控制箱主要设备表

(配 TZH225 - 4,30、40、50kW 发电机)

代 号	名 称	型号、规格	数 量
GF	自动空气断路器	DZ10 - 100/330	1
TA1 - 3	电流互感器	LM - 0.5,100/5A	3
L	电抗变流器	自制	1
A	交流电流表	81T2 - A,100/5A	3
Hz	频率表	81L2 - Hz,45 ~ 55Hz,380V	1
V	交流电压表	81T2 - V,450V	1
W	三相功率表	81L3 - W,380V,100/5A	1
UC1	硅三相桥式组合管	SQL14,600V	1
SA1	钮子开关	KCD1	1
SA2	电压转换开关	LW5 - 15,YH2/2	1
FU	熔断器	RL1 - 15/5	1
FU1 - 3	熔断器	RL1 - 15/2	3

代 号	名 称	型号、规格	数量
EL1－2	照明灯	ZDC－1,SH4－1	2
HL1－3	绝缘监视灯	BLXN－1,380V	3
HL4	送电指示灯	XD13,220V	1
XS1	交流插座		1
XS2	直流插座		1
R2	限流电阻	ZG11－200A,10Ω	1
R1	瓷盘变阻器(分段式)	BC1－500,100Ω	1
R	电阻	RXYC,51Ω,10W	1
C	电容器	CJ41－2a,2μF,400V	1
X1－2	接线柱		2

注:配50kW发电机为150/5A

　　各厂家发电机组控制箱的电气线路图一般大同小异,不同之处主要在于励磁系统及装设的电工仪表的多少。图7-6、图7-7分别为PF16-50、XFK-13型控制电气线路图,其主要元器件分别见表7-2和表7-3。

表7-2　PF16-50型控制箱主要设备表

代 号	名 称	型号、规格	数 量
A	交流电流表	81T2－A,150/5A	3
V	交流电压表	81T2－V,450V	1
Hz	频率表	81L2－Hz,45～55Hz,380V	1
W	三相功率表	81L3－W,380V,150/5A	1
QF	自动空气断路器	DZ10－100/330,100A	1
TAU,TAV,TAW	电流互感器	LM－0.5,150/5A	3
SA1,SA2	组合开关	HZ10－03	2
SA3	钮子开关	AC,220V	1
EL1－2	座舱灯	ZDC－1	2
	灯泡	6CP,24V,10W	2
XS1－2	插座	P20K2A	2
C2－4	电容器	CJ48B－1,0.47μF,250V	3
AVR	电压调节器	TST1	1
L	可调电抗器		1
UC1	硅整流器	ZP,50A/800V	4
V	可控硅	KP,30A/900V	1
C	电容器	CZML,0.47μF,630V	1
R	电阻	RXYC,7.5W,100Ω	1

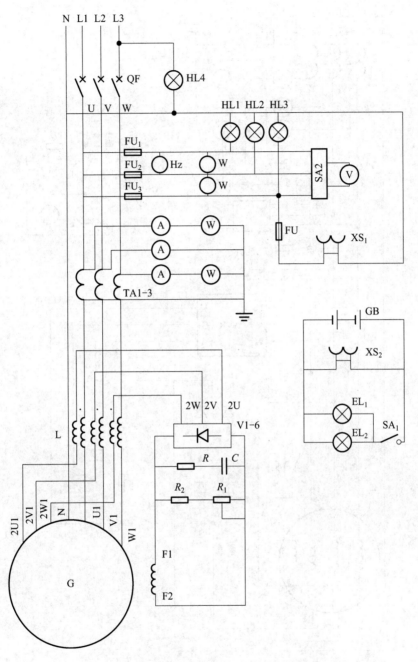

图 7 - 5 CGD 型发电机组控制箱电路图

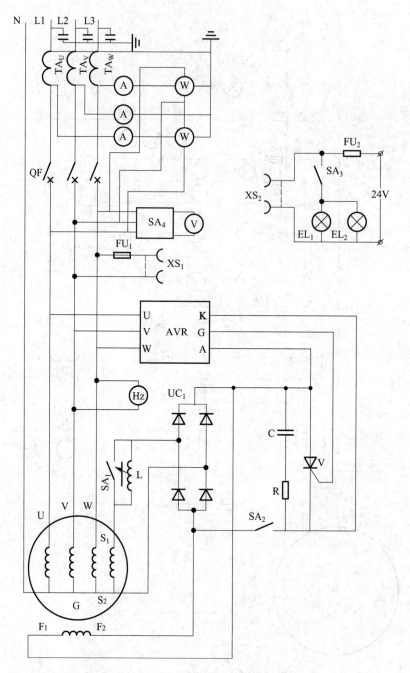

图 7 − 6   PF16 − 50 型发电机组控制箱电路图

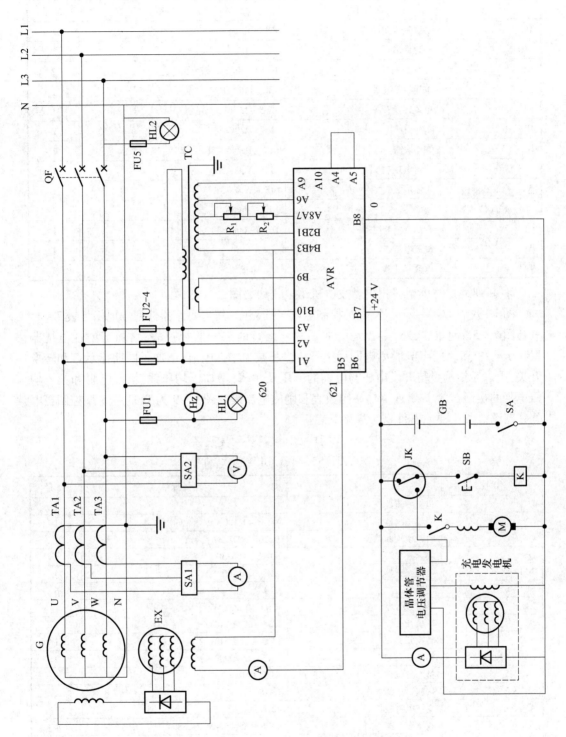

图 7 - 7 XFK - 13 型发电机组控制箱电路图

141

表 7 - 3 XFK - 13 控制箱型主要设备表

代 号	名 称	型号、规格	数 量
TC	励磁电源变压器	ZNC - 6	1
AVR	励磁调节器		1
R1,R2	瓷盘变阻器	BC1 - 100/2,2×75Ω	2
SA2	电压转换开关	LW5 - 15/YH2	1
SA1	电流转换开关	LW5 - 15/LH3	1
HL1,HL2	信号灯	XD7 - 220	2
Hz	频率表	6L2 - Hz,45~55Hz,220V	1
V	交流电压表	6L2 - V,0~500V	1
A	直流电流表	6C2 - A,0~5A	1
FU1~FU5	熔断器	RL1 - 15/6A	5
QF	自动空气断路器	DZ10 - 600/330	1
A	交流电流表	6L2 - A	1
TA1~TA3	电流互感器	LM - 0.5	3

3. 并列运行的小型三相内燃发电机组电气线路图

图 7 - 8 为 LGD - 21 型发电机控制屏电气线路图,其主要元器件型号规格见表 7 - 4。其与图 7 - 5 的不同之处,主要是增加了并列运行的部分监视仪表;增加了中性电抗器 LN、刀开关 QS,便于 QF 脱离电网后进行检修和减少中性电流;增加了同期指示灯和转换开关,用以转换测量待并发电机与电网的电压及频率;增加了均压线、均压电阻和投入均压电阻的接触器 KM;增加了功率因数表和励磁电流表。图 7 - 9 为 PFl3 - 75 型控制箱电气线路图。其主要元器件型号规格见表 7 - 5。

表 7 - 4 LGD - 21 控制屏主要设备表
(配 TZH355 - 4,150kW 发电机)

代 号	名 称	型号、规格	数 量
L	电抗变流器		1
LN	中性电抗器	XL - 240,100A	1
QF	自动空气断路器	DZ10 - 600/337	1
QS	隔离开关	HD11 - 400/38	1
TA1 - 3	电流互感器	LM - 0.5,400/5A	3
FU1 - 6	熔断器	R10/2	6
KM	交流接触器	CJ0 - 10A/380V	1
SA1	转换开关	LW5 - 15,D0408/2	1
SA2	转换开关	LW5 - 15,D0401/2	1
SA3~4	转换开关	LW5 - 15,D0081/1	2
HL1~5	指示灯(红、绿各1,无色3只)	XD5,380V	5
SB1~2	按钮(红、绿各1)	LA18 - 22	2
A	交流电流表	42L6 - A,400/5A	3
Hz	频率表	42L6 - Hz,45~55Hz,380V	1
V	交流电压表	42L6 - V,450V	1
W	三相有功功率表	42L6 - W,368V,400/5A	1
cosφ	功率因数表	42L6 - cosφ,380V,5A	1

142

代 号	名 称	型号、规格	数 量
<u>A</u>	直流电流表	42C3 – A,5A	1
1U	三相桥式整流组合管	SQL10,600V,10A	1
2V	硅整流元件	ZP5 – 2D	1
C	电容器	CJ41 – 2a,1μF,400V	1
R	电阻	RXYC,51Ω,10W	1
2R	磁场变阻器	BC1 – 500,100Ω	1
3R	固定电阻		1
4R	瓷盘变阻器	BC1 – 50,2Ω	1
1V	可控硅	KP5 – 6D	1
AVR	自动励磁调节器		1

表 7 – 5　PF13 – 75 控制箱主要设备表

代 号	名 称	型号、规格	数 量
A	交流电流表	81T2 – A,200/5A	3
V1 – 2	交流电压表	81T2 – V,450V	2
Hz	频率表	81L2 – Hz,45～55Hz,220V	1
cosφ	功率因数表	81L10 – cosφ,380V,5A	1
W	三相功率表	81L3 – W,200/5A,380V	1
<u>A</u>	直流电流表	81C1 – A,30A	1
LH4 – 9	指示灯	BLXN – 1	6
V1 – 4	硅整流元件	ZP,30A/800V	4
V5 – 6	可控硅	KP,50A/900V	2
QF	空气开关	DZ10 – 250/330,140A	1
L	零线电抗器		1
AVR	电压调节器	TST1	2
	无功调节器	QT1	1
YW	油温表	302 – T32u,24V	1
SW	水温表	302 – T32,24V	1
JY	油压表	308 – T32,24V	1
TA1 – 4	电流互感器	LM – 0.5,200/5A	4
LH1	信号灯	XD7,380V,红色	1
XS1 – 2	插座	P20K,2A	2
FU1 – 5	熔断器座	RL1 – 15,380V	5
	熔芯	4A	4
	熔芯	15A	1
YK	钥匙开关	JK421	1
SB	起动按钮	JK260	1
	座舱灯座	ZDC – 1	2
SA1	组合开关	HZ10 – 03	1
SA7	组合开关	HZ10 – 10/E185	1
LH2 – 3	小插口灯泡	24V,10W	2

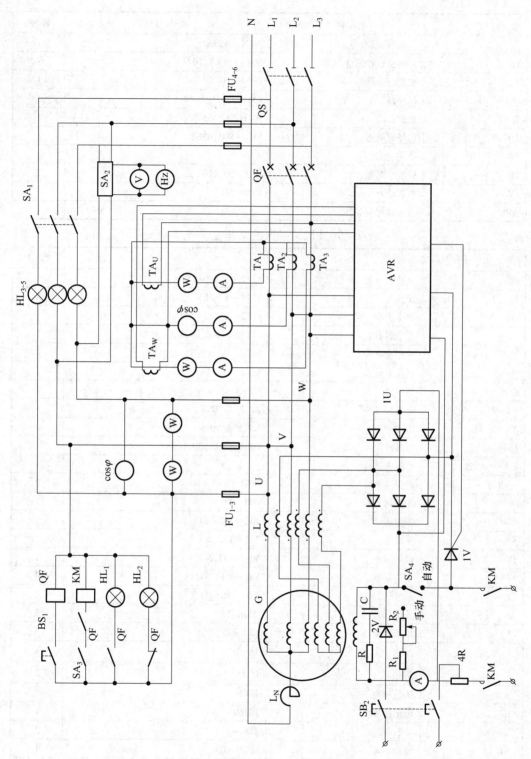

图 7 - 8   LGD 型发电机组控制屏电路图

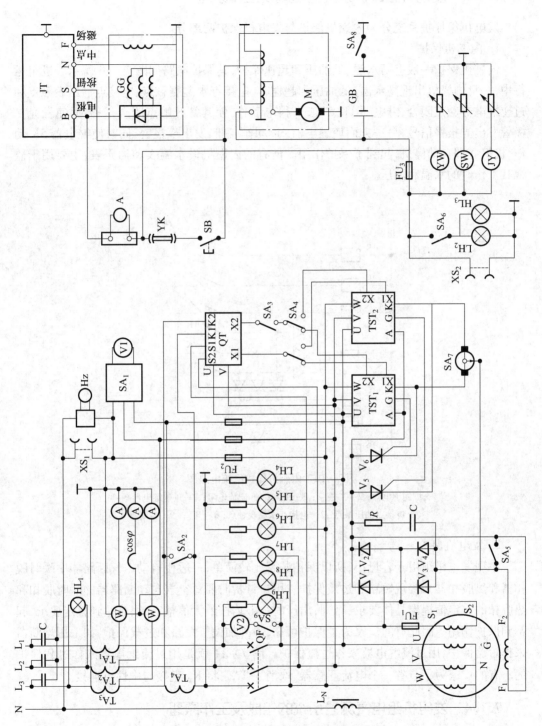

图 7 - 9 PF13—75 型发电机组控制箱电路图

7.1.3 发电机组保护系统的组成及工作原理

发电机组保护系统分为内燃机保护与发电机保护两部分。

1. 内燃机保护

内燃机保护一般有高水温、低油压和超速保护,其保护电路如图 7－10 所示。机组运行中,一旦内燃机出现高水温、低油压和超速时,电接点水温表触点、电接点油压表触点和过速继电器触点闭合,继电器 1K、2K、3K 得电动作,使其常开触点闭合,一方面使发光二极管发出光报警信号,另一方面使继电器 4K 动作,喇叭发出声报警,同时使继电器 5K 动作,机组立即自动停机,起到了保护作用。但有的内燃机设水温表和油压表,主要用于监视其工作时的水温和油压。

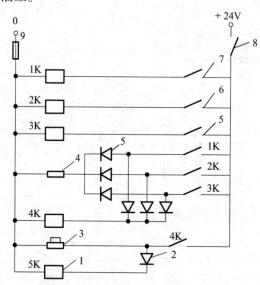

图 7－10　内燃机保护系统电路图

1—中间继电器;2—二极管;3—喇叭;4—限流电阻;5—过速继电器触点;
6—电接点油压触点;7—电接点水温表触点;8—开关;9—熔断器。

2. 发电机保护

小型发电机组由于容量小,所以保护装置比较简单,一般用自动空气断路器中瞬时脱扣器和热脱扣器来实现短路和过载保护。用户订货时要对空气自动断路器的瞬时脱扣和热脱扣的整定值提出具体要求,否则,出厂时一般均按最大值整定,很难达到整定要求,起不到保护作用。因此有的厂家为了保护可靠,另外加设了短路和过载保护,如采用熔断器来作短路保护,用过流继电器来作过流保护。图 7－11 就是用过流继电器来作过载保护的。有的厂家为了节省一个电流互感器,取消了 TA_V,将 K_V 直接与中性点连接。

7.1.4 发电机组电气测量系统的组成及工作原理

发电机组的电气测量系统主要用于监视发电机的运行情况,以保证发电机的安全、经济运行。发电机容量较大的控制屏配置的电工仪表较齐全,如图 7－12 所示。用于观测和监视发电机定子运行参数的有交流电流表、电压表、功率表、频率表和功率因数表。为

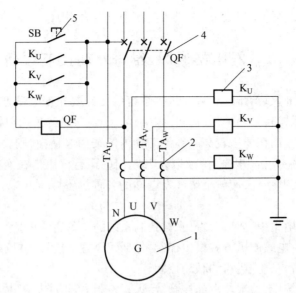

图 7 – 11　发电机保护线路图

1—发电机；2—电流互感器；3—过流继电器；4—空气自动断路器；5—按钮。

了监视三相电流,用 3 只电流表。三相电压一般用一只电压表和一个转换开关进行测量。用于观测和监视发电机转子运行参数的有直流电流表。值班人员必须经常监视这些仪表,使发电机的运行参数不超过其额定值。

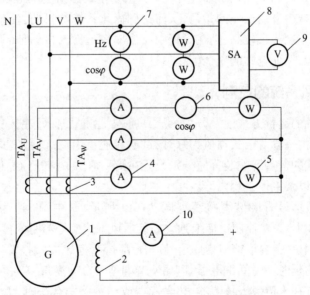

图 7 – 12　发电机电气测量系统电路图

1—发电机定子；2—发电机转子；3—电流互感器；4—交流电流表；5—三相功率表；
6—功率因数表；7—频率表；8—电压转换开关；9—电压表；10—直流电流表。

用于容量较小的发电机组控制箱,配用的电工仪表较少,至多也只配交流电流表、电压表、功率表和频率表,有的只配交流电流表和电压表。至于轻便型的单相发电机,由于容量很小,一般都用于固定设备或少数有限的负载,容量一般都不会超过发电机的额定值,所以无需配置很多测量仪表,通常只要配一个电压表用于监视发电机的电压即可。

7.2　发电站通风、给排水等控制设备

柴油发电站的通风、给排水、供油、供气系统的控制要根据电站性质来设置。在普通电站中,这种控制系统较为简单,如风机、水泵、油泵、空压机都采用单机就地控制,由值班操作人员现场操作。而在要求较高的地下工程内的柴油电站中,则要根据技术要求随电站运行状况适时控制风机、水泵、供油以及各阀门的运行状态。在有些要求更高的电站中,还应采用集中控制系统,使整个柴油发电站的各种设备协调起来,发挥地下工程柴油电站的应有功能。

在地下柴油发电站中,通风、给排水等控制系统的任务通常包括:

(1) 通风系统:电站通风方式集中控制,包括通风方式信号、进行风机控制、风管阀门控制、喷雾冷却风机与进排风机的联动控制等。

(2) 给排水系统:水库水位自动控制、污水泵控制、机组冷却用供水泵自动转换控制、供水系统的故障报警控制等。

(3) 供油系统:供油泵的控制、自起动机组油路阀门控制、预润滑控制等。

(4) 供气系统:空压机及储气瓶、阀门的控制。

以上任务也是要根据实际要求来实现的,如工程对这些控制要求不高,则在实际设置中,除必要的自动控制和自动调节装置外,宜尽量采用人工远距离控制的方式。设计中应尽可能简化系统、减少自动操作的阀门,从而达到简化系统的目的,使系统运行可靠性提高;如工程对这些控制要求较高,则在设置中应采取较可靠的自动控制方法,充分发挥电站内各设备的功能,保证电站的安全可靠运行。

7.2.1　通风系统的控制

电站通风系统的运行方式通常分为清洁式通风、滤毒式通风、密闭式通风三种。并应设置信号音响装置,一般清洁式通风为绿灯,过滤式通风为黄灯,密闭式通风为红灯加音响报警。通风方式的信号音响装置应分别设置在第一道防护门开门操作侧、控制室、电站值班室、通风机室以及主体工程内。

电站通风方式信号音响装置接线如图7-13所示,其中图(a)为装于集中控制台(屏)时的接线,图(b)为在控制室墙上独立安装通风方式信号箱时的接线。

图7-13(a)中的音响报警与指挥信号可合用一套,通风方式报警继电器BJJ可采用带瞬时辅助触点的延时型时间继电器,以便使音响延时自动复归。

电站通风系统在未遭敌人核武器、化学武器或细菌武器袭击时,大气没有污染,电站进风不需要滤毒时,采用清洁式通风方式。

当敌人进行核武器、化学武器和细菌武器袭击时,外部空气受到污染,并已查明毒剂的性质和浓度,确认有毒空气能被滤毒设备过滤时,采用滤毒式通风方式。当电站机房允许染毒,其他清洁区(如控制室,值班休息室)由主体工程通风时,电站可不设滤毒式通风方式。

当敌人进行核武器、化学武器和细菌武器袭击,外部空气受到污染,但未查明毒剂性

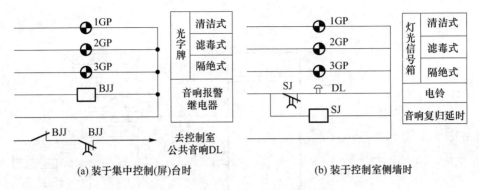

图 7 – 13　电站通风方式信号装置接线

质和浓度,或滤毒设备无法过滤时,采用密闭式通风方式(也称隔绝式通风方式)。此时与外界隔绝,机组燃烧用空气由室内供给(短时间),或由外界供给染毒空气。

图 7 – 14 为电站通风系统图。

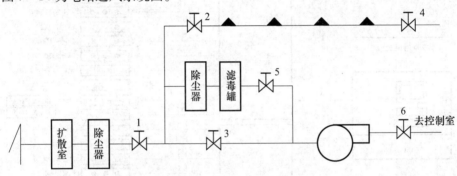

图 7 – 14　电站通风系统图

由系统图可见,要达到三种通风方式的实现,必须将风机、阀门集中控制,保证阀门的适时开闭。

清洁式通风时,1#、2#、3#、6#阀门开,4#、5#阀门关;滤毒式通风时,1#、2#、5#、6#阀门开,3#、4#阀门关;隔绝式通风时,1#、2#、3#、5#、6#阀门关,4#阀门开。

图 7 – 15 为某工程三防控制系统原理图。其中图(a)为三防控制系统原理图,图(b)为三防通风方式下相关风机及阀门动作表。

三防控制系统线路图如图 7 – 16 所示,该系统为有 1 个风机和 4 个阀门的情况,可实现就地控制、遥控和计算机控制等几种控制模式。其控制箱为强弱电相结合的新型智能控制箱。

在喷雾冷却的电站中,为防止电站的相对湿度过大,不允许喷雾风机单独运转。应采用电气联锁的方式把喷雾风机电源接于进排风机控制电器之后,以保证只有在通风换气的条件下喷雾风机方可运行。

另外,为了保证柴油发电站内外空气压差达到要求值,进排风机的控制也应联锁,工程电站内超压低于允许值时,排风机应能自动停止运行,这种装置联锁应能手动切除。

采用集中控制系统时,通风系统控制台(屏或箱)一般布置在电站控制室或通风值班室内,采用分散式控制系统时,控制线路布置在动力箱内。

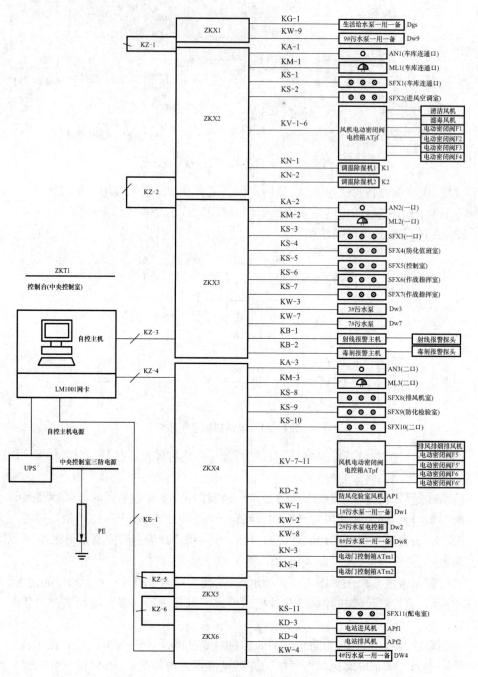

(a) 三防控制原理图

150

控制要求 被控设备		清洁式	滤毒式	隔绝式
一口	排风机	开	关	关
	密闭阀门5,5′	开	关	关
	密闭阀门6,6′	关	开	关
二口	进风机	开	开	关
	密闭阀门1	开	关	关
	密闭阀门2	开	关	关
	密闭阀门3	关	开	关
	密闭阀门4	关	开	关
三防信号灯		HG 亮	HY 亮	HR 亮

说明：

（1）三防控制是整个工程设备自动控制系统中的一部分，本图将其中的三防控制相关的内容单独抽出来进行表述。

（2）三种通风方式的转换分自动转换和手动转换。自动转换是在自动控制系统检测到毒剂和射线报警器的动作后，发出声、光报警，通风方式立即转换为隔绝式通风方式。手动转换是通过控制台上的三种通风方式切换按钮或主计算机屏上的通风方式切换按钮进行转换。

（3）通风系统中的风机和电动密闭阀门除了进行集中的远程控制外，还提供就地手动控制功能。

（4）三种通风方式转换时各种设备的动作关系见上表，除了表中的风机、电动风阀和通风方式信号箱的转换动作外，其他相关的动作设备还包括：

① 电动防护门的上锁以及在虑毒式通风方式下控制同时只允许打开一道电动门，在消防时同时打开，隔绝时同时关闭；

② 强制停止主体内的污水泵，在隔绝式通风时限内不受液位控制；

③ 隔绝方式时起动空调机组的的回风机和送风机进行内部的空气循环。

图 7-15 三防控制系统原理图

7.2.2 给排水系统的控制

电站给排水系统的控制主要是供（清）水泵、排（污）水泵及其相应的阀门控制。

供水泵控制包括水位自动控制、备用水泵自动投入控制、水泵与出口阀门联动控制、水泵运行故障报警信号控制等。

水位自动控制是保证水库水位在一定范围内。当水位低于最低位置时，应及时起动水泵向水库打水，当水位达到最高位置时，则应及时切断水泵电源，停止水泵工作，防止因缺水或溢水造成的事故发生。水位自动控制方案很多，可根据需要选择。

电站如设置多台供水泵时，应具有自动备用水泵投入功能。一般需设自动备用选择开关来转换各台水泵的工作状态。也可切除自动而采用手动投入。

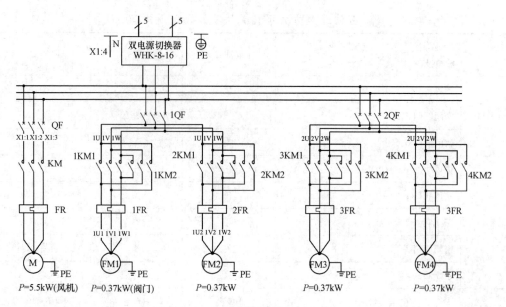

(a) 一次线路图

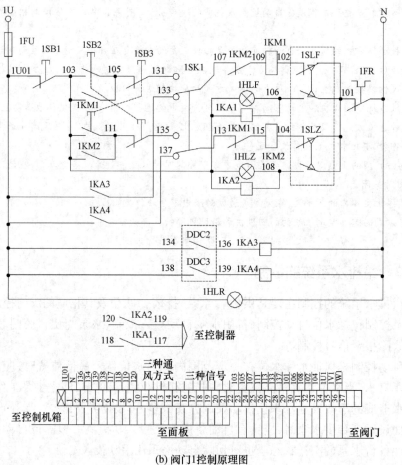

(b) 阀门1控制原理图

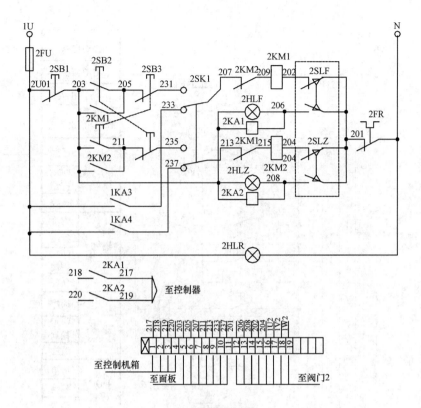

(c) 阀门2控制原理图

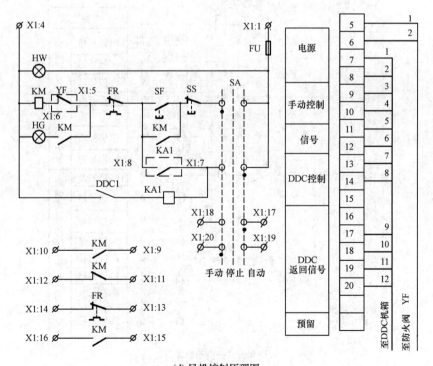

(d) 风机控制原理图

153

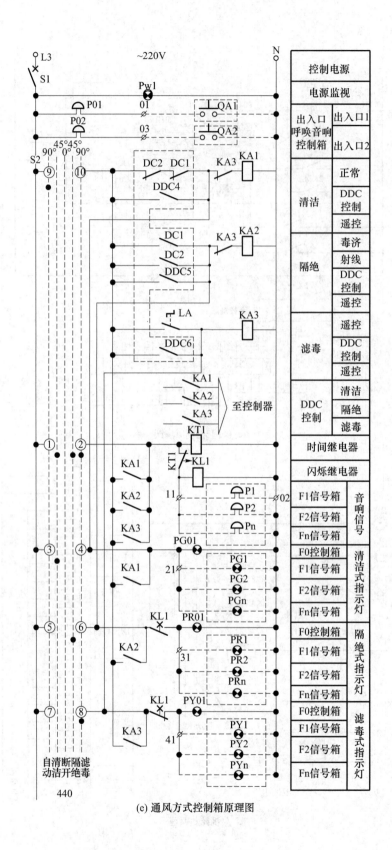

(c) 通风方式控制箱原理图

154

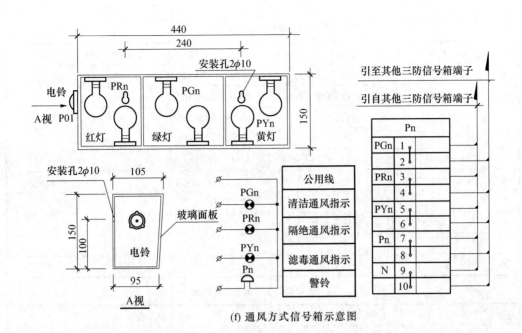

(f) 通风方式信号箱示意图

风机主要设备及材料表

序号	符号	名称	型号、规格	单位	数量	备注
1		双电源切换器	WHK－8－16A	个	1	
2	QF	低压断路器	C65AD－16A/3P	个	1	
3	KM	接触器	B16	个	1	
4	FR	热继电器	T16－9～13	个	1	
5	FU	熔断器	RL8－16/4A	个	1	
6	SA	万能转换开关	LW12－16D0401	个	1	定位型
7	SS、SF	控制按钮	LA25－2D	个	2	1红1绿
8	HW、HG	信号灯	AD11－25/40G 220V	个	2	1白1绿
9	KA1	中间继电器	JQA－10F 220V	个	1	小型继电器
10		端子排		排	1	
11	YF	防火阀	70°或280°	个		通风专业定(不在本箱内)

阀门主要设备及材料表

序号	符号	名称	型号、规格	单位	数量	备注
1	QF	低压断路器	C65AD－3A/3P	个	2	
2	KM	接触器	3TD4002－0X 380V	个	4	
3	FR	热继电器	T16－0.7～1.0	个	4	
4	FU	熔断器	RL8－16/2A	个	4	
5	SB	控制按钮	LA19－11D	个	12	1红1绿
6	SK	转换开关	JWL2－22 380V 3A	个	4	
7	HLF、HLZ、HLR	信号灯	AD11－25/40G 220V	个	12	1白1绿
8	KA	中间继电器	JQA－10F 220V	个	12	小型继电器
9		端子排		排	4	

155

序号	符号	名称	型号、规格	单位	数量	备注
1	KT1	晶体管时间继电器	JS14A – 120/220	个	1	
2	KL1	晶体管闪烁继电器	JSZ – 2/220V 板前	个	1	
3	S2	转换开关	LW5 – 15 F5673/2	个	1	
4	S1	空气开关	C65N – 10/2P	个	1	
5	PW1	信号灯	AD16 – 220V 白色	个	1	
6	PR01、PG01、PY01	光字牌	AD11 – 77X31/24	个	3	红绿黄各1
7	P01	电铃	220V 2″	个	1	
8	KA	中间继电器		个	3	
9	LA	按钮		个	1	
10		端子排	J00 – 1024	排	1	

信号指示灯箱主要设备及材料表

序号	符号	名称	型号、规格	单位	数量	备注
1	PG1、PG2	信号灯	绿	个	2	
2	PR1、PR2	信号灯	红	个	2	
3	PY1、PY2	信号灯	黄	个	2	
4	P1	电铃	220V 2″	个	1	

(g)主要设备及材料表

图 7 – 16　三防控制系统线路图

供水泵与出口阀门联动控制，一般出口阀门采用电磁阀门，先起动水泵，再打开阀门，延时时间为 3~5s，以保证供水泵的运行效率。常用电磁阀门参数如表 7 – 6 所列。

表 7 – 6　电磁阀门规格

型号	直径 /mm	工作压力 /(kg/cm^2)	工作温度 /℃	额定电压 /V	功率 /W	连接方式
DF$_1$ – 1D	15			交流 24、36、110、		G1/2″管螺纹
DF$_1$ – 2D	25			127、220,		G1″管螺纹
DF$_1$ – 3D	40	0.1 ~3	≤60	直流 24、36、48、	15	G1 1/2″管螺纹
DF$_1$ – 4D	50			60、110、220		法兰四孔
DF$_1$ – 5D	75					法兰四孔
DF – DY$_1$	15	– 1 ~1		交流 36、220、		G1/2″管螺纹
DF – DY$_2$	25	– 0.5 ~0.5			30	G1″管螺纹
DF – DY$_3$	40		≤50	直流 24、36、220		G1 1/2″管螺纹
DF – DY$_4$	50	– 0.1 ~0.1			50	法兰四孔
DF – DY$_5$	75					法兰四孔
DF – 5	5			交流 24、36、110、		
DF$_4$ – 8	8			127、220,		M14 × 1.5
DF$_4$ – 15	15	27	< 40	直流 24、36、48、	15	M16 × 1.5
DF$_4$ – 20	20			60、110、220		M27 × 2

为了使电站供水系统在故障时得到及对处理,减小故障造成的危害,电站供水泵一般应具有运行故障报警信号,常采用声光信号。报警范围应包括水泵、管路电磁阀的机械、电气故障,因此,故障信号一般取自于供水系统干管上的压力或液流信号。

压力信号报警元件一般采用 YX－150 型电接点压力表和 YT－1226 型压力调节器。当采用电接点压力表时,其触点需有阻容保护,以保证工作可靠。

压力信号元件主要参数见表 7－7 和表 7－8。

表 7－7　YX－150 型电接点压力表主要参数

测量范围/(kgf/cm²)	0～1;0～1.6;0～2.5;0～4;0～6;0～10;0～16;0～25; 0～40;0～60;0～100;0～160;0～250;0～400;0～600
精度等级	1.5
接点容量	200VDC 或 380VAC　10V·A
工作环境条件	－40～＋60℃;相对湿度≤80%
外壳形式	防尘式

表 7－8　YT－1226AB 型压力调节器主要参数

序　号	1	2	3	4	5	6	7	8	9
压力调节范围/(kgf/cm²)	0～2	0～3	0～5	0～8	0～10	0～15	0～20	0～30	0～40
差动可调范围/(kgf/cm²)	0.1～0.8	0.25～1	0.3～1	0.7～2.5	0.7～2.5	1～2.8	1.2～3	1.5～5	2.5～6
允许指示误差/(kgf/cm²)	±0.08	±0.12	±0.2	±0.32	±0.4	±0.6	±0.8	±1.2	±1.6
允许动作误差/(kgf/cm²)	±0.06	±0.08	±0.08	±0.5	±0.2	±0.25	±0.35	±0.5	±0.7
被控介质要求	对黄铜、锡青铜、铅锡焊料无腐蚀 对黄铜 1Cr18Ni9Ti 不锈钢、锡铅焊料无腐蚀								
输出形式	一对转换触头(三线)								
触头容量	380V、AC、3A;220V、DC、2.5A								
外壳形式	YT－1226A		酚醛塑料,适用于陆上一般装置						
	YT－1226B		铸铝、防水型;能耐冲击、振动						
工作环境条件	－40～＋60℃;相对湿度≤95%								

液流信号元件 LCK－2 流量控制器和 LKZ 液流信号器主要参数见表 7－9 和表 7－10。

表 7－9　LKC－2 型流量控制器主要参数

型　号	LKC－2－25	LKC－2－40
管　径 d	1″	1 1/2″
最大动作流量范围/(L/min)	47～53	150.4～169.6
动作流量误差/(L/min)	±3	±9.6
返回系数	≥0.85	≥0.85
工作压力/(kgf/cm²)	3.5	3.5
触头容量	127V,2.5A	

表 7 – 10　LKZ 液流信号的主要技术参数

技术数据 型号	通径/mm	工作压力 /（kg/cm²）	工作介质 及温度	接点 容量	接点 型式	外形尺寸		连接方式
						H	L	
LZK – 1	φ8					55	52	W16×4.5
LZK – 2	φ15		水、油及 无腐蚀性 的其他液 体 <60℃	24V0.1A 以下； 220V0.5A 以下	舌簧转 换接点	70	64	G1/2″管螺纹
LZK – 3	φ25	1—2				90	120	G1″管螺纹
LZK – 4	φ50					160	220	法兰 4 孔 φ13/φ110

　　在有些柴油发电站中,设置了机组运行时冷却系统温度调节系统,其任务是保证柴油机的进、出水温度达到一定的要求。调节方式一般有管路混合调节和混合水池调节两种。其调节控制系统示意图见图 7 – 17 和图 7 – 18。

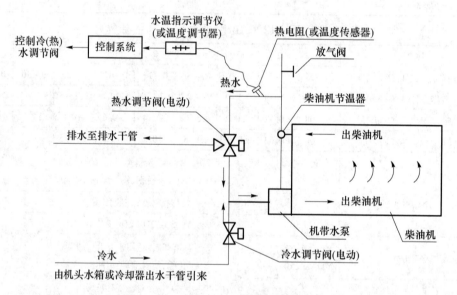

图 7 – 17　管路混合调节控制系统示意图

　　污水泵控制要求不高,通常只设置液位自动控制装置。一般不设液位远传测量信号和控制信号,只要求就地控制,控制室可设开、停水泵的指示信号。

　　污水泵排出管可集中设一只单向阀防御冲击波侵入,不必设电动阀门,以简化污水泵控制系统。根据工程性质可设两台以上污水泵并能互为备用水泵,如有污水泵故障报警信号时,也可采用人工投入备用水泵的方式。

　　对于比较大的柴油发电站,污水泵也应具有远距离控制和就地控制两种控制方式。

　　污水泵的液位自动控制、备用污水泵自动投入等控制线路与供水泵基本相同。

　　有些工程的电站设外水源泵,其控制必须有远距离控制和就地控制两种方式,其他控制系统与供水泵相同。

　　对于采用水冷空调系统的柴油发电机,还存在空调用水的控制问题,不管怎样,只要

158

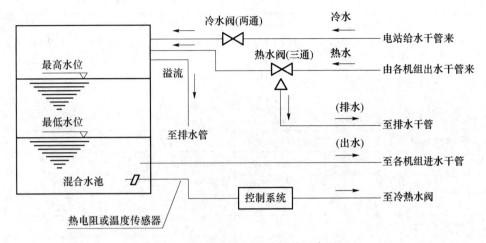

图 7-18 混合水池给水系统示意图

了解给排水系统的工艺流程,选用适当的元器件,设计性能合理的控制线路,一定能满足给排水系统的要求,使其系统可靠地运行。

7.2.3 供油系统的控制

在要求较高的备用电站中,一般都设自起动机组。当自起动机组投入应急状态时,就需要机组的各个系统都处于应急状态。冷却水和润滑油都要有一定的温度,即要设预热装置;为了使开机后能很快带负荷、防止润滑油不到位使机组损坏,即要设预润滑装置;若采用压流式供油还要及时打开进油阀门和输油泵(指另设输油泵的机组),若采用自流式供油还应根据日用油箱油位自动起动供油泵,以保证供油系统的正常运行。

1. 预热装置

设置自动预热装置是为了适应机组应急自起动合闸后的快速加载要求和减少较大机组在应急起动快速开频时产生骤变的热应力。

预热装置一般采用管形加热器,在机组冷却系统和润滑系统管路的较低位置上设置。通过局部管路介质的加热,使机体内冷却水和润滑油在温差作用下进行自循环,以达到预热机组的目的。

预热装置应采用自动温度控制。当机组投入应急状态时自动投入工作,机组起动成功后预热装置应自动撤出工作。预热温度控制范围一般设计在 35～65℃。即当水、油温度低于 35℃时,自动接通管形加热器电源,当温度高于 65℃时自动切断加热器电源,使机组在应急准备起动时期始终保持一定的温度。

水油温度控制元件应结合机组热工保护和测量装置统一考虑。一般可采用 XCT-122 动圈式调节仪,其温度传感元件配用 WZC 或 WZB 型普通铜热或铂热电阻。调节仪继电器输出高低位信号分别整定于 35℃和 65℃,用以控制预预热装置。当机组起动成功后,调节仪则可作为温度参数远距离测量的指示仪使用。

XCT 系列动圈式仪表主要参数见表 7-11。

表 7 - 11   XCT 系列动圈式仪表主要性能参数

型 号	XCT - 101 XCT - 102 XCT - 103 XCT - 104	XCT - 111 XCT - 112 XCT - 113 XCT - 114	XCT - 121 XCT - 122 XCT - 123 XCT - 124	XCT - 131 XCT - 132	XCT - 191 XCT - 192
设定误差	≤ ±1.0%	≤ ±1.0%	≤ ±1.0%		< ±1.0%
不灵敏区	≤ ±0.5%	≤ ±0.5%	≤ ±0.5%		
三位调节的中间带		2% ~ 10% 可调	5% ~ 100% 可调		
设定范围	0 ~ 100%	上限 10% ~ 100% 下限 0 ~ 90%	上限 10% ~ 100% 下限 0% ~ 90%	0 ~ 100%	0 ~ 100%
越限	>5%	>5%	>5%		>5%
比例带(P)				4 ±1%	4%
控制点误差				±1%	
周期				4 ±10s	
输出信号					0 ~ 10mA 直流
负载电阻					500 ~ 1200Ω
积分时间(I)					4min
微分时间(D)					30s
接点容量	220V、AC、 3A 阻性	220V、AC、 3A 阻性	220V、AC、 3A 阻性	220V、AC、 3A 阻性	
阻尼时间	<7s				
精度等级	1.0 级				
消耗功率	5W				
工作环境条件	0 ~ 50℃,相对湿度≤85%,无振动				

2. 预润滑装置

设置预润滑装置是为了在机组应急准备起动期间有一定的润滑条件,以保证机组顺利起动和避免起动后运动机件的干摩擦。机组自动预润滑装置一般有周期性自动预润滑和直流电动泵预润滑两种方式。

周期性自动预润滑通常是采用一台电动齿轮油泵接入柴油机原润滑油循环系统。当机组投入应急准备起动时,该油泵开始作间隙性工作,由电气控制实现周期性定时泵油。一般每隔 4 ~6h 泵油一次,每次泵 2 ~5min 即可。当机组应急起动成功后则应使该油泵退出工作。这种预润滑方式控制简单,润滑系统改装也较容易,因此被广泛采用。

直流电动泵预润滑装置采用一台直流电机传动的齿轮油泵并接于柴油机原润滑系统。油泵采用 24V 直流蓄电池供电。工作情况是:当外电中断后,由自起动装置控制,先起动该预润滑油泵进行泵油预润滑几秒到几十秒钟,待机组建立一定的润滑油压时开始应急起动柴油发电机组。当机组采用遥控起动时,则可通过人工远距离起动预润滑油泵,以建立必要的润滑条件。

该方式的优点是控制简单,在应急准备期间不必进行预润滑。缺点是采用直流电源,增加了起动(控制)蓄电池的负担,应急自起动恢复供电时间相对加长。

3. 燃油供给系统的控制

在具有应急自起动功能的机组中,必须保证应急起动时和起动后燃油供给路径的畅通,因此要设置自动控制措施来达到要求。

通常柴油机进油采用自流式,日用油箱的位置应高于柴油机进油口,在日用油箱与柴油机进油口之间通常设手动油用阀门,在机组投入应急状态时,该阀门应开启,此时日用油箱的补充应采用自动控制。

7.2.4 供气系统的控制

对于利用压缩空气起动并且具有自起动功能的柴油发电机组,其起动用压缩空气必须保质保量。保量是指储气瓶容量要足够大,能满足 4～5 次起动用。保质则是在完成了 4～5 次起动后,空气储气瓶气压仍有一定的要求,一般最后一次起动的气压不低于 $18kg/cm^2$(冷机)或 $11.8kg/cm^2$(热机),否则,将由于气压不足而使自起动失败。因此,空压机通常采用电动空压机并自动控制空压机开、停状态。当储气瓶压力低于 $25kg/cm^2$ 时,即使空压机电路接通并打开储气瓶进气阀门,向气瓶内打气;当高于 $25kg/cm^2$ 时,自动停止空压机工作,并关闭储气瓶进气阀门,使储气瓶内压缩空气始终保持较高压力,保证能完成 3 次自起动过程。

气起动系统的起动阀门(气瓶到柴油机之间的空气管阀门)控制,由柴油机自起动装置控制,这里不作介绍。

如果气起动系统的充气设备采用内燃机空压机、手动空压机、利用柴油机第一缸打气装置,都无法采用自动控制,只有设置气瓶压力信号报警装置,用人工方法满足储气瓶内气压要求。

7.3 发电站信号联络控制系统

当柴油机房与发电机控制室分别布置在两处(两个房间)时,需要进行相互间的联系,实现机组与控制室的运行配合。在地下工程柴油电站中,设置信号联络装置尤其重要,以便下达操作指令和传递机组远行状态。此外,控制室与值班室、通风机室、主体工程指挥中心也要设置信号联络装置,以确保电站正常可靠地运行。

柴油发电站的主机、供配电系统主设备、电站附属设备在运行中可能出现故障或故障前兆,为了使这些信息及时报告指挥中心(或值班室、控制室),需要设置故障信号装置,以利电站指挥中心及时调度和处理,减小故障范围和程度。

信号装置电源可采用 220V 交流,但其缺点是外电中断后,第一台机无法进行起动指挥,因此,有条件的电站,其信号装置电源尽量采用直流供电。

7.3.1 联络方式及信号内容

联络方式通常有电话、音响、灯光、手势等。在较大电站中应设通信电话,分别设置在控制室、值班室、通风机室、电站机房等处,机房电话应设在隔音电话间内。音响信号是在具体指令下达前的一种警报信号,以便引起值班人员的注意,领受具体指令信号,通常要与灯光信号配合使用。音响信号在机房设置时,要做到在机组运行时也能发挥其作用。

灯光信号是隔室操作的主要联络方式,它可根据灯光颜色和光字牌表达多种信号意图,在许多场合均采用此种方式。在地下柴油发电站中设置密闭观察窗,在地面电站中也常在机房与控制室之间设置窗户,这就是机房和控制室联系的途径,一般以打手势(机组运行时声音无法听清)的方式进行信息交换。手势的具体内容及表示法,是运行操作人员在实践中创造出来的一种切实可行的方法,目前仍在许多领域广泛地应用。

不管是采用哪种方式,其基本要求是准确、及时、可靠。

电站指挥联络信号系统是指控制室向机房下达操作指令,机房接受指令并反馈执行情况和有关请示。控制室为指挥端,机房为被指挥端。一般电站指挥联络信号的内容见表7－12。

表7－12　一般电站指挥联络信号的内容

控制室对机房	机房对控制室
1. 起动 2. 增速(增负荷) 3. 减速(减负荷) 4. 准备并列 5. 并列运行 6. 坚持运行 7. 停机 8. 紧急停机 9. 解列运行	1. 机组有故障 2. 机组危险 3. 要求减负荷 4. 要求解列

根据电站性质和规模,可适当增减以上内容。例如无并列运行要求的电站,则可不设有关并联运行的指令。当电站要求较高时,控制室对机房还可增加"已合闸""更改指令"等指令,机房对控制室还可增加"已准备""可并列""起动困难"等信号。

电站故障报警信号系统是指电站指挥中心(控制中心)通过各种信号装置了解整个电站各系统的运行状态,是各系统操作人员根据设备运行情况向中心发出的信号(或由自动控制装置自动向中心发出)。电站故障报警信号可分为事故信号和预告信号。事故信号是电站供电系统主设备或重要附属设备的重故障报警,如因故障造成停机、跳闸等。预告信号用于系统或设备的轻故障报警和显示,如机油压力低、冷却水温高等。

一般柴油发电站的故障报警信号的内容见表7－13。

表7－13　一般柴油发电站的故障报警信号的内容

序号	故障点名称	故障报警信号内容		备注
		事故信号	预告信号	
1	发电机组	某号机停机(跳闸) 超速停机 冷却水温过高 机油压力过低 逆功率动作	某号机起动失败 水温高 油温高 油压低 自起动回路故障 漏燃油或机油	
2	外电源进线	外电源中断		

序号	故障点名称	故障报警信号内容		备注
		事故信号	预告信号	
3	主系统母线		自动减载投入 自动无功补偿动作	
4	主配电回路	某路馈线故障	电压低	
5	附属设备	机组冷却水泵故障（或停止工作）	充气压力过高 气瓶气压低 污水泵水位自控失灵	
6	直流系统		直流母线电压过高 直流母线电压过低	

7.3.2 信号联络系统的设置

指挥联络信号装置通常是每台机组设置一套，控制室可每台机组设置一套，也可集中设置一套，分别与各台机组联络。

每台机组所设信号装置一般安装在机组操作面一侧，便于操作手观察，常称"机旁信号箱"，也可安装在侧墙上，其位置应便于观察、比较醒目。控制室所设信号装置一般集中设置一块立式控制屏（其外形与配电屏相同），将各机组信号集中于该控制屏上，该屏还可设置故障报警信号系统、电站通风控制信号等。对于规模较小、要求不高的电站，其信号装置可从简设置。

指挥联络信号装置的线路还有很多类型，具体可根据战术技术要求、柴油发电站的性质、地位及具体设置情况来选用或另行设计。

另外，在指挥联络信号箱（屏），机旁信号箱上均应设必要的测量仪表，例如频率表，电压表等。以便操作人员观察机组运行情况，发出正确的指挥信号。

7.3.3 故障报警系统的设置

故障报警装置一般设在控制室内，根据机组数量和报警内容确定设置屏、箱、台。少而简单设箱，挂在侧墙上即可。多而复杂设台，独立设置在显要位置或与发电机控制屏并列，但不协调。当设置屏时通常应选用与配电屏相同的外形尺寸，以便并列安装，使控制室整齐美观。

同时设置事故和预告信号时，其信号的音响应有明显区别。一般情况下事故信号的音响可采用电笛，预告信号可采用讯响器。为了明显区别于事故信号音响，预告信号也可通过闪烁继电器发出断续音响。另外，为了保证故障信号光字显示的可靠性，故障信号光字牌一般可采用两个光字灯并联的接法，当其中一个损坏时，尚能保证故障信号显示，并使光字牌回路接线简单。

故障报警系统的轻故障信号宜采用故障消失后信号自动解除的方式，而重故障信号应能自锁，采用人工或延时自动复归的方式。在事故或预告信号装置动作后，值班人员可通过音响复归按钮切除声音信号，但光字牌信号仍应保留，以便值班人员处理故障。

电站中设有供电系统各主开关的事故跳闸信号时，为了减少屏面光字显示元件，可设置专门的闪光装置,事故跳闸时使跳闸指示灯(绿灯)闪光。闪光装置可由事故信号起动,也可设置独立的装置。

总之,设置故障报警信号装置时应力求精炼、简单、可靠、实用。

练习题

1. 发电机组控制箱主要有哪些组成?
2. 发电机组测量系统的组成有哪些?
3. 通风给排水等控制系统的任务是什么?

第8章　地下工程柴油电站系统智能化

8.1　概　　述

8.1.1　电站自动化

电站自动化要求电站保证在无人值班的周期内连续正常运行,即要保证:

(1) 若由一台发电机组运行供电,在该机组发生故障时,备用发电机组应能在45s内自动起动合闸,向重要负载供电。

(2) 若由两台以上的发电机组并联供电,在其中一台机组出故障时,应有措施保证对重要负载的连续供电。

(3) 因短路故障停电后,备用机组的自动合闸只允许进行一次,合闸失败后应报警。

(4) 当运行发电机组超负荷时,应能自动卸除非重要负载,保证对重要负载供电;或自动起动备用的发电机组并网供电。

(5) 自动电站应显示电压、频率及应急蓄电池组向临时应急照明供电的指示。

(6) 自动电站应实现电压过高或过低报警、频率过低报警、自动卸载动作时报警、自动合闸失败报警、主开关脱扣报警、对地绝缘电阻低报警、应急蓄电池组向临时应急照明供电时报警等。

8.1.2　自动电站基本功能

(1) 对有关的电气参数和动作信号自动监测、报警、记录、显示,并有逻辑判断功能去控制发电机组。

(2) 发电机组自动起动。多台发电机组应装有起动控制程序,在某机组起动失灵或不能合闸时,应能自动地将起动指令转移给另一台机组。电站的备用发电机组应能随时(不超过45s)自动起动,并自动投入电网供电(有两台机组并联工作时,应能自动同步投入)。

(3) 在汇流排不带电的状态下,对发电机组自动接入电网,要限制在该状态下有两台机组或更多的机组同时接入及短路后多次接入的尝试。

(4) 发电机组自动准同步并车。若电网上有机组供电,则机组自起动成功后,即由自动准同步装置与自动调频调载装置配合工作,将新起动机组自动投入电网并联运行。

(5) 自动恒压及无功功率自动分配。无论单机还是并联运行,自动调整励磁装置能保持电网电压维持恒定,误差不大于 $\pm 2.5\% U_N$。同时能调整并联运行发电机组的无功分配,使之合理分担。

(6) 自动恒频及有功功率自动分配。当两台机组并联运行时,自动调频调载装置与原动机调速器配合工作,使电网维持恒定频率,偏差不大于 $\pm 0.25 Hz$。并使各机组承担的有功功率按机组容量成比例分配。

（7）自动分级卸载。自动分级卸载是指电站超负荷时，自动卸除一些非重要负载，可以实现多次卸载，以适应不同程度的过载条件，保证对重要负载的连续供电。

（8）负载自动分级起动。负载自动分级起动有两种含义：一是指电网从断电状态恢复供电时，为限制过大的起动冲击电流，使负载自动分级起动，重要负载先起动；二是指自动分级卸载后，被卸去的负载在保证不引起发电机组重新过载的前提下再次投入运行。

（9）电气及机械故障时自动保护。

（10）发电机组自动解列。发电机组并联运行且轻载状态下，按确定顺序使运行机组逐台退出电网，直到其余运行机组脱离轻载状态为止。解列时应将其负载自动转移至运行发电机组后，才自动停止解列机组。

（11）发电机组自动停机。停机是指发电机组原动机的停机，分正常停机控制和紧急停机控制。

（12）主电站与应急电站供电的自动转换。

（13）自动无功补偿。自动无功补偿是指通过控制投/切电容器组，使负载的功率因数保持在较高的状态。

（14）重载询问。重载询问是指在起动大容量用电设备（一般指大于发电机单机额定功率15%的负载）之前，自动检查电站中正在运行的发电机组是否能满足它的用电及起动要求。若能，则允许它立即起动；否则，应先起动一台备用发电机，使之并网，然后再允许它起动。

（15）具备模拟试验的功能，可以模拟方式检测自动电站的各项功能。

8.1.3　电站自动化的技术特征

（1）自动化装置采用计算机技术，包括可编程序控制器（PLC），使控制部分的体积重量大大减小，工作可靠性大大提高，控制方式也由硬件控制变为以软件控制为主，使功能的组合、扩展或修改变得很容易，维护方便，模块通用性好。

（2）计算机控制由大型机集中控制方式发展到多微机分散控制方式，使工作可靠性大大提高；进而出现由多级计算机构成的分布式控制系统，以及应用光纤通信和网络技术。

（3）信号处理由模拟量信号处理发展到尽可能多的数字量信号处理和通信。

（4）由就地人工分散控制发展到集中控制。

（5）机电一体化。

（6）从提高运行的经济性和可靠性出发，目前更注重保障供电的连续性和使用电能的经济性。

8.2　柴油机自动起停控制

在自动化电站中，为了使一套发电机组能自动并车投入运行，其首要工作是能自动地起动或停止柴油发电机组，或者能在集中控制室遥控机组的起动或停止。因此，柴油发电机组的自动控制是电站自动化的重要内容之一。

发电机的原动机大多是柴油机,在发电机的起动和停机控制中,柴油机是控制对象,因此应了解柴油机的工作。下面介绍柴油机的起停控制。

8.2.1 柴油机工作条件

发电机组的柴油机起动有两种方式,即电动起动和压缩空气起动。电动起动一般用于应急发电机的原动机,由蓄电池供电给直流电动机,带动柴油机转动直到其起动完毕;主发电机组一般采用压缩空气起动,压缩空气经起动控制阀送达柴油机,再由柴油机的空气分配器按各汽缸发火的顺序,依次将压缩空气引入各汽缸,推动活塞,使机器转动。一旦汽缸运动产生高温,自行发火运转后,立即切断气源,柴油机即自行运转。从柴油机起动至达到额定转速,需注意以下几个问题。

1. 起动前的预润滑

柴油机有滑油循环系统,包括由本机动力驱动的润滑油泵、管路、过滤器和冷却器等。在运行时,能自行建立滑油压力,保证自身的滑油循环,使各部位得到良好的润滑;停机后,滑油系统也停止工作。因此,长时间停机后,应有起动前的预润滑程序,以确保在起动时,各运动部位有必要的滑油,避免干摩擦。自动预润滑控制有周期性预润滑和一次性注入式预润滑两种方式。

(1)自动周期性预润滑方式。是在柴油机滑油泵之外,另设一电动油泵,作为滑油循环系统的另一动力源。该预润滑油泵应能实现自动控制,当柴油机停机后,每隔一定时间(例如4h)接通预润滑泵电源工作一段时间(如10min),周期性地实现预润滑,以待随时起动。当柴油机投入运行后,预润滑油泵断开,由柴油机自身滑油泵润滑。

(2)一次性注入式预润滑方式。是在柴油机润滑系统中,接入一个柱塞式滑油泵,其中储满滑油,当柴油机接到起动指令时,压缩空气先作用到柱塞式滑油泵,推动活塞将所储滑油通过滑油管系,注入到机器的各润滑部位,然后才开始起动。

2. 起动时燃油的控制

柴油机的喷油量是由调速器和控制手柄控制的。起动时,调速器尚未正常工作,这时的燃油量可用手柄来限制。

3. 暖机

当起动成功后,柴油机将在"点火转速"运行一段时间,以后再升速。这是为了减少热应力,其作用就是暖机(或称暖缸)。暖机时间与机型和辅机冷却系统有关。在自动电站中,通常将各台柴油机的冷却管系连成一体,运行机组的冷却水(约65℃)也循环于备用机组中,使备用机组处于预热状态,这样备用机组的起动,可以较快地加速(甚至无需暖缸)到额定转速。

4. 停机

切断燃油供给,柴油机将自行停止运行。但应注意,某些机组要求在中速运行一段时间,待温度逐渐降低后才允许断油停机。

8.2.2 柴油发电机组自动起停控制主要功能

(1)应有"自动""机旁""遥控"三种控制方式,并满足"机旁"优先于"遥控","遥控"优先于"自动"的原则。

"自动"控制方式是指柴油发电机组,按既定的程序,自动起动、停止机组。

"遥控"控制方式是指在驾驶台或集控室用按钮对柴油机实行起、停控制。

"机旁"控制方式是指在柴油机旁进行手动起停机组。

优先级的设置,意味着当转换开关置"自动"时,仍能进行"遥控"或"机旁"操作;在"遥控"时,也可进行"机旁"的操作,但没有"自动"控制的功能;在"机旁"时,"自动"及"遥控"功能均被封锁。

(2) 对自动起动的各准备工作设置逻辑判断和监视。例如,需确认机组已检修完毕、转换开关已置于"自动"位置、有预润滑、预热、有足够起动动力、本机是处于静止状态等,才能自动起动。

(3) 接到起动指令时能自动起动柴油机。当转速和滑油压力达到规定值时,能发出起动成功信号。

(4) 一个起动指令可以允许3次起动,若3次失败,应给出起动失败信号,并向上级总体逻辑控制单元汇报"起动失败",以便由"总体"判断采取其他措施。

(5) 适当控制起动时的给油量;柴油机自行发火后,应切断起动动力源。

(6) "中速运行"和"加速"控制。若柴油机需要有"暖缸运行"的程序时,应将油门控制于"暖缸转速"下进行暖缸,并给予一定的"暖缸时间"控制,待时限到达后再予以加速,直到接近额定转速。对于不需暖缸的机器,可直接加大油门,使转速迅速上升到额定转速附近。

(7) 当转速上升到额定值的90%时,即可认为整个起动加速程序完成了,应自动切断本机的预润滑系统,并经延时(约几十秒)后,接入对本机的滑油压力监视。这是因为柴油机自带的滑油泵,在润滑系统中建立必要的油压需要一定的时间,刚起动时,滑油压力尚未达到应有数值,这是正常现象。若不经延时接入监视,它将立即发出"油压低"的错误信号,造成不必要的报警,甚至自动停机。至于柴油机所需的其他参数监视,无需延时。

(8) 具有超速保护。即当柴油机转速超过额定值15%时,延时2~3s停机,同时发出报警信号,禁止柴油机再次起动。

(9) 运行机组接到"停机"指令后,即按应有的程序自动停机,停机完成后,发出"停机成功"信号,并应自动接通预润滑系统,做好下次起动的一切准备。

如果因为柴油机本身的故障(一般有起动失败、滑油压力低、冷却水温高、排烟温度高、超速等)而导致停机时,应发出"阻塞"信号,使该机的自动起动控制处于阻塞状态,并发出声光报警。待工作人员排除了故障,手动解除"阻塞"后,才能恢复自动功能。

(10) 自动起动、停机控制器,最好具备"模拟试验"的功能,使运行管理人员能在不影响柴油机的原始状态下,检验控制功能是否正常,通常用转换开关和指示灯来实现。柴油发电机组的自动起动程序,如图8-1所示。图中包括了"暖缸"工况(虚线框),这一步骤对某些柴油机可能不需要。对某些系统中,也可以做如下处理:将"起动"指令安排成两种方式,一种是"正常起动"指令,让机组有"暖缸"工况;另一种是"紧急起动"指令,例如电网突然失电,要求备用机组立即起动供电,当程序控制器接到这种指令时,可以自动去掉"暖缸"程序。自动停机的程序框图如图8-2所示。

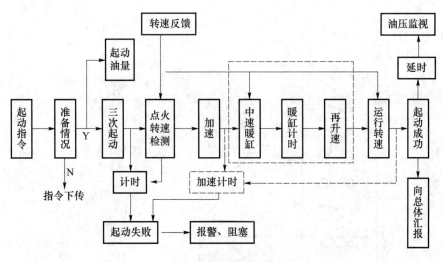

图 8-1 自动起动程序框图

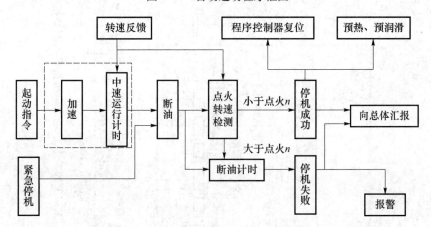

图 8-2 自动停机程序框图

柴油机起、停控制程序可归纳为三种基本原则:①按时间原则控制,即模仿人的实际操作过程,按时间循序拟定控制程序;②按速度原则控制,即直接按速度参数拟定控制程序;③按滑油压力控制,即根据不同转速时滑油压力的变化拟定控制程序。一般采用综合方式控制,即在整个控制系统中,以上三种控制原则都有。

8.2.3 柴油发电机组自动起动/停车程序控制实例

我国建造的地下工程应急电源多采用 135 系列的柴油发电机组,与其配套的自动起、停控制装置为 ZK-135 型。这种控制器的工作原理如图 8-3 所示。下面以 ZK-135 型应急发电机组自动控制装置为例,说明柴油发电机组自动起停车控制过程。

135 型柴油机是电动起动方式,由蓄电池供电给"起动电动机",后者通过离合器带动柴油机旋转,起动成功后,起动电动机通过离合器自动与柴油机转轴脱离,并断电停转。起动的关键是控制油门和起动电动机,使柴油机运转并加速。

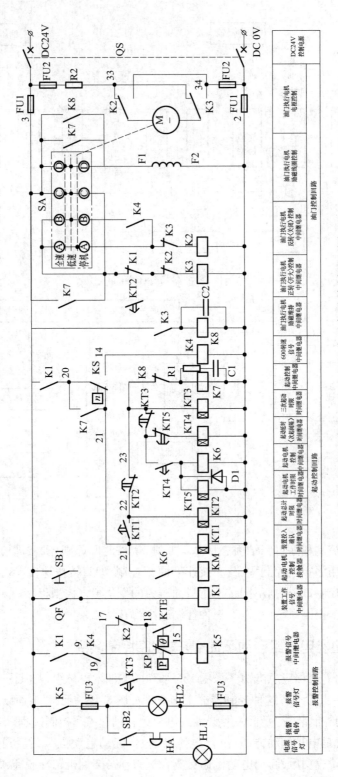

图8-3 ZK-135型应急柴油发电机组自动起动控制原理图

170

1. ZK-135 控制装置的功能

当主电网失电后,经 0~60s(可调)延时确认,该装置立即投入工作,进行自动起动控制。若一次起动成功,从起动开始经 10s 左右,就可以使发电机建立正常电压,并向应急电网供电。若一次起动不成功,可以在 30s 内自动控制起动三次,以保证起动成功的最大可能性。若三次起动均失败,装置停止工作,发出声光报警。正常运行中,油压、水温不符合要求时,亦给出报警信号。

当主电网恢复供电以后,自动装置立即使应急发电机停车,一切恢复原始状态,以备下次工作。

2. 135 系列应急发电柴油机自起动及停机的程序

(1)电网失电后经延时确认,开始自起动操作。

(2)将油门杆拉到"低速"位置。

(3)经 6s 延时,起动电动机得电,定时运行 4s,起动柴油机。

(4)柴油机起动发火后,将油门杆拉到"全速"位置,柴油机加速直到额定转速建立电压,应急发电机向电网供电。

(5)起动成功后,设置柴油机滑油低压、冷却水高温监视。

(6)一次起动不成功,可以连续三次起动。若三次均失败,发出声光报警。

(7)主电网复电后或柴油机三次起动均失败,应急发电机自动停机,将油门杆自行拉到"停机"位置,控制电路复位,以备再次执行应急任务。

3. 主要元件及环节(参见图 8-3)

(1)延时继电器。

KT1:用于控制主电网失压到本装置投入工作的延时,可在 0~60s 内任意整定。一般整定为 2s。

KT2:用于计量三次起动总需时间及报警持续时间。其延时约 50s。

KT3:三次起动总计时,并通过 K5 接通报警电路。其延时约 32~35s,大于连续三次起动时间之和。

KT4:控制两次起动间的时间间隔(6s)。

KT5:控制每次起动时,起动电动机运转的持续时间(4s)。

(2)执行电动机 M(直流)。用来控制油门杆的位置,它通过蜗轮蜗杆带动一组凸轮 SA,控制 A、B、C、D 四组触头的开闭。

(3)速度继电器 KS:

当 $n < 250r/min$ 时,触头 20-21 闭合;

当 $n > 600r/min$ 时,触头 20-14 闭合;

当 $250r/min < n < 600r/min$ 时,动触头悬空。

(4)温空继电器和压力继电器。

温度继电器 KTE:当冷却水温正常时,常开触头断开,冷却水温高(可以整定)时闭合。

压力继电器 KP:当滑油压力低时,常闭触头闭合,油压高时断开。

(5)起动环节。起动环节由继电器 KT4、KT5 和 K6 组成。KT4 和 KT5 作用已如前述,K6 是一个中间继电器,用来控制起动电动机的接触器 KM。这个环节的工作规律如

下所示:

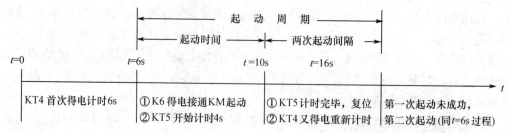

4. 工作过程简述(见图 8-3)

原始状态:柴油机油门杆控制电机 $\underline{M}$ 处于"停机"位置,凸轮开关 A 闭合,B、C、D 均断开,KS 常闭触头闭合,其余各继电器均如图示状态。准备工作时,将开关 QS 合上。

若主电网失电,各主发电机的主开关 QF 的辅助触头均闭合,K1 得电,经 KT1 延时,开始自起动操作。

(1)一次起动成功的过程:

① KT1 延时后,KT2 得电,开始计时(50s),准备三次起动失败后控制报警和系统复位。KT3 得电,计三次起动所需时间(32s 左右)。K7 得电,它的三个常开触头分别使:$\underline{M}$ 获得励磁;20—21 号电路被暂时短接;K2 得电。K2 得电后,使执行电动机 M 正转,将油门拉杆拉到"低速"位置。同时,凸轮开关 SA 使 A 断开,B、C、D 均闭合,所以 $\underline{M}$ 仍有励磁。但 K2 因 A 断开而失电,K2 触头复位,$\underline{M}$ 的电枢短接制动,准确停于"低速"位置。

② 与此同时,KT4 有电,延时 6s(在延时内油门已处于"低速"),K6 得电。接通 KM,由接触器 KM 的触头接通起动电动机(图中未画这一部分),开始起动。

③ 与 K6 得电的同时,KT5 也得电,延时 4s 使 KT4 失电。起动环节复位,起动电动机断电。

④ 柴油机在起动电动机起动下发火运行,转速上升,当达到 250r/min 时;速度继电器 KS 常闭触头断开,使 21 号电路失电,其所控各继电器均复位。

⑤ 当转速上升到 600~700r/min 时,KS 常开触头闭合,K4 得电。K4 有两个触头:常开触头 K4 闭合,使 K2 得电,再次接通 $\underline{M}$ 正转,直到把油门杆拉到"全速"位置。这时凸轮开关 B、断开,C、D 闭合,使 K2 释放,$\underline{M}$ 短接制动。油门处于"全速",柴油发电机逐渐加速到全速运行并向应急电网供电。K4 另一个转换触头接通 9-17 号电路,使报警继电器 K5 处于准备工作状态,若出现滑油压力低或冷却水温高时,由 KP 或 KTE 动作,使 K5 得电,接通声光报警电路。

(2)三次起动的控制:若一次起动未成功,则速度继电器 KS 仍处于原位。当起动时间超过 4s,柴油机还没发火,则 KT4 的常闭触头断开,使起动环节复位。一旦复位,KT4 又得电,经 6s 后,第二次起动又开始,所以每次起动时间间隔为 6s,起动电动机运转时间为 4s,三次起动总时间为 30s。若第三次又失败,则 KT3 延时(32s 左右)结束,切断起动环节同时接通 K5 发出起动失败报警。

(3)应急柴油发电机组的停机及控制系统复位:

① 三次起动失败后,系统复位的过程:当起动过程进行 50s 后,KT2 延时结束,KT2

172

的常闭触头断开22、23号电路,KT3断电,警报信号停止,同付,因KT2恒有电,故使起动环节断电而且形成阻塞,必须手动断开电源开关QS,系统才能复位。KT2的常开触头闭合,使K3有电。K3的转换触头接通M反转的电路,将油门杆拉回"停机"位置。此时,凸轮触头C、D断开,K3失电,$\underline{M}$停转。

继电器K8的作用:K8的常开触头与凸轮开关的触头D并联,当油门杆拉回到"停机"位置时,因C、D被断开,使K3复位,K8也失电,由于与K8线圈并联电容C2的作用,将使K8的释放稍有延时,以便在凸轮触头D断开时,仍短时地提供M的磁场,使$\underline{M}$可以获得较好的制动效果。

② 在应急柴油发电帆组运行中,若主电网恢复供电,应急发电机自动退出工作的过程是:当主电网复电时,K1失电、复位,其常闭触头使K3得电,以后的过程同上所述。$\underline{M}$反转,将油门杆拉到"停机"位置,柴油机因失去供油,自动停机。K1的常开触点断开20号电路,使整个装置复位。

(4) 运行监视:当起动成功后,由KS使K4得电,接通9-17号电路,接入滑油压力和冷却水温的监视,两者任一个出现超限不正常时,均将使K5得电,发出声光报警。

8.3 电站监控及故障处理

就常规电站而言,根据保护的需要,已有对过流、欠压、逆功率和对地绝缘等多种参数的监测报警和控制;电压、频率、电流、功率、功率因数等参数及主开关通断状态等也在主配电板上有指示,但这样的监测基本上属于模拟量处理方式,就地监测,而且不能记录。自动电站的监测系统则应将这些电力参数纳入其监控范围。微型计算机的监视报警系统一次显示多行信息并可方便控制,如换页、参数显示等,系统还有较完善的自诊断功能。微机系统虽然也采用巡回检测方式,但运行速度极快,必要时还可分级或并行处理,因此检测点数不受限制,而且无论模拟量还是开关量均能检测。

电站的自动控制系统应保证供电的连续性,并符合下列要求:①如由一台发电机组供电,当该机组发生故障时,备用发电机组应能在45s内自动起动并合闸,向重要负载供电;②如由两台或以上发电机组并联供电,当其中一台机组出故障时,应有措施保证对重要负载的连续供电。

8.3.1 电力参数的监控

监控系统的结构如图8-4所示。这里有三台发电机,每台机组的控制单元承担电力参数的监测和自动化控制。

电网信号由A线输入;发电机运行信号由B和C线输入;柴油机运行信号由D线输入;操作信号由E线输出;ACB和柴油机的状态信号由F线输入;各用机组设置信号由G线输入。如果有功率管理功能,要接受大功率电动机起动的询问,由H线作为询问和闭锁信号线。

对输入到控制单元的信号要进行处理,这种处理称为适配或匹配,即把电压、电流、频

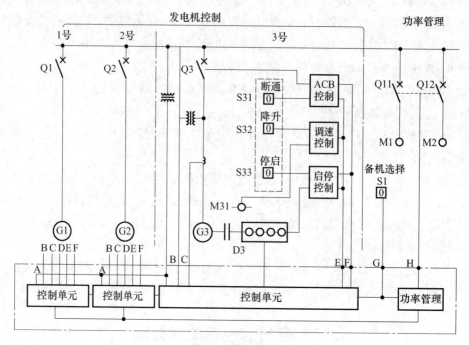

图 8-4 电站自动控制系统结构示意图

率、功率、转速以及开关量等转换成系统能识别的信号,例如 0~5V、4~20mA 等。

控制单元还具有并联运行控制功能,如自动同步、功率自动分配、恒频调节等。控制单元根据设置的操作程序,对运行状态进行逻辑判断,输出相应的控制信号。

8.3.2　备用机组的自动投入

若电网或机组出现故障,备用机组应自动起动并投入电网。

备用机组的台号由"备机选择"开关(图 8-4 中 S1)设定。

地下工程电站的发电机数目一般在三台以上,一台机组运行时,不运行机组的备用设置存在排序问题。例如一个有四台机组的电站,2 号机在供电运行,如果设定 3 号机为第一备用,余下的机组究竟哪台机作为第二备用呢?一般是采用顺序后续的方法。如果设定 3 号机为第一备用,4 号机就自动成为第二备用,1 号机就成为第三备用。

对不能参与运行的机组(待修、检修和有故障等),控制箱上的"手动/自动"选择开关可置于手动位置,后续备用的设置将自动"转移",例如 3 号机组设定为第一备用,而 3 号机置于手动位置,备用设置自动转移到 4 号,4 号机成为第一备用,1 号机成为第二备用。

8.3.3　电网的故障处理

属于监控系统处理的电网故障有三种:电压过高或过低、频率过高或过低和失电。对电网故障的处理要遵循"连续供电"的原则。

电网失电后,必须立即起动备用发电机投入供电运行。检测的指标是电压等于零。

174

备用机组起动建立起电压可以供电时,还要满足所有发电机 ACB 都在分闸位置才允许合闸。

电压和频率在什么情况下可视为故障,这是处理的依据。

发电机由调压器保证的电压调整率在 ±2.5% 以内;发电机电压应比设备额定电压高5%;电器设备应能在电压变化 –10% ~ +6% 的范围内正常运行。由这三个数据看,电压超过调压器所保证的静态指标数据,可认为是不正常状态或故障。考虑到与设备承受能力的协调,一般把电压故障的监测值定在 ±5% ,即电网电压超过 +5% 或低于 –5% ,并持续一段时间作为故障信号。确认的时间一般都定为 5s。处理的方式是报警、起动备用机组。

柴油机由调速器保证的静态调速特性为 5% ,所对应的频率变化也是 5% ;电气、电子设备应能在频率静态变化 ±5% 的范围内正常工作。一般频率的检测值定在 ±2.5% ,当频率超过这个检测值并持续一段时间作为故障信号。确认时间为 5 ~ 60s。处理的方式是报警、起动备用机组。

有的设计把故障分为两级,1 级故障为:电压是 ±5% 、持续时间 5s,频率是 ±2.5% ,持续时间 5s;2 级故障为:电压是 ±10% 、持续时间 5s,频率是 ±5% 、持续时间 5s。1 级作为轻度故障;2 级作为严重故障。发生 1 级故障,备用机组起动,同步操作投入并联运行,故障机组解列退出运行,实现不停电地交换机组。发生 2 级故障,备用机组起动,故障机分闸,备用机合闸投入运行,实现短时停电的交换机组。

8.3.4　发电机组的故障处理

处于备用状态的机组,柴油机起动成功后,发电机应能自动投入运行,如果不能合闸,说明有下列故障:

1. 起励失败

起励失败也称为电压不能建立。柴油机起动成功后在规定的时间内电压不能建立,作故障处理。检测值与电网电压、频率的 1 级故障检测值相协调,如果是上述定值,则起励失败的检测值是:电压≤97% ,频率≤98% ,时间 3s。处理的方式是报警和起动后续备用机组。

2. 自动同步失败

发电机电压建立后系统发出自动同步指令,在规定的时间内发不出合闸指令,说明系统自动同步操作有故障。一般设定的允许操作时限是 60s。处理的方式是报警、起动后续备用机组。

3. 合闸失败

系统发出合闸指令后在规定的时间内 ACB 不能合闸,作合闸失败处理。一般设定允许操作时限是 3s。处理的方式是报警起动后续备用机组。

以上三个故障通常组合成一个报警信号“起励、合闸失败”输出。

处于运行状态的发电机组,有可能发生下列故障:过电流、短路、过载、逆功率、过电压、欠电压、频率高、频率低和 ACB 异常脱扣等。

电压和频率故障表现在电网上,由电网检测处理。

过电流和过载的处理方式是根据负载的数值,起动备用机组、卸去部分次要负载和跳闸。过电流所采取的保护措施与 ACE 所附加的保护有的电站显得重复,似乎可以省去一个。从规范角度看,属于发电机的保护应是独立的,只要发电机运行,所有保护必须有效工作,不允许因某个系统退出而失败。因此如果监控装置的发电机保护功能在系统退出时也失效,独立的发电机保护是不能省去的。

4. ACB 异常脱扣

ACB 正常分闸是手动分闸或解列时的自动分闸,由于保护动作或其他原因引起的脱扣都属于异常脱扣,作故障处理。单机运行时异常脱扣引起的故障是电网失电,多机并联运行时异常脱扣引起运行机过载。处理的方式是报警、起动备用机组投入运行。

8.3.5 柴油机的故障处理

必须处理的故障有滑油压力低(也称油压低)、冷却水温度高(也称水温高)和超速。个别系统也有滑油温度高和冷却水压力低的。

超速是严重故障,必须跳闸、停机。一般整定在额定值的 1.15 ~ 1.20 倍。

滑油压力和冷却水温度的检测,有的设计把故障分为两级,发生 1 级故障以不断电交换机组的方式处理;发生 2 级故障以短时断电交换机组的方式处理。

滑油一般是由机带油泵输送,机组起动运转后才能建立压力,机组在起动过程中必须对滑油压力信号作阻塞处理。柴油机滑油压力信号由自己的控制系统控制,信号由压力开关直接输入。

冷却水温度的升高需要一定的时间,机组起动时无需阻塞。

8.3.6 监控系统故障处理程序

综上所述,电网和发电机组运行的故障表现形式有三种:1 级故障、2 级故障和失电。1 级故障以不断电形式交换机组,2 级故障以短时断电形式交换机组,失电是在断电的情况下交换机组。

1 级故障的运行流程如图 8－5 所示。这里假设有三台机组,1 号机组在运行,备用机组选择 2 号机组。发生 1 级故障需用时间 t_1 来确认(不同参数的故障确认时间不同)。确认后发出起动指令,2 号机组被选择接受指令起动。在时间 t_2 内转速达到发火速(假设是 33%)以上,说明起动成功(否则失败)。调速器作用是使转速上升接近额定转速。经过一段时间 t_3,发电机起励,电压应上升至额定值左右,即超过 95% (否则失败)。自动同步进入操作运行,即自动同步调速,检测到符合同步条件时发出合闸指令。同步操作的时限为 t_4,在这段时间内发不出合闸指令,作同步失败处理。合闸指令发出后 ACB 应合闸。如果经过 t_5 时间未合,作合闸失败处理。合闸后进入并联运行状态。有故障的 1 号机组进入卸载操作,把负载转移给接替的 2 号机组。当 1 号机组的负载卸到小于等于 5% ,1 号 ACB 分闸,退出运行。2 号机组供电,完成不断电交换机组。

图中每一判别出现"否"时,一方面把起动指令转移给后续机组;另一方面发出报警。

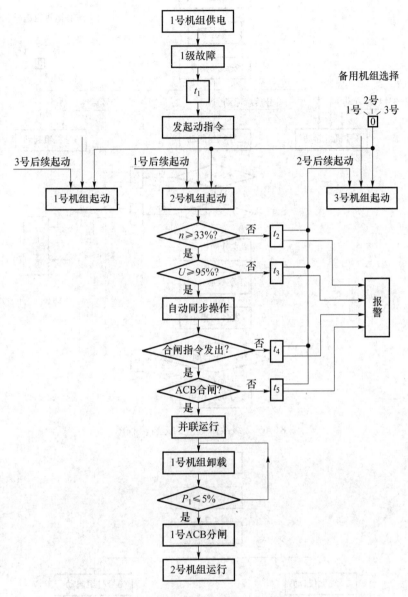

图 8 – 5　1 级故障处理的运行流程图

　　2 级故障的运行流程如图 8 – 6 所示,仍假设有三台机组,1 号机组在运行,备用机组选择 2 号机组,2 级故障有的需要时间确认,有的不需要。故障发生后发起动指令,起动成功建立电压后,发出分闸指令,有故障的 1 号机分闸,然后发出合闸指令使接替的 2 号机合闸,2 号机组供电,完成短时断电交换机组。

　　失电故障的运行流程如图 8 – 7 所示。仍假设有三台机组,1 号机组在运行,发生 ACB 异常脱扣,电网失电。两台机组同时起动,起动和建压过程与上述一样。图中表示,2 号机组从起动到建压过程比 3 号机组快,先发出合闸指令,使 2 号 ACB 合闸,同时阻塞 3 号机合闸,2 号机组供电,完成断电后的交换机组。

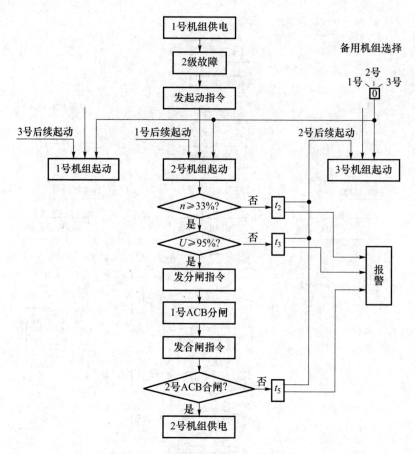

图 8 - 6　2 级故障处理的运行流程图

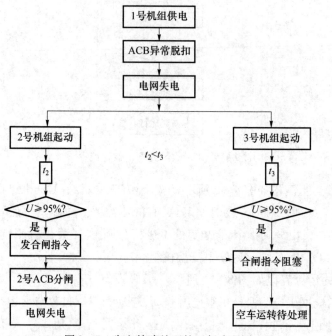

图 8 - 7　失电故障处理的运行流程图

178

8.4 无人值守电站自动化系统

在具有要求多台机组并联供电的电站中,若要满足"无人电站"的要求,实现电站自动化,必须将各个自动环节有机地联系起来,组成一个总体控制系统,用来收集来自各柴油机、发电机、断路器、汇流排以及各主要负载的必要信息及参数,加以分析、判断,在一定的条件下,自动地采取符合逻辑的措施,以处理电站运行中可能出现的各种情况,确保电力系统安全可靠、经济地运行。

图8-8为电站总体控制系统方框图。其主要功能在框图中已反映出来,现就几点加以说明:

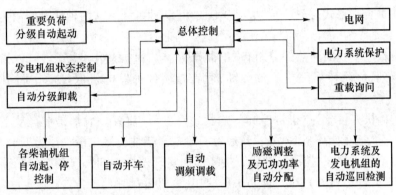

图8-8 电站自动控制系统方框图

1. 发电机组操作方式

自动电站中每台发电机组应有三种可供选择的操作方式:"机旁""半自动"(遥控)"自动"。并且按次序前者应优先于后者。仅当某机组确定为"自动"方式时,它才纳入总体控制系统的范围。在机组发生故障的情况下,应能自行"退出自动"(即"阻塞"),非经管理人员排除故障并手动控制"复位",不得自行恢复"自动"功能。

2. 备用发电机组的控制

电站中各发电机一般都是互为备用,因此发电机组可供备用的条件应当是:燃油、压缩空气备好,有预热和预润滑,无阻塞,操作选择开关置"自动"位置。当同时满足这些条件时,认为机组已进入"备好"状态。

当出现下述任一条件(这是一组"或门"条件)时,控制系统就应发出"增机"指令,起动备用机组:

(1)经延时判断,确认运行机组重载。

(2)运行机组的滑油压力低。

(3)运行机组冷却水出口温度高。

(4)电网突然断电。

(5)经重载询问,储备容量不够。

(6)正要起动的备用机组阻塞。

(7)备用机组起动失败或合闸失败。

电站中对于各用机组的起动必须安排一个顺序,通常是按机组的编号依次排序。

3. 空气断路器的合闸和分断

发电机主开关有直接自动合闸、自动并车合闸和自动重合闸三种合闸方式。

当电网无电时,刚起动成功的发电机组建立电压后,其主开关即可直接合闸。

电网有电时,备用发电机组起动成功并建立电压后,应经过自动并车装置,使待并发电机经自动整步之后投入。并车后利用自动空气断路器的辅助触头,接通均压线及自动调频调载装置,实现无功及有功功率的分配及频率的自动调整。

自动电站可设计成具有重合闸功能,也可以不设置这一功能。若有重合闸的功能,应保证只有一次重合闸,以免在永久性故障的情况下,发生一再重复合闸的有害过程。同时应防止在这种情况下一连起动两台以上的机组去做合闸的尝试。

不论哪种合闸方式,都有"成功"或"不成功"两种可能。这两种情况的信号都应设法取得,因为它是作为"指示"和"控制"都不可少的信号。

发电机自动空气断路器的分断有"正常分断"与"保护动作分断"。前者指手控分断或经自动解列、负荷转移完毕后的分断;后者指因各种发电机保护动作而引起的自动跳闸。

机组的停机亦可分为"正常停机"与"紧急停机"。前者一般都是在自动空气断路器"正常分断"后,按正常停机程序进行;后者一般是当柴油机发生滑油压力低或超速时,为了保护机器不至于损坏,控制柴油机直接断油而实现停机,此时,自动空气断路器可能是逆功率脱扣(并联运行时),也可能是失压脱扣(单机运行时)。

4. 解列

当两台及以上机组并联运行,若因电网负荷降低到可以停掉一台机组时,应自动发出"解列"指令。或运行中的某机组因发生运行不正常(例如冷却水出口温度偏高等)时,自动控制系统可以先起动备用机组,并车后再转移负载。解列指令发出后,通过自动调频调载装置将待停机组的负载转移给其他运行机组后,再将该机主开关跳闸,这就是解列操作。

对于因电力系统负荷降低而形成的解列指令,为了使电站中各台机组累计的运行时数趋于一致,最好做到总是解列先投入运行的机组。

对于第二种情况当然是运行不正常的机组属于解列对象。在这种情况下,为了尽可能不断电,对于"运行不正常"现象的识别信号,可以分为两级:一级作为预报;另一级作为保护装置的动作极限。预报级信号可以用来要求起动备用机,以便赢得时间,等待各用机组起动和并车后再取代"不正常"的机组。当然,这种期望是建立在不正常的机组还可以坚持运行一段时间的基础上。显然,这段时间决定于两方面:一方面是备用机组的起动、加速、并车所需的总时间,当然越短越好;另一方面是不正常现象发展的速度,当它发展到保护装置的动作极限时,如果并车尚未成功,则造成因保护系统动作而停电。

5. 重载询问

现代化的地下工程中,单机功率达数百千瓦的动力负荷已屡见不鲜,如大型卷扬机、大型消防泵、大型提升机以及工程的某些其他动力负荷,其容量往往可与发电机的单机容量相比拟。当需要起动这样任何一个大负荷时,应先询问运行发电机功率储备是否满足其用电和起动要求,若不能满足时,则应先起动备用机组并车后才允许该负荷接入电网。

6. 重要负载分级起动

当电网因故障失电又得电时，为避免因负荷同时起动造成的电流冲击，甚至使发电机主开关再次跳闸，自动电站能够对重要负荷进行分级起动，按照在紧急状况下各负荷的重要性排好先后次序，并按其起动电流大小分组，然后按程序逐级起动，每两级起动之间的间隔为 $3 \sim 6s$。

7. 巡回检测

为了对电站进行实时控制，自动控制系统通常依靠各种传感器对电力系统中的大量参数连续而自动地进行巡回测量、数字显示、监视、报警和记录，同时输出信号，通过计算机或其他相应的自动控制设备控制有关机器的运行。柴油发电机组巡回检测的项目和报警内容包括：

(1) 对柴油机：转速（零转速、点火转速、中速运行额定转速）；润滑油压力（低和过低）；冷却水出口温度（高和过高）；各缸排烟温度；柴油机运行时数累计等。

(2) 对于发电机：电压、频率、功率、电流、功率因数；对于断路器：储能、合闸、断开。

(3) 对于电网：汇流排电压、短路、绝缘监视。

(4) 对系统状态及工作过程的监视与指示：机组的预热、预润滑；起动空气压力；各机组控制方式选择；正在起动；起动成功或失败；正在停机过程中；停机成功或失败；机组用完以及控制系统的工作电源等。

为了便于检查某些逻辑功能，最好能使控制系统的各主要部分可以进行模拟试验。

以上介绍了电站自动控制系统的组成及其一般功能，其中每一部分都有相对的独立性，由总体控制系统将各部分工作有机地协调起来，在系统的安排上，应充分利用各单元的独立性，使系统运用起来更加灵活。例如，当某部分出现故障时，仍可用其他单元实现局部自动化或半自动化。

练习题

1. 自动电站的基本功能有哪些？
2. 柴油发电机组自动起停控制主要功能是什么？
3. 简述电站故障及其判断标准。
4. 无人值守电站中备用机组起动的条件是什么？

第9章 地下工程内部电站的其他设施

9.1 柴油发电机组的起动装置

柴油机在起动时,必须依靠外力驱动曲轴旋转,当达到一定的转速时,汽缸内的空气被压缩到一定的压力和温度(根据柴油机型号及运行状况有所不同),使喷入汽缸的燃油开始燃烧,柴油机才开始正常地运转起来。通常这个外力有三种形式,即人力、电动力、空气膨胀力。人力起动适用于小型柴油机,绝大部分柴油发电机组的起动是电起动或气起动,由此必须设置一套装置,以保证柴油发电机组的正常起动。

另外一种由小型内燃机起动的可属于人力起动类型。因为它是先由人力起动内燃机,再用小型内燃机起动柴油发电机组。这种起动方式很少,大都用在工程机械上。

9.1.1 电起动

电起动在中、小型柴油发电站中被广泛应用。常用在 135 系列柴油发电机组上,起动用蓄电池是由机组配套供应的。通常为两只 12V 蓄电池串联使用,起动用直流电动机为 24V,在小型机组上也常采用 12V 直流电动机起动柴油机。

当工程内机组数量较多时,不必每台机组都配有蓄电池,可几台甚至所有机组共用一套。

蓄电池通常布置在机组非操作面一侧,应尽量靠近机组,这样电瓶线短,起动时压降小,便于起动。如果是数台机组共用一套蓄电池,则应装在一个可移动的小车上,以减少蓄电池的来回搬动。必要时也可集中布置,只要导线选择合理,距离不太远时,对起动影响也不太大,导线长度通常不宜超过 20m。集中布置有互为备用、便于管理、起动系统灵活等优点。

有些较大工程内,需用直流电源进行应急照明,或作为操作、控制电源时,可将起动用蓄电池与操作、控制、照明用蓄电池集中布置在直流供电房间内,设置专门充电设备,保证直流电源的正常供电。

蓄电池随机组供应时,为了便于保存和运输,一般新蓄电池均不带电解液,因此,在第一次起动前必须进行配液、充电。第一次起动后,就可由柴油机自行充电。使用中还需经常检查电解液,进行必要的维护保养,使其起动系统设备完好。

9.1.2 压缩空气起动

压缩空气起动用于较大的柴油发电机组上,例如 160 系列、250 系列柴油发电机组都采用压缩空气起动方式。压缩空气起动系统主要设备是空气压缩机和储气瓶,通常随机组一起供应,也可自备。

1. 空气压缩机

空压机的原动机通常有三种类型：

（1）利用电动机作为原动机。电动机通常为交流，其功率应根据压缩机的容量来确定，平时有电时，就要将储气瓶充满气，保证在停电后能顺利起动柴油机。

（2）利用小型内燃机作为原动机。这种类型主要用于无外电源的备用发电站中，它不受有无电的限制，可及时给储气瓶补充压缩空气。

小型内燃机的起动方式一般为手动起动。柴油机和汽油机均可选用，但最好选用柴油机，否则燃油种类增多，不便于储存管理。

（3）利用人力作为原动机。这种类型适用于小型发电站，机组容量较小，利用手摇式压缩机给储气瓶充气。

另外，还有一种利用柴油机第一缸给储气瓶充气，来代替空压机。往往手摇空压机就配置在这类电站中，例如160型柴油机就具有这种充气功能。通常柴油机起动后，首先将储气瓶压缩空气打满，然后第一缸才投入正常的工作。只有在柴油机已停，储气瓶又无气的情况下，才用手摇空压机打气。如果电站规模较大，还是应配置电动空压机。

空气压缩机的容量应保持在 15～30min 内充满最大的一个储气瓶。其计算公式如下：

$$V_q = \frac{V_y(P_{max} - P_{min}) \times 10^{-3}}{\tau \cdot P_0} \quad (m^3/h)$$

式中：V_q 为计算空气量，m^3/h；V_y 为起动空气瓶容积，L；P_0 为大气压力，kg/cm^2，一般 $P_0 = 1kg/cm^2$；P_{max} 为柴油机最大起动压力，kg/cm^2，按厂家规定，可参见表 9-1。P_{min} 为储气瓶最小充气压力，kg/cm^2，一般 $P_{min} = 5kg/cm^2$；τ 为充满最大一个储气瓶所需时间，一般 $\tau = 15～30min$。

当空压机和储气瓶都选定，可按上式计算出充气时间。

表 9-1 柴油机起动压力

柴油机型号	起动压力/（kg/cm²）		空气瓶容积/L	连续起动次数/次	环境温度/℃
	最高	最低			
6160A	25	14	80	6	≥8
6250GZ、6250Z	30	20	200×2	—	—
6250、6250Z	21	15	306	6	≥8
6300C、6300ZC	30	12	500	6	≥8
6350、6350Z	25	20	740	6	≥5
8350、8350Z	25	20	740	6	≥5

2. 储气瓶

储气瓶用于储存足够起动柴油机的压缩空气。其主要要求是耐压、不漏气，同时应有足够的容积。通常是随机组供应，必要时也可自行设计制造。

储气瓶的容积一般可粗略估算，可按 1.4～2L/kW 来估算，也可按下式进行计算：

$$V_y = \frac{Z \cdot q \cdot V_h \cdot P_0}{P_{max} - P_2} \quad (L)$$

式中:Z 为起动次数,一般 $Z=6$;q 为起动时空气耗量与汽缸容积之比,取 $q=6\sim9$;P_2 为最低起动压力,kg/cm^2,见表 9-1;V_h 为柴油机汽缸总容积,L,可查柴油机样本;其他符号意义同前。

9.1.3 气起动系统及设备布置

设置压缩空气起动系统时应主要考虑以下事项:

(1) 若是多台机组时,空气压缩机的原动机最好选用不同形式的,以便在各种情况下都能给储气瓶补充压缩空气。

(2) 通常每台机组设一只储气瓶,并且分别置于柴油机端头处,一般不集中设置在距柴油机较远的地方。

(3) 压缩空气管路(尤其是储气瓶至柴油机段)应采用无缝钢管,管径不宜过小,一般 250 系列机组压缩空气管可选取 $\phi32\times2.5$ 无缝钢管,160 系列机组可选取 $\phi25\times2.5$ 无缝钢管。压缩空气管路上的阀门可根据压力和管径选择,一般可选用 $25kg/cm^2$ 的截止阀 J41H—25,法兰采用 $P_g=25kg/cm^2$ 的标准法兰。

(4) 利用柴油机第一缸充气的气起动系统,须设置手动压缩机(必要时也可设置电动空压机),以保证系统的可靠性。

图 9-1 为常用的起动系统原理图。

图 9-2 为利用柴油机第一缸充气的起动系统原理图。

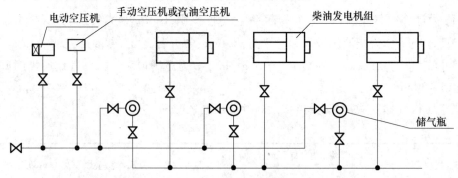

图 9-1 电动、手动空压机起动系统原理图

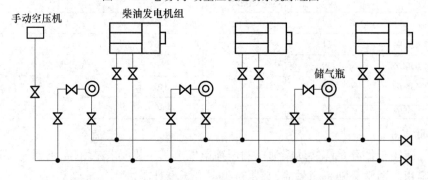

图 9-2 利用柴油机第一缸充气的起动系统原理图

气起动系统的设备要合理地布置在机房内。

空气压缩机通常集中布置在机房的一端,尽量靠近储气瓶。空气压缩机的间距一般

为 0.6~0.8m,距墙及其他设备的距离视具体情况确定,但不应小于 0.6~0.8m。如果是小型内燃机的空压机,还应考虑排烟管接到机组排烟母管上的方便。

储气瓶一般分别布置在柴油机便于操作的端头。储气瓶一般埋入地下,其操作手轮距机房地面 1~1.2m。储气瓶尽量靠近柴油机,以便缩短管路长度,减小管路压力损失。通常储气瓶距柴油机 0.5~1.0m,250 系列柴油机应让出机头坑(机油箱)的位置。

管路布置力求管路短、走管美观,便于维护管理。通常沿地面、墙根走管,或设置地沟走管,不应架空敷设。阀门应置于操作方便的位置。

9.2 柴油发电站的起重装置

对于机组台数在 2 台以上,或单机容量在 75kW 以上(柴油机缸径在 135mm 以上),机组台数在 5 台以上时,一般需设置起重装置,以便于安装和维修的需要。而对于规模较小的柴油发电站一般不设专门的起重设备,安装和维修时可采取临时性措施。要求较高的工程也可设简易的起重设备。

9.2.1 起重量和起吊高度的确定

起重设备的起重量要根据机组型号、工程性质、技术要求等因素来确定。对于中等规模的柴油发电站,应以机组维修所需起重量为主,兼顾安装所需起重量。即尽量使起重量小一些,安装时可采取临时性措施来保证足够的起重量。对于较大规模的常用柴油发电站可按安装起重量考虑,有公用底盘的机组按机组总重量,分体安装的机组按最重机件重量来考虑。

常见各型柴油发电机起重量见表 9-2。

起吊高度应按机组检修时起吊最大机件来确定,通常是按起吊活塞连杆组的起吊高度来考虑。此外,还应考虑吊钩和挂链、柴油机基础高度,并留有一定的富裕量,即

$$H = H_1 + H_2 + H_3 + H_4 + H_5 \quad (mm)$$

式中:H 为起重设备吊钩离地面的最小高度;H_1 为柴油机的高度;H_2 为活塞连杆组的高度;H_3 为吊钩和挂链高度;H_4 为柴油机基础高度,一般为 200mm;H_5 为富裕量高度,视情选定,通常为 200~300mm。如果是单轨小车式起重设备,还应考虑在行走时不要碰到其他机组,H_5 值可适当增大。

表 9-3 列出几种常见柴油机的起吊高度。

表 9-2 常见各型柴油发电机起重量

柴油发电机组	柴油机重 /kg	发电机重 /kg	总重 /kg	起重量/kg	
				修理	安装
GC50JK 50kW	4135D-3 870	72-84-50D₂ 520	1800	500	2000
GC75JK 75kW	6135D-3 1160	72-94-75D₂ 910	2300	500	2500

185

柴油发电机组	柴油机重 /kg	发电机重 /kg	总 重 /kg	起重量/kg	
				修理	安装
GC120BG 120 kW	12V135 1600	T2T－104－120 1620	3500	1000	3500
6160AP$_1$ 84kW	6160A 2200	GD$_2$－505 1600	4000	1500	4000
6160AP$_8$ 120 kW	6160A－9 2400	GD$_2$－505 1700	4100	1500	4500
6160AP$_9$ 160kW	6160A－9 2600	GD$_2$－505 2000	4750	1500	5000
D200KW－T 200kW	6250 6440	T200/10TH 3000	9440	2500	7000
D300KW－T 300kW	6250Z 6960	T300/10TH 3350	10825	2500	7000
8350－630KW 630kW	8350Z 31300	TF630/16 9700	41000	5000	40000
12VE230ZC 1350kW	12V230 9500	TF118/61－8 10800	22300	5000	10000

表9－3 几种柴油机的起吊高度(mm)

柴油机 型号	柴油机高度 (H_1)	活塞连杆 高度(H_2)	钓钩、挂链 高度(H_3)	机组基础 高度(H_4)	富裕量(H_5)	总高度(H)
12V130D	1270	≈548	100～150	200	200～300	2318～2468
6160A－9	≈1341	≈596	100～150	200	200～300	2437～2587
6250	1225.5	848	100～150	200	200～300	2573～2723
6250Z	1225.5	848	100～150	200	200～300	2573～2723
6350	≈1900	≈1325	200～300	200	200～300	3825～4025
6350Z	≈1325	≈1325	200～300	200	200～300	3825～4025

表9－3中所列柴油机技术尺寸以柴油机说明书或实际测量为准,吊钩、挂链高度也要以实际起重设备为准。

9.2.2 起重设备

在柴油发电站中常用的起重设备,按其运行方式可分为手动起重机和电动起重机两种,每种起重机又可分为吊钩式和单梁移动式两类,单钩桥式起重机很少采用,主要用于厂矿车间,也有用于电站规模较大,主厂房跨度、高度允许的情况。

1. 手动起重机

手动起重机常用HS系列,有500kg、1000kg、1500kg、2000kg、2500kg、3000kg、5000kg、10000kg、20000kg等9种。

WA、SC 型手动起重机为单梁移动式,有 1000kg、2000kg、3000kg、5000kg、10000kg 等 5 种。

2. 电动起重机

电动起动机主要介绍三种类型:TV 型电动葫芦、DDQ 型电动单梁起重机、单钩桥式起重机。

(1) TV 型电动葫芦为普通型钢丝绳式电动葫芦,属于轻便的起重机械,可以沿工字钢轨道(直线或曲线)往返移动,用于起升和运输重物。可与电动单梁、电动悬挂、简易龙门等起重设备配套使用。

TV 型电动葫芦包括电机、减速齿轮箱、制动器、小车等几大部分,均可单独拆开,便于维修和调整。

这种类型的起重机起重量通常有 3000kg 和 5000kg 两种。

(2) DDQ 型电动单梁起重机是一种小型行车。此系列起重机的起重量有 1000kg、2000kg、3000kg、5000kg 等 4 种,跨度在 4.5～17m。起重机的操纵方式有两种形式,一种为地面操纵,另一种为操纵室操作。

这种类型的起重机包括大车、小车、起吊等几大部分,均可单独工作,单独维修。可以在大车轨道长度、起重机跨度范围内的平面上起升和运输重物。

(3) 单钩桥式起重机是一种较大型行车。只有在柴油发电站内需经常运行和维修、机组容量较大(300kW 以上)、台数较多、工程净空高度又允许的情况下才考虑使用。

这种类型的起重机包括金属结构、大车、小车、起吊及电气设备部分。同样,各部分均可单独工作,单独维修。可以在行车所覆盖的平面内进行起升和运输重物。起重机按工作重要性和繁忙程度可分为重级和中级两种工作制度,柴油发电站中采用中级工作制度已足够。

此种起重机的起重量分为 5000kg 和 10000kg 两种。

5t 起重机总重量为 1280kg,跨度为 10.5m;10000kg 起重机总重量为 16200kg,跨度为 10.5m。

具体在柴油发电站中采用哪种起重机,需要时可查阅有关起重机资料。

9.2.3 起重设备的设置

柴油发电站的机房内通常在机组的上方设置固定式吊钩,以备在安装和维修机组时,安装手动起重机(手动葫芦)。只有在较大规模的发电站中才设置移动式设备。

地下工程内部电站一般不设置行车式起重机。若设置固定式吊钩和单轨起重机的行车轨道时,可在混凝土被覆前,预留(预埋)预制件,通常要与钢筋网焊接。预埋钢筋吊钩后,在几个吊钩之间用一型钢联成一根吊梁,可用于手拉葫芦来起吊重物。或先预埋钢筋或金属预制件,然后将工字钢固定上去、焊接牢固,组成一根单轨行车道,可用于手动或电动行车。

地面柴油发电站的主厂房设置起吊设备时,可根据房屋结构情况设置。单轨式吊钩很难固定在房屋框架上,如要固定在房屋框架上一般采取加固措施。

较大规模的常用发电站主厂房可设置行车,具体设置方法可根据有关资料进行,必要时进行力学计算,以保证安全。

9.3 柴油发电站的防雷与接地

9.3.1 柴油发电站的防雷保护措施

工矿企业的柴油发电站大都在地面,如果遭受雷击破坏,会给生产带来很大影响,所以必须采取有效的防雷保护措施。

对于防护工程内部柴油发电站,如没有进出工程的架空线(或易遭受雷击的电气设备),一般不要采取防雷保护措施。

在选择发电机防雷保护方式时,主要考虑发电机容量的大小、当地雷电活动的强弱以及对发电站运行可靠性要求的高低等因素。凡是经变压器与架空线连接的发电机,只要可靠地保护了变压器,就不需要对发电机采取防雷保护措施了。直接与架空线连接的发电机一般都要采取防雷保护措施。

1. 发电机的防雷保护措施

容量在 300kW 及以下的直配线发电机,可采用如图 9-3 所示的线路保护。

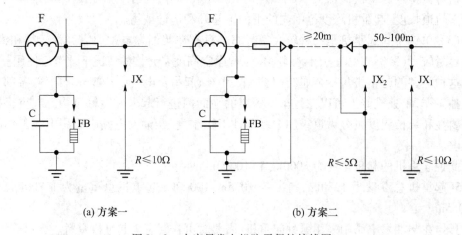

(a) 方案一   (b) 方案二

图 9-3 小容量发电机防雷保护接线图

图中采用阀型避雷器 FB 保护了发电机,在架空线路上采用保护间隙 JX,同样起到对发电机的保护作用。

另外,也可根据具体情况,只在母线上装一组避雷器,并在前一级电杆上安装保护间隙或瓷瓶脚接地。

容量在 300kW 以上、1500kW 以下的直配线发电机,可采用如图 9-4 所示的线路保护。

图中 GB 为管型避雷器,FCD 为磁吹式避雷器。同时在方案二中,还采用一段避雷线作为防雷保护措施。

发电机出线经一段电缆后改架空线是地下工程常采用的一种方案。此时,电缆应直接埋入地中,使其外壳与土壤直接接触。这样电缆段就可达到分流雷电的作用,使大部分雷电流沿电缆外皮流入大地,以大大提高保护水平。若受条件限制,不能直接埋地时,应将电缆的金属外皮进行多点接地(即除两端接地外,还应在两端之间作 3~5 点接地)。

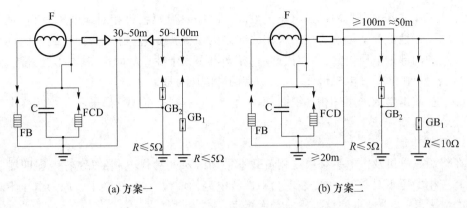

(a) 方案一   (b) 方案二

图 9-4　300~1500kW 发电机防雷保护接线图

电缆首端的金属外皮接地必须与发电站总的接地网相连接,其接地点应尽量靠近发电机外壳的接地点。

保护发电机首端主绝缘的专用磁吹避雷器 FCD 应尽量靠近发电机安装,以提高保护水平。与避雷器并联的电容器 C,是为了降低侵入雷电波陡度以保护发电机匝间绝缘、降低母线振荡电压和感应过电压的。电容器通常为每相 $0.5~1\mu F$,一般取 $0.8\mu F$;电容器一般采用 RJ 型和 YY 型,星形连接,中性点直接接地。

在高压柴油发电机中,发电机的中性点通常是不引出的,但为了加强发电机的防雷保护,可将中性点引出,通过一只阀型避雷器接地。该避雷器的额定电压不应低于最大运行相电压。对于 6kV 的发电机应采用额定电压为 4kV 的避雷器,即采用 FCD4 型或 F2—4(FS—4)型避雷器。

2. 柴油发电站建(构)筑物防雷保护措施

地面柴油发电站的主厂房及辅助建(构)筑物(包括供水系统)的防雷措施,应根据具体情况来确定。

主厂房及辅助建(构)筑物如果独立设置,周围没有高大建筑物,可在厂区设置避雷针进行保护,排烟管、水塔较高时,均应专门设避雷针,并良好接地。如果附近厂房较多、距高大建筑物不远,可不设避雷针。

柴油发电站的燃油主要为轻柴油,其闪点一般不低于 65℃。按有关规程,储油罐及其库房均属第三类防雷要求的建(构)筑物,可以不装设避雷针,只要将罐体金属外壳良好接地即可。但在强雷区,当地面上油罐的金属外壳厚度在 4mm 以下,也可在罐顶装设避雷针,以免因雷电流造成局部损坏。凡埋地式油罐覆土厚度在 0.5m 以上者,不考虑防雷措施。如有呼吸阀引出地面者,应将呼吸阀接地,以保安全。

地下柴油发电站无须对设备、建筑物进行防雷保护。

9.3.2　柴油发电站的中性点工作制

高压发电机(6kV 和 10kV)都是采用中性点不接地工作制,即三相三线制。

低压发电机(400V)及供电系统有中性点不接地工作制和中性点直接接地工作制,即三相三线制和三相四线制两种工作制。

三相三线制的中性点与大地是绝缘的,其最大优点是单相接地电流最小,一相接地后仍能继续工作。其缺点是内部过电压倍数高,在一相接地后,每相对地电压升高$\sqrt{3}$倍,在间歇性电弧接地情况下可达3倍。三相四线制的中性点是直接接地的,其最大优点是降低了系统的内部过电压倍数,一相接地后,相间电压为中性点所固定,基本不会升高,而且电力与照明可由同一发电机母线供电,即有两种电压可取。

除一些矿山要求采用三相三线制外,一般柴油发电站(400V)都采用三相四线中性点直接接地工作制。

1. 中线电流

在柴油发电机及供电系统中三相负载不平衡时对两种供电制的影响是:在四线制中除引起三相电压不对称外,主要表现为中性线电流的增大;在三线制中表现为电压不对称程度的增大,所以中性点偏移将比前者大得多。

在四线制中,当两台或多台机组并联运行时,中线就会产生三次谐波、环流,环流的大小与下列因素有关:

(1)三相负载的不平衡度;

(2)两机有功负载分配的不平衡度;

(3)两机无功负载分配即功率因数的差异程度。

无论是单机或多机并联运行,由于三相功率不平衡,将使发电机中性点对负载中性点有位移。在四线制系统中就以中线电流即零序电流的形式反映出来。三相不平衡度越大,中线电流也就越大。中线电流的波形主要是基波,而且这个电流是流过发电机中性点与负载中性点的。

在三相四线制系统中,即使负载平衡,也会有零序电流分量,主要是三次及三的倍数次谐波。在三相制发电机系统里,线电压的向量和等于零,即不含零序分量。如果没有中线,线电流中也不含零序分量,因为这时零序阻抗无穷大。三次谐波以及三的倍数次谐波电势在三相绕组里是大小相等而相位相同。在三角形连接的发电机绕组里,它仍产生环流;在星形连接的发电机绕组里,当无中线时,它们相互抵消;当有中线时,它仍相互叠加,也就是说中线上的三次谐波电流为线电流零序分量的3倍。

单机运行时,零序分量电流要经过负载才能形成通路,它们所遇到的阻抗将很大,但在多机组并联运行时,它们可以在发电机之间环流,此时零序阻抗要小得多。尽管零序电势较基本顺序电势要小得多,也可能形成很大的零序电流。当两台机组并联运行,且负载分配均匀、功率因素相同、相角相差180°时,各机组的三次及三的倍数次谐波电势互相抵消或大部分抵消;但由于发电机制造工艺上的差异,使谐波分量幅值不同,或各发电机组所承担的有功功率不同,以及无功功率分配不均匀等,可能在并联运行机组的中线上形成很大的中线电流。以200kW发电机为例,正常情况下,一般中线电流约为10A,但某些发电站的中线电流可达30~50A,有的甚至高达80A,中线有可能因过热而烧毁。

当三相负载平衡、无功功率也基本相同、而两机有功功率分配不均匀时,因两机三次谐波相位不同,这时会出现的主要是三次谐波的中线电流。

当三相负载平衡、有功功率分配均匀、而无功功率分配不均匀即功率因数不相同时,中线上亦会出现三次谐波电流,此电流主要在各发电机之间环流。当发电站总容量很大时,机组并联运行,当改变一台发电机的励磁电流,例如增加时,则它的电势增加,因为它的原动机功率不变,所以它所承担的有功功率不变;但无功电流则增大ΔI_{w},同时该机的功率角即电势与电力网电压之间的夹角将要减小。相反,如果减小励磁电流时,则该机的功率角加大。对于柴油发电站来说,电网容量与发电机容量相差不大,当改变发电机励磁电流时,电网电压将升高或降低。所以当发电机励磁电流增加较大时,该机过激,其他发电机可能欠激,即该机呈感性,其他发电机呈容性。

所以,当机组之间无功功率分配不均时,不仅因励磁电流增加,电势增加而引起三次谐波电势分量也增加大,而且因为功率角的变化,使各机组三次谐波电流的相位不同,因此各机组将出现很大的三次谐波电流。

综上所述,由发电机流向负载的中线电流主要由三相负载不平衡所引起,发电机之间的三次谐波环流主要由两机有功负载分配不均匀(即功率因数不同)所引起。

2. 限制中线电流的方法

有如前述,中性点上的三次谐波电流,徒然使发电机发热,降低其出力,因此应当加以限制。

由于工艺及经济上的原因,从电机结构上完全克服三次谐波电流是困难的,所以要从发电机的运行方式及系统上采取一些措施以克服三次谐波电流的影响。

(1)中性点引出线上装设刀开关。在每台发电机的中性点引出线上装设刀开关,以切断三次谐波电流的回路。在运行中,可根据谐波电流的大小和分布情况,断开一些发电机的中线,使这些发电机运行于三相三线制;未断开中线的发电机则运行于三相四线制,承担系统中的单相220V的负荷。但系统中至少应保持一台发电机运行于三相四线制,如图9-5所示。

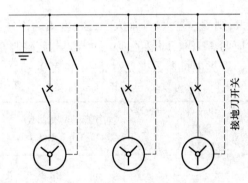

图9-5 中性点引出线上装设刀开关示意图

这种方法的缺点是:单相负荷集中于少数几台或一台发电机,增加了这些发电机的三相负荷不平衡度。当发电机母线或网络发生单相接地短路时,其短路容量减小,短路电流集中在这些发电机上。

(2)中性点引出线上装设电抗器。在每台发电机中性点引出线上装设电抗器,如图9-6所示。

加装电抗器后,有效地限制了三次谐波电流。其缺点是加装电抗器后引起了负载中性点的偏移,加大了三相电压的不平衡度(图9-7),降低了单相短路保护的灵敏度。

装电抗器后,引起负载中性点偏移,其值为

$$U_{OO'} = \frac{U_A Y_A + U_B Y_B + U_C Y_C}{Y_A + Y_B + Y_C + Y_N}$$

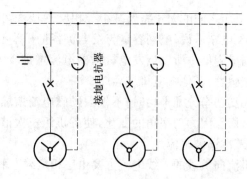

图9-6 中性点引出线上装设电抗器示意图

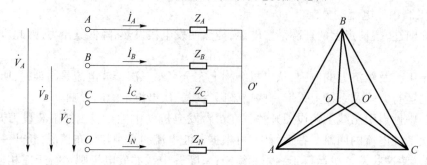

图9-7 加电抗器后的中性点移矢量图

式中:$Y_A = \dfrac{1}{Z_A}$,$Y_B = \dfrac{1}{Z_B}$,$Y_C = \dfrac{1}{Z_C}$,$Y_N = \dfrac{1}{Z_N}$为各支路的导纳。

由上式可知,Z_N越大,则$U_{OO'}$越大,即加大了三相电压的不平衡度。所以在考虑采用装设中线电抗的方法时应两者兼顾,即既能使中线谐波电流限制在允许范围内,又能保证中线点电压偏移不太大。该类电抗器数据见表9-4和表9-5。

表9-4 XL中性电抗器

发电机额定功率/kW	发电机额定电流/A	电抗器阻抗值/Ω	电抗器额定容量/V·A	电抗器额定电流/A	电抗器端电压/V	试制数据铁芯	气隙/mm	重量/kg	备注
24 30	54	1	225	15	<10	BK$_C$ -50	1.88×2 42匝	0.3	圆铜线
40 50	92	0.75	500	25	<10	BK$_C$ -100	2.44×2 39匝	0.8	圆铜线
60 75	136	0.5	750	40	<10	BK$_C$ -150	2.26×4 32匝		圆铜线
90 120	216	0.5	750	50	<10	BK$_C$ -150	2.63×8.6 (2.15.1)×2 28匝	1	扁铜线
200	362	0.3	1000 1250	90	<10	BK$_C$ -350	3.8×10 21匝	2	扁铜线
300 400				150 200		BK$_C$ -350 BK$_C$ -500	(4×10)×2 16匝	3	扁铜线

表 9 – 5　XL 中性电抗器外形尺寸(mm)(温升低于变压器 60℃)

P_H/kW	a	b	c	d	图　形
30	52	17	17	35	
50	56	19.5	18	45	
75	75	24.5	22.5	45	
120	75	24.5	22.5	45	
200	84	27	20	55	
300	100	27	28	70	
注:XL 中性电抗器铁芯材料为 D21 ~ D23 的 0.5mm 硅钢片					

表中电抗器的额定电流按电机电流的 25% 考虑,并且当电抗器通过额定电流时,在其上所产生的电压降应小于 10V。

(3) 在激磁回路中加直流均压线。由前述可知,由于无功负荷分配不均匀,将在各机组之间出现很大的三次谐波环流,在每台发电机的激磁回路中加直流均压线,能使无功负荷分配趋于均匀,即不至产生一机超前、一机滞后的现象,这样就抑制了出现三次谐波环流的重要因素。

总之,发电机中线电流除与发电机的结构、制造工艺有关外,也与系统接线方式和发电机运行方式有关。并联运行的发电机的有功和无功分配与原动机的调速特性及发电机的外特性有直接关系,机组特性直接影响负载分配的均衡度。所以并联运行的发电机组的特性不能相差太大。若机组特性相近,谐波电势差可能不大或平衡,中线上的谐波电流就比较小,此时可将所有发电机中性点直接与中线相联,对于 400/230V 的接零系统而言,即将所有发电机的中性点与零线相连并接地。

发电机运行时,若每相电流都不超过额定值,一般要求各相电流不平衡之差不大于额定电流的 20% ,两机负载分配不均匀度控制在 10% 以内。

三相负载对称、并列运行的机组之间负载分配也均匀、且功率因数相同,一般运行较好,中线电流不会很大。

9.3.3　接地和接零

为了保证人身及设备在正常和事故情况下的安全,电气设备需要进行接地。柴油发电站的电气设备及电力系统的接地和接零,按其不同的作用,可分为工作接地、保护接地和重复接地。

接地装置的接地体,可分为自然接地体和人工接地体。设计时,首先应利用与地有可靠连接的各种金属构件、管道和设备作为接地体,如果这些接地体的电阻值能满足有关规程的要求,除另有规定者外,则不需要再装设人工接地体。否则应另装人工接地体。

柴油机发电站各种不同作用的接地和接零,均可使用共同的接地装置,其接地电阻值一般不大于 4Ω,当并联运行的发电机或变压器的总容量不超过 100kV · A 时,可不大于 10Ω;重复接地装置的电阻值一般不大于 10Ω。

柴油机发电站的 400/230V 中性点直接接地系统的电气设备的金属外壳、支架等,均应接零,在同一电网中不应采取两种(接地、接零)不同的保护方式。

（1）柴油机发电站应设工作接地的有：

① 低压发电机的中性点；

② 变压器的中性点；

③ 星形接线的静电电容组的中心；

④ 电压互感器的高低压线圈的中性点；

⑤ 避雷器的底盘和放电间隙的接地端子，以及架空地线和要求接地的瓷瓶脚。

（2）柴油机发电站应保护接地的有：

① 电机、变压器、其他电器设备的底座和外壳；

② 互感器的二次线圈；

③ 电气设备的传动机构；

④ 电力电缆终端盒的金属外壳、电缆支架和穿导线的钢管等；

⑤ 配电盘、控制屏、开关屏、开关柜、电容器柜、配电箱等的金属骨架；

⑥ 屋内外配电装置的金属构架和钢筋混凝土构架以及靠近带电部分的金属遮栏和门；

⑦ 空调机、风机、水泵、电磁阀门等所有通电设备的外壳。

（3）防静电措施：

① 为防止静电荷累积，应将燃油管道可靠地接地，当管道连接点（弯头、法兰盘等）不能保持良好的电气接触时，应用金属线跨接。互相平行的管道，当接近距离小于 100mm 时，每隔 20m 需用金属导体（例如直径 8mm 的圆钢）跨接；互相交叉距离小于 100mm 时，也应跨接。上述防静电接地应在管道始端、末端、分支处以及每隔 50m 处设接地装置，其接地电阻不应超过 30Ω，露天敷设的管道，还应做防感应雷接地，应当在管道始端、末端、分支处以及每隔 300m 处设接地装置，其接地电阻不应超过 10Ω。防静电与防感应雷可共用接地极，接地电阻应符合两种接地中最小值的要求。

② 储油罐体的四周应做成闭合环形接地，接地电阻不应超过 10Ω，罐体的接地点应不少于 2 处，接地点间的距离应不大于 20m。

钢筋混凝土或石制的储油罐，应沿内壁敷设防静电的接地导体，引至罐外接地，并与引进的金属管道连接。

练习题

1. 设置压缩空气起动系统时应注意哪些事项？

2. 柴油发电机应设的工作接地和保护接地分别是什么？

3. 如何防止静电？

第二篇　柴油发电机组维护运行

第10章　同步发电机的并车

10.1　概　　述

为了满足地下工程供电的可靠性和经济性,一般的地下工程电站均装设有两台以上的同步发电机组作为主电源。两台以上的发电机同时向电网供电,称为发电机组的并联运行,把发电机组投入并联运行的过程称为并车。

通常有两种情况需要并车操作:①满足电网负荷的需求,当单机负荷达到80%额定容量时,且负荷仍有可能增加,这时就要考虑并联另一台发电机;②当需要用备用机组替换运行供电的机组时,为了保证不中断供电,需要通过并车进行替换。

柴油发电机组的并车方式分为两类:准确同步方式和自同步方式。

1. 准确同步并车

准确同步并车方式是目前地下工程中普遍采用的一种并车方式,要求待并机组和运行机组两者的电压、频率和相位都调整到十分接近时,才允许合上待并发电机主开关。采用这一方式进行并车引起的冲击电流、冲击转矩和母线电压的下降都很小,对电力系统不会产生什么不利的影响;但是如果由于某种原因造成非同步并列时,则冲击电流很大,最严重时可与机端三相短路电流相同。所以准确同步并车要求严格而细心地操作。

2. 自同步并车

自同步并车较准确同步并车简单,其操作过程为:原动机将未经励磁的发电机的转速带到接近同步转速,即将发电机主开关合闸,并立即给发电机加上励磁,依靠机组间自整步作用而拉入同步,使发电机与电力系统并联运行。由于地下工程电站容量的限制,地下工程电力系统一般不采用自同步并车方式,因此,目前在地下工程电站中看不到自同步并车方式。

目前,采用的并车方法主要有:手动准同步并车;粗同步电抗器并车;半自动准同步并车;自动准同步并车。

10.2　同步发电机的并车条件

将一台发电机投入电网并联运行,不能随便将待并发电机的开关与电网接通,否则会导致并车失败,严重时会导致断电,机组也将受到电磁和机械的有害冲击。所以要求并车时应使合闸冲击电流最小,合闸后应能很快进入同步运行。为此并车必须满足一定的条件。

10.2.1　理想的并车条件

理想并车条件是待并机的电压 $u_2 = \sqrt{2}\,U_2 \sin(\omega_2 t + \delta_2)$ 与运行机（或电网）的电压 $u_1 = \sqrt{2}\,U_1 \sin(\omega_1 t + \delta_1)$ 之间须同时满足如下列条件：

（1）电压的有效值相等，即 $U_1 = U_2$；

（2）频率相等，即 $f_1 = f_2$；

（3）相位或初相角相等，即 $\delta_1 = \delta_2$；

（4）相序一致。

符合上述条件，则待并发电机的电压矢量与电网的电压矢量完全重合，而且同步运行。在此时并车，冲击电流最小，这就是准确同步的理想情况，把上述电压相等、频率相等和相位一致的并车条件称为理想的并车条件。

在上述的四个条件中，第（4）条是必须满足的条件。一般如果不是新安装的发电机或检修后安装的发电机，这一条都是满足的，无需检查。前三条实际中允许有一定的误差，由于地下工程电力系统负载的频繁变化及并车操作人员的熟练程度不同，要做到完全满足三个条件，达到理想的同步是不可能的。在进行并车操作时，就是要检测和调整待并发电机的这三个参数，在满足电压基本相等、频率基本一致和相位差接近为零的瞬间合上主开关，使发电机投入电网并联运行。

10.2.2　并车条件的分析

按电压相等、频率相等和相位相等的并车条件，下面分析如果这些条件不满足的情形及产生的影响。

1. 假设频率相等、初相位相等，但电压大小不等

由于三相电路是对称的，故可以只分析一相的情况。两台机组并车时的等值电路，如图 10-1（a）所示。QF_1 已合上、G_1 已经在运行、代表电网。当电压不相等时投入 G_2，在开关 QF_2 两端就有 $\Delta U = U_2 - U_1$ 存在。如果这时合闸，在两台发电机之间就会产生一个称为平衡电流的环流 $\dot{I}_H$。由于环流回路主要是感抗，故 $\dot{I}_H$ 滞后 $\Delta \dot{U} \approx 90°$，其相量图见图 10-1（b）。这一环流将对两台发电机产生均压的作用，这是由于 $\dot{I}_H$ 与 $\dot{I}_2$ 的参考方向是一致的，故对于 G_2 的绕组，$\dot{I}_H$ 相当于 G_2 输出的无功电流，它产生的电枢反应起到"去磁"作用，将使 G_2 的端电压比并联之前的 $\dot{U}_2$ 有所降低。但对于 G_1，$\dot{I}_H$ 与 $\dot{I}_1$ 反方向，即图 10-1（b）中的 $-\dot{I}_H$ 才与 $\dot{I}_1$ 的正方向一致，因此 $\dot{I}_H$ 相当于 G_1 吸收的无功电流。其电枢反应起到"增磁"作用，使 G_1 的端电压比并车之前的 $\dot{U}_1$ 有所升高。这样在环流 $\dot{I}_H$ 的作用下，原来电压相对低的 $\dot{U}_1$ 增高；同时原来电压相对高的 $\dot{U}_2$ 降低，最终使两台发电机并联运行在同一电压 $\dot{U}$ 上。

反之，当待并发电机电压 $\dot{U}_2$ 小于运行发电机电压 $\dot{U}_1$ 时，则开关两端产生的电压差 $\Delta \dot{U}$ 的相位也相反，而环流 $\dot{I}_H$ 产生的电枢反应将使运行发电机 G_1 端电压下降，使待并

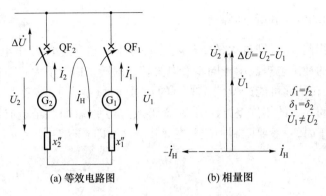

(a) 等效电路图　　　　　(b) 相量图

图 10-1　电压不等时的并车图

发电机 G_2 端电压上升,从而使两者电压相等。

因为发电机并车时等值电抗很小,在电压差较大的情况下并车时,回路中的阻抗主要为发电机的次暂态(超瞬变)电抗 X''_d,它比稳定时的发电机电抗小得多。因此,不大的电压差也会产生很大的冲击电流,所以在实际车操作中要注意电压差不得大于 10%,即 $\Delta U = U_2 - U_1 \leqslant 10\% \, U$。

2. 假设电压大小相等、频率相等,但相位不相等

如果待并发电机电压 $\dot{U}_2$ 的相位超前于运行发电机电压 $\dot{U}_1$ 的相位为 $\delta = \delta_2 - \delta_1$。由于 $f_1 = f_2$,则相位差 δ 在并车前任何瞬间均保持不变。它们的相量图如图 10-2 所示。即使在电压数值 $U_1 = U_2 = U$ 时并车,其开关的动静触头之间仍然存在有电压差 $\Delta \dot{U} = \dot{U}_2 - \dot{U}_1$,其大小可从三角函数得知

$$\Delta U = 2U\sin\frac{\delta}{2} \qquad\qquad (10-1)$$

从式(10-1)中可以看出:当 $\delta = 180°$ 时,则 $\Delta U = 2U$,此时电压差为最大。由于 $\Delta\dot{U}$ 的存在,也产生平衡电流 $\dot{I}_H$,它滞后于 $\Delta\dot{U}$ 为 $90°$,滞后于 $\dot{U}_2$ 为 $\delta/2$,超前于 $\dot{U}_1$ 为 $\delta/2$。由图 10-1(a)及图 10-3 可知,$\dot{I}_H$ 对发电机 G_2 而言,是与其输出电流 $\dot{I}_2$ 的正方向相同,可分解为与 $\dot{U}_2$ 同相的有功分量 $\dot{I}_{H1}$ 及与 $\dot{U}_2$ 垂直的无功分量 $\dot{I}_{H2}$。对于发电机 G_1 而言,环流 $\dot{I}_H$ 的负值 $-\dot{I}_H$ 才与 G_1 的输出电流 $\dot{I}_1$ 的正方向相同,如图 10-3 中虚线所示。它亦可以分解为两个相量,即与 $\dot{U}_1$ 反相的有功分量 $\dot{I}'_{H1}$ 及与 $\dot{U}_1$ 垂直的无功分量 $\dot{I}'_{H2}$。

由于 $\dot{I}_{H1}$ 与 $\dot{U}_2$ 同相,$\dot{I}_{H1}$ 从 G_2 流出,故发电机 G_2 在并车瞬间将输出有功功率,即 G_2 是作发电运行,在轴上将产生制动力矩。同时,对 G_1 来说,因 $\dot{I}'_{H1}$ 与 $\dot{U}_1$ 是反相位,$\dot{I}'_{H1}$ 流入 G_1,故在并车瞬间 G_1 吸收有功功率,即 G_1 是做电动运行,在轴上将产生驱动力矩。二者作用的结果是:G_2 减速、G_1 加速,将使两台发电机达到相位一致而进入同步运行。同步发电机内部的这种作用称为"自整步"作用。

而环流的无功分量 $\dot{I}_{H2}$ 滞后于 $\dot{U}_2 90°$,$\dot{I}'_{H2}$ 滞后于 $\dot{U}_1 90°$,对 G_2 和 G_1 均起"去磁"作

用,则使发电机的端电压有所下降。

如果并车时相差太大,则过大的 $\Delta\dot{U}$ 将在并车时产生很大的冲击电流,在发电机轴上也会产生较大的冲击电矩。由于同步发电机转子的转动惯量不大。在这种冲击转矩的作用下,两机组的转子间可能产生较大幅度的相对摆动(振荡),或者由于自整步作用不足以克服两机组间太大的相位差,最终失步而形成逆功率跳闸,甚至造成损坏机组。所以采用准确同步并车时,一般要限制相位差在 $\pm15°$ 以内,即 $\delta=\delta_2-\delta_1\leqslant\pm15°$。

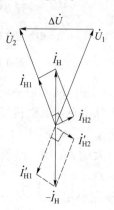

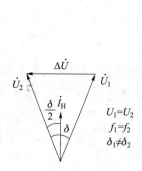

图 10-2　相位不一致时并车的相量图　　图 10-3　环流 $\dot{I}_{\mathrm{H}}$ 的有功分量与无功分量

3. 假设电压大小相等、相位相等,但频率不相等

如图 10-4 所示,当合闸瞬间 $t=0$ 时,两台发电机的电压相量是重合的。但是过 Δt 时间后,由于 $f_2>f_1$,所以 $\dot{U}_2$ 相量将超前 $\dot{U}_1$ 一个角度 δ,相位差 $\delta=2\pi(f_1-f_2)\Delta t$,同样产生一个电压差 $\Delta\dot{U}$,其结果与前一情况类似,也会出现环流。如果并车时两机组频率相差不大,由于自整步的作用,能互相拉入同步。但如果两机组间频率相差太大,则由于自整步的作用不够,将造成失步而跳闸,严重时可能造成断电。

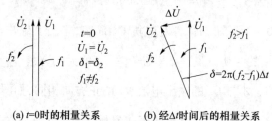

(a) $t=0$ 时的相量关系　　(b) 经 Δt 时间后的相量关系

图 10-4　频率不一致并车相量图

所以,在并车时希望控制频差在 $\Delta f\leqslant\pm0.5\mathrm{Hz}$ 以内,较为安全可靠。

10.2.3　实际的并车条件

从上面分析可知:当并车的任意条件不能满足要求时,发电机间必将产生冲击电流。当冲击电流在许可的范围内,它能帮助同步发电机在并车过程中拉入同步;但当并车条件超过允许的范围,过大的冲击电流可能导致并车失败或者使系统电压下降,甚至出现断电、损坏机组等事故,这些都是要避免的。

实际并车操作遇到的条件,则是上述三种情况的综合,即电压幅值、频率和相位均存在偏差,必须限制偏差才能保证投入并联的成功。否则会破坏电网的正常运行,造成电网设备和发电机组(包括原动机)损坏。

从理论上讲的并车的三个条件是:电压幅值相等、频率一致、相位差为零。实际上在待并发电机与电网之间总存在误差,绝对理想并车条件在现实中是不存在的。因此,实际的并车条件应是既可以成功实现并车,又不至于造成发电机组损坏的并车条件。经理论和实践证明,实用的并车条件为

$$\begin{cases} \Delta U = |U_1 - U_2| \leqslant \pm 10\% \\ \Delta f = |f_1 - f_2| \leqslant \pm 0.5\,\text{Hz} \ \text{或} \ \Delta T = 1/\Delta f \geqslant 2\text{s} \\ \delta = |\delta_1 - \delta_2| \leqslant \pm 15° \end{cases} \qquad (10-2)$$

即电压有效值偏差在 ±10% 以内;频率偏差在 ±1% 以内(或频差周期大于2s);相位差在 ±15°电角度以内。

10.3　同　步　检　测

当交流发电机并车时,为了观察电压、频率是否接近,可以通过电压与频率表实现;同时为了检测各台发电机的相角是否一致,除可以采用同步指示灯法来确定外,通常采用整步表指示整步时的相位差和频率差。

10.3.1　同步指示器

同步指示器又称为同步表或整步表。

1. 电磁式同步指示器

电磁式同步指示器结构和原理如图 10-5 和图 10-6 所示,它由定子三相绕组和转子励磁线圈固定在底盘上。最中央是转轴,转轴的上下各有一块同样大小的扇形铁片制成的 Z 形铁芯。转轴的上端有指针,转轴上无线圈,它的两头通过宝石轴承加以固定,可以自由转动。同步表没有游丝和导电片,因此没有反作用力矩,指针可以 360° 自由转动。

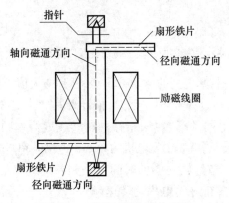

图 10-5　同步表转子磁通图

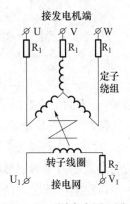

图 10-6　同步表原理图

在工作时,定子绕组接在待并发电机的 U、V、W 三相电压上,产生一个径向旋转磁

场,其大小是固定的,为$(\sqrt{3}/2)\varPhi_{\mathrm{m}}$。而$\varPhi_{\mathrm{m}}$为一相磁通的最大值,它随着时间的推移按逆时针方向作旋转运动。转子铁芯的励磁线圈接在电网的U_1V_1相上。这样在铁芯的励磁线圈中就通过由电网电压U_1V_1所产生的单相交流电,从而产生一个脉动磁场,其脉动频率由电网频率所决定。这一脉动磁场的方向,最初是沿着转轴的轴向磁场,但因扇形铁片的导磁系数很高,绝大部分磁力线都被改变为径向脉动磁场,如图10-5所示。这样,在同步表的空间就有一个铁芯励磁线圈产生的径向脉动磁场$\varPhi_1$和一个定子三相绕组产生的径向旋转磁场$\varPhi_2$,它们的频率分别为电网频率f_1和待并发电机频率f_2。两磁场的合成磁场吸引着扇形铁片,使扇形铁片停留在合成磁场最大的位置上,这也就决定了指针的位置。因此,同步表也是一种电磁式仪表。在定子和转子电路中均串有较大的电阻R_1及R_2,这样就可把电路近似地看作是电阻性电路,其电压与电流就可同相。

当待并发电机的频率f_2与电网的频率f_1相等,相位也相同时,则最大值合成磁场的位置总是固定在某一个空间位置上,这一位置即为U_{U1V1}的相量位置。从图10-7中可以看出,这一位置在U相绕组轴线前30°处,即滞后U_{w}为90°。因为每当$\varPhi_2$旋转磁场转至此位置时,$\varPhi_1$脉动磁场出现最大值,合成磁场最强,扇形铁片及指针也就停留在此位置,对应刻度盘上指示为零。

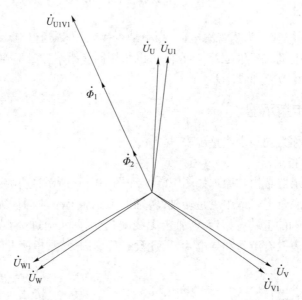

图10-7 同步表中频率相位相同时最大磁场方向

当待并发电机频率f_2超过电网频率f_1时,则电网的脉动磁场$\varPhi_1$达到最大值,旋转磁场的合成磁通$\varPhi_2$在空间的位置每转一周要多转过一个角度,因此,指针沿着"快"的方向转过一个角度。这就表示待并发电机的频率比电网频率"快",指针的旋转速度为差频f_2-f_1。同理,当$f_2<f_1$时,指针沿着"慢"的方向旋转,这就表示发电机的频率比电网频率"慢"了。

指针旋转的速度就是频差$\Delta f=f_2-f_1$。指针转一圈的时间就是频差周期T_d,即$T_d=1/\Delta f$,因此,可以根据指针转动的快慢来调整待并发电机的转速(频率),使它每转一圈在3~5s之间为合适的频差,此时对应的频差为

$$\Delta f=1/T_d=1/(3\sim5)=0.33\sim0.2(\mathrm{Hz})$$

指针转动的方向表示待并发电机的频率比电网的频率快或慢。表盘如图10-8中的仪表部分所示,表盘上标有"快""慢"方向的指示箭头,并在"12点钟"处有红色标记,指针转到这个位置上表示同相位。指针偏离红色标记的几何角度即为相位差的电角度。

如图10-8所示为三台发电机共用一块同步表的接线图。同步表的定子线圈经三相电压互感器接待并机的三相输出电压;另一组线圈经电压互感器接电网电压。同步表转换开关在不并车时应置于"0"位。并车时将转换开关转至待并机位置,即可检测频率差和相角差。

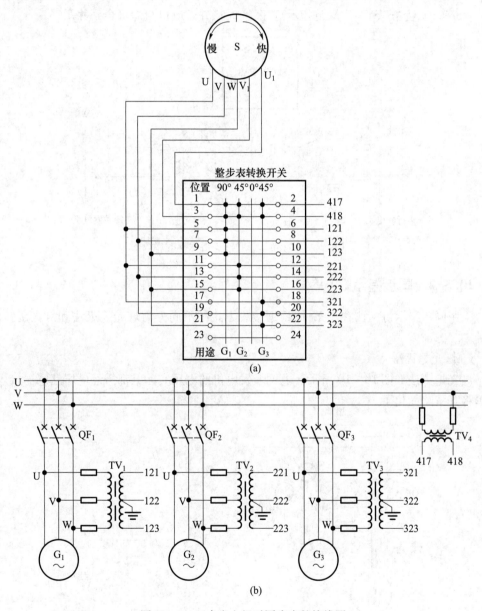

图 10-8　三台发电机时同步表的接线图

2. 带光指示的同步指示器

带光指示的同步指示器(简称S表)采用发光二极管指示方式,用于对指示待并发电机与运行发电机的频率差和相位差。如图 10 – 9 所示,F96 – S 型同步指示器表盘,圆周均匀分布有 36 个发光二极管(LED),每个代表 10°电角度。上方"12 点钟"处为 360°,其中"SYNC"为准同步指示与 12 点钟处为同步指示。

这种同步指示器的典型接线如图 10 – 9 所示。并车时,必须首先合上运行发电机测量开关 S_1,此时表面 36 个指示灯为随机状态,然后合上待并发电机测量开关 S_2,指示器的指示灯开始旋转,其旋转方向、速度和位置表示待并机与运行机间的频率差方向、频率差大小和相位差角度。当运行发电机组与待并发电机组频差小于 0.2Hz,且相位差为 350° ~ 360°时,上方"SYNC"绿色指示灯亮,此时待并发电机组即可合闸并车。

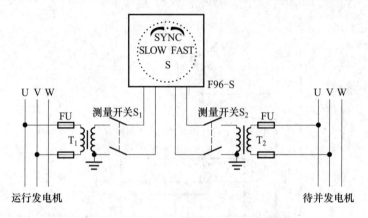

图 10 – 9　带发光二极管同步指示器的接线图

10.3.2　同步指示灯

采用同步指示灯检测并车条件,根据接线方式的不同分为灯光熄灭法和灯光旋转法两种。

1. 灯光熄灭法

灯光熄灭法如图 10 – 10 所示。电网及发电机的电压实际上都需经电压互感器接入,这里将其省略简化了。

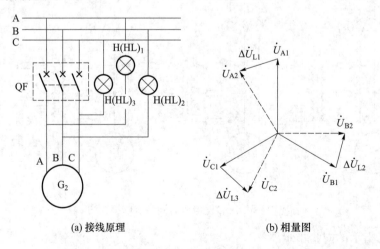

(a) 接线原理　　　　　　　　　　　(b) 相量图

图 10 – 10　灯光熄灭法

202

将三个指示灯(也可只用两个)H(HL)₁、H(HL)₂、H(HL)₃的两端分别接在待并发电机和电网的对应相上,这样,每个指示灯两端的电压就是其对应相的电压差。已在同步条件讨论过,当电压、频率和相位不一致时,在待并机与电网之间就会出现电压差,指示灯就会发亮。当同相无电压差时,同步指示灯就熄灭。随着相位差的增加,指示灯逐渐变亮,当反相时亮度为最大。因为灯泡上所加电压的大小是随相位差的不同而变化的,所以三个指示灯随着相位差的变化而同时忽亮忽暗,并且频差越大,灯泡的亮、暗变化越快;当灯泡的亮、暗变化较慢时,说明此时频差很小;当同步指示灯同时熄灭时,正是相位一致的时刻,也就是我们在并车操作中要捕捉的合闸时刻。一般灯泡当电压降到额定电压的30% ~50% 时,已接近熄灭,因而灯泡在熄灭状态下要逗留一段时间,故操作者要仔细观察指示灯,掌握亮暗规律,以便准确地捕捉合闸时刻,果断地合闸。

这种方法,从指示灯明暗变化的速度可判断差额的大小,调整待并机的频率,直至明暗变化1周为 3 ~5s(频差 0.2 ~0.33Hz),然后捕捉相位一致时刻进行合闸操作。

2. 灯光旋转法

灯光旋转法如图 10 -11 所示。L₁灯接在发电机与电网的 A 相上;L₂灯一端接电网的 B 相,另一端接待并机的 C 相;L₃ 灯则与 L₂ 灯接法相反,即 L₂ 与 L₃ 采用"叉接"。当待并机频率 f_2 高于电网频率 f_1 时,其灯光熄灭的旋转顺序是 L₂→L₃→L₁→L₂…,即顺时针方向旋转,表示待并机"快"了,应调节"调速控制旋钮",使其减速;反之,当频差方向改变时,即当电网频率 f_1 高于待并机频率 f_2 时,则灯光熄灭的旋转顺序是 L₁→L₃→L₂→L₁…,即逆时针方向转表示待并机慢了,应调节使之加速。同样,灯光旋转的速度也代表了频差的大小,而在 L₁ 灯完全熄灭、L₂ 灯和 L₃ 灯亮度相同时,正是相位一致的时刻。

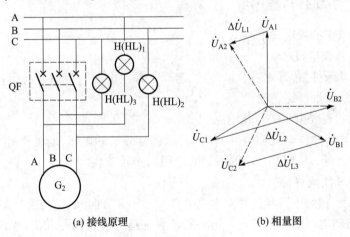

(a) 接线原理   (b) 相量图

图 10 - 11 灯光旋转法接线原理

这种方法,可从指示灯旋转方向来判断待并机的频率是高还是低,从旋转速度可判断差频的大小。并车时,调整待并机的频率直至灯光向快的方向旋转,且旋转1周为 3 ~5s,然后再捕捉相位一致时刻,进行合闸操作。

采用同步指示灯检测并车条件尽管简便易行,但因观察灯泡亮暗变化及旋转易使人眼花缭乱而不易准确掌握合闸时机,所以一般采用同步表来检测并车条件,同步指示灯只是作为一种辅助并车指示。

10.4　手动并车操作

电站主配电板面板上装有电压表、频率表、同步指示器。电压表的数值可指示待并发电机电压是否与电网电压一致。目前自激恒压发电机一般均能满足电压在允许偏差之内。如各台发电机电压相差太大，则要根据具体情况或排除故障，或对自动电压调整器的参数进行适当调整，以使电压差满足要求。由于发电机都有自动恒压装置，只须初始检查电压是否正常而不需要手动调节。一般情况下相序接线也是正确的，所以整步操作实际就是调整频差和相位差两个条件。频率是否一致，可以通过频率表进行检测，若相差太大，则可通过伺服马达调节发电机组中原动机的调速器，从而改变原动机的转速，即调整了频率。同步表用来测量相位和频率差的大小，若频差太大，同样要调节原动机的转速，使频差减小到允许范围之内。

手动并车时，主要应观察同步表。若同步表的指针沿着"快"的方向旋转，说明待并发电机的转速(频率)快了，则要通过伺服马达控制柴油机的调速器，使待并发电机的转速下降，等调节到指针旋转比较缓慢时(一般总是使指针沿快的方向旋转，这样并车后就可分担少量负载，对并车成功有利)，当指针快到红线即相位差为零时立即合闸(考虑到主开关有一定的动作时间，故要适当提前一个角度)，待并发电机依靠自动整步作用被拉入同步，观察同步表将稳定在"整步"位置不再转动，然后再进行负载转移。并车完毕后，应立即通过转换开关把同步表从电路中切除，以免损坏。

10.4.1　手动并车程序

手动并车操作的程序如下。

1. 起动待并发电机组

先检查起动条件(冷却水、滑油、燃油、起动气源或电源)，然后起动待并机的原动机，使其加速到大致接近额定转速。

2. 起动后检查发电机的三相电压

用电压表测待并发电机和电网的电压，观察待并机的电压，看是否建立起额定电压(一般可不必进行调整，因有自动调压器的作用)，是否缺相。

3. 进行频率预调、精调

接通同步表，检测电网和待并发电机的差频大小和方向，通过调速开关调整待并机组转速，使待并机与电网的频率接近。再将同步表选择开关转向待并机，先调整频差，精确调节待并机的原动机转速，使待并发电机的频率比电网频率稍高(约 0.3Hz)，此时可看到同步表的指针沿顺时针"快"方向缓慢转动，约 3s 转动一圈。

4. 捕捉同相点，进行合闸操作

根据同步表检测相位差，在将要到达相位一致时将主开关合闸。合闸指令应有提前量，提前时间为主开关的固有动作时间。当同步表指针转到上方"11 点"位置时，立即按下待并机的合闸按钮，此时自动空气断路器立即自动合闸，待并发电机投入电网运行。

5. 转移负载

此时待并机虽已并入电网，但从主配电板上的功率表可以看出，它尚未带负载，为此，还要同时向相反方向调整两机组的调速开关,使刚并入的发电机加速,原运行的发电机减速,在保持电网频率为额定值的条件下,使两台机组均衡负荷。

6. 切除同步表

最后断开同步表,并车完毕。

10.4.2 并车操作注意事项

1. 频差不能偏大也不可太小

频差偏大,比如调节频差周期为 2s,虽然是允许频差,但由于整步表指针旋转比较快,不易捕捉"同相点",易造成较大冲击而并车失败。如果频差太小,指针转一周时间较长(如 10s),拖延并车时间。所以频差周期调节到 3~5s,既迅速又容易成功。还要注意:①当接通整步表时可能会出现表针只在某一位置振动而不旋转,这表明频率差太大,应试调节待并机频率(加速或减速),以使频差减小、指针能够旋转;②或者出现指针呆滞、缓慢迂回、没有确定的转向,这是两频率接近相等,频差几乎为零,此时很难捕捉同相点,为缩短并车时间,应调节待并机加速,达到 3~5s 转一圈。

2. 尽量避免逆功率

虽然不论整步表指针是向"慢"($f_2 < f_1$)或向"快"($f_2 > f_1$)的方向转,只要达到允许频差都可以合闸。但"慢"的方向易造成逆功率跳闸,所以最好是调节到向"快"($f_2 > f_1$)的方向。这样,合闸后待并机就能立即分担一些负荷。

3. 按合闸按钮应有适当的提前量

并车时应考虑有适当的提前量,以保证主开关触头闭合时恰好是同相位,尽量减小合闸冲击电流。发电机主开关的固有动作时间:对于电磁铁合闸机构,一般可按 0.1s 计,电动机合闸机构可按 0.3s 计;再加上手按按钮操作时间,也可按 0.1s 计。即电磁铁合闸的主开关提前量应为 0.2s,电动机合闸的主开关提前量应为 0.4s。对于顺时针旋转为快的同步表,若同步表指针按钟表分针计算,则同步表转一圈为 3s 时,电磁铁合闸应在 56min 时刻,电动机合闸应在 52min 时刻;当同步表指针转一圈为 5s 时,电磁铁合闸应约在 57.5min 时刻,电动机合闸应约在 55min 时刻。因此实际合闸操作时,只要同步表指针转一圈的时间在 3~5s,合闸提前量可掌握在:①电磁铁合闸操作机构可在 57min 时刻合闸;②电动机合闸操作机构可在 53.5min 时刻合闸。

4. 绝对禁止 180° 反相合闸

不能在指针转到"同相点"反方向 180° 处合闸,这时冲击电流最大,不仅造成合闸失败,而且还会引起供电的机组跳闸,造成断电。

5. 不能在大于允许频差时合闸

如果频差太大(频差周期小于 2s)并车,合闸后转速快的机组剩余动能很大,两机所产生的整步力矩可能不足以将其拉入同步,结果将由于失步产生很大冲击而导致跳闸断电。因为在允许频差下合闸,合闸后是靠整步力矩将两机组拉入同步。对于频率稍快的发电机产生制动性力矩使其减速,频率稍慢的发电机产生驱动性力矩使其加速,因此合闸后很快进入同步运行。这与单独调节一台并联发电机有功功率的情况类似,当加大一台电机的油门时机组转速瞬时加快,输出电功率增加,电磁反转矩(制动转矩)增大,阻止其加快;另一台转速稍慢的功率自动减少,电磁反转矩减小(相当于增加了一个驱动转矩)

而转速加快。所以整步操作时,频差周期不应小于2s。

6. 合闸时应避开突然扰动

在按下合闸按钮前,如果遇到电网电压幅度或频率突然发生波动应暂缓合闸操作,待稳定后再操作,否则可能会并车失败。

7. 并车完毕及时断开同步表

因为同步表是按短时工作制设计的,只允许短时(15min)通电使用。

总之,不论是由于操作不当或外部扰动,只要是在较大的频差或相位差下合闸都有可能造成并车失败。

10.5 电抗同步并车

10.5.1 电抗同步并车原理

手动准同步并车,需要待并发电机起动后,观察、调整并车的三个条件,并把握合闸时机,全过程能否快速、准确地完成,取决于操作员的素质和经验。因为调整过程往往会有反复,实际并车条件是电压、频率和相位的允许范围,特别是相位条件是动态的,把握不好就会延长操作时间,甚至影响系统的正常运行或损坏设备,所以手动准同步并车操作有一定的难度。

为了降低手动准同步并车的难度,确保并车成功,人们寻找并车条件不太苛刻的并车方法。

并车过程中主要危害来自于环流的冲击所引起的破坏,而电抗器具有限制冲击电流的作用。这样自然就提出了用电抗器限制冲击电流、降低并车风险的方案。电抗同步并车法就是先将待并发电机经一电抗串联接入电网,经一段延时后待冲击电流减小或消失后,再将发电机组的主开关合闸,然后再将电抗器切除。这样可避免由于电压差、相位差而造成的巨大冲击电流。这种方法,对电压和频率的调整要求没有准确同步那样高,因此操作简便、可靠。习惯上也称其为粗同步并车法。

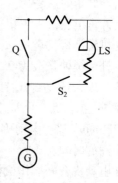

图 10 – 12 电抗同步并车原理

电抗同步并车原理如图 10 – 12 所示。当起动待并发电机 G 并建立电压后,检测并车条件,若满足电抗同步并车条件,首先合上 S_2,使 G 通过并车电抗器 LS 接入电网。电抗器限制了并车冲击电流,保证了投入并联的安全性。经一定时间的整步作用,再合上 Q,并且打开 S_2,完成整个并车操作。

10.5.2 电抗同步并车条件

电抗同步并车法放宽了准同步并车的并车条件,将并车条件放宽为

$$\begin{cases} \Delta U \leqslant \pm 0.1 U_N \quad (V) \\ \Delta f \leqslant \pm 1.5 \text{Hz} \\ \delta \neq \pm 180° \end{cases} \tag{10-3}$$

从式(10-3)可以看到,电抗同步并车的电压条件不变,原 $\Delta U \leqslant \pm 10\%$;频率条件由原 $\Delta f \leqslant \pm 0.5\mathrm{Hz}$ 放宽到 $\Delta f \leqslant \pm 1.5\mathrm{Hz}$;相位条件由原 $\delta \leqslant \pm 15°$ 放宽到 $\delta \neq 180°$,理论上讲相位差几乎不受限制,只要不是在 $180°$ 合闸都可以并车。这样大大地提高了并车的成功率,很受欢迎。

10.5.3　半自动粗同步原理

图 10-13 是目前广泛采用的自动切除电抗器的粗同步并车电路,其工作过程如下。

假设 G_1 为正在运行的发电机,代表电网,G_2 为待并发电机。手动调整待并发电机 G_2(频率调整伺服马达调速开关或旋钮),使其电压、频率调整到与运行发电机比较接近,即满足粗同步并车条件时,合上同步表、并转换开关到 G_2 并车位置,观察同步表指针,当旋转较慢且指针转到"同相位"点前一个角度时,按下并车按钮 SB_2,则接触器 KM_2 获电,其辅触头闭合自保;主触头闭合,使 G_2 通过并车电抗器 LS 与电网接通;同时,时间继电器 KT_2 获电,经一定延时(延时的时间要能保证在这段时间内待并机拉入同步,一般整定为 $6 \sim 8\mathrm{s}$),其常开触头 KT_2 闭合,接通 QF_2 的合闸电路,使 QF_2 合闸,G_2 直接接入电网并联运行。与此同时,主开关 QF_2 的常闭辅触头断开,使 KM_2 失电,从而使电抗器自动切除,并车电抗器就退出了电路,KT_2 也失电复位,整个电抗同步并车完毕。

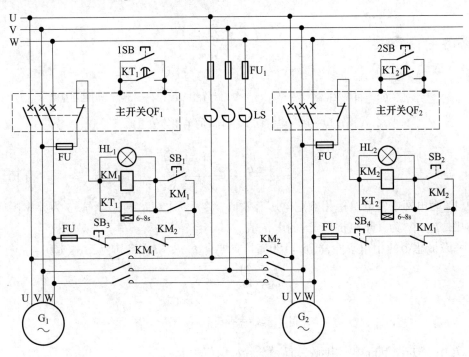

图 10-13　电抗同步并车原理图

10.5.4　并车电抗器

1. 电抗器形式

并车电抗器普遍采用短时工作制的空心电抗器。并车电抗器是电抗同步法的关键元件,其作用是限制并车条件放宽后可能出现的最大并车冲击电流。因此,该电抗器必须有较大的电抗值,而且在通过大电流的条件下,磁路不饱和、电抗值稳定不变。采用一般的铁芯线圈结构不能满足上述要求,所以电抗器设计为空心线圈形式。由于电抗器仅在并车过程中使用,考虑体积、耐压、绝缘和材料等因素的经济性,电抗器是按短时工作制设计的。

2. 电抗值的计算

电抗同步时的单相等效电路如图 10－14(a)所示。忽略发电机电枢电阻及并车电抗器电阻,设两台发电机暂态电抗相同(为 X''_d),在开关 S_2 闭合瞬间产生环流,环流中含有直流分量和交流(周期)分量两部分,其中直流分量仅持续几十毫秒,相对于电抗并车时间(数秒)是很短的,并车电抗器主要用来限制冲击电流是交流分量。设 I_N 为待并发电机额定电流值,K 为倍数,用 KI_N 表示要求限制的电流大小,K 的取值为 1～2,根据具体发电机及其保护电器整定情况而定。于是流过电抗器冲击电流的交流分量为

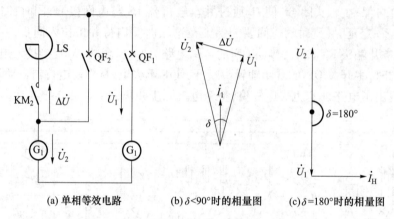

(a) 单相等效电路　　　(b) $\delta<90°$时的相量图　　　(c) $\delta=180°$时的相量图

图 10－14　电抗同步并车时的单相等值电路

$$I_{Hac} = \frac{\Delta U}{2X''_d + X_{LS}} = \frac{2V_N \sin\dfrac{\delta}{2}}{2X''_d + X_{LS}} \qquad (10-4)$$

式中,V_N 为电网或发电机每相额定电压有效值;X''_d 为发电机次暂态电抗;δ 为并车瞬间存在的相位差;X_{LS} 为并车电抗器 LS 的电抗值。

考虑最恶劣的相角条件,即 $\delta=180°$时,且要求 $I_{Hac} \leqslant KI_N$,将其代入式(10－4),有

$$\begin{cases} I_{Hac} \dfrac{2V_N}{2X''_d + X_{LS}} \leqslant KI_N \\ X_{LS} \geqslant \dfrac{2V_N}{KI_N} - 2X''_d \end{cases} \qquad (10-5)$$

式中,I_N 为待并发电机额定电流,A;K 为倍数,取值为 1～2。

采用标幺值(相对单位制)时,有

$$x_{LS*} = \frac{2}{K} - 2x''_d \qquad (10-6)$$

式(10－6)较为简明,由式(10－6)求出 x_{LS} 后,可由下式求电抗器实际值 X_{LS}:

$$X_{LS} = X_{LS*} Z_{\phi N} = x_{LS*} \frac{U}{\sqrt{3} I_N} \qquad (10-7)$$

208

式中,U 为线电压额定值,V;$Z_{\phi N}$ 为发电机额定相阻抗值,Ω;I_N 为发电机额定线电流,A。

例:有两台相同容量的同步发电机,其额定参数为 $P_N = 64\text{kW}$,$U_N = 400\text{V}$,$I_N = 115.5\text{A}$,$n_N = 1500\text{r/min}$,$f_N = 50\text{Hz}$,$\cos\varphi_N = 0.8$,$\eta_N = 91\%$,$R_N = (75\text{℃}) = 0.054\Omega$,$x'_{d*} = 0.0865$,$x''_{d*} = 0.061$。试计算两机并车用电抗器的电抗值。

解:并车电抗器电抗值为

$$x_{LS*} = \frac{2}{K} - 2x''_{d*} = \frac{2}{1.8} - 2 \times 0.061 = 0.989$$

额定阻抗值为

$$Z_{\phi N} = \frac{U_N}{\sqrt{3}I_N} = \frac{400}{\sqrt{3} \times 115.5} = 2(\Omega)$$

故并车电抗值为

$$X_{LS} = x_{LS}Z_{\phi N} = 0.989 \times 2 = 1.978(\Omega)$$

并车电抗的电感值为

$$L = \frac{X_{LS}}{2\pi f_N} = \frac{1.978}{2\pi \times 50} = 6.29(\text{mH})$$

并车电抗器有标准产品,系统设计时可按计算值选用。

不同类型、不同功率的发电机组并车时,要求的电抗值会不同。为安全起见,电抗同步并车的电抗值应按计算结果较大者选取。

尽管并车电抗器是按照 $\delta = 180°$ 条件计算的,但 δ 角越大,自整步作用就越小,而有可能使发电机长时间不能达到同步。因此,实际粗同步操作中,一般限制 δ 角在 90°以内,以确保并车的安全可靠。

3. 并车接触器

为了便于操作控制,电抗同步并车中串接电抗器的控制开关常采用接触器,接触器的选择要点如下。

(1)初步选定接触器型号,从相应产品目录或资料中查出接触器触头热容量值 I^2t,单位为 $(\text{kA})^2 \cdot \text{s}$。

(2)取并车电抗器工作时间 $t_{OP} = 6 \sim 8\text{s}$,作为接触器的持续接通时间,求出接触器允许短时冲击电流值为

$$I_P = \sqrt{\frac{I^2t}{t_{OP}}}(\text{kA}) \qquad (10-8)$$

(3)按 $I_P > 1.8I_N$ 原则,确定接触器额定容量。

10.6 半自动同步并车装置

10.6.1 同步脉冲发生器的并车电路

同步脉冲发生器是一种能检测并车条件,并发出并车合闸指令的半自动同步并车装置。同步脉冲发生器将待并发电机与电网的频率和相位进行比较之后,并考虑到断路器的合闸时间,发出一个合闸脉冲,控制发电机的断路器触头在差频电压过零时闭合,以避

免发电机并车时的冲击。如果频率差大于 ± 0.5Hz，则合闸脉冲由装置内部闭锁，不能发送合闸脉冲。合闸超前时间为 30 ~ 450ms 可调，可根据断路器动作时间整定。

同步脉冲发生器的控制元件全部安装在印制电路板上，装在一个带透明盖的塑料盒内，动作信号由发光二极管指示。这种装置体积小，重量轻，手动操作方便可靠，近年来得到了广泛应用。

图 10 - 15 给出了 PIG21 型同步脉冲发生器的接线图。按下起动按钮 S_1，装置方能开始工作，进入合闸时机捕捉过程。这个按钮必须按到发电机断路器已经合上为止。起动线路中 K_1 为调速开关的常闭触点，当待并发电机组调速开关接通时，K_1 为断开状态，用于防止发电机组在调速期间发出合闸脉冲。

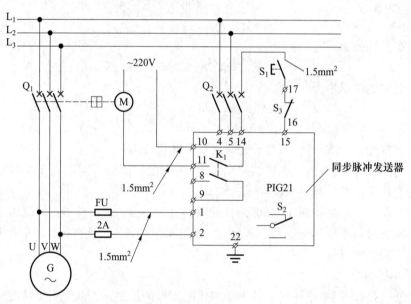

图 10 - 15　PIG21 型同步脉冲发送装置接线图

如果电网是无电压的状态，只要投入的发电机电压达到 85% 额定电压，按下起动按钮 S_1 时就能发出合闸脉冲。如果断路器合闸不成功，在经过 3 ~ 5s 的延时后将重新发出一个合闸脉冲。

并车前发电机组调频和并车后有功负载的加载，还需用调速开关进行手动控制。

应该注意，在使用这种同步脉冲发送装置时，必须保证在合闸期间避免发电机负荷发生突然急剧的变化。

10.6.2　带并车指令同步指示器的并车电路

带并车指令的同步指示器是集同步指示与同步脉冲发送为一体的新型仪表。其表盘布置与 F96 - S 型同步指示器类似（图 10 -9），表盘圆周上均匀分布有 36 个发光二极管，不同的是正中"12 点钟"处红色发光二极管表示相位差为 - 5° ~ 5°，其他按次序每灯间隔为 10°。在表盘"12 点钟"处也设有"SYNC"绿色合闸指示灯，在待并发电机与电网之间频差小于某一设定值且相位差为 0°之前的某一瞬间，允许合闸指示灯"SYNC"亮，并同时发出并车指令，控制主开关合闸。

210

这种带并车指令的同步指示器,设有合闸超前时间设定开关 SW_1 和频差设定开关 SW_2 以及校验按钮 SA_1,如图 10 - 16 所示。SW_1、SW_2 可设置 16 种状态,分别对应 16 种整定值。合闸指令超前时间可在 50 ~ 500ms 内整定,频差可在 0.05 ~ 0.5Hz 内整定。SA_1 则用来检验合闸超前时间与频差设定值是否正确。对应图 10 - 16 的设置状态表示合闸超前时间为 100ms,频差设定为 0.2Hz。

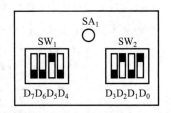

图 10 - 16 设定开关

F96 - SM 型带并车指令同步指示器接线图,如图 10 - 17 所示。设 G_2 为待并发电机组,并车操作步骤如下:

(1)当需要并车时,将转换开关转至"→"位置,1 - 2、3 - 4 闭合,F96 - SM 得电,电源指示灯亮。同时,21 - 22、23 - 24 闭合,待并发电机 G_2 的电压信号也送入到 F96 - SM,此时可看到 F96 - SM 表盘上的发光二极管指示并旋转点亮。

(2)当待并机 G_2 与运行机 G_1 的频差未满足设定要求时,可手动调节待并发电机 G_2 的转速,直至相位指示转到"12 点钟"附近,"SYNC"绿色合闸指示点亮的同时,合闸脉冲也同时输出,这时即可按下合闸按钮 SB_1,实现自动并车。

(3)将转换开关转至中间"↑"位置,使同步指示器退出工作。

在使用中,如果要将并车功能设置为手动,应将转换开关转至手动位置,此时,转换开关的触点 5 ~ 16 均断开,则 F96 - SM 不可能发出合闸脉冲,F96 - SM 只能作普通的同步表使用,应采用常规手动合闸线路进行合闸。

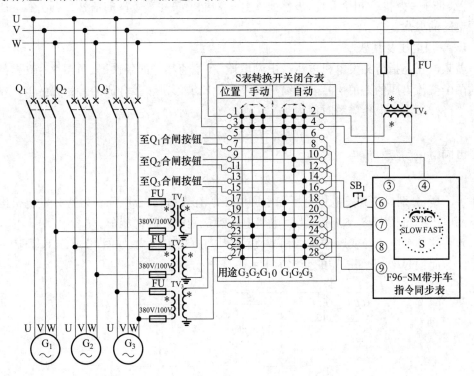

图 10 - 17 F96 - SM 型带并车指令同步指示器接线图

带并车指令的同步指示器在使用中,要求发电机输出电压波形好,转速稳定,否则

F96 - SM 指示灯运转将不稳定,有时甚至不输出脉冲信号。另外,主配电板上尚应备有手动并车同步指示灯,以检查接线正确与否,同时作为手动并车的备份。

10.7   自动准同步并车装置

10.7.1   基本功能

自动并车装置包含手动操作的全部逻辑程序,具有下列功能。

(1)判断待并发电机与电网的电压差、频率差和相位差,当任意条件不符合并车要求时,实现闭锁,不允许发出合闸指令。

(2)检测待并机与电网的频率差,并根据频差的大小和方向,自动对待并发电机组发出调频信号,使频差缩小,直到满足频差条件。

(3)当电压差(电压条件不满足时,由电压调整装置调整)、频率差在允许范围内时,自动捕捉相位条件,相位条件满足后才允许发合闸指令。

(4)发合闸指令要有提前量,提前量为发电机主开关的固有动作时间,以保证合闸瞬间有最小的合闸相位角,使并车冲击最小。

10.7.2   差频电压及性质

由人员进行并车操作时,通过观察仪表来检测并车条件。自动装置如何检测并车条件,特别是频率条件和相位条件,显然要找到一种能反映并车条件的信号,为此,首先引入差频电压的概念。

1. 差频电压及其获取

差频电压是指待并发电机电压与电网电压,在幅值相等的条件下,而频率存在差异时的这两个交流电压的差值信号。最简单的差频电压波形是直接合成的差频正弦波。

当待并发电机电压的瞬时值为

$$u_g = \sqrt{2}U_g \sin(\omega_g t + \delta_g)$$

电网电压的瞬时值为

$$u_n = \sqrt{2}U_n \sin(\omega_n t + \delta_n)$$

式中,U_g、U_n 分别为待并发电机电压和电网电压的有效值;ω_g、ω_n 分别为待并发电机电压和电网电压的角频率;δ_g、δ_n 分别为发电机电压和电网电压的初相角。

若将这两个电压经变压器进行相减,就能得到差频正弦波,如图 10 - 18 和图 10 - 19 所示。为简便起见,设变压器的变比为 1:1。

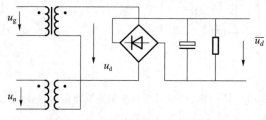

图 10 - 18   正弦波差频电压的形成

212

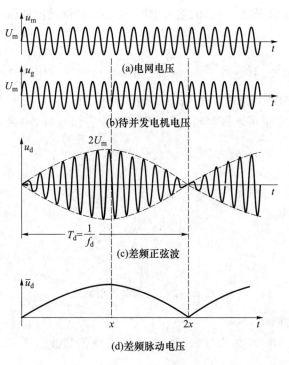

图 10 - 19 正弦波差频电压与脉动电压

从图 10 - 18 可见,u_d 电压为 u_g 与 u_n 瞬时值之差。若 $\omega_g > \omega_n$,$\sqrt{2}U_g = \sqrt{2}U_n = U_m$,则差频电压为

$$u_d = u_g - u_n = U_m[\sin(\omega_g t + \delta_g) - \sin(\omega_n t + \delta_n)]$$

$$= 2U_m \sin\left[\left(\frac{\omega_g}{2}t + \frac{\delta_g}{2}\right) - \left(\frac{\omega_n}{2}t + \frac{\delta_n}{2}\right)\right] \times \cos\left[\left(\frac{\omega_g}{2}t + \frac{\delta_g}{2}\right) + \left(\frac{\omega_n}{2}t + \frac{\delta_n}{2}\right)\right] \qquad (10-9)$$

$$= U_{dm}\cos\left[\frac{\omega_g + \omega_n}{2}t + \frac{\delta_g + \delta_n}{2}\right]$$

式中,$U_{dm} = 2U_m\sin\left(\frac{\omega_g - \omega_n}{2}t + \frac{\delta_g - \delta_n}{2}\right)$。

若初相角 $\delta_g = \delta_n = 0$,则

$$u_d = U_{dm}\cos\left(\frac{\omega_g + \omega_n}{2}t\right) \qquad (10-10)$$

而

$$U_{dm} = 2U_m\sin\left(\frac{\omega_g - \omega_n}{2}\right) \qquad (10-11)$$

从差频电压 u_d 的表达式中可以看出,u_d 是一个幅值,即

$$u_{dm} = 2U_m\sin\left(\frac{\omega_g - \omega_n}{2}\right) \qquad (10-12)$$

以角速度 $(\omega_g - \omega_n)/2$ 作正弦规律变化的调制电压,如图 10 - 19(c)所示。

在自动并车控制中需要差频电压包络线的瞬时值,它是将 u_d 整流(取绝对值)、滤波

（去掉高频$(\omega_g + \omega_n)/2$ 的成分）后的输出电压,称为差频脉动电压（图 $10-19(d)$）,并用 $\bar{u}_d$ 表示,即

$$\bar{u}_d = \left| 2U_m \sin \frac{\omega_g + \omega_n}{2}t \right| = \left| 2U_m \sin \frac{\omega_d}{2}t \right| = \left| 2U_m \sin \frac{\delta}{2} \right| \tag{10-13}$$

式中,$\omega_d = \omega_g - \omega_n$,为差频角速度;$\delta = \omega_d t$,为相对位移角。

由相量图 $10-20$ 也可求得差频电压。即按图中直角三角形关系得出

$$u_d = 2U_m \sin \frac{\delta}{2} = 2U_m \sin \left(\frac{\omega_g - \omega_n}{2} \right)t \tag{10-14}$$

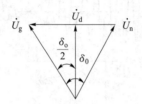

图 $10-20$ 差频电压相量图

2. 差频电压的性质

综上所述,两个不同频率的正弦电压合成的差频正弦波电压 u_d 与其差频脉动电压 $\bar{u}_d$ 有下列特点。

（1）脉动电压的瞬时值随时间而按正弦规律变化。当 ω_g 与 ω_n 的相位相同时,$\bar{u}_d = 0$。当两者相位相反时,$\bar{u}_d = 2U_m$ 为最大。

（2）u_g 与 u_n 间相角差每变化 $360°$,u_g 与 u_n 就重合一次。每重合一次所需的时间称为差频周期,用 T_d 表示,即

$$T_d = \frac{1}{f_d} = \frac{2\pi}{\omega_d} = \frac{2\pi}{2\pi(f_g - f_n)} = \frac{1}{(f_g - f_n)} = \frac{1}{\Delta f} \tag{10-15}$$

式中,$f_d = f_g - f_n$,为差频。

当差频减小时,差频周期将随之增大,如图 $10-21$ 所示。

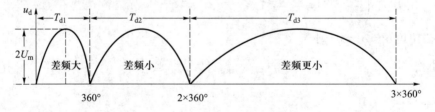

图 $10-21$ 差频减小时,脉动电压的变化

下面用差频电压 u_d 和脉动电压 $\bar{u}_d$ 的概念分析并车的条件。

（1）当差频电压 $u_d = 0$ 时（即差频电压过零时）,即并车条件的 $u_g = u_n$ 和 $\delta = 0°$ 的要求得到满足。

（2）差频周期 T_d 的大小可以反映差频的大小。例如,并车允许的频率差 $\Delta f = 0.25\text{Hz}$,相应的差频周期 $T_d = 1/\Delta f = 1/0.25 = 4\text{s}$,所以只要检测到差频周期大于 4s,即保证频差小于 0.25Hz。

214

因此自动装置只要检测差频周期足够大,并在差频电压为零时接通主开关,即满足了并车的条件。目前,各种自动并车装置都是直接或间接地利用差频电压实现自动并车控制的。

3. 差频锯齿波和三角波

以上分析中设 $U_g = U_n$,但实际上总存在误差,况且准同步并车条件允许误差达 10%。所以,差频脉动电压 $\bar{u}_d$ 在 $\Delta u \neq 0$ 的情况下,即使在 $\delta = 0$ 时也不会过零,如图 $10-22$ 所示。

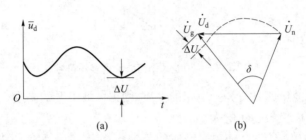

图 $10-22$ 电压不等时的差频电压

真正实用的差频电压信号应与 U_g 和 U_n 的大小无关,即改上述的电压合成(相减)为相位比较方式。实用的差频电压有锯齿波差频电压、三角波差频电压和梯形波差频电压等。

10.7.3 差频符号的鉴别与并车频率的调整

当检测频率条件不满足要求时,就要调整发电机的频率。首先要确定调整的方向,以便发出减速或增速的信号。为此就要确定频差的符号,也就是要判别是正差频($f_g > f_n$),还是负差频($f_g < f_n$)。例如,频差为正,表示 $f_g > f_n$,需要调小 f_g。

自动装置的频差正负鉴别,常见的有锯齿波法和多相位法。

1. 锯齿波法

当采用的差频电压是不对称的锯齿波时,根据波形前后沿明显差别,利用微分电路就可鉴别出差频符号。锯齿波差频电压的获得电路如图 $10-23$ 所示。先把 U_g 和 U_n 信号转变为频率为 f_g 和 f_n 的正脉冲信号,经"与非"门、RS 触发器后得到脉宽渐变的等幅矩形波;再经 RC 积分电路获得近似直角三角形的锯齿波信号。在图 $10-23$ 电压不等时的差频电压 RS 触发器输入端加与非门是防止 R 端和 S 端输入均为零时(当 f_g 与 f_n 相位一致时产生),RS 触发器输出为不确定值。锯齿波 V_1 和 V_2 经微分后得到 V_3 和 V_4 脉冲列。脉冲列中既有正脉冲列也有负脉冲列,但只用其中一种脉冲列。如用正脉冲信号,当 $f_g < f_n$ 时,V_3 输出正脉冲,用以控制一个加速电路,使发电机原动机加速,从而使 f_g 增大。而且频差大时,输出正脉冲的频率就高,速度调节量也大。同理,当 $f_g > f_n$ 时,V_4 输出正脉冲,用以控制减速电路。

锯齿波的特点如下:

(1)波形突变产生在 $\delta = 0°$ 处,因此检测突变沿就可实现 $\delta = 0°$ 的检测。

(2)波形突变的前沿和后沿是随差频符号的改变而改变,鉴别突变沿的正负(前后沿)就可以鉴别差频的符号。

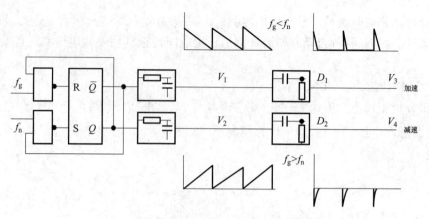

图 10 – 23 用差频锯齿波鉴别差频符号

（3）如果使滤波电路具有积分电路的性质,则锯齿波上升的高度正比于差频周期,检测锯齿波幅值就可以检测差频的大小。

这种方法较简单,但缺点是频率响应的范围较小,约在 ±5Hz 以内。因为频差太大时,锯齿波前后沿的差别减小,不能鉴别。

2. 多相位鉴别

当采用的差频电压是对称的三角波时,不可能以这一个三角波作出频差符号的鉴别,而要增加一个辅助三角波,称为两相位鉴别法。其原理如图 10 – 24 所示,使电网电压 $\dot{U}_n$ 移相 θ 角,得到辅助电压 $\dot{U}'_n$。相量 $\dot{U}_n$ 和 $\dot{U}'_n$ 以相同的速度逆时针旋转。当 $f_g > f_n$ 时, $\dot{U}_n$ 转速较快,可看作 $\dot{U}_n$ 和 $\dot{U}'_n$ 相对静止不动, $\dot{U}_g$ 逆时针旋转,因此 $\dot{U}_g$ 先与 $\dot{U}_n$ 重合,然后再与 $\dot{U}'_n$ 重合。

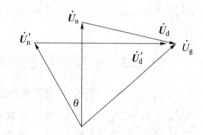

图 10 – 24 两相位鉴别法的相量图

从图 10 – 25 相应的差频三角波 u_d 和 u'_d 上看,则是 u_d 先于 u'_d 过零点;当 $f_g < f_n$ 时, $\dot{U}_g$ 转速较慢,可看作 $\dot{U}_n$ 和 $\dot{U}'_n$ 不动而 $\dot{U}_g$ 顺时针旋转,因此 $\dot{U}_g$ 先与 $\dot{U}'_n$ 重合,后与 $\dot{U}_n$ 重合,也就是 u'_d 先于 u_d 过零点。通过鉴别 u_d 和 u'_d 哪个先过零点就可实现鉴别。

只要鉴别出重合的先后次序就可以鉴别出频差符号。实现频差符号鉴别的原理及波形如图 10 – 25 所示。图中的移相电路实际通过一个电容器,使 $\dot{U}'_n$ 超前 $\dot{U}_n$ 一个 θ 角。由 u_g 和 u_n 构成的三角波为 u_d;由 u_g 和 u'_n 构成的三角波为 u'_d。两者的相位也相差 θ 角。经电平检测器把三角波整形为矩形波,再经微分电路取出对矩形波前沿的微分信号（正脉冲）送到"与"门 A_1 和 A_2。"与"门 A_1 受开门信号 S_2 的控制,"与"门 A_2 受开门信号 S_1 的控制,每个差频周期内只有一个"与"门允许输出脉冲信号。例如,当 $f_g < f_n$ 时, u'_d 超前 u_d 而先过零。故 S_2 的输出先升高, S_2 输出的一路开放"与"门 A_1,另一路经微分后送入"与"门 A_2,但此时 A_2 被 S_1 的低电位闭锁,故 S_2 微分信号不能输出,经过 θ 角相应的时间后, S_1 输出升高,由于 A_1 的开放,使 S_1 升高突变时经 D_1 微分而得到的脉冲能送出去控制升速。同时 S_1 的高电位使 A_2 开放,但在这个差额周期内 S_2 已不会再出现上升的突跳沿,而等下

216

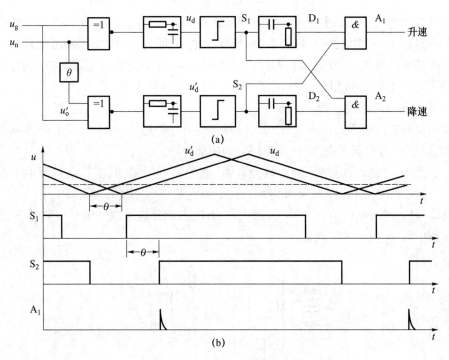

图 10 - 25　移相鉴别原理和波形图

一次出现时又被闭锁。因此在 $f_g < f_n$ 的情况下,只有 A_1 能发出负差额的信号用于发电机升速。反之,当 $f_g > f_n$ 时(为简便起见,可逆着横坐标方向看),A_1 被闭锁,A_2 被开放,并经 A_2 送出正差频的信号用于发电机降速。

这种鉴别方法工作可靠,频率响应可达 $-10 \sim 10\text{Hz}$。

10.7.4　并车合闸指令的提前量

把发电机投入电网时,主开关触头应在相对角差 $\delta = 0°$ 时闭合,但是主开关在接到合闸信号到主触头闭合需要一定的动作时间,这就要求在差频脉冲电压过零之前的某一时刻就发出合闸指令,这一提前指令可以用时间来衡量,也可以用相角差衡量。于是就有两种投入指令的超前量:恒定超前时间和恒定超前相角。

超前时间 t_P 和超前相角 δ_P 的关系为

$$\delta_P = |\omega_d| \cdot t_P = 2\pi |\Delta f| t_P \qquad (10-16)$$

采用超前时间的并车装置能保证在给定的超前时间发出合闸信号。为了使这种装置在不同的发电机差频下获得相同的超前时间,即 $t_P = \delta_P / \omega_d$ 常数,必须随着差频的不同而在不同的超前相角发出发电机合闸信号。

而采用超前相角的并车装置,保证在给定的超前相角下发出发电机合闸的信号,因为要保证超前相角 $\delta_P = |\omega_d| \cdot t_P$ 不变,所以超前的时间不是恒定值,而是随着发电机的差频不同而变化。

理论上,恒定超前时间可以做到发电机主开关触头在 $\delta = 0°$ 条件下闭合;而恒定超前相角则不能实现准同步合闸。但是实际上,由于电网电压频率的波动,同时由于发电机主开关动作时间的离散性,将使合闸时产生相角误差,而且主开关动作时间越长,可能出现的相角误差就越大。如果主开关动作时间足够快（0.1s 左右），则与超前时间相对应的超前相角必然很小，即主触头闭合瞬间的相角误差很小，因此，实际中可采用电路较简单的恒定超前相角的方法；当开关动作时间在 0.1 ~ 0.8s 时，应采用恒定超前时间的方法；如开关动作时间大于 0.8s 以上，则采用准同步方法合闸就较困难。

1. 恒定超前时间的获得

由于差频波的过零点代表 $\delta = 0°$，所以要获得恒定的超前时间 t_p，只要把差额波的零点移前 t_p 时间，再检测零点，即可获得恒定的超前时间。

一般采用复合微分电路（比例，微分电路）使差频电压提前过零，然后用电平检测器检零动作，并发出提前的允许合闸信号。获得恒定超前时间的原理，如图 10 - 26 所示。三角波 u_d 经并联的电阻 R 和电容 C，形成 u_d 的比例微分信号输入电平检测器 S，该复合信号比原信号 u_d 提前过零点。

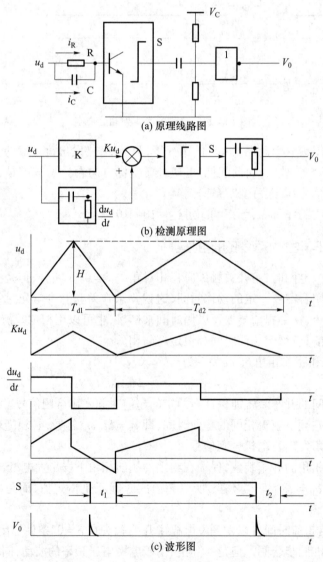

(a) 原理线路图

(b) 检测原理图

(c) 波形图

图 10 - 26　恒定超前时间的获得

218

设三角波下降段方程为

$$u_d = \frac{2H}{T_{d1}}(T_{d1} - t), \frac{T_{d1}}{2} \leqslant t \leqslant T_{d1} \tag{10-17}$$

因为 $i(t) = i_R + i_C$ 且 $i_R = \frac{u_d}{R}, i_C = C\frac{du_d}{dt}$。令 $i = i_R + i_C = 0$,求电流 $i(t)$ 过零点的时刻 t,有

$$\frac{2H}{T_{d1}}(T_{d1} - t) \cdot \frac{1}{R} + C \cdot \left(-\frac{2H}{T_{d1}}\right) = 0 \tag{10-18}$$

解式(10 - 18),得

$$t = T_{d1} - RC \tag{10-19}$$

式(10 - 19)表明过零点时刻 t 在原 u_d 过零点时刻 T_{d1} 之前 RC 处。对于不同 T_d 的三角波,提前量均为 RC,与 T_d 或 Δf 无关。调整参数 RC 使之等于主开关固有动作时间 t_S。电平检测器 S 检测这个过零点,其输出矩形波的下降沿正是过零时刻,经微分及倒相,变换为正脉冲去触发主开关动作。

这种方法的合闸误差较小,但还是有误差。产生误差的主要原因有:自动装置检测误差、主开关动作时间离散性(偏离 t_S)误差,以及由于电网负载波动造成频率不稳定(转轴存在角加速度)引起的误差等。因此,除了提高自动装置检测质量外,选择高质量的主开关、减小电网波动等也是值得地下工程电气设计和操作人员注意的因素。

合闸时频差较小,对减小合闸误差有利,但可能需要较长的调整时间,而这一点往往与现场要求尽快完成并车相矛盾。实际上,在符合并车条件的前提下,尽可能取较大的频差进行并车为好。

2. 恒定超前相角的获得

在不同的差频条件下,获得或检测相同的相角提前量是很容易实现的,如图 10 - 27 所示。相角提前量 δ_P 与三角波下降段电压值 u_S 成正比,而与差频 Δf(或差频周期 T_d)无关。因为不同差频的三角波具有相同的幅值 H,再由 $\triangle ABC$ 与 $\triangle A'B'C$ 相似,就可证明

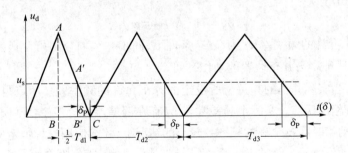

图 10 - 27 恒定提前相角的实现

$$t_{P1} = B'C = \frac{A'B'}{AB} \cdot BC = \frac{u_S}{H} \cdot \left(\frac{T_{d1}}{2}\right) \tag{10-20}$$

又因为

$$t_{P1} = \frac{\delta_{P1}}{2\pi(\Delta f_1)} = \frac{T_{d1}\delta_{P1}}{2\pi} \tag{10-21}$$

将式(10 - 21)代入式(10 - 20),得

$$\delta_{P1} = \frac{u_S}{\pi H} \qquad (10-22)$$

从式(10-22)可见,δ_P 与 T_d 无关,只与 u_S 有关(πH 为常数)。所以,当 u_S 为一定值时,在不同差频下得到的相角 δ_P 相同。

实际电路如图 10-28 所示。输入为差频三角波电压 u_d,电平检测器 S 的返回值 u_S 整定对应于提前相角 δ_S,所以,S 输出的矩形波后沿也对应于 δ_S,再经微分倒相就得到含提前相角的合闸信号 V_0。

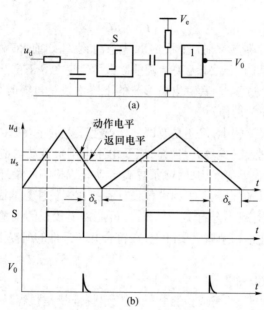

图 10-28　恒定超前相角电路原理及波形

恒定超前相角为

$$\delta_P = 2\pi(\Delta f)t_P = \omega_d t_P \qquad (10-23)$$

式中,Δf 为并车允许的频率差;t_P 为在 Δf 条件下,同步并车的合闸指令提前时间,等于主开关固有动作时间 t_S 与并车装置的动作时间 t_c 之和。

可见,只有当实际并车的频差与所设定的并车允许的频率差 Δf(或角差频 ω_d)相等时,合闸才没有相位误差。实际上频差常与 Δf 存在偏差,因此,存在合闸误差,所以,只有在主开关固有动作时间及允许的频率差较小的情况下,才能应用这种恒定提前相角方法。

在开关的动作时间 t_S 和允许合闸的最大差频 Δf 确定后,超前的相角就可以根据式(10-23)求得。几个常用差频和开关动作时间下的相角计算结果见表 10-1。

表 10-1　不同 Δf 与 t_S 算出的超前相角 δ_P 值

t_S/s ＼ $\Delta f/Hz$	0.25	0.5	0.65
0.1	9°	18°	28.4°
0.2	18°	86°	46.8°
0.8	27°	54°	70.2°

10.7.5 自动准同步并车装置

一个完整的自动准同步并车装置的框图如图 10-29 所示。差频三角波形成及差频符号鉴别原理如前所述。差频符号鉴别环节输出的调速尖脉冲,须经一个脉冲展宽电路转变成适当宽度的矩形波,才能有效地控制加速或减速。

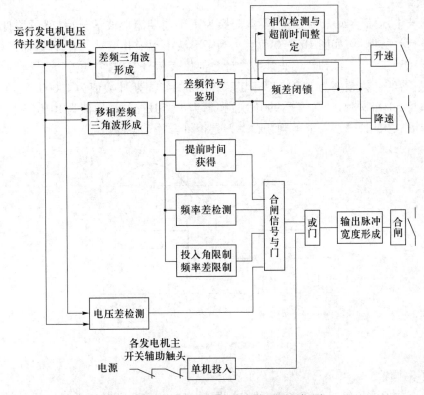

图 10-29 自动准同步并车装置原理框图

若频差符合并车条件但特别小时,将使相角条件的满足要等待较长时间。为了较快速地完成并车,装置中加入了"呆滞扰动"环节,其作用是在频差特别小时,作反方向调速,适当加大频差。例如,频差为正但接近于零,经该环节作用后将输出加速信号。合闸信号由一个"与"门控制。"与"门有三个开门信号,分别来自频率差检测环节、投入角限制与频率差限制环节和电压差检测环节,每个环节检测一个并车条件,满足时才输出开门信号。当三个开门信号都具备后,由提前时间获得环节产生的合闸尖脉冲才能通过"与"门。该尖脉冲同样要经展宽电路后才加到合闸继电器上。

考虑到电网无电时,第一台发电机接入电网是无条件的,因此合闸"与"门之后还加有一个"或"门允许"单机投入"操作。显然,只要电网有电或某发电机主开关已接通,"单机投入"信号就不会有效。

10.7.6 数字化自动并车装置

上述方法中虽用到一些脉冲信号,但基于差频电压原理的各种电压如锯齿波电压信号、三角波电压信号等都是模拟量,要采用专门电路才能得到,且有一定延时和变形,造成自动装置的测量误差。随着计算机技术的迅速发展和成熟,使数字化并车方法成为可能。用于工业控制的单片机和可编程控制器(PLC)等可实现数字式并车,下面介绍一种数字式并车方法的原理。

数字方式准同步并车主要分为频率检测、待并发电机频率调整、相位差检测三个部分。其中相位差检测包括发出含提前量的合闸指令。

1. 频率差检测

正弦波电压信号 u_g 和 u_n 经鉴零器变换为正半周期矩形波信号后,就可用计算机的计数器进行计数测量,如图 10 - 30 所示。当矩形波出现上升沿时,触发计数器开始计数;当矩形波达第二个上升沿时,停止计数。计数值代表信号的周期,再除以 2,得到半周期。例如,计数器的计数频率为 1MHz,对于工频 50Hz 的半周期计数值为 10000 次,若待并发电机频率为 50.5Hz 时,计数值是 9901 次;频率为 49.5Hz 时,计数值为 10101 次。分别对 u_g 和 u_n 计数,求出计数差,就可判断频率差是否符合并车条件。

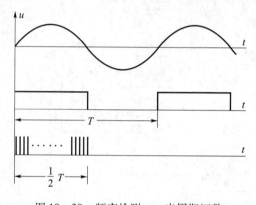

图 10 - 30　频率检测——半周期记数

2. 频率调整

若频率差检测不满足并车条件,就应根据频率差的符号调整待并发电机的转速。数字量的符号判断是轻而易举的,计算机输出一定宽度、一定频率的调速脉冲也很容易实现,而且可以根据频差的大小,随时改变调速脉冲的宽度和频率。调速脉冲经功率放大后输出。如果调整待并发电机频率在 $f_n < f_g \leqslant (f_n + 0.5)$ Hz 范围内,且使 f_g 等于或接近 $(f_n + 0.5)$ Hz,将有利于并车的成功。

3. 相位差检测与合闸控制

以电网电压矩形波上升沿触发计数器计数,以待并发电机电压矩形波上升。沿触发计数器停止计数,则计数值可表示两波形相位差。最大计数值是电网电压半周期计数值,表示相位差 $\delta = 180°$;最小计数为 0,表示相位差 $\delta = 0°$。发合闸指令应有提前量,提前量采用恒定提前时间方式。设主开关平均动作时间为 0.1s,电网频率以 50Hz 计算,提前量为 $0.1/(1/50) = 5$(个周期),表示以电网矩形波计算提前量时,要提前 5 个波。考虑计算机检测判断及发合闸指令要一定时间,检测提前量应再加一个周期。图 10 - 31 表示了这种相位关系。检测提前电网 6 个周期的相位差的方法是:已知电网半周期计数值与待并发电机半周期计数值之差,只要乘以 12 倍,就是我们要检测的值。当检测到值以后,待下一次电网电压矩形波上升沿一出现,就发出合闸脉冲。检测相位差的程序流程如图

222

10 – 32所示。

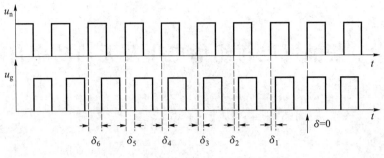

图 10 – 31　检测含提前量的相位差原理

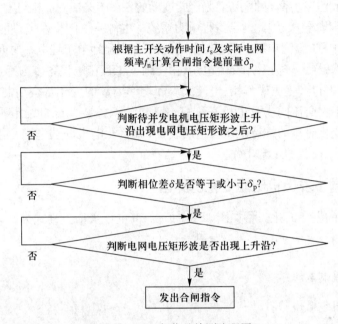

图 10 – 32　相位差检测流程图

　　采用数字式并车,提高了装置的检测精度。就检测频率差、相位差及调速控制三个方面而言,并不需要 A／D 转换和 D／A 转换,因此结构简单。软件易于实现运算及控制,也容易修改、优化和智能化。除了并车功能之外,计算机还可以实现其他功能,充分发挥其效率。

练习题

1. 柴油发电机组的并车方式分为哪两类?
2. 简述理想并车条件、实际并车条件、电抗同步并车条件。
3. 手动并车操作程序是什么?
4. 旋转灯泡法并车的原理是什么?

第11章 柴油发电机组的电压及无功功率自动调整

11.1 基本知识

各种电气设备必须在额定电压下运行,因此保持一定电压水平,是供电质量的重要指标之一。但是,实际上电力系统的电压总是经常变动的。由于柴油发电机组电源容量较小,而负载单台设备容量却较大,因此地下工程电力系统的电源——同步发电机的端电压变动尤为严重,故研究地下工程同步发电机电压自动调整,是交流地下工程电站的重要课题之一。

地下工程电站绝大多数采用交流电制,由于地下工程用电设备多为感性负载,负载电流对交流同步发电机产生去磁作用,电流大小和功率因数的变化都会引起发电机端电压变化,所以地下工程交流同步发电机必须有自动电压调整装置或自励恒压装置(能自激起压,并在负载变化时自动维持电压恒定的装置)调整发电机的端电压,否则电压的剧烈变化将会影响电气设备的正常工作。

11.1.1 同步发电机电压变化的原因

同步发电机的电势简化矢量如图 11 – 1 所示,其电压平衡方程式为

$$\dot{U}_g = \dot{E}_0 - j\dot{I}_g X_d \tag{11 – 1}$$

式中,$\dot{U}_g$ 为发电机端电压;

$\quad$ $\dot{E}_0$ 为发电机空载电势;

$\quad$ $\dot{I}_g$ 为发电机定子电流;

$\quad$ X_d 为发电机同步电抗。

由图 11 – 1 或式(11 – 1)可见,如果 $\dot{E}_0$ 不变,当发电机负载电流 $\dot{I}_g$ 的大小或性质变化时,则必将引起 $\dot{U}_g$ 变化。

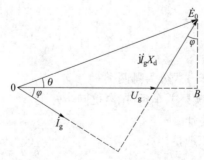

图 11 – 1 同步发电机电势简化相量图

224

只研究发电机端电压的数值变化时,由图 11-1 可见,式(11-1)可写成

$$\dot{U}_{\mathrm{g}} = \dot{E}_0 \cos\theta - \dot{I}_{\mathrm{g}} \dot{X}_{\mathrm{d}} \sin\varphi$$

式中,θ 为 $\dot{E}_0$ 与 $\dot{U}_{\mathrm{g}}$ 间的夹角。

当 θ 较小时,$\cos\theta \approx 1$,而 $\dot{I}_{\mathrm{g}}\sin\varphi$ 则为发电机的无功电流 $\dot{I}_{\mathrm{g} \cdot Q}$,于是式(11-1)为

$$\dot{U}_{\mathrm{g}} = \dot{E}_0 - \dot{I}_{\mathrm{g} \cdot Q} X_{\mathrm{d}} \tag{11-2}$$

由此式(11-2)可见,当 $\dot{E}_0$ 不变时,同步发电机端电压 $\dot{U}_{\mathrm{g}}$ 变化的主要原因是无功电流的变化。

由于同步发电机电枢反应的去磁作用,使其内阻抗较大;而地下工程电站的容量有限和负载变化相对较大,所以地下工程同步发电机的端电压在无调压器时,其电压变化是比较大的。

11.1.2　电压偏差的危害

1. 对电动机的影响

当地下工程电站实际电压偏离额定值时,用电设备的效率就要降低,偏离额定值太大时,运行就要恶化,甚至会导致设备的损坏。例如,电网电压下降到额定值的 85% 时,异步电动机起动转矩就要降低到 72.5%;单鼠笼电动机的起动转矩(在正常电压时约为额定转矩的 2.5 倍)就将下降到额定转矩的 1.8 倍。电动机如果是满载起动,加速转矩的余量由 1.5 倍额定转矩降到 0.8 倍额定转矩,势必使起动时间延长。如果电动机是高阻抗转子的单鼠笼电动机,正常电压情况下,它的起动转矩为额定转矩的 1.25 倍,而当电压下降到额定值的 85% 时,则降到 0.9 倍,电机不能起动。起动力矩不足不仅会使起动时间延长,而且会使电机严重发热,特别是当不能起动时,则电流会达到很大,发热量与电流平方成正比,如果保护装置不能迅速动作,电机很可能被烧毁。当电动机的端电压较其额定电压低 10% 时,由于其转矩与其端电压平方成正比,因此其转矩将只有额定转矩的 81%,而负荷电流将增大 5%～10% 以上,温升将增高 10%～15% 以上,绝缘老化程度将比规定增加一倍以上,这将明显地缩短电机的使用寿命。同时,由于转矩减小,转速下降,不仅会降低生产效率,而且还会影响运行质量,甚至造成危害。当其端电压较其额定电压偏高时,负荷电流和温升也将增加,绝缘相应受损,对电动机也是不利的,也要缩短使用寿命。

2. 对电光源的影响

电压偏差对白炽灯的影响最为显著。当白炽灯的端电压降低 10% 时,灯泡的使用寿命将延长 2～3 倍,但发光效率将下降 30% 以上,灯光明显变暗,照度降低,严重影响人的视力健康,降低工作效率,还可能增加事故。当其端电压升高 10% 时,发光效率将提高 1/3,但其使用寿命将大大缩短,只有原来的 1/3。电压偏差对荧光灯及其他气体放电灯的影响不像白炽灯那么明显,但当其端电压偏低时,灯管不易启燃。如果多次反复启燃,则灯管寿命将大受影响。而且电压降低时,照度下降,影响视力工作;当其电压偏高时,灯管寿命又要缩短。

3. 对电网的影响

电压变化对电网的影响主要表现在给工程用电所带来的危害,而且这种危害非常大。

地下工程电网电压深度下降时,将导致保护电器动作,造成发电机解列、使电网崩溃停电的严重事故。所以,地下工程交流电网的电压必须保持恒定,其电压偏差不应超出规定的范围。

11.1.3　发电机电压调整的基本措施

由式 $U_g = E_0 - jI_gX_d$ 可知,当负载 I_g 变化时,要想保持发电机端电压 U_g 一定,唯有随之相应改变发电机的电势 E_0。发电机的电势由下式确定:

$$E_0 = 4.44Wf\Phi_m \tag{11-3}$$

式中,4.44 为比例常数;

　　W 为发电机绕组匝数;

　　f 为发电机频率;

　　Φ_m 为发电机磁通。

由式(11-3)可见,当 W、f 为常数时,E_0 与 Φ_m 成正比,即 $E_0 \propto \Phi_m$,要改变 E_0,只有改变 Φ_m。而 Φ_m 系由励磁电流 I_L 产生,在磁路未饱和时磁通与励磁电流成正比,即 $\Phi_m \propto I_L$。由上述关系可以看到:E_0 与励磁电流 I_L 存在对应关系,改变励磁电流 I_L 的大小可以改变发电机空载电势 E_0。当 I_g 变动时,要保持 U_g 恒定,必须相应调整发电机的励磁电流 I_L。即要使 I_L 随 I_g 幅值的大小和功率因数 $\cos\varphi$ 的变化而改变,以补偿电枢反应去磁作用的影响。

式(11-2)中 $U_g = E_0 - I_{g\cdot Q}X_d$,若 E_0 不变,即 I_L 不变,当 I_{gQ} 变化时,由于电枢反应的作用,因此 U_g 必随之变化,由式(11-2)可作出以 $U_g = f(I_{gQ})$ 表示的同步发电机的外特性曲线,如图 11-2 所示。式(11-2)说明图 11-2 的外特性必然是下倾的,即 I_L 一定时,发电机端电压随无功电流的增大而下降。由图 11-2 可见,当无功电流由 I_{gQ1} 增大到 I_{gQ2} 时,则发电机端电压 U_g 由额定值 U_N 下降到 U_2。而要保持发电机端电压为额定值,就必须将特性向上平移,即增大励磁电流 I_L,以提高 E_0;反之亦然。由此可见,引起同步发电机端电压 U_g 变化的主要原因是无功电流 I_{gQ} 的变化,而要保持发电机端电压 U_g 不变,就要随之相应地调整发电机的励磁电流 I_L,即使之符合图 11-3 所示的发电机构调整特性 $I_L = f(I_g)$。由此也可看出,以调整励磁电流来对同步发电机电压进行调整,也就是对发电机无功功率的调整,使无功功率保持平衡。所以,同步发电机的励磁电流乃是电力系统无功功率的来源。

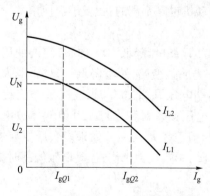

图 11-2　同步发电机的外特性

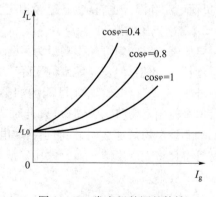

图 11-3　发电机的调整特性

在实际运行中，I_g 或 $\cos\varphi$ 是经常在变动的，导致使 U_g 也经常变动。要维持 U_g 恒定，必须随之经常调整 I_L。这一任务由人工调节是不可能完成的，必须采用自动电压调整方式。所谓自动调压，实质上就是自动调整励磁电流 I_L，因此任何类型的自动电压调整器的基本作用，归根到底都是自动调整励磁电流。所以，同步发电机的自动电压调整器又称为自动调节励磁装置。

11.1.4　励磁自动调整装置的功能

为了维持发电机的端电压基本不变，发电机的励磁电流必须适时地做相应的调整。这一任务由励磁自动调整装置完成。

为了保障发电机组并联运行的稳定，各发电机间无功功率就必须合理地进行分配，这一任务也由励磁自动调整装置完成。

在地下工程电网发生短路故障时，也需要励磁系统适时地进行强行励磁。

综上所述，励磁自动调整的任务及功能可归纳为：

（1）在地下工程电力系统正常运行工况下，维持电网电压在允许范围内。

（2）在地下工程发电机并联运行时，使发电机间无功功率分配合理。

（3）提高电力系统同步发电机并联运行静态稳定性。

（4）在事故情况下，实行强行励磁，以快速励磁方法提高发电机并联工作的动态稳定性。

（5）加速电网短路后电压恢复速度，提高电动机运行的稳定性并改善电动机自起动条件。

（6）提高在故障时具有时限的继电保护装置动作的正确性。

（7）当并联运行中一台发电机失磁时，可使其短时间内异步运行。

（8）使并车操作易于进行、速度加快等。

11.1.5　励磁自动调整装置的技术指标

在负载变动时，自励恒压装置维持电压恒定有一个调整过程，如图 11 – 4 所示。图中在 t_0 时突加负载会使电压瞬时下降到 $U'_{\min}$，由于恒压装置的作用，使端电压在 t_F 时恢复到接近额定电压 U_N 的 $U_{\min}$ 稳定工作。此后，在 t'_0 时突卸负载，使电压瞬时上升到 $U'_{\max}$，由于恒压装置的作用，在 t'_F 时电压恢复到 $U_{\max}$ 稳定工作。为了保证供电质量，电压调节必须满足两个基本技术指标，即静态（稳态）指标和动态（瞬态）指标的要求。

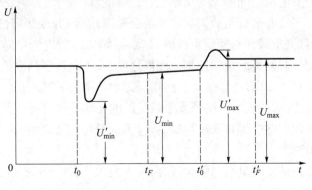

图 11 – 4　电压调整过程曲线

1. 电压静态指标

电压静态指标即发电机稳态电压变化率。交流发电机连同其励磁系统,应能在负载自空载至额定负载范围内,且其功率因数为额定值情况下,保持其稳态电压的变化值在额定电压的 ±2.5% 以内,应急发电机可允许在额定电压的 ±3.5% 以内。

发电机稳态电压变化率按下式计算:

$$\Delta U\% = \frac{U_{max}(\text{或 } U_{min}) - U_N}{U_N} \times 100\% \qquad (11-4)$$

式中,U_{max} 为在规定的负载变化范围内,发电机的最大电压;

U_{min} 为在规定的负载变化范围内,发电机的最小电压;

U_N 为发电机的额定电压。

2. 发电机电压动态指标

发电机动态特性有两个指标。

(1)瞬态电压调整率:

指当电网负载突变后电压的最大波动值,称为瞬态电压调整率。

(2)电压波动恢复时间 t_F:

指自负载突变时,从电压发生波动开始到电压恢复到稳定值的一定容许差值范围内所需要的时间,用 t_F 表示。

(3)规范对动态指标规定:

交流发电机在负载为空载、转速为额定转速、电压接近额定值的状态下,突加或突卸 60% 额定电流及功率因数不超过 0.4(滞后)的对称负载,当电压跌落时,其瞬态电压值应不低于额定电压的 85%;当电压上升时,其瞬态电压值应不超过额定电压的 120%;而电压恢复到与最后稳定值相差 3% 以内所需的时间,则不应超过 1.5s。

发电机动态电压变化率按下式计算:

$$\Delta U_d\% = \frac{U'_{max}(\text{或 } U'_{min}) - U_0}{U_N} \times 100\% \qquad (11-5)$$

式中,U'_{min} 为动态过程中的最大电压,U'_{max} 为动态过程中的最小电压;U_N 为发电机的额定电压;U_0 为突卸或突加负载前的电压。

3. 无功分配

并联运行交流发电机组间的无功功率应合理分配。

并联运行的各交流发电机组的无功功率的分配要求为:并联运行的各交流发电机组均应能稳定运行,且当负载在总额定负载的 20% ~ 100% 范围内变化时,各机组所承担的无功负载与总无功负载按机组定额比例分配值之差,应不超过下列数值中的较小者:①最大机组额定无功功率的 ±10%;②最小机组额定无功功率的 ±25%。

依上述规范规定,对并联运行交流发电机组间的无功功率分配应符合以下原则:

(1)对于同容量发电机组并联运行时,各自实际分担的无功功率与应分担的无功功率误差应小于 ±10%。

(2)对于不同容量发电机组并联运行时,最大机组实际分担的无功功率与应分担的无功功率误差应小于 ±10%。

（3）对于不同容量发电机组并联运行时，最小机组实际分担的无功功率与应分担的无功功率误差应小于 ±25% 。

4. 强行励磁

地下工程电力系统的特点之一是过渡过程非常快，当负载突变或发生短路时，电压会突然下降很大。这将给电力系统的运行带来许多问题，甚至可能使电力系统丧失稳定。从提高发电机并联运行稳定性等的角度看，要求调压装置的动作要迅速；从短路保护的选择性要求看，也要求一旦发生外部短路，发电机在短路瞬间应能提供足够的短路电流，以供保护动作跳闸。当接线端在三相短路时，稳态短路电流应不小于 3 倍也不大于 8 倍的额定电流，发电机及其励磁机必须能承受此稳态短路电流 2s 而无损坏。

上述均要求调压装置要有强行励磁能力。强励能力通常用强行励磁倍数和发电机电势最大上升变化率来描述。

11.1.6　励磁自动调压装置的分类

地下工程同步发电机的电压自动控制装置，按其被测量的不同可分为三大类，即按负载电流扰动、按端电压偏差和按负载电流扰动与端电压偏差相结合的电压自动控制装置，这是目前公认分类方法。

1. 按负载 I_g 和 $\cos\varphi$ 扰动控制的励磁调压装置

按发电机负载电流 I_g 的大小和功率因数 $\cos\varphi$ 进行励磁电流调整的调节器装置，属于按扰动控制的相复励调压装置，即不可控相复励调压装置，其原理如图 11 – 5(a) 所示。其中，被控制量是发电机端电压，控制信号是励磁电流，扰动量是发电机的负载电流。当发电机负载电流的大小与性质改变时，由于电枢反应作用，端电压会发生变化，而与此同时，由扰动量输入到励磁调节器中，使其控制的励磁电流随之做出相应的改变去补偿扰动所造成的电压变化，使系统输出量电压尽可能保持原有水平，这种作用的原理是"利用扰动、补偿扰动"。它没有能力对系统输出量进行准确的测量，输出量对控制信号没有作用；换言之，没有被控量的反馈比较，控制过程不构成闭合环路，因此这种控制作用没有按输出量保持不变的要求去调节控制量，而仅是根据输出量的主要扰动去进行控制，是一个开环调节系统，故而调压精度不高，静态调压率大于 ±2% 。但因其结构简单、可靠、动态指标好和易于调整等优点，仍然得到了广泛的应用。典型的有电流叠加的恒压装置如图 11 – 5(a) 所示，电磁叠加的谐振式恒压装置、电磁叠加带曲折绕组的恒压装置、电势叠加的恒压装置都属于这种类型。

2. 按电压偏差 ΔU 控制的励磁调压装置

按发电机输出实际电压 U_g 与给定值电压（发电机额定电压 U_N）的差值即电压偏差信号 ΔU 的大小调整励磁电流的自动装置。图 11 – 5(b) 表示的可控硅自动励磁调节装置即属于此种类型。该励磁装置主要由三部分组成：电压检测环节，移相触发控制环节和励磁主回路。电压检测环节将发电机实际电压与基准电压进行比较获得电压偏差信号，去改变可控硅的导通角，从而实现调整励磁电流的目的。这种自动控制装置调压精度很高，静态调压率可小于 ±1% ，在控制过程中，始终将输出量（端电压）与目标值作比较，获得偏差信号,根据偏差信号的大小及时调节控制信号(励磁电流),去消除这种偏差,控制系统构成闭合的环路。这种控制作用的原理是"检测偏差、纠正偏差",不论什么扰动对输出量所造成的偏差都会得到纠正。

3. 复合(按 ΔU、I_g、$\cos\varphi$)控制的励磁调压装置

图 11 – 5(c)为可控相复励系统的单线原理,它实现了按负载电流的大小 I_g 及性质 $\cos\varphi$ 和按电压偏差 ΔU 综合调整励磁电流以维持发电机输出电压恒定,因其具有上述两种类型自动励磁调节器的优点,所以在地下工程上广泛应用。它主要由两大部分构成,即相复励部分和自动电压校正器部分(AVR),前者按负载电流和功率因数的扰动控制励磁,其作用与按负载扰动的调压过程一样;后者按电压的偏差来校正,其中 AVR 输出与 ΔU 成比例的直流电流去控制饱和电抗器 SRT 的电抗值,来改变励磁电流的分流大小,从而实现调整发电机的励磁电流,使端电压基本保持不变,最终控制发电机端电压的恒定。

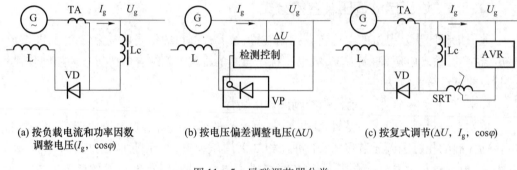

(a) 按负载电流和功率因数
调整电压(I_g, $\cos\varphi$)

(b) 按电压偏差调整电压(ΔU)

(c) 按复式调节(ΔU, I_g, $\cos\varphi$)

图 11 – 5　励磁调节器分类

11.2　相复励原理

11.2.1　同步发电机的自励起压原理

1. 自励起压原理

同步发电机按其励磁方式可划分为他励和自励两大类。

他励同步发电机的励磁电流,是由同步发电机本身之外的单独电源提供的,通常是由一小容量的同轴励磁机供电。在这种系统中,同步发电机组需带有直流励磁机,维护管理很麻烦。由于这种带直流励磁机的励磁方式在可靠性和使用上存在固有的缺陷,因此现在已很少采用。

自励同步发电机是目前地下工程上使用最多的交流发电机。这种同步发电机的励磁电流不是由外来的直流电源供给,而是取之于同步发电机本身输出功率的一部分,经过适当的整流变换后供给的。根据负载电流的大小及相位共同对发电机励磁进行调整的同步发电机称为相复励自励恒压同步发电机。自励同步发电机自励回路的单相原理图,如图 11 – 6所示。由于用静止的整流元件代替了旋转的直流励磁机,这就增加了可靠性,使维护管理简便,在地下工程上得到了广泛的应用。

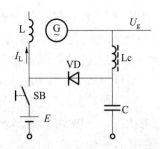

图 11 - 6　自励回路单相原理图

我们把自励发电机(在转速达到额定值、输出端断开的情况下)利用本身的剩磁,通过磁电作用而建立起电压的过程称为发电机的自励起压。图 11 - 7 为自励起压特性曲线。图 11 - 7(a)中曲线 1 为同步发电机的空载特性曲线 $U_g = f(I_L)$;曲线 2 为自励回路的理想励磁特性曲线 $I_L = f(U_g)$。

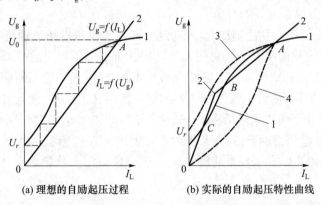

(a) 理想的自励起压过程　　　　(b) 实际的自励起压特性曲线

图 11 - 7　自励起压特性曲线

同步发电机自励起压过程如图 11 - 7(a)所示,由于磁滞现象,在转于磁极上留有剩磁。当发电机组起动时,发电机定子绕组将感生剩磁电压 U_r,U,加在自励回路上,经过整流在发电机励磁绕组 WE 中产生一定的励磁电流 I_{L1};I_{L1} 将在转子中产生对应的磁通,这一磁通在发电机定子绕组中感生电压 U_1;U_1 通过自励回路又在 WE 中又产生 I_{12},I_{12} 又感生更高的电压 U_2……。如此循环,构成正反馈,逐渐提高发电机的空载电压,最后到达稳定的交点 A,此时发电机电压即为空载电压 U_0。

2. 自励起压条件

同步发电机自励起压过程是一种正反馈过程,整个过程并无外来输入量。要完成自励起压,必须具备下列条件:

(1) 发电机必须有足够的剩磁,这是自励的必要条件。新造的发电机无剩磁,长期不运行的发电机剩磁也会消失,这时可用其它直流电源进行充磁。

(2) 要使自励过程构成正反馈,由剩磁电势所产生电流建立的励磁磁势必须与剩磁方向相同。所以整流装置直流侧的极性与励磁绕组所要求的极性必须一致。

(3) 发电机的空载特性与励磁特性必须有确定的交点 A,使正反馈稳定在这一点上,这个交点的纵坐标就是发电机的空载电压值。

3. 自励起压存在的实际问题及措施

对于自励同步发电机,上述自励起压过程只是一种理想状况。实际上,由于自励回路是一个非线性电路,在起压过程中其阻抗是变化的,因此实际的励磁特性曲线如图 11 – 7(b)中曲线 2 所示。自励回路的阻抗是由整流二极管的正向导通电阻、碳刷与滑环的接触电阻及励磁绕组的直流电阻所组成。起压初始阶段因剩磁电压所产生的励磁电流很小,故整流二极管的正向电阻和碳刷与滑环的接触电阻都呈高阻状态,以后随着电压增加,也是励磁电流较大时,呈低阻状态。所以实际励磁特性曲线 2 与发电机空载特性曲线 1 之间,当不采取任何措施时,存在有三个交点 A、B、C,其中 A 点与 C 点都是稳定运行点。起压时,电压达 C 点时便稳定下来了,这样就达不到额定空载电压,因此必须设法消除 C 与 B 两点,通常可采用如下方法。

(1)提高发电机的剩磁电压。即提高空载特性的起始电压,如图 11 – 7(b)中曲线 3 所示。实际中是采取加恒磁插片或用蓄电池临时充磁来实现。许多地下工程发电机设有充磁电源,当发电机靠本身建压失败时,按下主配电板发电机控制屏上充磁按钮,临时充磁来提高剩磁电压,从而实现起压。

(2)降低伏安特性。利用谐振起压的方法,在较小剩磁电压下即可获得较大励磁电流(相当于减少了励磁回路阻抗),将图 11 – 7(b)中曲线 2 下降为曲线 4,由于曲线 4 的开始一段陡度小,可以顺利地起压,当起励电压接近正常空载电压时,励磁回路电阻减小,电路脱离了谐振;伏安特性由曲线 4 转为曲线 2,与空载特性交于 A 点,发电机便进入了正常空载运行。实际工作中还可以采取措施减少碳刷与滑环的接触电阻以降低励磁回路电阻。

(3)利用复励电流帮助起压,在起压时临时短接一下主电路,利用短路产生的复励电流帮助起压;或利用升压变压器来起压。这两种方法,电压一旦建立应立即切除升压变压器或打开主电路。

11.2.2 相复励恒压原理

从电机学中可知,交流同步发电机的电枢反应电压降不仅与负载电流的大小有关,而且与负载电流的功率因数 $\cos\varphi$ 有关。这可从隐极同步发电机的简化电势相量图 11 – 8 中清楚地看出。图中 $\dot{U}_g$ 为发电机的端电压相量;$\dot{I}_g$ 为发电机的负载电流相量;$\dot{E}$ 为发电机内电势相量;X_d 为发电机的定子绕组的直轴同步电抗。图 11 – 8 中忽略了定子绕组电阻引起的电压降。

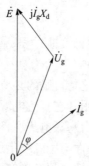

图 11 – 8　隐极同步发电机简化电势相量图

由向量图 11 - 8 可得电势平衡方程式

$$\dot{E} = \dot{U}_g + \mathrm{j}X_d \dot{I}_g \qquad (11-6)$$

设发电机磁路未饱和,则 $\dot{E}$ 与励磁电流 $\dot{I}_L$ 成正比,即

$$K_L \dot{I}_L = \dot{E} = \dot{U}_g + \mathrm{j}X_d \dot{I}_g$$

可得到交流同步发电机的励磁电流为

$$\dot{I}_L = \frac{\dot{U}_g}{K_l} + \frac{\mathrm{j}X_d \dot{I}_g}{K_l} \qquad (11-7)$$

由式(11 - 7)可以看出,当励磁电流 $\dot{I}_L$ 不变时,电压 $\dot{U}_g$ 将随负载电流 $\dot{I}_g$ 而变化。为了保持电压恒定,必须使励磁电流 $\dot{I}_L$ 按式(11 - 7)的关系随 $\dot{I}_g$ 的变化而变化,即励磁电流应由正比于电压和电流的两个相量按式(11 - 7)由相量和得到。这种按负载电流以及它们的相位关系来进行调整的自励磁方式称为相复励。

探讨相复励一定要从研究发电机的励磁电流入手,从式(11 - 7)可见:空载时,即 $I_g = 0$,为了维持空载电压,发电机需要空载励磁电流 $I_{L0} = U_g / K_L$;有负载时,为了保持端电压 U_g 不变,励磁电流必须增加第二部分(这部分与负载电流 I_g 有关),用来补偿电枢反应的作用,这就是发电机恒压所需要的励磁电流规律。励磁电流的第一部分与端电压有关,称为电压分量,当 U_g 恒定时,该分量是定值。第二部分与负载电流有关,称为电流分量,由于负载电流经常变动,显然电流分量也随之而变。相复励装置就是按这个规律设计的励磁装置。根据负载电流的大小变化做出的调整作用称为复励作用;根据负载电流的相位变化做出的调整作用称为相位补偿作用;综合起来称作相复励作用,由此构成的恒压装置称作相复励自动恒压装置。

11.2.3　相复励的基本形式

按自动控制原理,把带有自动电压(偏差)调整器的励磁装置称为可控相复励恒压装置,把不带自动电压(偏差)调整器的励磁装置称为不可控相复励恒压装置。

下面先讨论不可控相复励调压装置,它是地下工程交流同步发电机电压调整装置的基础,如图 11 - 9 所示。不可控相复励调压装置中有电压和电流源两个励磁分量,并在整

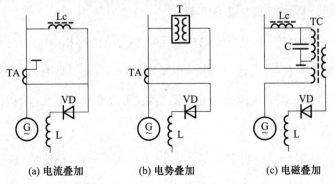

(a) 电流叠加　　　(b) 电势叠加　　　(c) 电磁叠加

图 11 - 9　不可控相复励系统的单线原理图

流前的交流侧进行向量合成。按电压分量和电流分量在交流侧相加的形式不同来划分，常见的有三种形式：①电流叠加；②电势叠加；③电磁叠加。它们的单线原理图如图 11 –9 所示，图中 G 为发电机定子线圈；L 为发电机转子线圈；VD 为整流二极管；TA 为电流互感器；T 为变压器；LC 为电抗器；C 为电容器；TC 为复励变压器。电势叠加线路应用很少，所以下面仅以电流叠加和电磁叠加电路来说明相复励原理。

11.3 不可控相复励恒压装置

11.3.1 电流叠加相复励恒压装置工作原理

电流叠加相复励恒压装置是按扰动控制原理实现自励恒压的典型励磁系统，单线原理如图 11 –9(a) 所示，其完整的接线原理如图 11 –10 所示。

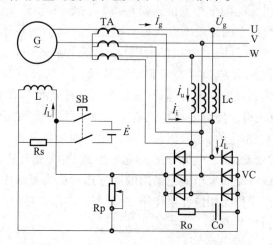

图 11 –10 电流叠加相复励恒压装置

1. 主要元件及其作用

（1）TA——电流互感器：它输出与发电机负载电流 $\dot{I}_g$ 大小成比例、相位相同的副边电流 $\dot{I}_i$（复励分量），以进行相复励调压。其原、副边皆有抽头可调，调整匝数可改变复励电流分量 $\dot{I}_i$ 的大小，以整定发电机电压 $\dot{U}_g$。

（2）LC——移相电抗器：将由发电机电压产生的电流移相 90° 为 $\dot{I}_u$。$\dot{I}_u$ 作为电压分量，以进行自励起压。$\dot{I}_u$ 与 $\dot{I}_i$ 合成，进行相复励。LC 是一个具有气隙的三相铁芯电抗器，并且线圈具有抽头，调节气隙大小或线圈匝数，可改变电抗值大小，以改变 $\dot{I}_u$ 的大小，整定空载电压 $\dot{U}_{g0}$。

（3）VC——三相整流：将交流侧合成电流 $\dot{I}_l = \dot{I}_i + \dot{I}_u$，整流成直流励磁电流 I_L，供励磁绕组 L 励磁。由于 I_L 与 $\dot{I}_l$ 具有固定的关系：$I_L = 1.23 I_l$，故以后对 $\dot{I}_l$ 也称为励磁电流。直流侧并联 R_0、C_0 是 VC 过电压保护元件。

（4）SB——充磁按钮、E——蓄电池、R——限流电阻，它们共同组成充磁环节。当发电机剩磁不足时，按此按钮，对磁极进行充磁，使发电机能自励起压。

该调压器所提供的励磁电流为两部分：一部分是由发电机本身的电压 $\dot{U}_g$，通过自励回路提供的自励电流 $\dot{i}_u$，它为励磁电流 I_L 的电压分量 I_{Lu}；另一部分是由发电机本身的负载电流 $\dot{i}_g$，通过复励回路提供的复励电流 $\dot{i}_i$，它为 I_L 的电流分量 I_{Li}。$\dot{i}_u$ 和 $\dot{i}_i$ 是以电流的形式在 VC 交流侧相量叠加而成为 $\dot{I}_L$，并经整流后形成总的直流励磁电流 I_L 供励磁绕组 L 进行励磁。所以，该装置是电流叠加的相复励恒压装置。

2. 调压器电路计算及分析

为理解电流叠加相复励自动恒压装置的工作原理，下面对电路进行分析。为计算方便，忽略 TA 损耗和 LC 的电阻，先作出调压器的等值电路。

由图 11 - 10 可见，调压器电路是对称三相电路，因而可取一相进行计算及分析。对 VC 后面的励磁回路 L 可以看作是电阻性三相星形负载，这样 VC 和 L 的一相负载电阻，可用等效电阻 R_E 表示。

当发电机负载电流为 $\dot{i}_g$，电流互感器 TA 原副边的匝数比为 K_{AT} 时，则 TA 副边的电流为

$$\dot{I}_i = K_{TA}\,\dot{I}_g \tag{11-8}$$

由式（11-8）可见，$\dot{I}_i$ 的大小和相位只取决于 $\dot{I}_g$，而与 $\dot{I}_i$ 所通过电路的阻抗大小无关，这个性质相当于一个电流源（即内阻抗很大的以电流作为输出的电源。因该电源内阻抗比负载阻抗大得多，故其输出电流可认为不随负载阻抗而变化）。因此，对 TA 可用一个电流源 $\dot{I}_i$ 表示。

加在 LC 上的是发电机端电压 $\dot{U}_g$。在装有自励恒压装置时，可以认为 $\dot{U}_g$ 是基本不变的，故 $\dot{U}_g$ 与其所作用回路的阻抗无关，这个性质相当于一个电压源（内阻抗很小的以电压作为输出的电源。因该电源内阻抗比负载阻抗小得多，内阻抗压降很小，故其输出端电压可认为不随负载大小而变）。因此，发电机电压可以用一个等值的电压源 $\dot{U}_g$ 表示。

对图 11 - 10 可画出其一相的等值电路图，如图 11 - 11 所示。下面对等值电路图进行计算。

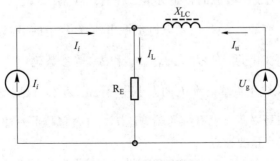

图 11 - 11　等值电路图

如图 11 - 11 所示,该电路是在电流源 $\dot{I}_i$ 和电压源 $\dot{U}_g$ 的共同作用下工作的。在线性电路中,若由几个电源共同作用下的某一支路电流可以看成这几个电源分别单独作用时,在该支路中产生电流的叠加。当设某一个电源单独作用时,对其余电源,若是电流源,则令其开路,若是电压源,则令其短接,如果电压源含有内阻抗,在短接时保留其内阻抗。因此,要求得 R_E 支路中励磁电流 I_L,可用叠加原理的进行计算。

先设电压源 $\dot{U}_g$ 单独作用,则将电流源开路,即 $\dot{I}_i = 0$。此时等值电路变成为图 11 - 12(a),则在 R_E 中产生的电流为

$$\dot{I}_{Lu} = \frac{\dot{U}_g}{R_E + jX_{LC}} \tag{11-9}$$

再设电流源 $\dot{I}_i$ 单独作用,将电压源短接,即 $\dot{U}_g = 0$,此时;等值电路变成为图 11 - 12 (b)。这时在 R_E 中产生的电流为

$$\dot{I}_{Li} = \frac{K_{AT}\dot{I}_g}{R_E\left(\frac{1}{R_E} + \frac{1}{jX_{LC}}\right)} = \frac{K_{AT}\dot{I}_g}{\frac{jX_{LC} + R_E}{jX_{LC}}} = \frac{jX_{LC}K_{AT}\dot{I}_g}{jX_{LC} + R_E} \tag{11-10}$$

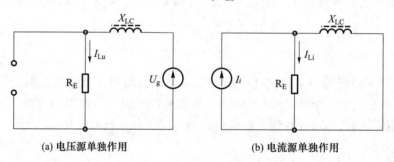

(a) 电压源单独作用   (b) 电流源单独作用

图 11 - 12 电压源、电流源分别单独作用的电路

根据叠加原理,在两个电源共同作用时,在 R_E 中产生的电流为

$$\dot{I}_L = \dot{I}_{Lu} + \dot{I}_{Li} = \frac{\dot{U}_g}{jX_{LC} + R_E} + \frac{jX_{LC}K_{AT}\dot{I}_g}{jX_{LC} + R_E} \tag{11-11}$$

由式(11 - 11)可见,励磁电流 $\dot{I}_L$ 是由 $\dot{I}_{Lu}$ 和 $\dot{I}_{Li}$ 两部分叠加的结果。$\dot{I}_{Lu}$ 是由发电机端电压 $\dot{U}_g$ 产生的,称为励磁电流的自励分量。在有调压器时,$\dot{U}_g$ 的变化是很小的,故 $\dot{I}_{Lu}$ 可以看作基本上是不变的。$\dot{I}_{Li}$ 是由发电机负载电流 $\dot{I}_g$ 产生的,称为励磁电流的复励分量,$\dot{I}_{Li}$ 是随 $\dot{I}_g$ 变化而变化的。所以,在 X_{LC}、R_E 和 K_{AT} 等参数确定之后,发电机的励磁电流 I_L 的变化将完全取决于负载电流 $\dot{I}_g$ 的大小和相位的变化。仅用发电机的负载 $\dot{I}_g$ 的大小和相位作为输入信号来调整发电机的端电压 $\dot{U}_g$,因而它乃是一种开环调节系统,这是不可控恒压装置的一个重要特点。

比较式(11 - 7)和式(11 - 11)可知,只要设计电抗器时满足 $R_E + jX_{LC} = K_L$,设计电流

互感器时使变比 $K_{AT}=X_d/X_{LC}$，电流叠加原理电路就可实现保持电压恒定所需要的相复励。

当 $X_{LC}+R_E$ 时，可得如图 11-13 所示的相量图。此时总励磁电流 $\dot{I}_L \approx \dot{U}_g/jX_{LC}+K_{AT}\dot{I}_g$，即励磁电流的电压分量相对于发电机端电压按顺时针方向转 90°，励磁电流的电流分量与发电机电流同相位，电流分量超前电压分量角 90°-φ 角。图 11-14(a)示出了当负载电流的大小变化时励磁电流相量的变化情况，图 11-14(b)示出了 φ 角变化时励磁电流相量的变化情况。由图 11-14(a)可以看出，当 I_{g1} 增加至 I_{g2} 时，励磁电流由 I_{L1} 增至 I_{12}。由图 11-14(b)可以看出，当负载的功率因数角 φ 由 0°增加至 90°时，励磁电流也从两个分量的直角相量和增加到代数和，即随着 φ 的增大，励磁电流的幅值也随之增加，这是符合励磁调整要求的。

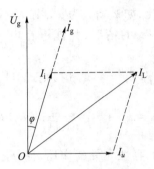

图 11-13　相复励系统励磁电流相量图

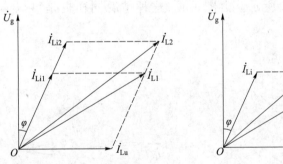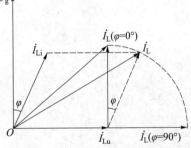

(a) 负载电流的大小变化时励磁电流相量的变化情况　　(b) φ 角变化时励磁电流相量的变化情况

图 11-14　负载变化时励磁电流的相量变化图

由式(11-11)可以更确切地看出电抗器 LC 的作用。若假设没有 LC，即 $X_{LC}=0$，把发电机电压直接接到 VC 上，则励磁电流为

$$\dot{I}_L = \dot{I}_{Lu} = \frac{\dot{U}_g}{R_E} \tag{11-12}$$

由式(11-12)可见，励磁电流 $\dot{I}_L$ 与发电机负载电流 $\dot{I}_g$ 无关，所以在这种情况时没有复励作用。这是由于 $\dot{I}_i$ 被短接，故 $\dot{I}_i$ 不论是多么大，也送不到 R_E 中。由此可知，LC 是相复励调压器中不可少的元件，没有它，就不能进行复式励磁。所以，LC 又称为复励阻抗。

此外，X_{LC} 还有限制 $\dot{I}_{Lu}$ 大小的作用。

3. 复励阻抗 Z_K 的性质对相位补偿的影响

前面所述的是复励阻抗的性质为纯电感的情形,即复励阻抗是电抗器 $Z_K = X_{LC}$ 的励磁补偿作用。下面再来讨论复励阻抗 Z_K 的性质对相位补偿的影响,若假设复励阻抗为纯电阻 $Z_K = R_K$,则式(11 – 11)变为

$$\dot{I}_L = \dot{I}_{Lu} + \dot{I}_{Li} = \frac{\dot{U}_g}{R_K + R_E} + \frac{R_K K_{AT} \dot{I}_g}{R_K + R_E} \qquad (11 – 13)$$

由式(11 – 13)可见,$\dot{I}_{Lu}$ 与 $\dot{U}_g$ 同相位,$\dot{I}_{Li}$ 与 $\dot{I}_g$ 同相位,其相量图如图 11 – 15 所示。当 $\dot{I}_g$ 大小变化时,如 $\dot{I}_g$ 增加,即 $\dot{I}_{Li}$ 增大为 $\dot{I}'_{Li}$ 时,则 $\dot{I}_L$ 也增大为 $\dot{I}'_L$,故可实现电流复励。但当 $\dot{I}_g$ 相位变化时,即 $\cos\varphi$ 变化,如 φ 增大为 φ'',则 $\dot{I}_L$ 不但不增大,反而减小为 $\dot{I}''_L$,这是不符合要求的。所以,$Z_K = R_K$ 的情况,只能进行电流复式励磁,而不能实现相位补偿。

若复励阻抗为电容性元件,即 $Z_K = -jX_K$ 时,则式(11 – 11)变为

$$\dot{I}_L = \dot{I}_{Lu} + \dot{I}_{Li} + \frac{\dot{U}_g}{-jX_K} + K_{AT} \dot{I}_g \qquad (11 – 14)$$

由式(11 – 14)可见,由于电容性元件的作用,使 $\dot{I}_{Lu}$ 超前 $\dot{U}_g$ 于 90°。此时,如果将自励分量 $\dot{I}_{Lu}$ 反接,则情况同上述电感元件时一样。或将复励分量 $\dot{I}_{Li}$ 反接,使在第三象限内叠加,如图 11 – 16 所示。由图可见,这种情况同样也是可以实现相复励调压的。

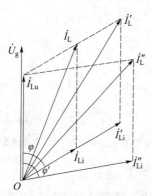

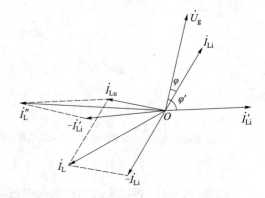

图 11 – 15　复励阻抗为纯电阻时相量图　　　　图 11 – 16　复励阻抗为纯容抗时相量图

实际一般很少采用电容性元件移相,而大都采用电感性元件移相。因电感移相比较好,它不仅可以实现相补偿,而且还可起到频率补偿的作用,而电容起频率反补偿的作用。这是由于发电机的电势还与频率有关,由于

$$E = 4.44 Wf \Phi_m$$

因此,当频率 f 变化时,发电机端电压 U_g 也将随之变化。例如,当 f 上升时,则 U_g 也升高。为了维持恒压,要求励磁电流 I_L 应能减小。

当采用电感元件移相时,其频率补偿作用,可简单表述如下:

$$f\uparrow\rightarrow U_g\uparrow$$

$$f\uparrow\rightarrow 2\pi fL=X_L\uparrow\rightarrow\frac{U_g}{jX_L}=I_{Lu}\downarrow\rightarrow I_{Lu}+I_{Li}=I_L\downarrow\rightarrow U_g\downarrow$$

若采用电容元件移相时,则起频率反补偿作用,可简单表述如下:

$$f\uparrow\rightarrow U_g\uparrow$$

$$f\uparrow\rightarrow\frac{1}{2\pi fC}=X_C\downarrow\rightarrow\frac{U_g}{jX_C}=I_{Lu}\uparrow\rightarrow I_{Lu}+I_{Li}=I_L\uparrow\rightarrow U_g\uparrow$$

从式(11-11)可见,对不可控电流叠加相复动恒压装置,主要是确定系统基本参数 K_{AT}、X_{LC} 以及 AT、LC 和 VC 等元件本身的参数。

电流叠加相复励恒压装置电路比较简单,但是对于励磁绕组电压较低的同步发电机,必须增加降压变压器,以便把端电压降低供励磁用。电磁叠加相复励恒压装置,在励磁绕组电压较低的条件下具有一定的优势。线路只用一个变压器,输入和输出绕组共用铁芯,就可实现励磁电流的叠加,并获得合适的输出电压与励磁绕组匹配,显得既简单而又经济。

下面介绍电磁叠加相复励恒压装置是如何达到相复励要求的。

11.3.2 电磁叠加相复励恒压装置工作原理

三绕组谐振式电磁叠加相复励恒压装置是采用谐振法确保起压的电磁叠加相复励调压装置的一种典型电路,也是一种按扰动控制实现自励恒压的系统。其典型线路原理如图 11-17 所示。

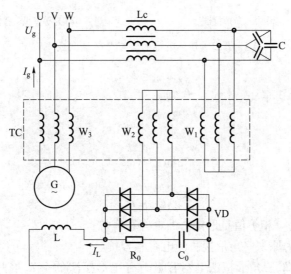

图 11-17 TZ—25 电磁叠加型谐振式相复励装置原理图

1. 谐振式电磁叠加相复励装置的组成

(1) TC——相复励三绕组变压器。它有三套绕组,W_1 称电压绕组,与 LC 串联后接发电机端电压,引入自励分量;W_3 称电流绕组,串接在发电机主回路中,负载电流 I_g 直接流过该绕组,引入复励分量;W_2 称输出绕组,将 W_1 引入的自励分量与 W_3 引入的复励分量进行电磁叠加(磁势叠加)后供 VC 整流以输出励磁电流。

(2) C——谐振起压电容。一般为三角形连接,外接于 LC,其作用是在起压时与 LC

发生串联谐振,易于自励起压。

三相移相电抗器 LC、三相桥式硅整流器 VC 及其过压保护用电阻 R_0 和电容 C_0 的作用与电流叠加相复励中所述相同。

由图 11-17 中看出,发电机的励磁电流 I_L 也是从两个方面得到的:①发电机的端电压经电抗器 LC 对复励变压器 TC 的电压绕组 W_1 供电,产生交变磁通使输出绕组 W_2 感生电势,再经三相桥式整流器 VC 整流后供给的;②发电机的负载电流流经电流绕组 W_3 而产生交变磁通,也使 W_2 感应产生电势,经 VC 整流后供给的。因此,励磁的电压分量与电流分量是转化为磁通叠加的。前者为发电机的空载励磁电流,相当于直流发电机的并激(自激)电流;后者为发电机负载附加的励磁电流,相当于直流发电机的串激分量。

为了分析方便起见,先把图 11-17 中三角形接法的电容变换成等值的星形接法,如图 11-18 所示。图 11-18(a) 为三角形接法,图 11-18(b) 为等值星形接法。变换时按消耗功率相等的原则进行,即

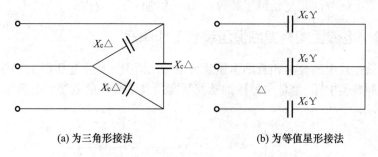

(a) 为三角形接法   (b) 为等值星形接法

图 11-18　电容的 △ 与 Y 接法变换

$$I_\triangle^2 X_{C\triangle} = I_Y^2 X_{CY} \tag{11-15}$$

将 $I_\triangle = I_Y/\sqrt{3}$ 代入上式,可得

$$X_{CY} = X_{C\triangle}/3 \tag{11-16}$$

或

$$3\omega C_\triangle = \omega C_Y \tag{11-17}$$

即

$$3C_\triangle = C_Y \tag{11-18}$$

式中,C_Y、X_{CY} 分别为一相等值星形接法的电容和容抗;

$C_\triangle$、$X_{C\triangle}$ 分别为原来三角形接法的电容和容抗。

由上述推导可知,三角形接法电容容量只有星形接法的 1/3,因此,在实际电路中被广泛地采用(当然耐压要高 $\sqrt{3}$ 倍)。

2. 电磁叠加相复励的工作原理和相复励特性

由于励磁系统三相对称,故可以只研究一相。将图 11-17 化为单相电路图,如图 11-19 所示。其自激部分简化等效电路,如图 11-20 所示,图中忽略电抗器绕组的电阻和电流绕组的阻抗,图中 R_E 为发电机励磁回路折算到变压器次级一相的等效电阻,其中包括励磁绕组电阻、碳刷与滑环的接触电阻和半导体整流器的正向导通电阻(是随导通电流值变化的)。

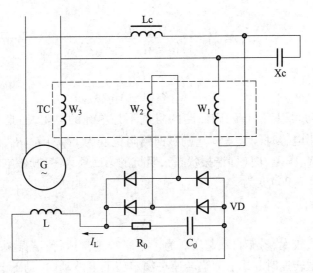

图 11 - 19　单相电路

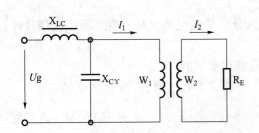

图 11 - 20　自激部分单相简化等效电路

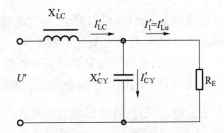

图 11 - 21　单相折算的等效电路

用单相变压器折算法把原边参数折算到副边得到图 11 - 21 所示等效电路,图中忽略变压器的损耗,即不计绕组的电阻和漏抗,并忽略电抗的电阻。图 11 - 21 中

$$\dot{U}' = \frac{W_2}{W_1}\dot{U}_g = \dot{U}_g/K_{12} \tag{11-19}$$

$$\dot{I}'_1 = \frac{W_1}{W_2}\dot{I}_1 = K_{12}\dot{I}_1 \tag{11-20}$$

$$X'_{LC} = \frac{\dot{U}'_{LC}}{\mathrm{j}\dot{I}_{LC}} = \frac{\dot{U}'_{LC}/K_{12}}{\mathrm{j}K_{12}\dot{I}_{LC}} = \frac{X_{LC}}{K_{12}^2} \tag{11-21}$$

$$X'_{CY} = \frac{\dot{U}'_C}{-\mathrm{j}\dot{I}_C} = \frac{\dot{U}'_C/K_{12}}{\mathrm{j}K_{12}\dot{I}_C} = \frac{X_{CY}}{K_{12}^2} \tag{11-22}$$

式中,$K_{12} = W_1/W_2$ 为变压器的变比;

$\dot{U}_{LC}$、$\dot{U}_{CY}$ 和 $\dot{U}''_{LC}$、$\dot{U}'_{CY}$ 分别为电抗 LC 与电容 CY 上的电压及其折算值;

$\dot{I}_{LC}$、$\dot{I}_{CY}$ 和 $\dot{I}'_{LC}$、$\dot{I}'_{CY}$ 分别为通过 LC 与 CY 的电流及折算值。

解图 11 - 21 的等效电路,并把结果中的折算值用原来的数值代入,可得自激励磁电流

$$\dot{I}_{\mathrm{Lu}} = \dot{I}'_1 = \frac{\dot{U}'}{\mathrm{j}X'_{\mathrm{LC}} + R_{\mathrm{E}}(1 - X'_{\mathrm{LC}}/X'_{\mathrm{CY}})}$$

$$= \frac{K_{12}\dot{U}_{\mathrm{g}}}{\mathrm{j}X_{\mathrm{LC}} + K_{12}^2 R_{\mathrm{E}}(1 - X_{\mathrm{LC}}/X_{\mathrm{CY}})} \tag{11-23}$$

由式(11-23)可以看出,励磁回路的阻抗不是单纯的电阻,而是 $\mathrm{j}X_{\mathrm{LC}} + K_{12}^2 R_{\mathrm{E}}(1 - X_{\mathrm{LC}}/X_{\mathrm{CY}})$。当不用电容时($X_{\mathrm{CY}} = \infty$),励磁回路阻抗变为 $\mathrm{j}X_{\mathrm{LC}} + K_{12}^2 R_{\mathrm{E}}$,阻抗较大,自激起压较困难。当使 $X_{\mathrm{LC}} = X_{\mathrm{CY}}$时(即谐振状态),阻抗的第二项为零,励磁电流将只取决于 X_{LC} 与励磁电压,式(11-23)变为

$$\dot{I}_{\mathrm{Lu}} = \frac{K_{12}\dot{U}_{\mathrm{g}}}{\mathrm{j}X_{\mathrm{LC}}} \tag{11-24}$$

这样励磁电流较大,易于自激起压。为了不影响正常运行,谐振频率低于额定频率,使发电机能在较低转速时起压。而当转速在额定值上下波动时,励磁电流的变化正好保持电压恒定。

由式(11-24)还可以看出,励磁电流的电压分量 $\dot{I}_{\mathrm{Lu}}$ 也是相对于端电压 $\dot{U}_{\mathrm{g}}$ 按顺时针方向转过 90° 的,符合相复励的要求。

应当指出,谐振式相复励装置也可以是电流叠加形式的。

利用折算法同样可把电磁叠加线路图 11-19 画成等效电路,如图 11-22 所示。

根据叠加原理,在计算负载电流产生的励磁电流时令 $\dot{U} = 0$,于是图 11-22 就可画成图 11-23。由图(11-23)可得复励分量

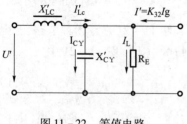
图 11-22　等值电路

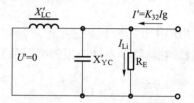
图 11-23　$\dot{U} = 0$ 时的等值电路

$$\dot{I}_{\mathrm{Li}} = \frac{\mathrm{j}X'_{\mathrm{LC}}\dot{I}'}{\mathrm{j}X'_{\mathrm{LC}} + R_{\mathrm{E}}(1 - X'_{\mathrm{LC}}/X'_{\mathrm{CY}})}$$

$$= \frac{\mathrm{j}X_{\mathrm{LC}}K_{32}\dot{I}_{\mathrm{g}}}{\mathrm{j}X_{\mathrm{LC}} + K_{12}^2 R_{\mathrm{E}}(1 - X_{\mathrm{LC}}/X_{\mathrm{CY}})} \tag{11-25}$$

而励磁系统总的输出励磁电流为

$$\dot{I}_{\mathrm{L}} = \dot{I}_{\mathrm{Lu}} + \dot{I}_{\mathrm{Li}}$$

$$= \frac{K_{12}\dot{U}_{\mathrm{g}}}{\mathrm{j}X_{\mathrm{LC}} + K_{12}^2 R_{\mathrm{E}}(1 - X_{\mathrm{LC}}/X_{\mathrm{CY}})} + \frac{\mathrm{j}X_{\mathrm{LC}} + K_{32}\dot{I}_{\mathrm{g}}}{\mathrm{j}X_{\mathrm{LC}} + K_{12}^2 R_{\mathrm{E}}(1 - X_{\mathrm{LC}}/X_{\mathrm{CY}})} \tag{11-26}$$

式中,$K_{32} = W_3/W_2$ 为电流绕组与输出绕组之比。

当频率为额定值不变时,X_{LC} 与 X_{CY} 均为常数,正常运行时 R_{E} 也近似为常数,故可使

$$\begin{cases} \dfrac{jX_{LC} + K_{12}^2 R_E(1 - X_{LC}/X_{CY})}{K_{12}} = K_l \\ \dfrac{K_{32}K_{LC}}{K_{12}} = X_d = K_{31}X_{LC} \end{cases} \qquad (11-27)$$

式中,$K_{31} = K_{32}/K_{12} = W_3/W_1$。

把这两个关系式代入式(11-26)可得与式(11-7)同样的关系,因此也能按相复励的要求保持电压恒定。

3. 相补偿的实现

由式(11-26)可见,调压器输出的励磁电流 $\dot{I}_L$ 由两部分合成,$\dot{I}_L$ 是自励分量 $\dot{I}_{Lu}$ 和复励分量 $\dot{I}_{Li}$ 的相量和。$\dot{I}_{Lu}$ 与发电机端电压 $\dot{U}_g$ 成正比,并且 $\dot{I}_{Lu}$ 滞后于 $\dot{U}_g$ 一个 φ_u 角,即

$$\varphi_u = \arctan \frac{X_{LC}}{K_{12}^2 R_E(1 - X_{LC}/X_{CY})} \qquad (11-28)$$

当 $X_{LC} = X_{CY}$ 或 $X_{LC} \cdot R_E$ 时,φ_u 接近于90°。$\dot{I}_{Lu}$ 起着空载自励起压和相复励的作用。$\dot{I}_{Li}$ 与发电机负载电流 $\dot{I}_g$ 成正比,并且当 $X_{LC} = X_{CY}$ 或 $X_{LC} \cdot R_E$ 时,$\dot{I}_{Li}$ 与 $\dot{I}_g$ 同相位,即 $\dot{I}_{Li}$ 滞后于 $\dot{U}_g$ 一个功率因数角 φ。$\dot{I}_{Li}$ 起着补偿电枢反应,进行相复励恒压的作用。据上述分析,可画出式(11-26)相量图,如图11-24所示。当负载电流 $\dot{I}_g$ 的大小或其功率因数角 φ 变化时,装置输出电流 $\dot{I}_L$ 相量的轨迹如图11-24所示。此轨迹基本符合发电机恒压时要求励磁电流变化的规律。所以,只要适当的选择参数,即可达相复励恒压的目的。

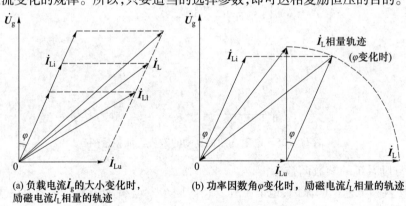

(a) 负载电流 $\dot{I}_g$ 的大小变化时,励磁电流 $\dot{I}_L$ 相量的轨迹

(b) 功率因数角 φ 变化时,励磁电流 $\dot{I}_L$ 相量的轨迹

图11-24 整流器交流侧励磁电流之矢端轨迹

由式(11-26)可见,当 $X_{LC} = 0$,即无复励阻抗时,则

$$\dot{I}_L = \dot{I}_{Lu} = \frac{\dot{U}_g}{K_{12}R_E} \qquad (11-29)$$

由式(11-29)可见,$\dot{I}_L$ 与 $\dot{I}_g$ 无关,即不能实现复励,这是因为变压器 T 的三个绕组共一个铁芯,因而也共一个主磁通。W_2 中的电流 $\dot{I}_L$ 是由主磁通产生的。如果 W_1 不经复励阻抗 X_{LC} 而直接接到发电机输出电压 $\dot{U}_g$ 上,则 W_1 两端电压将被 $\dot{U}_g$ 钳定,因而使变压器 T

铁芯中的主磁通也被 $\dot{U}_{\mathrm{g}}$ 所确定而不能变化。因此,这时 W_3 中的电流无论如何变化,在 W_2 中也不会反映出来。

实际上,串入复励阻抗,就相当于使 W_1 外接一个内阻抗为 X_{LC} 的外电源,因此软化了 W_1 所接电源的外特性。这样,W_1 中电流稍有变化,由于复励阻抗压降的存在,使加在 W_1 上的电压可以发生变化,因而变压器 T 铁芯中的总磁通就不致被电压源所单独确定。变压器 T 铁芯里的主磁通在工作过程中是可变的,它主要随 W_3 中的电流 $\dot{I}_{\mathrm{g}}$ 而变化,故可实现复励。

上述对电磁叠加相复励装置进行等值电路分析时,是用变换到副边的电流相叠加的方法来得到 $\dot{I}_{\mathrm{L}}$ 的,这只是一种计算方法。实际上变压器 T 的原副边之间只有磁的联系,而没有电的连接,故等值电路中的那些电流实际上都是磁势的表征,它们的叠加实质上是磁势的叠加。这就是电磁叠加相复励和电流叠加相复励实质上的区别。根据图绕组的同名端,由电压分量 $\dot{I}_{\mathrm{Lu}}$ 通过 W_1 产生的磁势 $\dot{F}_{\mathrm{u}}$ 与电流分量 $\dot{I}_{\mathrm{Li}}$ 通过 W_3 产生的磁势 $\dot{F}_{\mathrm{i}}$ 相叠加为合成磁势 $\dot{F}_{\mathrm{L}}$,故电磁叠加相复励装置的磁势叠加相量图如图 11-25 所示。电压与电流分量是通过电磁关系而叠加的,故其作用原理称电磁叠加相复励。由 $\dot{F}_{\mathrm{L}}$ 在变压器 T 铁芯中产生磁通 $\dot{\Phi}_{\mathrm{L}}$。$\dot{\Phi}_{\mathrm{L}}$ 在 W_2 中感生电势 $\dot{E}_{\mathrm{L}}$,$\dot{E}_{\mathrm{L}}$ 加在励磁回路上,产生励磁电流 $\dot{I}_{\mathrm{L}}$ 随 $\dot{I}_{\mathrm{g}}$ 的大小和 φ 角而变化,致使 $\dot{I}_{\mathrm{L}}$ 也随之而变化,所以通过电磁叠加,从原理上同样可以说明其调压作用。

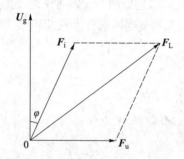

图 11-25　电磁叠加相复励的磁势叠加相量图

4. 相复励系统的参数调整

由于材料和工艺上的原因,地下工程安装的同步发电机和相复励装置往往需要进行参数调整才能满足使用的要求。下面就简要地讨论相复励的参数调整问题。

相复励系统参数调整可分电压分量与电流分量两个方面进行调整。在空载时调整电压分量,使之能起压到额定值。当空载电压偏低时,需减小 X_{LC} 或增加 W_1(变压器原边)的匝数,一般移相电抗器的气隙是可调的,其绕组匝数也可调,可通过增加气隙或减少匝数使 X_{LC} 减小;当空载电压偏高时则相反。当发电机的负载电流接通后可调整电流分量,如果此时电压偏低,说明复励作用太弱,需要增加 W_3(或电流互感器原边)的匝数,但往往因 W_3(或电流互感器原边)匝数较少,甚至没有抽头可调,此时可调整 W_2(或电流互感器副边)的匝数。但是对于电磁叠加的系统,W_2 的变化会同时影响空载电压分量的变化,必须重新调整电压分量。此外,调整 W_2 时还必须注意到相复励变压器实际上运行在电流互感器状态,即原边的电流基本上与副边的负载无关。因为电流绕组中的电流仅取决于发电机的负载,而电压绕组的电流基本上由复励电抗(X_{LC}为R_E的3~7倍,又R_E与X_{LC}之和为相量和,故R_E的变化对总励磁回路阻抗值影响很小)决定。这样复励变压器原边的安匝数(磁势)基本上是固定的,根据磁势平衡关系,要增加励磁电流必须减少W_2的匝数,反之亦然。这与一般变压器的调节方式刚好相反。

由于发电机的外特性不是一条直线,在调整时应注意使整个负载变化范围内的电压偏差都在允许范围内。

5. 谐振起压

在起励时,由于发电机剩磁电压很低,故等效电阻R_E很大,因此时$I_L=0$,故可参考图11-21的电压源等值电路,将起励时的等值电路画在图11-26中。若起励时$R_E \to \infty$,则图11-26相当于一个由电感和电容的串联回路,当电容C与L_C的参数选择合理时,使发电机转速在接近额定转速($\omega_0 \approx \omega_N$)时产生谐振,这时因感抗等于容抗,串联回路中仅有很小的电阻,虽然剩磁电势很低,仍会在该串联谐振回路中产生很大的谐振电流,通过电容器将在电容器两端产生很高的电压,这个高电压比剩磁电压高很多倍,该高电压加在电压绕组W_1上,耦合到输出绕组W_2中,强迫整流器VC导通,使发电机迅速自励起压。这也说明,当采用谐振起压时,在较小的剩磁电势作用下能产生比没有谐振电容时大得多的励磁电流,相当于图11-7(b)中将曲线2变换为4,使起压得以迅速实现。发电机电压建立后,整流器全导通,等效电阻R_E比起励时大为减少,R_E不能再认为是开路,而是通过正常励磁电流,发电机也转入正常运行。

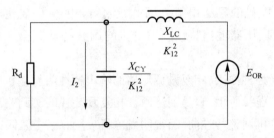

图11-26 谐振起压时的等效电路

谐振式相复励装置还有一个优点,就是温度补偿性能。因为我们选择的谐振频率接近于额定频率,即在发电机正常运行时,L_C的电抗X_{LC}与起压电容的容抗X_{CY}接近相等,反应励磁电流值的式(11-26)可用下式来代替:

$$\dot{I}_L = \frac{K_{12}\dot{U}_g}{jX_{LC}} + K_{32}\dot{I}_g \qquad (11-30)$$

式(11-30)中没有了R_E这个参数,R_E中包含的励磁绕组电阻及硅整流器电阻,受温度变化影响较大。温度改变R_E也变,励磁电流若按式(11-26)则也要随之而变,引起电压波动。而谐振式相复励装置的励磁电流与R_E无关,故而有温度补偿作用。

11.3.3 四绕组谐振式相复励恒压装置

1. 相复励恒压的精度问题及改进措施

评价调压器的重要技术指标之一,是调压器的静态特性精度,即调压器的输出特性与发电机的调整特性相吻合的程度。

发电机的调整特性 $I_L = f(I_g)$，如图 11 – 27 中实线所示。这是在 $\dot{I}_g$ 变化时，保持 U_g 恒定的条件下，I_L 随 I_g 而变化的曲线，在不同的 $\cos\varphi$ 下，对应有各自的曲线，它反映了发电机在恒压条件下，励磁调整的基本规律。

前面所讲的电流叠加和三绕组电磁叠加相复励调压器的输出特性 $I_L = f(I_g)$，如图 11 – 27 中虚线所示，该曲线可用对调压器进行实验而作出，它反映了调压器实际依负载电流大小和性质进行调压的能力。

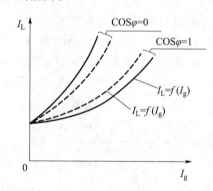

图 11 – 27　调压器输出与发电机调整特性

当调压器和发电机组合在一起时，相复励装置的输入电流就是发电机的负载电流，而其输出电流就是发电机的励磁电流。因此，当负载电流 I_g 变化时，要维持发电机端电压 U_g 恒定，必须使调压器输出特性与发电机的调整特性完全一致，这就是发电机调压的基本原则。

但是，实际上由于种种原因，相复励调压器的输出特性与发电机的调整特性不能完全一致。如图 11 – 27 中虚线所示，它是前述两种相复励装置的实测输出特性曲线。在低功率因数时，它低于发电机调整特性曲线，说明发电机欠励，U_g 将偏低；在高功率因数时，它高于发电机调整特性曲线，说明此时发电机过励，将使 U_g 偏高。以上说明，当 $\cos\varphi$ 在较大范围内变化时，对于所引起的电枢反应的变化，调压器的补偿作用不够。所以，上述两种相复励装置的静态电压调整率一般在 ±3% 左右，尚不够理想。

引起调压器输出特性与发电机调整特性不一致的主要原因：①柴油电站同步发电机多为凸极机，$\cos\varphi$ 不同时，引起的电枢反应在纵轴方向变化比较大，即 $\cos\varphi$ 越低，则去磁作用越大；②由于发电机磁路饱和，故 $\cos\varphi$ 越低，所需励磁电流越大。

由于上述原因，实际所要求的相位补偿矢量的轨迹，应当如图 11 – 28 中实线所示，而不应当是图 11 – 28 中的虚线，所以需要改进调压器的输出特性。目前，改进调压器输出特性的方法有以下几种：①进一步提高相复励的相位补偿能力，如采用电压曲折绕组；②相复励又附加电压校正器，不仅按 $\dot{I}_g$ 调压，而且按 ΔU_g 进行调压；③采用可控硅励磁系统，直接按 ΔU_g 进行调压。下面就来说明为什么加电压曲折绕组能够提高相补偿能力。

246

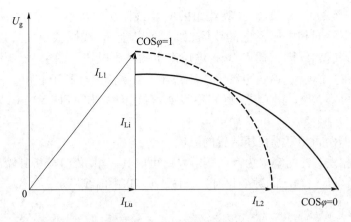

图 11 - 28　相补偿的相量轨迹图

2. 四绕组谐振式相复励恒压装置的结构

为了提高励磁系统的静态电压变化率,可以采用电压绕组(或电流绕组)曲折连接的方案。这种线路简单可靠,静态电压变化率达 1%,被广泛用作主发电机的励磁系统。

图 11 - 29 为四绕组谐振式相复励恒压装置的电压绕组曲折连接图,该图为国产 TZ - 100 型恒压装置的电路。

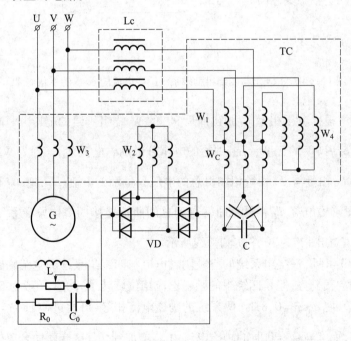

图 11 - 29　四绕组谐振式相复励恒压装置线路

图 11 - 29 比图 11 - 17 增加了一个电压绕组 W_4 和一个电容绕组 W_c。图 11 - 29 中各绕组分 U、V、W 三相的三个线圈,并在图中自左至右按 U、V、W 顺序排列,各绕组的同一相(如 U 相)线圈都绕在三相变压器的同一条腿上。由图 11 - 29 可以看出,W_1 绕组的 U 相线圈与 W_4 绕组的 V 相线圈反向串联,W_1 绕组的 V 相线圈与 W_4 绕组的 W 相线圈

反向串联,W_1绕组的 W 相线圈与 W_4 绕组的 U 相线圈反向串联。因此每相铁芯上的电压绕组有两个用不同相电压供电的线圈,如 U 铁芯上 W_1 线圈被反向通以 V 相电压产生的励磁电流,其 W_4 线圈则通以 W 相电压产生的励磁电流。图中 W_C 绕组供谐振起压用,谐振时电容电流较大,通过电容绕组感应给输出绕组,有利于起压。但由于谐振式线路起压比较可靠,为简化起见,也有不设电容绕组的,如 TFH250/10 型相复励恒压装置。

3. 四绕组谐振式相复励恒压装置的原理

下面以 U 相铁芯柱的绕组为例(三相对称,可取其一相研究)分析其输出绕组励磁电流的矢端轨迹(当负载功率因数变化时),如图 11 – 30 中虚线所示。

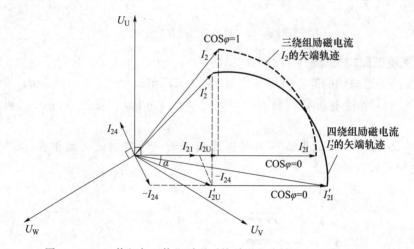

图 11 – 30   三绕组与四绕组励磁系统励磁电流随 $\cos\varphi$ 的变化规律

图 11 – 30 中根据电压相量 $\dot{U}_U$ 画出滞后 90°的 W_1 绕组供给的电压分量励磁电流 $\dot{I}_{2I}$,再根据 $\dot{U}_W$ 画出滞后 90°的经 W_4 绕组供给的电压分量励磁电流 $\dot{I}_{24}$。因为 W_4 与 W_1 是反串连接,所以用 $-\dot{I}_{24}$ 相量与 $\dot{I}_{2I}$ 相量相加得总的电压分量励磁电流 $\dot{I}'_{2U}$,把 $\dot{I}'_{2U}$ 与某一功率因数时的电流分量励磁电流 $\dot{I}'_{2I}$ 相量相加就得到总的曲折连接四绕组励磁系统输出的励磁电流(交流的) $\dot{I}'_2$,如图 11 – 30 中实圆弧线所示。

由图 11 – 30 可见,三绕组系统的空载励磁电流与四绕组系统的空载励磁电流数值相等,得到相同的空载电势,但是四绕组的励磁电流相位旋转了 α 角(一般为 5°～15°)。适当增加复励分量,使 $\cos\varphi = 0.8$ 时,两系统的励磁电流相等,可通过使 $\cos\varphi = 1$ 时,励磁电流 $\dot{I}_2$ 减小到 $\dot{I}'_2$,而在 $\cos\varphi = 0$ 时的励磁电流由 $\dot{I}_2$ 增加到 $\dot{I}'_2$,这样就使合成的励磁电流相量箭头的变化轨迹接近椭圆形,结果励磁特性得到改进,当发电机负载为 0～100% 范围内任意固定值时,保证发电机从冷态到热态的电压偏差不大于 ±2% U_N。

应当指出,不带自动电压调整器的相复励系统的主要优点是动态特性比带旋转励磁机的系统好,有一定的强励能力,强励输出电流大于额定工况(发电机有 $\cos\varphi = 0.8$ 的100% 负载)时输出电流的 2 倍。

248

11.3.4 电流叠加和电磁叠加相复励恒压装置比较

电流叠加和电磁叠加相复励恒压装置的优缺点比较,如表 11-1 所列。

表 11-1 三种自励恒压装置优缺点比较

装置 ＼ 主要特点	电流叠加	电磁叠加	
		三绕组谐振式	四绕组谐振式
自励起压性能	起压性能较差,需附加设备	谐振起压性能好,但需附加起励电容	静态特性较好,但小负载时有欠压
静态特性	用专门充磁装置静态特性较差	同电流叠加	同电流叠加
动态特性	采用复励,动态特性较好	同电流叠加	同电流叠加
强励性能	电流互感器设计时,使其有一定强励能力	相复励变压器设计时,使具有一定强励能力	同电流叠加
频率补偿性能	采用线性电抗器移相,具有一定频率补偿性能	同电流叠加	同电流叠加
温度补偿性能	当励磁回路电阻随温度变化时,影响励磁电流,温度补偿性能较差	温度补偿性能好	同电流叠加
简单可靠性	简单,但自励回路与发电机主回路无隔离	较复杂,但励磁回路与发电机主回路安全隔离	同电流叠加
调试	简单	较简单	较复杂
体积和经济指标	元件少,体积小,经济指标高	体积较大,经济指标较差	多一套 W_4 绕组,耗材多,体积大,经济指标差

11.4 可控相复励恒压装置

不可控相复励恒压装置是按负载电流 I_g 的大小和相位对发电机端电压 U_g 进行调整的,它具有结构简单、工作可靠、动态性能和经济性能好等优点,但稳态电压变化率还不够理想,在不同容量发电机并联运行时实现无功功率均匀分配较难。

11.4.1 可控相复励恒压装置的基本形式

可控相复励磁装置是以相复励为励磁装置主体,加上根据电压偏差信号实现调节的电压校正器(Automatic Voltage Regulator,AVR),就构成了可控相复励恒压装置。相复励部分保证了发电机的自激起压及强励性能,而且动态性能好,当电压偏差尚未形成时,其装置根据负载电流的变化对励磁电流做了调整,因此其调节作用先于 AVR。但相复励调节精度不太高,仍然有 ΔU,将由 AVR 发挥作用,按照电压偏差 ΔU_g 对发电机端电压 U_g 作进一步调节,来提高调压精度。

电压校正器的原理框图如图 11-31 所示,其中一个重要组成部分是获得电压偏差信号的比较环节。为了测量发电机端电压的大小,首先要把交流电压信号变换为直流信号,通常要经过降压、整流和滤波。一个典型的比较环节是比较桥,如图 11-32(a)所示。其中,输入电 U_i 从 A、B 两端加到两条支路上,每条支路由电阻 R 及稳压管 W 组成,输出电

压 U_o 由 C、D 两点引出,输入与输出构成桥路关系。设稳压管能理想地稳定于电压 U_W 处,当 $U_i < U_W$ 时,两条支路上均无电流流过,所以,电阻 R 两端等电位,此时 $U_{CD} = U_{AB}$;当 $U_i > U_W$ 时,稳压管两端电压为 U_W,可得到电压平衡关系:

$$U_{AB} = U_W + U_{DC} + U_W$$

即

$$U_{DC} = 2U_W - U_{AB} \qquad (11-31)$$

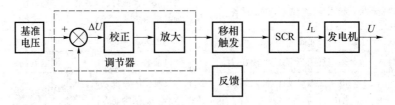

图 11 - 31　控制系统方框图

所以,可得到如图 11 - 32(b)的输入—输出特性曲线。选取额定工作点在特性的下降段,如图中 U_o 对应点,设 U_o 对应发电机电压的额定值 U_N,调整 AVR 对励磁电流的控制,恰好能稳定。若有扰动(如负载电流变化)使电压存在偏差 $-\Delta U$ 时,比较桥的输出 U_o 将有相反的变化 $+\Delta U$,从而去调整励磁电流,使 ΔU 变小。

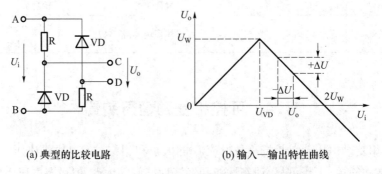

(a) 典型的比较电路　　　　　　(b) 输入—输出特性曲线

图 11 - 32　比较桥路及其特性曲线

当 U_i 从 0 开始增大,意味着发电机端电压从 0 开始上升,即发电机处于起压状态,此时比较桥的 U_i 和 U_o 呈正反馈关系,即变化方向一致,故有利于自激起压。

比较环节也有采用单稳压管的桥路形式(其他三个桥臂为电阻),或单稳压管单支路形式,其特性都呈现分段线性关系。

电压校正器的其他环节没有什么特殊之处,这里不再赘述。下面分析电压校正器怎样构成可控相复励恒压装置。按电压校正器与相复励部分组合形式的不同,常见的有:①可控移相电抗器形式;②可控电流互感器形式;③可控饱和电抗器分流形式;④晶闸管(SCR)分流形式等几种可控相复励恒压装置。

1. 可控移相电抗器形式

可控移相电抗器形式如图 11 - 33 所示。移相电抗器的电抗值可变。由 AVR 输出的直流信号控制电抗器磁路的饱和程度,实现改变其电抗值,从而改变励磁电流电压分量的大小,起到校正电压的作用。

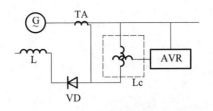

图 11 - 33　可控移相电抗器形式

2. 可控电流互感器形式

可控电流互感器的形式如图 11 - 34 所示。它是三绕组交流电流互感器加上一个直流控制绕组构成的可控电流互感器。由 AVR 输出的直流信号控制互感器铁芯的磁化程度,使互感器的变比发生变化(不再等于互感器的匝数比),从而改变副边输出电流即励磁电流的大小。

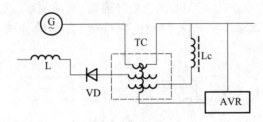

图 11 - 34　可控 TC 形式

3. 可控饱和电抗器分流形式

可控饱和电抗器分流形式如图 11 - 35 所示。电流叠加相复励输出励磁电流呈过励状态,由饱和电抗器 L_{sat} 适当分流来控制发电机端电压恒定。AVR 输出的直流信号控制 L_{sat} 的铁芯磁化程度,即控制 L_{sat} 的电抗值大小,从而改变其分流大小。

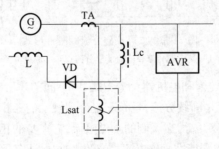

图 11 - 35　可控饱和电抗器分流形式

以上三种虽形式不同,但应用原理相同,即利用磁路的非线性磁化特性来实现控制,如图 11 - 36 所示。从图中可以看出,只有交流磁势时,磁势变化对称于 O 轴,当磁势幅值在一定范围内变化时,其产生的磁通形状相似,两者幅值基本呈线性关系。对互感器来说,原、副边电压信号比(变比),等于原、副边的匝数比。对于单线圈的电抗器,其磁化曲线斜率基本不变,即电感为常数。但当磁路中加入直流绕组后,交流磁势信号偏移到右方,尽管交流磁势的幅值不变,但产生的交流磁通幅值明显减小,即"饱和",此时,互感器的变比不再等于其匝数比,电抗器的电感值不再是常数,它们都受到直流磁势的控制;换言之,直流磁势变化时,将改变互感器的变比或电抗器的电抗值。

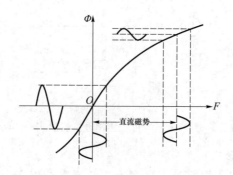

图 11-36 磁化特性的"饱和"现象

4. 可控硅分流形式

由电流叠加或电磁叠加型不可控相复励装置加分流可控硅,则构成了可控硅分流的可控相复励恒压装置。其 AVR 控制晶闸管的导通角,从而改变励磁电路的分流大小,以达到电压偏差的可控调节。其形式有交流侧分流、直流侧分流和半波分流三种,如图 11-37 所示。

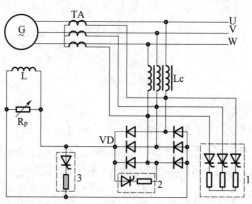

图 11-37 可控硅分流的三种形式
1—交流侧分流;2—直流侧分流;3—半波分流。

交流侧分流类似于可控饱和电抗器分流形式,所不同的是后者是连续分流且体积大、重量重;而可控硅交流侧分流是断续分流,且有三组分别触发的三相晶闸管。可控硅的触发控制需要同步电源,由于调节对象为交流侧的励磁电流,它本身的相位相对于端电压有一定的变化范围,因此,要求同步电源能在励磁电流相位变化时,保证有足够宽的触发脉冲移相范围。

直流侧分流只需一组可控硅元件,因为是直流侧调节励磁电流,所以触发脉冲的同步电源也较简单。但它也有特别要求,晶闸管一旦被触发导通,自身无法关断,因此必须附加辅助关断电路。

半波分流型兼有上述两种形式的优点,既如同直流侧分流那样,只需一组可控硅元件,且同步电源较简单;又如同交流侧分流那样,可控硅能自然关断。

11.4.2 可控相复励恒压装置

1. TZ—F 型可控相复励恒压装置

图 11-38 为 TZ—F 型可控相复励恒压装置原理图,是一种实用装置的电路。发电机

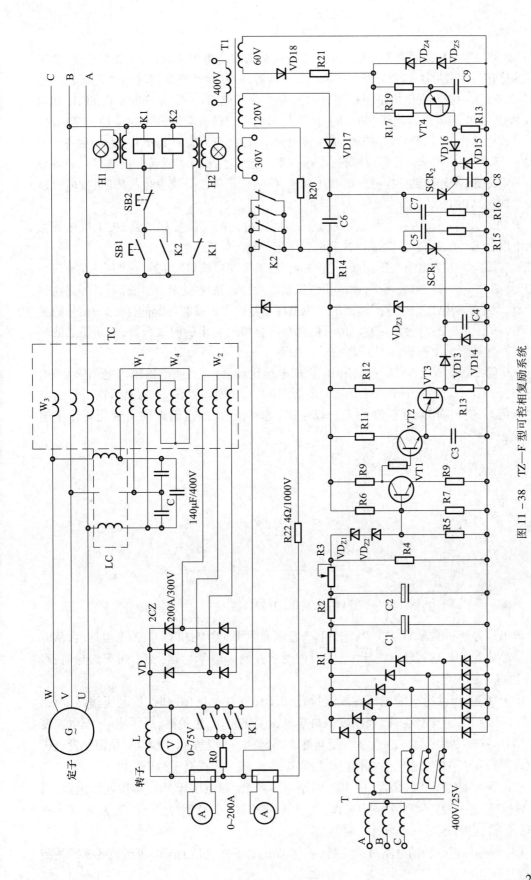

图 11-38 TZ—F 型可控相复励系统

功率630kW,基本相复励部分是电压绕组曲折联接的四绕组相复励,由于曲折连接,要按一定相序接线。复励阻抗LC处还接有谐振电容器,相复励经整流器输出的电流比发电机实际需要大一些。发电机励磁绕组并联有两个分流电路,一个分流电路由SCR$_1$和电阻R构成,由电压校正器控制SCR$_1$的分流量,形成可控硅直流侧分流的可控相复励;另一个分流电路由R$_0$和K$_1$触点构成,通常该电路不接通,作为前一个分流电路的后备。当AVR及SCR$_1$的可控部分发生故障时,切断SCR$_1$分流电路,启用后备分流电路。后备分流是固定分流,不能达到可控分流的调压精度,但它保证可控分流发生故障时,发电机还能正常地继续供电。

图11-38原理图的右上角是可控分流与固定分流的切换控制电路,按下按钮开关SB$_1$,继电器K$_1$和K$_2$得电,完成可控分流到固定分流的转换。

原理图左下方为电压校正器部分。测量变压器T的原边接发电机端电压。T有两组副边,分别为星形与三角形连接,接六相桥式整流器,再经阻容滤波、电阻分压。经过这样处理后,发电机端电压被变换成适当的直流电压信号。由于滤波环节的存在,使信号的变化延滞,动态性能变差,而六相整流的目的就是改善整流输出的波纹系数,从而使滤波环节的时间常数可以小一些。

稳压管二极管VD$_{Z1}$、VD$_{Z2}$和电阻R$_5$组成电压比较电路,其两端的输入电压信号(R$_4$上电压)与R$_5$上输出电压信号的变化关系如图11-39所示。图中U_Z表示稳压管的稳定电压值。选择工作点处于特性上升段中部,这样,在工作点附近输出变化正比于输入变化。

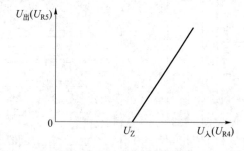

图11-39　比较电路特性

输出信号经晶体管VD$_1$放大及倒相,去控制变阻管VD$_2$对电容C$_3$的充电速度,从而使单结晶体管VD$_3$达到峰点电压U_{P1}的时间受到控制。当VD$_3$达到U_{P1}时突然导通,经R$_{13}$发出脉冲触发VT$_1$导通。

综上所述,当发电机端电压在相复励作用下仍存在电压偏差时,如电压偏高,那么U_{R4}将比设定工作点电压偏高(反映发电机端电压变化),U_{out}也偏高,这样使C$_3$充电速度加快,VD$_3$发脉冲时间提前,VT$_1$的导通角变大,分流增大而励磁电流减小,从而使发电机端电压回归到U_N;反之亦然。这样在相复励基础上,进一步提高了调压精度。

VD$_3$等组成的弛张振荡器,由VT$_1$两端电压经R$_{14}$和稳压管VD$_{Z3}$提供同步电源,当VT$_1$导通后,使触发控制回路停止工作,C$_3$上电荷放尽。当VT$_1$关断后,C$_3$从零开始充电,保证VT$_1$的导通角只与当时的测量电压有关。

VT$_1$导通后需要辅助电路帮助关断。原理图的右下方就是由VT$_2$等组成的辅助关断电路。变压器 T_1 的 60V 副绕组的电压经半波整流和稳压管削波,得到幅值 20V 的梯形电压。电容器 C_9 的充电时间常数约为 0.01s,在工频 50Hz 交流电的半波时间内,C_9 上的电压只能充到 13V 左右,小于单结晶体管 VD_4 的峰点电压(约 15.7V),因而在梯形波的平顶期间不能产生脉冲。因 VD_4 的峰点电压 $U_{P2} = \eta U_{bb} + U_d$,其中 η 为固有分压比,U_{bb} 为基极间电压,U_d 为发射结压降(约 0.7V)。当电源梯形波进入后下降沿阶段时,U_{bb} 随之减小,所以,U_{P2} 减小,在交流电正半周过零前的某一时刻 VD_4 导通,发出脉冲触发 VT_2 导通。当 VT_2 导通时,电容器 C_6 已由 T_1 的 120V 副绕组经整流器充电到峰值,这样,C_6 经 VT_2 把反向电压加到 VT_1 上,使之关断。

2. 半波分流型可控相复励装置

图 11 - 40 为半波分流型可控相复励的一种线路图,其中相复励部分为典型的电流叠加型。AVR 通过变压器 T 检测发电机端电压幅值的变化。T 的副边接单相桥式整流器,经阻容滤波到双稳压管式比较桥。比较桥的输出用来控制可控硅 VT 的导通角。如图 11 - 40 所示,VT 只有当交流励磁电路的 W 相为负时才能被触发导通。

二极管 D_1、电容器 C_1 等元件组成可控硅元件的 du/dt 抑制电路。变压器 T_2 等元件组成阻尼电路,即防止调节振荡。电位器 R_1 及相邻电阻、稳压管、二极管等组成限流电路。

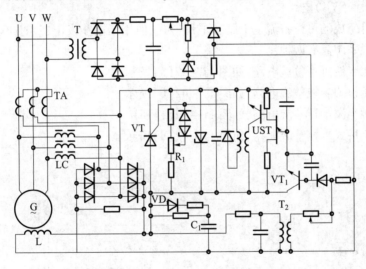

图 11 - 40　半波分流型可控相复励

可控相复励恒压装置比不可控相复励多了自动电压调整器,进一步改进了电能质量,可使发电机的稳态电压变化率达到 1% ,且调试方便;但是由于多了一个自动电压调整器,使结构显得复杂。

11.5　晶闸管励磁自动调整装置

11.5.1　晶闸管励磁自动调整装置基本形式

随着电力电子器件的发展,为了减少励磁装置的重量、尺寸,提高调压性能,同步发电机可采用晶闸管励磁自动调整装置。这种励磁装置是利用晶闸管整流器,将发电机输出的部分功率馈送到发电机励磁回路,作为发电机励磁功率。即测出发电机的实际端电压 U_g 与额定电压 U_N(给定电压)的偏差 ΔU,并按电压偏差 ΔU 来控制晶闸管导通角的大小,从而实现励磁自动调整,使发电机端电压维持不变。其单相原理如图 11 - 41 所示。

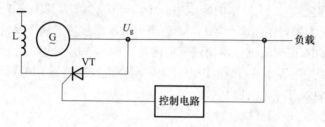

图 11 - 41 晶闸管励磁自动调整单相原理图

晶闸管直接励磁系统由整流主电路和控制电路两部分组成。

1. 整流主电路

整流主电路由被控制对象——同步发电机的电枢绕组、晶闸管、续流二极管和励磁绕组等组成。

1）晶闸管(SVR)电路

用晶闸管组成的可控整流主电路有多种形式,但用于同步发电机自励恒压装置的晶闸管直接励磁系统只有四种:

（1）单相半波可控整流电路,如图 11 - 42(a)所示。

（2）单相桥式半控整流电路,如图 11 - 42(b)所示。

（3）三相半波可控整流电路,如图 11 - 42(c)所示。

（4）三相桥式半控整流电路,如图 11 - 42(d)所示。

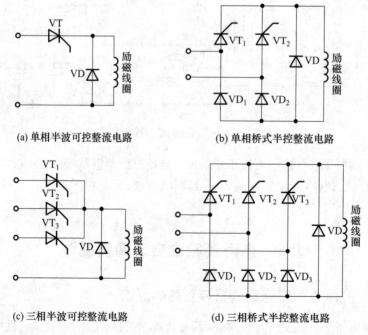

(a) 单相半波可控整流电路　　(b) 单相桥式半控整流电路

(c) 三相半波可控整流电路　　(d) 三相桥式半控整流电路

图 11 - 42 晶闸管励磁系统中整流电路型式

256

这四种整流电路优缺点的比较,如表11－2所列。

表11－2　四种整流电路比较

整流电路形式	单相半波可控	单相桥式半控	三相半波可控与三相桥式半控
优　点	元件少,线路简单,调试维护方便	元件较少,线路较简单,整流电压波形较好	三相负载平衡,整流电压波形好
缺　点	整流电压脉动大,三相负载不平衡,有直流成分通过发电机定子绕组	三相负载不平衡	元件多,线路复杂
使用情况	广泛使用	广泛使用	较少采用

在地下工程同步发电机晶闸管恒压装置中,常用单相半波可控和单相桥式半控整流这两种电路作主回路,因为这两种整流电路线路结构简单,调试维护方便。

2)续流二极管的作用

在图11－42电路中,励磁线圈的两端均并联有二极管,称为续流二极管,其作用是使晶闸管可靠关断。

晶闸管励磁自动调整装置依靠改变晶闸管的控制角 α 来调控直流励磁电压及励磁电流。当发电机端电压瞬时值下降过零时,励磁电流已处于逐渐减小过程中,在励磁绕组两端即感应一个电势,力图阻止励磁电流的减小。如果电路中无二极管VD,则只要该感应电势比整流电源电压高,晶闸管上因承受正向电压,就会继续导通而失控。当励磁绕组并联二极管VD后,则励磁绕组的感应反电势可经VD构成回路使励磁电流继续流通,因此二极管VD称为续流二极管。在续流期间,晶闸管承受反向电压而关断,因而不出现负电压。

2. 控制电路

控制电路由测量比较、误差信号调节、触发脉冲环节形成,必要时还有功率放大、脉冲分配等环节组成。控制电路也就是自动电压调整器电路,整流主电路受控制电路控制,因此整流主电路的电源也就是受控电源。

1)测量比较环节

测量比较环节中的测量部分用于测量发电机的端电压。一般采用三相降压变压器、整流、滤波获得发电机端电压信号,也有直接取自发电机端电压经电阻分压、整流、滤波后得到端电压信号的。

由于电子电路形式的多样性,测量比较环节中的比较部分,有的采用双稳压管桥式比较电路;有的采用单稳压管桥式比较电路;有的则采用运算放大器构成比较电路等。

2)误差信号调节环节

误差信号调节环节的功能是对微弱的误差信号放大,且对其进行微分、积分运算,使之能满足及时快速控制要求。通常采用比例、积分、微分(PID)调节方式,经PID调节后的信号再去控制触发脉冲的产生时刻,以获得较好的调节特性。

3）触发脉冲形成环节

触发脉冲形成环节的形式多样。有的采用单结晶体管组成弛张振荡器,有的采用阻容移相桥触发电路,有的采用阻塞振荡电路,有的采用模拟集成触发器等多种形式。

对于晶闸管整流电路需要注意的一个问题是触发电路必须与主电路电压保持同步,触发电路要保证在主电路电压每一周期中都要在相同的相角处送出触发脉冲。触发信号电压的形式有正弦波、尖脉冲、方脉冲、强触发脉冲及脉冲列等。

3. 调压原理

当发电机端电压受外界扰动(如负载、转速和温度的变化等)偏离额定值时,即被控量出现偏差时,控制电路立即做出反应,增大或减小晶闸管的导通角,则相应地增大或减少励磁电流,使发电机端电压维持不变,从而实现了按偏差调节发电机端电压的目的。

11.5.2　晶闸管励磁自动调整装置的强励措施

为保证地下工程电力系统的可靠性,国际电工委员会(IEC)规定励磁系统应具有在短路时能维持3倍的额定电流,时间不小于2s。这主要是考虑到发电机的选择性保护和故障去除后再起励的要求,自动开关可实现选择性动作,切除故障电路。

晶闸管励磁与相复励比较,具有体积小、重量轻、反应迅速、调压指标高等优点。但是由于没有电流复合分量,当系统在发电机端附近短路时,端电压接近于零,励磁电流也就减少到很小的数值,这样就不能对发电机供给足够的短路电流使自动开关有选择性地动作,甚至在发生短路后,端电压下降至剩磁电压,这对地下工程电力系统的可靠性是极为不利的。为了克服晶闸管励磁系统本身无强励性能的缺陷,可增加电流复合分量,其单相原理电路如图11-43所示。

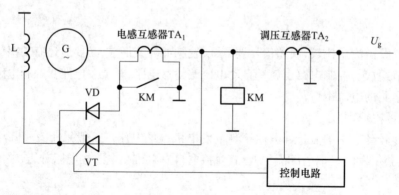

图11-43　有电流复合分量的晶闸管励磁单相原理图

这种线路含有短路补偿回路。在正常的情况下,因 U_g 正常使接触器 KM 吸合,常开触头闭合,电流互感器次级被短路,短路补偿回路不起作用,由晶闸管整流电路供给励磁电流。在短路时,晶闸管所供给的励磁电流接近于零,但由于接触器 KM 因欠压复位,短路补偿回路起作用,电流互感器供给的励磁电流会很大,使发电机能维持足够的短路电流。这就使强励性能与相复励相似,满足使用功能的实际要求。

晶闸管自励恒压装置在地下工程上实际应用的有 TFL1－l 系列、TLG1 系列和 TUR 等系列。随着电气设备谐波标准日趋严格，采用高功率因素、低谐波的高频开关模式 PWM 整流器 SMR(Switched Mode Rectifier)替代传统的晶闸管自励恒压装置已成一趋势。

11.6　无刷励磁

11.6.1　无刷同步发电机

常规发电机励磁电流,需通过碳刷和滑环引入到发电机励磁绕组,碳刷与滑环在运行中的动态连接对同步发电机是十分不利的。碳刷与滑环磨损的碳粉既脏又会导致发电机绝缘下降,严重时将影响发电机的安全运行,因此需要经常做维护、保养;碳刷与滑环在运动中的电气连接,会出现电火花产生干扰电磁波,不仅会影响无线电通信,而且是发生误报警、误动作的主要干扰信号源之一。为了解决这些问题,人们一直试图改善或取消同步发动机这种碳刷和滑环的连接方式,解决上述问题的有效措施就是采用无刷励磁系统。

无刷励磁的基本思路是:把常规发电机定子、转子间的直接电的连接改为磁的联系。这就需要一个励磁机(Exciter)与发电机相配合,如图 11－44 所示。发电机采用旋转磁场式,其励磁绕组装在转子 1 上;而交流励磁机采用旋转电枢式,其励磁绕组装在定子 5 上。发电机的励磁绕组和励磁机的电枢绕组 3 固定于同一转轴上,转轴上还有称为旋转整流器 2,这样,转子部分自成闭合电路。励磁机的励磁电流则由发电机通过自动电压调整器(AVR)6 提供。

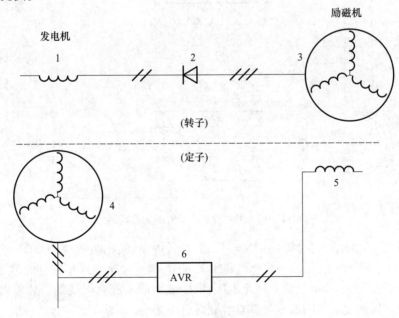

图 11－44　直接可控励磁方式

1—发电机转子(磁场);2—旋转整流器;3—励磁机转子(电枢);

4—发电机定子(电枢);5—励磁机定子(磁场);6—自动电压调整器(AVR)。

这种结构形式没有换向器和碳刷滑环,发电机的励磁电流由交流励磁机提供,若把励磁机看作是一个放大励磁电流的元件,自励方式的各种励磁调节装置仍可应用于无刷励磁方式中,最典型的就是相复励装置了。由于调节装置调节对象是励磁机的励磁电流,与自励装置相比,其输出功率显著减小了。

由于交流励磁机的引入,励磁调节系统中增加了一个较大的电磁惯性环节,系统的动态性能变差。为了改善动态性能,可采取以下措施。

(1)电机采用隐极转子,减小转子漏抗,从而减小暂态电抗,电压恢复时间缩短。但制造工艺较凸极机复杂,要求励磁电流较大。

(2)在发电机转子上安装阻尼绕组,使次暂态电抗减小。

(3)适当提高交流励磁机的频率,以减小其时间常数。但磁极数太多会增加制造上的困难。

(4)采用强励性能好的励磁装置。

(5)改旋转整流器为旋转晶闸管,如图 11 - 45 所示。虽然仍由励磁机为发电机提供励磁电流,但励磁电流的调节回路把励磁机排除在外,调节装置从发电机电路中取得电压、电流信号及电压偏差信号,通过旋转变压器把可控硅需要的触发脉冲信号传到转子上。旋转变压器的电感量小、信号频率高,所以其电磁惯性比励磁机小得多。触发脉冲也可通过旋转电容器、光环等结构来传送。

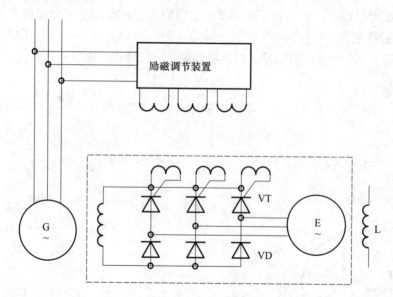

图 11 - 45 采用旋转晶闸管的无刷励磁

使用可控硅元件后,将会影响到发电机的起压,因此,实用装置中还须配一个辅助励磁机,如图 11 - 46 所示。辅励磁机 EP(Pilot Exciter)是一个永磁式小发电机,当转子达额定转速时,其定子电枢绕组就建立额定电压,向励磁机的励磁绕组及调节装置供电,使它们正常工作。因此发电机的起压与其自身剩磁电压无关。

在无刷励磁发电机转子中的旋转整流器,由于要承受较大的机械应力、暂态过程中的浪涌电压及强励时的过电流,因此而成为发电机系统可靠工作的关键元件。若旋转二极管或旋转可控硅的质量不能保证,无刷励磁提高发电机工作可靠性的优势就不复存

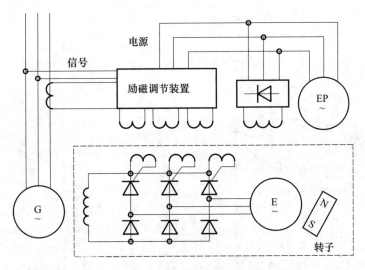

图 11 -46 有辅助励磁机的无刷励磁系统

在。随着电力电子器件制造技术和工艺的不断完善和发展,旋转整流器件的质量有了保证,无刷励磁的优越性才日益显现,应用越来越广。

11.6.2 无刷励磁系统实例

1. 基本型无刷发电机励磁系统

图 11 -47 所示为一种实用的无刷励磁同步发电机及其励磁调节系统。它是用旋转整流器的基本型无刷励磁发电机,调节系统由相复励及晶闸管交流侧分流的电压校正器组成。

相复励部分为电流叠加型。由于是为励磁机提供励磁电流,功率不大,故采用的是单相相复励形式。电压分量取自发电机线电压 U_{CA},经变压器降压再接复励阻抗 LC。为了取得与线电压相配的负载电流信号(即电压与电流的相位差是功率因数角 φ),需用线电流之差 $I_C - I_A$。实际是用两个电流互感器的副边反相连接来获取电流分量。电压分量与电流分量在交流侧叠加后,再经单相桥式整流器接于励磁机定子励磁绕组。由于是单相相复励,所以交流侧分流也只需要一个可控硅元件。

电压校正器的输入端接发电机三相电压。三个单相变压器原边星形连接,分别取得发电机三相电压。每个变压器各有两个副绕组,其中一个接成三角形,作为三相桥式整流器电源,再经阻容滤波后接到比较桥。这里用单稳压管形式的比较桥,其原理与前述双稳压管比较桥相似,特性为折线形式。通过比较桥获得电压偏差信号,再经晶体管放大后送到晶闸管触发脉冲控制电路。单结晶体管输出脉冲经脉冲变压器 TP 及小功率可控硅 S_2 而得到放大,然后去触发分流晶闸管导通。

触发脉冲电路的同步电源由上述 3 个单相变压器的另一个副绕组提供。如图 11 -47 所示,$-u_A$、$-u_B$ 和 $+u_C$ 电压信号分别半波整流后相加,其波形如图 11 -48 所示。再经稳压管削波成梯形电压,其相位复盖约 300° 范围,满足了对励磁电流分流调节的需要。因为励磁电流由电压分量与电流分量相量相加而成,相对于参考电压 U_{CA} 的相位变化最大达到滞后 90°,这种梯形电压恰好比 u_{CA} 滞后 90° 过零点。

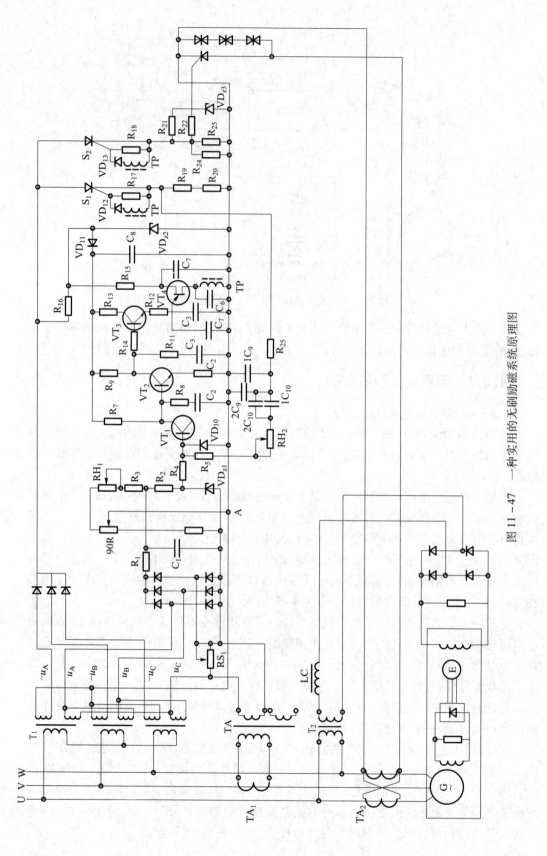

图 11 – 47　一种实用的无刷励磁系统原理图

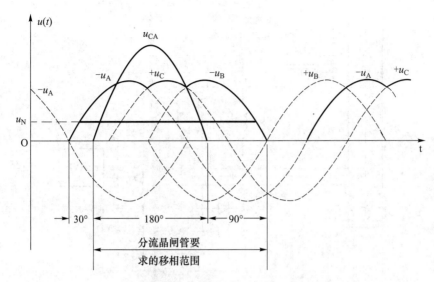

图 11 - 48 触发脉冲同步电源波形图

由于调整器放大倍数大,反应灵敏,而交流励磁机的时间常数较大,容易发生振荡,因此 AVR 电路中设有防振环节。该环节输入电压取自 R_{19}、R_{20} 上的脉冲输出电压,它经 $1C_9$、$2C_9$、R_{25} 组成的积分电路和 $1C_{10}$、$2C_{10}$、RH_2 组成的微分电路负反馈到电压偏差放大电路的输入端,抑制信号的急剧变化,使系统稳定运行。

电流互感器 TA_2、差动电流互感器 TA、电阻 RS_1 构成了发电机并联运行时无功功率分配稳定环节,其原理见本章 12.6 节内容。当发电机单机运行时,调节 $RS_1 = 0$,则不影响 AVR 的电压偏差检测。

2. 1FC5 型无刷励磁装置

图 11 - 49 为 1FC5 型无刷励磁装置原理图。无刷励磁部分也是旋转整流器型。励磁机的励磁电流调节装置是可控相复励形式。可控部分的 AVR 只画出框图,实际采用运算放大器的单元式结构,它控制晶闸管作半波分流。相复励部分由电流互感器 TA、移相电抗器 LC、相复励变压器 TC 及谐振电容器 C 组成。其中电流分量由电流互感器 TA 副边引出后,以绕组抽头方式叠加到 TC 的副边 W_2。等效电路图如图 11 - 50 所示,其工作过程类似前面的分析,不再赘述。

无刷励磁系统吸取了各种励磁系统的优点,应用较普遍,许多地下工程都采用这种系统。其主要优点概括如下:

(1) 无刷运行时无火花,对保证发电机的绝缘电阻、防止对无线电干扰均有利。

(2) 励磁机的励磁采用相复励系统,有较好的强励能力(短路时也有),结构简单,工作可靠。

(3) 自动电压调整器用晶闸管在励磁的交流侧分流,反应速度快,有一定强励能力,体积小,重量轻,结构精巧。

(4) 自动电压调整器的放大倍数大,并具有 PID 调节器的调节作用,可以克服交流励磁机时间常数大的影响,因此静态电压变化率在 1% 以内,动态性能也比较好。

(5) 采用差动电流互感器可使并联运行时无功功率分配误差在 2.5% 以内,在运行过程中只需整定发电机的空载电压为额定值,无需在负载时再对励磁进行人工调整。

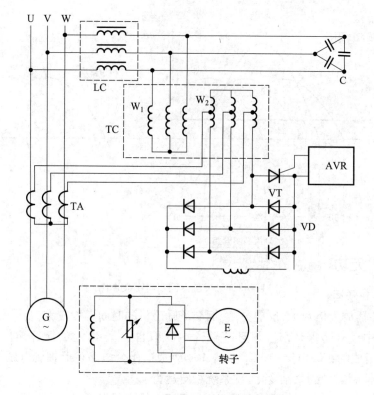

图 11-49　1FC5 型无刷励磁装置原理图

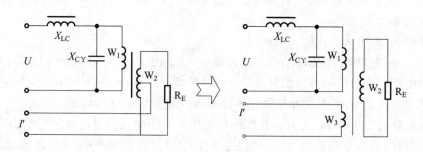

图 11-50　等效电路图

11.7　并联运行发电机之间无功功率的分配

　　发电机并联运行与单机运行时的情况不同。首先,电网电压与各发电机端电压相等,因此每一台发电机励磁电流的变化将影响整个电网的电压变化。其次,当负载需求的总无功功率一定时,还存在各台发电机承担多少无功功率的问题。这个问题又可细分为:①怎样分配才是合理的或是最佳的;②分配不符合要求时,怎样转移各台发电机分担的无功功率,使之趋于合理;③达到合理分配状态时,能否保持下去,即分配是否稳定。这些问题均与发电机的励磁调节有着直接的关系。

　　如图 11-51 所示,当同步发电机并联工作时,因为各台发电机的电势对应各自的励磁电流,当电网电压一定而各电势不同时,在发电机之间将形成环流,由于同步发电机的定子绕组电抗较电阻大得多,从而使环流基本上是无功的,这种环流使各发电机承担的无功功率不一致。

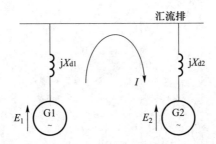

图 11－51　发电机并联工作时的环流

11.7.1　无功功率的合理分配

为了说明并联运行发电机之间存在无功功率的分配问题,可对两台发电机并联工作的情况进行分析。假设两台同型号、同容量的发电机并联运行,则同步电抗 X_d 相同,电枢电阻忽略不计。设两台发电机承担有功功率相同,而电势不同,当 1 号发电机的励磁电流大于 2 号发电机的励磁电流时,1 号机电势 E_1 将大于 2 号机的电势 E_2,可画出相量图如图 11－52 所示。其中发电机端电压 U 为相同的共有参数,电势 E_1 和 E_2 对于 U 的夹角分别为 θ_1 和 θ_2。由电机学理论可知发电机电磁功率为

$$P = m\frac{EU}{X_d}\sin\theta \qquad (11-32)$$

式中,m 为相数。

当 $P_1 = P_2$ 时,由式(11－32)可得

$$E_1\sin\theta_1 = E_2\sin\theta_2 \qquad (11-33)$$

式(11－33)说明 $\dot{E}_1$ 和 $\dot{E}_2$ 的相量终端落在平行于 $\dot{U}$ 虚线上,由于 $E_1 > E_2$,所以有 $\theta_1 < \theta_2$。

因为 $\dot{E} - \dot{U} = -\mathrm{j}X_d\dot{I}$,而 $\mathrm{j}\dot{I}X_d$ 垂直于 $\dot{I}$,所以可确定 $\dot{I}_1$ 和 $\dot{I}_2$ 的方向;又因为 $P = mUI\cos\varphi$,而 $P_1 = P_2$,所以 $\dot{I}_1\cos\varphi_1 = \dot{I}_2\cos\varphi_2$,从而又确定了 $\dot{I}_1$ 和 $\dot{I}_2$ 的大小;而 $I_1 \neq I_2$,那么 $\varphi_1 \neq \varphi_2$,则必定有 $I_1 > I_2$,$\varphi_1 > \varphi_2$。如图 11－51 所示。

由上可得到结论

$$\begin{cases} I_1\sin\varphi > I_2\sin\varphi_2 \\ I_{1Q} > I_{2Q} \end{cases} \qquad (11-34)$$

式中,I_{1Q}、I_{2Q} 为发电机的无功电流。

式(11－34)表明 $E_1 > E_2$ 时,$I_{1Q} > I_{2Q}$,说明两发电机电势不等,则承担无功功率不等,将造成 $I_1 > I_2$,其结果有可能造成 G_1 发电机电流过载。另外,尽管两发电机承担的有功功率相同,但当 $I_1 > I_2$,造成有功损耗(指铜损)增大。只有 $I_1 = I_2$ 时,损耗才达最小值。

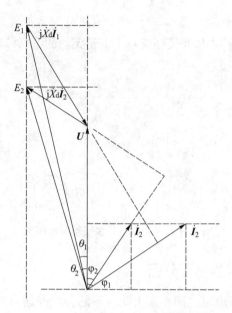

图 11-52　并联运行发电机之间的相量图

以上分析表明:并联运行发电机之间,尽管两发电机承担的有功功率相同,若无功功率分配不等,其结果有可能造成一发电机提前过载。这就是两台相同功率的发电机的无功要求均匀分配的原因。类似上述情形,对不同功率的发电机并联运行,则要求按比例分配无功功率。

11.7.2　无功功率的转移

根据上述分析,电势不等,无功功率分配不均;电势相等,无功功率也就均匀分配。因此,要使无功功率均匀分配必须调整电势,调整电势的方法就是调节励磁电流。注意,此时所说的调节励磁电流不希望改变电网电压,也就是要保证电网电压始终在额定电压。因此在减少一台发电机励磁电流的同时,必须相应地增加另一台发电机的励磁电流。换言之,这种调整需要从两个方向上同时进行,单纯把电势较大的发电机励磁电流调小,或单纯把电势较小的发电机励磁电流调大都是不行的。另外,因电网电压不变,自动励磁调节装置是不会进行自动调整的,所以,转移无功功率的励磁调节是人为的调节或附加装置的自动调节。

下面分析两台发电机并联运行时无功功率转移的调整过程。如图 11-53 所示,假设调整前 1 号发电机电流为 $\dot{I}_1$,其中有功分量为 $\dot{I}_{P1}$,无功分量为 $\dot{I}_{Q1}$;2 号发电机电流为 $\dot{I}_2$,是纯有功功率,且与 1 号机组承担的有功分量相等,即 $\dot{I}_{P1} = \dot{I}_{P2}$;此时电网电压为 $\dot{U}$,1 号发电机电势为 $\dot{E}_1$,2 号发电机电势为 $\dot{E}_2$,图中的 $jX_d\dot{I}_1$、$jX_d\dot{I}_2$ 分别是 1 号发电机与 2 号发电机的同步电抗压降。也就是说调控前有功功率已经均分,而无功功率只有 1 号机组承担,2 号机组尚未承担。当增加 2 号机组的励磁电流,同时减少 1 号机组励磁电流,亦即 1 号发电机的电势减小,2 号发电机的电势增加,当调整到两台发电机组的电势相等时,$\dot{E}_1 = \dot{E}_2$,从相量图可知,此时电网上的无功功率也已得到均匀分配,$\dot{I}'_{Q1} = \dot{I}'_{Q2}$。

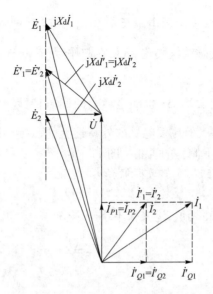

图 11-53 两台发电机并联运行时无功功率调整相量图

11.7.3 无功功率分配的稳定性

当并联发电机间无功功率分配调整合理后,能否把合理的状态保持下去,这与自动励磁调节装置的性能有很大关系。为了讨论无功分配的稳定性,首先介绍几个有关的概念。

1. 调压特性

（1）发电机的调压特性。

发电机的调压特性表示发电机端电压 $\dot{U}$ 与输出无功电流 $\dot{I}_Q$ 之间的关系,如图 11-54 所示。它与发电机外特性有些类似,即都是电压与电流的关系,在频率不变的情况下测得。但两种特性是不同的,外特性是在励磁电流不变的情况下获得的,而调压特性是在自动励磁电流调节装置起作用的情况下获得的;外特性的横坐标是负载电流,调压特性的横坐标是无功电流 $\dot{I}_Q$,即负载电流的无功分量。

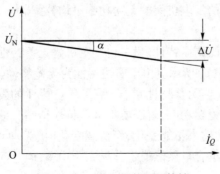

图 11-54 发电机的调压特性

（2）无差特性。

无差特性是呈水平直线的调压特性,即当无功电流 $\dot{I}_Q$ 变化时,端电压 $\Delta\dot{U}=0$ 不发生

267

变化的特性。当 $\dot{I}_Q$ 变化时,去磁的电枢反应变化,必定引起端电压 $\dot{U}$ 的变化(单机运行时),但 $\Delta\dot{U}=0$ 说明自动励磁调整装置 AVR 在起作用,其调节属可控误差的类型。

(3) 有差特性。

有差特性是指当 $\dot{I}_Q$ 增大时,$\Delta\dot{U}$ 也随之增大的调压特性。由于自动励磁调节装置的调节作用,$\Delta\dot{U}$ 的变化虽存在,但比发电机的外特性上的 $\Delta\dot{U}$ 变化要小得多。简单地看,可认为有差特性是一根略向下倾斜的直线。图 11 - 54 所示是夸大表示。根据规范要求,静态电压调整率应不大于 2.5% ,可知实际倾角 $\alpha \le 1.43°$。

(4) 调差系数 K_C。

K_C 是指调压特性下倾角的正切值,定义值不小于零,有

$$K_C = \tan\alpha = \frac{\Delta\dot{U}}{\dot{I}_Q} \qquad (11-35)$$

2. 无功分配的分析

下面定性讨论 K_C 不同时,对两台发电机并联运行时的无功功率分配产生的影响。

1) $K_{C1} > K_{C2} > 0$

两台发电机都具有下垂的调压特性,且调差系数不同。

这种情况如图 11 - 55(a) 所示。为表示清楚起见,把两台发电机的调压特性分别画在纵轴的两侧〔图(b)、(c)、(d)画法相同〕。由于 $K_{C1} > K_{C2} > 0$,当无功负载增加时,电网电压下降。根据三角形相似关系可知,不同电压下,两台发电机承担的无功功率按比例分配,且分配稳定。所谓稳定是指根据电压或总负载量可以确定特性上的唯一工作点。

在这种情形下,若调差系数选择恰当,可满足不同容量的发电机间的无功功率按比例分配。

2) $K_{C1} > K_{C2} > 0$

两台发电机都具有下垂的调压特性,且调差系数相同。

如图 11 - 55(b) 所示,从图中可知两台发电机承担的无功功率是平均分配的,且分配稳定。

这种情形满足同容量的发电机间的无功功率平均分配。

3) $K_{C1} > K_{C2} > 0$

一台发电机具有下垂的调压特性,另一台发电机是无差特性。

这种情况如图 11 - 55(c) 所示。由于右边特性为无差特性,把电网电压箝定了,若有差特性的起点(空载状态)与无差特性重合,那么有差特性的发电机将不能承担无功负载。为了使它承担一定的无功功率,就需要把有差特性抬高。即使如此,由于电网电压一定,有差特性所承担的无功功率不能变化,而负载变化时,无功功率的全部变化量由无差特性的发电机承担。这种组合虽然能稳定分配无功功率,但分配是不成比例的。

4) $K_{C1} > K_{C2} > 0$

两台发电机都具有无差的调压特性。

这种情况如图 11 - 55(d) 所示。当两特性处于同一水平线时,无功功率的分配不成比例,且不能稳定分配,甚至分配会发生周期性变化,即形成振荡。

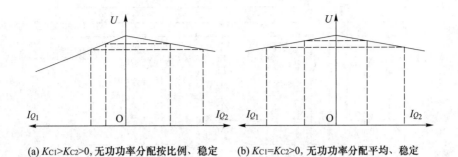

(a) $K_{C1} > K_{C2} > 0$, 无功功率分配按比例、稳定　　(b) $K_{C1} = K_{C2} > 0$, 无功功率分配平均、稳定

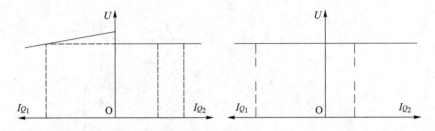

(c) $K_{C1} > K_{C2} = 0$, 无功功率分配不成比例、稳定　(d) $K_{C1} = K_{C2} = 0$, 无功功率分配不成比例、不能稳

图 11 – 55　各种 K_C 的发电机并联时无功功率分配

11.7.4　无功功率分配方法

为了保证并联运行机组间无功功率分配均匀,必须合理地分配励磁电流或调整励磁电流。对于不可控相复励调压装置,因其调压特性曲线是不可改变的,这种类型的发电机组为了能稳定的并联运行,不得不采取均压线的方法。对于相复励装置可以采用下列三种均压线实现无功负载的合理分配。

1. 直流均压线法

也称转子均压线接法,多用于同型号、同容量的发动机并联运行间的无功功率分配,是使用最为广泛的均压线法。这种方法是当发电机并入电网时,同时将转子励磁绕组并接在均压线上,因此并联运行时各机组的转子励磁绕组具有相同的励磁电压,迫使并联运行的机组有相同的励磁电流,即发电机的电势相等,从而实现了无功功率的平均分配。

直流均压线的优点在于能排除并联运行发电机组间调压器特性的差异,无功功率分配仅与发电机本身励磁特性(励磁电流与发电机电势关系)有关。所以无功功率分配令人满意,并联运行时稳定性好。但均压线的电缆截面较大,均压接触器触头的容量也较大,且无功功率的转移不可控,因此发电机主开关需在大电流下切断。

如图 11 – 56 所示是实际中最常见的电路。在发电机并联运行时,KM_1 和 KM_2 将并联工作的发电机的励磁绕组并联,并联导线(均压线)截面可采用励磁回路连接导线截面的 50% ,这是由于当一台无励磁电压时,由另一台发电机供给两台机的励磁电流,此时均压线中就要流过 50% 的励磁电流。

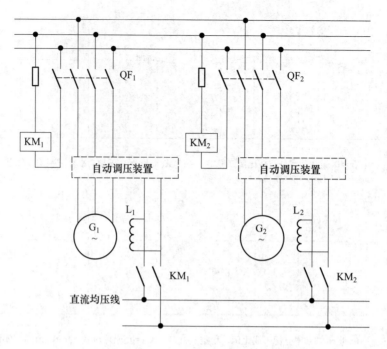

图 11 -56　直流均压线原理图

2. 交流均压线法

这种方法常用于不同容量的发电机组并联运行的无功功率分配。用均压线在励磁电路中的交流侧进行连接,来达到强制励磁电流使无功功率合理分配的目的,故而称为交流均压线法。对于不可控相复励调压装置,这种方法通常是在移相电抗器之间进行均压连接,如图 11 -57 所示。

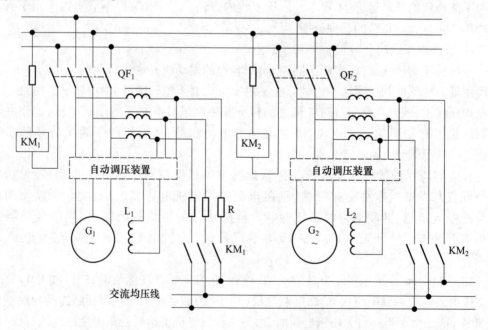

图 11 -57　交流均压线原理图

图 11-57 是交流均压线法的典型电路。这种连接方式是将移相电抗器到相复励变压器的电压绕组的节点,相对应地连接起来。使无功负载按发电机功率比例分配时,各连接点的交流电压都相等。当相复励装置没有满足电压绕组连接点电压相等的条件时,或不同型号相复励系统参数不同时,可采用变压器耦合,其变比为两连接点电压之比。

采用交流均压线法时,因直流侧间没有均压连接,可改变励磁绕组的并联电阻,来转移无功功率或手动分配无功负载。

采用均压线并联运行的发电机组,一旦均压连接中断,将会导致无功分配严重不等。发电机组并联运行中,当出现两台功率表指示基本相同而电流表指示相差太大,或两台功率表指示基本相同而功率因数表指示相差较大,则说明均压连接发生中断,此时应检查均压接触器,看均压接触器是否通电动作等来排除故障。

由图 11-56 和图 11-57 可以看出,均压线接触器 KM 与主开关 FQ 设有联动,这是为了使单台发电机运行时不负担两台发电机的励磁电流,否则将使运行发电机的端电压大大下降;并且使均压线在主开关闭合时接通,可以减小因电势差引起的冲击电流。因为先接通均压线时,待并发电机的电势往往比运行发电机的电压高很多。

11.7.5 电流稳定环节

在按电压偏差 ΔU_g 调压的励磁系统中,调差系数 K_C 一般很小,甚至几乎接近是无差。这样,在发电机并联运行时,就会使无功功率的分配不稳定。为了使调压特性曲线具有足够倾斜度的有差调整特性,且 K_C 相同,以稳定而均匀地分配无功功率,所以在调压器上加装了可以改变调整系数的装置,因其作用是利用电流信号,使无功电流分配稳定,故称为电流稳定环节。

电流稳定环节又称作环流(横流)补偿环节或调差系数调整环节等。这种环节主要应用于可控相复励调压装置、晶闸管调压装置等系统中。该环节实质是一个无功电流检测装置,测得的信号加到调压器上,从而实现改变发电机无功输出。调压器加装了这种装置后就可改变电压调整特性曲线的倾斜度,只要调整并联运行机组的调压调差系数基本一致,则并联时就可稳定均匀地分配电网的无功功率。

电流稳定环节的电路原理如图 11-58(a)所示。图中发电机的 V 相电流 I 经电流互感器对环流补偿电阻 R 供电,在 R 上产生的电压降 U_R 正比于 V 相电流,其相位也与 I 同相。发电机的线电压 U_{UW} 经变压器输出 U_e 与 U_{UW} 成正比,U_e 与 U_R 叠加后得 U_c 作用于电压调整器。图 11-58(b)为相量图。图 11-58(c)和图 11-58(d)分别绘出了负载功率因数角 $\varphi = 0°$ 的 $\varphi = 90°$ 的两种特殊状态的相量图。

由图 11-58(c)和(d)可以看出,当负载为纯有功时,$\varphi = 0°$,U_c 为 U_e 与 U_R 相量和,U_c 的大小近似于 U_e;而在纯无功负载时,$\varphi = 90°$,U_c 为 U_e 与 U_R 的代数和,数值增加较多。因此这样的装置可按无功负载的大小调整发电机的励磁电流和电势,使无功电流按发电机容量比例均匀分配。为此在无功电流偏大时,将由于 U_c 的增大而使发电机的励磁电流减小,这与维持恒压的相复励作用正好相反,因而对电压变化率有一些影响。

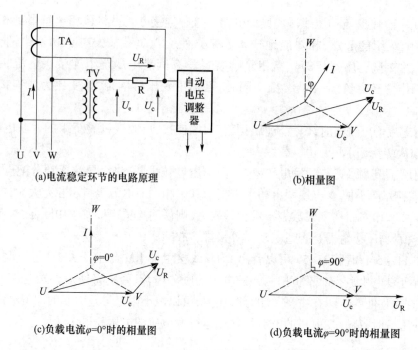

(a)电流稳定环节的电路原理

(b)相量图

(c)负载电流$\varphi=0°$时的相量图

(d)负载电流$\varphi=90°$时的相量图

图 11 - 58　电流稳定环节原理图及相量图

11.7.6　差动环流补偿原理

提高电压的精度和并联运行的稳定性是矛盾的。解决这一矛盾的有效措施是采用带差动电流互感器的环流补偿装置,它能使发电机的励磁电流既按电压偏差又按机组间无功功率偏差两个信号同时进行自动调整,这样既能使发电机端电压保持恒定,又能实现无功功率的自动分配,从而达到稳定并联运行目的。差动无功电流补偿电路如图 11 - 59所示。

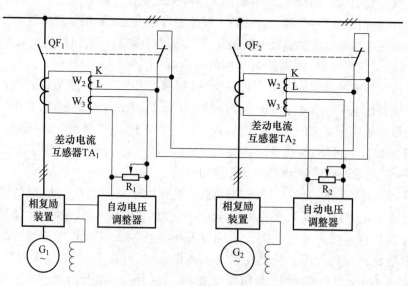

图 11 - 59　采用差动互感器的无功电流补偿装置原理图

图中发电机电流信号是通过差动电流互感器的次级绕组 W_3 加到环流补偿电阻 R_1（或 R_2）上的。差动互感器 TA_1 和 TA_2 的另一个次级绕组 W_2 间用导线相连,其接法是一绕组的始端与另一绕组的末端相接。

图中用主开关的常闭辅助触点保证差动电流互感器不影响单机的电压变化率,因为差动电流互感器的次级绕组 W_2 的输出被固定短接。在并联运行时,辅助触点打开,差动电流互感器的次级绕组 W_2 中就流过环流。此环流通过铁芯磁路影响各差动电流互感器的另一个次级绕组 W_3,使无功电流负担趋向平衡。

使用差动电流互感器补偿装置时,并联运行与单机运行的电压变化率几乎相同,达 ±1% 以内;而不使用差动电流互感器时,并联运行的电压变化率下降到 3.5%。

用差动电流互感器进行无功环流补偿的原理简述如下。

当单机运行时,其中一台发电机主开关断开,其常闭辅助触头是闭合的。把 TA_1 和 TA_2 的次级绕组 W_2 短路,接补偿电阻 R_1（或 R_2）的绕组 W_3 没有电流输出,该装置不起作用,电压调整器仅在电压偏差作用下进行电压调整。

当发电机并联运行时,主开关闭合,常闭触点打开,使差动电流互感器 TA_1 和 TA_2 的次级绕组 W_2 的首尾交叉连接,故在 TA_1 和 TA_2 的次级绕组 W_3 中有两个电流源供电,此两电流源的电流与各发电机的同一相电流成正比,相位也与发电机电流相位相同。应用叠加原理可得如图 11-60 所示的等效电路。为便于分析,设 TA_1 和 TA_2 的所有绕组匝数相同,并忽略了互感器的磁化电流、漏抗及绕组电阻等因素的影响,则从图 11-60 可得

$$\begin{cases} i_{R1} = \dfrac{1}{2}(i_1 - i_2) \\[2mm] i_{R2} = \dfrac{1}{2}(i_2 - i_1) \end{cases} \tag{11-36}$$

式中,i_1 为 TA_1 的次级电流;

$\quad i_2$ 为 TA_2 的次级电流;

$\quad i_{R1}$ 为流过 R_1（G_1 环流补偿电阻）的差值电流;

$\quad i_{R2}$ 为流过 R_2（G_2 环流补偿电阻）的差值电流。

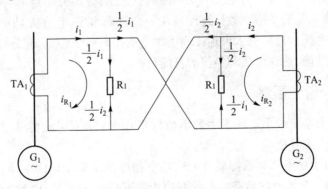

图 11-60 并联运行无功环流补偿等值电路

当两台发电机负载电流完全相等(幅值和相位)时,则 $i_1 = i_2$,差值电流 i_{R_1} 和 i_{R_2} 等于零,差动无功环流补偿装置不起作用,发电机运行特性与单机工作时相近,此时两台发电

机负担的无功电流完全相等。

当两台发电机的负载电流不等时,则 $i_1 \neq i_2$,这时差值电流 i_{R1} 和 i_{R2} 不等于零,它们的幅值相等,相位相反,在 R_1 和 R_2 上产生的压降 U_{R1} 和 U_{R2} 相位相反,幅值相等,即 $|U_{R1}| = |U_{R2}| = |U_R|$。其作用参见图 11-58(a) 中的 U_R。

由图 11-58(c) 可以看出,当差值电流为纯有功电流时,$\dot{U}_{e1} + \dot{U}_{R1} = \dot{U}_{C1}$ 同 $\dot{U}_{e2} + \dot{U}_{R2} = \dot{U}_{C2}$ 幅值相等,并与电压信号 $\dot{U}_{e1}$、$\dot{U}_{e2}$ 近似相等,故作用于电压调正器后两发电机的电势近似不变。当差值电流为纯无功电流($i_1 > i_2$)时,由图 11-58(d) 可见,$\dot{U}_{e1}$ 与 $\dot{U}_{R1}$ 为代数和,使 $\dot{U}_{C1} = \dot{U}_{e1} + \dot{U}_R$,而 LI$_{R2}$ 为负值,使 $\dot{U}_{C2} = \dot{U}_{e2} - \dot{U}_R$,故作用于电压调正器后使 G_1 的励磁电流减小,而 G_2 的励磁电流则增加。结果 G_1 电势降低,使 i_1 减小,G_2 电势升高,使 i_2 增大,直到两台发电机的无功电流相等为止。

11.8 电网无功的自动补偿

11.8.1 无功补偿作用

电力系统的负载分两部分:一部分是有功负载;另一部分是无功负载。有功功率主要与频率有关,即与原动机的油门开度有关。而无功功率则与电压有关,即与发电机的励磁有关。所以,发电机的励磁电流是系统无功功率的主要来源,或者说在没有其他无功来源的情况下,所有负载的无功功率需要由发电机电源来提供。

在地下工程电力系统中,单由发电机励磁电流作为系统无功功率的唯一来源,尚有许多不足之处。地下工程电力系统容量有限,由于有大量的感应电动机及气体放电灯等感性负荷,致使地下工程电力系统的功率因数 $\cos\varphi$ 很低,实际上自然功率因数只有 0.4 ~ 0.6,且容量较大的电动机起动时使母线电压下降很大。由于功率因数 $\cos\varphi$ 低,致使地下工程电力系统的设备利用率很低,电能损耗很大,供电质量不高,不仅不经济,且影响安全可靠性。

因此,应提高地下工程电力系统的功率因数,行之有效的方法是加装静电电容器进行人工补偿,使电力系统的功率因数始终保持在一个较高水平,且在无功负载突变时,使无功功率迅速达到平衡。这样就大大地提高了供电的安全可靠性,可充分发挥设备的潜力、改善设备的运行性能,达到优质和经济运行的目的。

11.8.2 补偿的容量

通常要求电力系统的平均功率因数不应低于 0.9。达不到此要求时,则需考虑加装静电电容器进行人工补偿。

图 11-61 表示功率因数的提高与无功功率和视在功率变化的关系。假设功率因数由 $\cos\varphi$ 提高到 $\cos\varphi'$,这时在负载需要的有功功率不变的条件下,无功功率将由 Q 减小到 Q',视在功率将由 S 减小到 S',相应地系统负荷电流也得以减小。这将使系统的电能损耗和电压损耗相应降低,既节约了电能,又提高了电压质量,而且可选较小容量的供电设备和导线电缆,因此提高功率因数对电力系统大有好处。

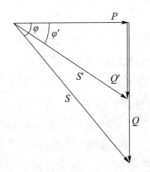

图 11 - 61 功率因数的提高与无功功率、视在功率的变化

由图 11 - 61 可知,要使功率因数由 $\cos\varphi$ 提高到 $\cos\varphi'$,必须装设的无功补偿电容器的容量为

$$Q_C = Q - Q' = P(\tan\varphi - \tan\varphi') \tag{11-37}$$

式中,$\Delta q = \tan\varphi - \tan\varphi'$ 称无功补偿率。无功补偿率表示要使 1kW 的有功功率由 $\cos\varphi$ 提高到 $\cos\varphi'$ 所需要的无功补偿容量 kvar 值,其单位为 kvar/kW,可由相关手册的表中直接查得。

在确定了总的补偿容量后,即可根据所选并联电容器的单个容量 q_C 来确定电容器个数:

$$n = \frac{Q_C}{q_C} \tag{11-38}$$

由上式计算所得的电容器个数 n,对于单相电容器来说,应取 3 的倍数,以便三相均衡分配。在装设了无功补偿装置后,装设点之前的无功功率将减少,因而视在功率也减少,所以可减少设备容量或运行机容量。

11.8.3 补偿方式

静电电容器的补偿方式可分为个别,分组和集中三种。

1. 个别补偿

电容器直接装设在用电设备的电源进线端,如与大型电动机并联。其优点是无功负荷得到最大补偿,可减少线路电能损耗;其缺点是电容器利用率低。适用于较长线路供电的大容量用电设备。

2. 分组补偿

电容器装设在分配电扳上,如安装在起货机控制屏上。电容器利用率提高了,但不能减少自动控制屏到电动机线路上的电能损耗。

3. 集中补偿

电容器装设在发电机母线上。电容器利用率最高,但不能减少线路电能损耗,对发电机的无功补偿有显著的效果。

对于地下工程电力系统,最好能采用集中和分组结合的补偿方式。

11.8.4 容量自动调节

为保证补偿电容器的经济运行,需采用自动补偿调节装置,以调节补偿电容器的容量。

补偿容量的调节,可采用分级调节、连续调节和分级与连续结合的调节方式。

自动无功补偿调节装置,一般由测量环节、逻辑环节和输出环节构成。

测量环节的任务是检测系统的电压、电流、功率因数或无功功率,以此来进行补偿电容的自动调节。在调节装置的控制方式上,可分为按电压水平、按功率因数和按无功电流三种方式。地下工程电网线路较短,发电机具有良好性能的调压器,因此一般不采用按电压水平的控制方式。若主要为了节能和提高设备利用率,或是为了提高功率因数,可采用按功率因数变化的控制方式,这种情况并不要求自动无功调节具有快速性。若主要为提高电力系统动态特性,则应采用按无功电流变化的控制方式,同时要求自动无功调节具有快速性。为保证电力系统具有良好的静态和动态特性,采用按功率因数和无功电流结合的控制方式比较适合地下工程电力系统。

检测功率因数和无功电流的方法有很多种。检测功率因数,可按相位比较原理,采用各种形式的相位比较电路,如直接相位比较式、相敏电路式、脉冲式和时序比较式等。无功电流的检测,可采用的电流稳定装置等。

逻辑环节的任务是对检测的信号进行比较、分析和逻辑判断。这里要注意电容器通、断时冲击电流造成的影响问题。

输出环节的任务是将逻辑判断后的信号进行放大并进行相应的操作,在此主要应考虑快速性,例如采用可控硅无触点快速开关等。

练习题

1. 同步发电机电压变化的原因是什么?
2. 励磁自动调压装置分哪几类?
3. 简述相复励恒压励磁装置原理。
4. 简述电流叠加不可控相复励恒压装置的组成部分及其作用。
5. 可控相复励恒压装置的基本形式是什么?
6. 简述无刷励磁的结构及其特点。
7. 简述两台发电机并联运行时无功功率转移的调整过程。
8. 相复励装置可以哪三种均压线来实现无功负载的合理分配?
9. 写出电网无功功率补偿计算公式。

第 12 章　柴油发电机组的频率及有功功率自动调整

12.1　基础知识

地下工程电站负载发生变化,如电动机起动、停车等,而发电机的原动机油门尚未来得及调整,原动机的驱动功率与负载功率的平衡关系被破坏,引起发电机组转速的变化($f=p \cdot n/60$),从而使电网频率发生变化。当电网频率降低时,由于异步电动机的转速下降,轴上输出功率和效率降低。在电动机电压不变的情况下,磁化电流增加会引起铁芯和绕组发热,当频率高于额定值时,电动机转速升高,其输出功率增加,使电动机过载。

由于原动机是按额定转速发出最大功率和最高效率设计的,当转速变化时,就会使原动机效率降低并使其零件磨损加剧。几台发电机并联运行时,频率波动会引起各机组有功负载分配不均匀,造成有的机组过载,严重时稳定运行受到破坏。

为了保证地下工程电力系统运行的可靠性和经济性,运行中对原动机转速即发电机频率的调整是十分重要的。带动发电机的原动机(包括柴油机和汽轮机)须装有调速器,其调速特性应符合下列规定:当突然卸去额定负载时,其瞬时调速率不大于额定转速的10%,稳定调速率不大于额定转速的5%,稳定时间(即转速恢复到波动率为±1%范围的时间)不超过5s。这些对原动机调速性能的要求,其实质在于保证电力系统的频率波动也在上述的范围之内,如图12-1所示。

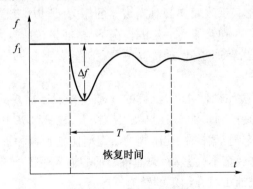

图 12 - 1　动态调速特性

发电机输出的有功功率是由原动机的机械功率转化来的。随着负载的变化需要经常调整原动机的转速,以保持电网频率的恒定。对并联运行的发电机,改变发电机间的有功功率分配,是通过改变各台发电机原动机的油门的大小,即单位时间内进入汽缸的燃油量来实现的。柴油机喷油量的大小,决定着柴油机在一定转速下的输出功率。换句话说,单机运行时,发电机的某一转速(频率)对应输出某一有功功率;对并联运行的发电机,某一频率对应着各发电机输出的功率。所以,并联机组有功功率分配与电力系统频率调整密切相联系。

为了增强并联运行发电机组的稳定性和经济性,并联运行发电机组功率的理想分配状况是:对于同容量、同型号发电机并联运行时,应将系统的总负载平均分配给参与运行的各台机组;当不同容量的发电机并联运行时,则将系统的总负载按各台发电机容量成比例地分配给运行的发电机。

并联运行的各交流发电机组均应能稳定运行,且当负载在总额定负载的 20% ~ 100% 范围内变化时,各机组所承担的有功负载与总负载按机组定额比例分配值之差,应不超过下列数值中的较小者:

(1) 最大机组额定有功功率的 ±15%。

(2) 各个机组额定有功功率的 ±25%。

在地下工程电力系统中,频率的调整及有功功率分配依赖于原动机的调速器的调节。为了减轻维护人员的劳动强度,提高供电质量,通常设置自动调频调载装置,简称频载调节器。

12.2 调速器与调速特性

12.2.1 调速器的工作原理

调速器是根据实际转速与给定值之间的偏差,对转速实行调整。调速器的种类很多,现以柴油机常用的离心式调速器为例。来说明其工作原理及特性。

离心式调速器结构原理如图 12-2 所示。调速器的竖轴 1 通过齿轮传动装置与柴油机 9 的轴连接。当柴油机转动时,轴 1 带动离心飞锤 2 一起转动。飞锤 2 与杠杆系统连接器 3 连接在一起,穿过连接器的套筒 4 把弹簧 5 压在连接器上。改变套筒 4 的高度,就改变了弹簧 5 的长度,相应于改变弹簧对连接器的压力,所以,套筒的弹簧是一个转速整定装置。在套筒位置不变、弹簧压力一定的情况下,柴油机转速越高,飞锤的离心力越大,连接器的位置越高;反之,转速越低,连接器位置就越低。因此,柴油机的转速与连接器的位置一一对应。

连接器 3 上固定着滑动杠杆 ABC,杠杆的 B 端接在油压缸 6 的活塞上。活塞的另一头通过直角杠杆 DE 接到控制燃油泵 7 的阀门拉杆上,杠杆 ABC 的另一头 C 与配压阀 8 的活塞相接。当柴油机转速正常时,配压阀的活塞堵住了管 a 和管 b 的通道,因此高压油不能进入油缸 6,油压缸活塞不会移动,柴油机燃油的输入量不会改变。只要配压阀活塞(或 C 点)保持不变。柴油机就在给定的转速下运行。

设柴油机带负载为 P_1 时,调整器杠杆的位置为 A_1、B_1、C_1,如图 12-3 的位置①。当负载由 P_1 增加到 $P_2 = P_1 + \Delta P$,则柴油机转速因能量输入不足而降低,飞锤的离心力减小,连接器的位置从 A_1 点下降到 A' 点。由于油的不可压缩性,此时杠杆的 B_1 点是不动的,而配压阀活塞上移,C_1 点提升到 C' 点的位置(图 12-3 的位置②),这就打开了配压阀上的 a 管和 b 管的通道。压力油从 a 管流入油压缸活塞的上部,活塞下部的油通过 b 管便

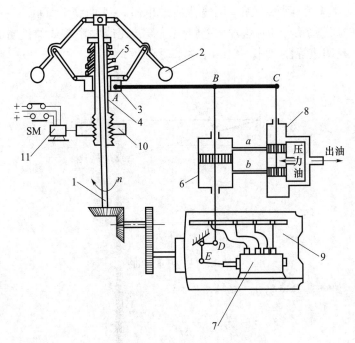

图 12-2　离心式调速器原理

1-竖轴；2-离心飞锤；3-连接器；4-套筒；5-弹簧；6-油压缸；

7-燃油泵；8-配压阀；9-柴油机；10-蜗轮蜗杆；11-伺服马达。

从配压阀排出。活塞在油压的作用下向下移动,一方面使杠杆 B 点下降,另一方面带动直角杠杆 DE,拉动燃油泵的拉杆,使油门加大。这时进入柴油机汽缸的燃油也增加,柴油机转速开始升高。连接器 3 上升,即 A' 点上升,但由于这时 B_1 点在下降,因此使配压阀的 C' 点向下运动。当配压阀的活塞完全回到原来位置 C_1 点时,a、b 两管又被堵住,油压缸活塞停止运动,于是调速器工作在新的稳定平衡状态。此时 C_1 点位置与原来位置没有变化,而 B_1 点则移到 B_2 点,A_1 点则移动 A_2 点,杠杆处于新的平衡位置 A_2、B_2、C_1,如图 12-3 的位置③。

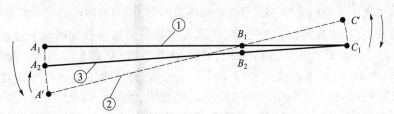

图 12-3　调整器杠杆动作过程

在新的稳定平衡状态下,柴油机承担负载增大,进油量也增加,但转速却下降了,所以这种调速器的调速性能是有差的。同理,当柴油机负载减少时,调速器的动作过程与此相反。

12.2.2　调速特性

柴油机转速 n 或者频率 f 与柴油机输出功率 P 的关系称为调速特性。如果转速或频率与输出功率大小无关,则称为无差调速特性,如图 12 - 4 曲线 1 所示。一种经放大器间接作用于油门的调速系统,具有这种无差特性。若转速或频率随柴油机输出功率增加而降低,则称为有差调速特性,如图 12 - 4 曲线 2 所示。

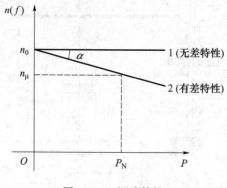

图 12 - 4　调速特性

调速特性一般用调差系数 K_n 表示:

$$K_n = -\frac{\Delta n}{\Delta P} = -\frac{\Delta f}{\Delta P} = \frac{n_0 - n_N}{P_N} = \tan\alpha \qquad (12 - 1)$$

式中,$\tan\alpha$ 为调速特性斜率。

12.3　频率的调整

为了简单起见,而又不影响频率调整的理解,可仅研究发电机组单机运行时频率的调整过程。

当柴油机输出功率变化时,依靠调速器的固有调速特性自动改变油门的开度,实现转速与功率平衡的调节过程通常称为转速(频率)的一次调节。

对有差调速特性的调速器来说,功率变化时仅靠调速器的一次调节不能维持频率不变,为此必须进行二次调节。

调速器二次调节是指通过手动或自动频载调节器,控制伺服电动机的正反转,改变调速器弹簧的压力,使调速特性上下平移,实现频率和机组功率分配的调节过程称二次调节。在图 12 - 2 中套筒 4 是通过蜗轮蜗杆由伺服电动机 SM 进行控制的。接通电源,使伺服电动机 SM 转动,便可以改变套筒 4 的上下位置,亦即改变弹簧对连接器压力的大小,就可实现调速特性上下平移,如图 12 - 5 的曲线①、②、③。如柴油机负载 P_1 不变,对应转速 n_1 通过正向或反向转动伺服电动机,调速器特性上移或下移,可使柴油机的转速上升到 n_2 或下降到 n_3。

下面讨论单机运行时,手动调频的情况。如图 12 - 6 所示,假设当发电机运行于特性曲线 l 时,负载功率为 P_0,此时频率为额定值 f_N,如图 12 - 6 中的 A 点。若负载增加到 P_1,此时,因发电机组的输出功率小于负载功率($P_0 < P_1$),机组要减速,同时在调速器作用下,柴油机的油门开大,机组输出功率增大,满足功率平衡。动态过程为机组将沿特性曲线 1 中的 A 点变化到 B 点,这时,对应的频率将为 $f_1 < F_N$。为了保持频率额定,必须要通过二次调节,增加调速器弹簧的预紧力,加大油门,将特性平移抬高到特性曲线 2;由于

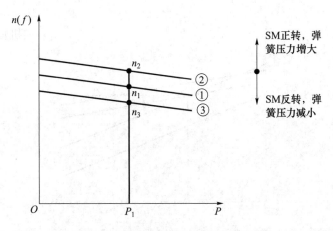

图 12－5　弹簧压力改变使调速特性平移

惯性,当机组频率还没有来得及改变时,其频率仍为 f_1,但这时机组已运行于特性曲线 2 上的 C 点,此时,对应于机组输出功率为 P_2,而 $P_2 > P_1$,剩余的功率使机组加速,沿曲线 2 上行,即频率由 f_1 上升,剩余功率逐渐减少,最后将达到功率平衡点 D 稳定,其对应于频率 f_N 和 P_1'(因频率上升使负载从电网吸收的总功率也增加,$P_1' > P_1$)。

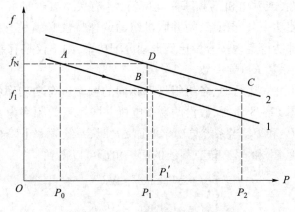

图 12－6　单机运行频率的调整

12.4　并联发电机组间的有功功率分配与转移

并联运行发电机组间的有功分配调节,以及在并车和解列时的负载转移,其实质就是相对地平移机组调速特性曲线的过程,从而达到有功功率的合理分配和负载转移的要求。下面以并车为例加以说明,如图 12－7 所示。并车前 1 号机承担电网的全部功率 P,电网频率为 f_N,稳定运行工作点在 1 号机特性曲线上的 A 点。按同步条件并车合闸后的 2 号机,运行在特性曲线 2 上,功率为零,既没有有功功率的输出也没有输入,仅是浮接在电网上。转移负载的过程,就是使 2 号机"加速",特性曲线 2 平行上移,功率增加;与此同时,1 号机"减速",特性曲线 1 平行下移,功率减少,并保持频率 f_N 不变;直到两机功率相等(同容量,各为 $P/2$)。这时两曲线的交点 B,即为新的稳定并联运行工作点。而解列时与上述过程正好相反。

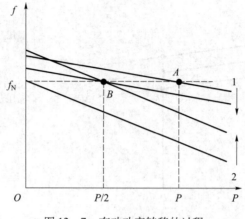

图 12 - 7　有功功率转移的过程

12.5　调差系数与功率分配间的关系

并联运行发电机组之间有功功率能否自动、稳定地按容量比例合理分配,与并联机组的调速器的调速特性(或发电机的频率 - 功率特性)有关。要保证并联运行的稳定必须功率分配稳定。要使功率分配稳定,两并联机组的调速特性必须是有差特性。要使并联机组在任意负载下都能稳定地按容量比例自动分配功率,则不仅是有差特性,而且特性曲线的下降斜率(调差系数 K_n)要一致。

当 n 台发电机组并联运行时,各机组具有相同的频率。有功功率的分配取决于各机组的调速特性。如图 12 - 8 所示,假设两台发电机并联运行的频率为 f_1,1 号机和 2 号机分别承担的功率为 P_1 和 P_2,当系统总功率增加 ΔP 时,系统频率下降至 f_2,1 号机和 2 号机分别承担的功率为 P_1' 和 P_2'。依有斜线的两三角形可以得到

$$\begin{cases} \Delta f = \Delta P_1 \tan\alpha_1 = \Delta P_1 K_{n1} \\ \Delta f = \Delta P_2 \tan\alpha_2 = \Delta P_2 K_{n2} \end{cases} \qquad (12-2)$$

式中,K_{n1}、K_{n2} 分别为 1 号发电机和 2 号发电机调速特性的调差系数;Δf 为频率的变化量。

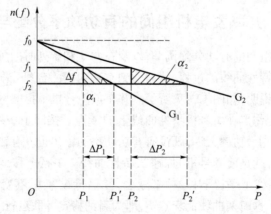

图 12 - 8　有差调速特性与并联机组的功率分配关系

由式(12-2)得1号、2号机组的功率增量为

$$
\begin{cases}
\Delta P_1 = \dfrac{\Delta f}{K_{n1}} \\[2mm]
\Delta P_2 = \dfrac{\Delta f}{K_{n2}}
\end{cases}
\tag{12-3}
$$

将式(12-3)的左边和右边分别相加后得总功率增量为

$$
\Delta P = \Delta P_1 + \Delta P_2 = \Delta f \left(\frac{1}{K_{n1}} + \frac{1}{K_{n2}} \right)
$$

或

$$
\Delta f = \frac{\Delta P_1 + \Delta P_2}{\left(\dfrac{1}{K_{n1}} + \dfrac{1}{K_{n2}} \right)} = \frac{\Delta P}{\left(\dfrac{1}{K_{n1}} + \dfrac{1}{K_{n2}} \right)}
\tag{12-4}
$$

将式(12-4)代入式(12-3)后,得

$$
\begin{cases}
\Delta P_1 = \dfrac{\Delta P}{K_{n1} \left(\dfrac{1}{K_{n1}} + \dfrac{1}{K_{n2}} \right)} \\[4mm]
\Delta P_2 = \dfrac{\Delta P}{K_{n2} \left(\dfrac{1}{K_{n1}} + \dfrac{1}{K_{n2}} \right)} \\[4mm]
\dfrac{\Delta P_1}{\Delta P_2} = \dfrac{K_{n1}}{K_{n2}}
\end{cases}
\tag{12-5}
$$

根据上述分析,可得出以下结论:发电机之间的有功负载分配与调速特性的斜率 K_n 呈反比关系。同时,原动机的转速或发电机的频率随系统负载的变化而变化。

由于地下工程多采用同型号、同容量的机组并联运行,希望调速器的型号亦相同,即调速特性的斜率相同,$K_{n1} = K_{n2} = K_n$,则由式(12-5)可得

$$
\begin{cases}
\Delta P_1 = \dfrac{\Delta P}{K_{n1} \left(\dfrac{1}{K_{n1}} + \dfrac{1}{K_{n2}} \right)} = \dfrac{\Delta P}{2} \\[4mm]
\Delta P_2 = \dfrac{\Delta P}{K_{n2} \left(\dfrac{1}{K_{n1}} + \dfrac{1}{K_{n2}} \right)} = \dfrac{\Delta P}{2}
\end{cases}
\tag{12-6}
$$

可见,同型号、同容量的机组并联运行,在相同斜率的调速特性下,两机组能均分系统的负载增量。

实际上,当调速器的调差系数不可调时,很难满足 K_n 完全一致。另外,由于调速器结构中的间隙,使调速器存在失灵区,其调速特性并不是一条理想的直线,而是一条宽带,此时功率分配仍可能不均匀。所以,两台具有相同调速特性的发电机组并联运行,功率分配不可能做到完全均匀,因此功率分配也就存在一定的偏差。例如,图12-9为调差率不同的并联机组,并联转移负载后两机组的功率分配相等,$P_1 = P_2$,频率为额定 f_N。但当电网功率增加后,电网频率下降为 f_1,这时两机组的功率分配不再相等。由频率 f_1 与两特性曲线的交点可以看出,特性曲线斜率小的比斜率大的增加的功率大,即 $\Delta P_1 > \Delta P_2$。如果是电网功率减少,频率上升,则斜率小的比斜率大的减少的功率更多。如果两曲线的斜率都

稍大些,这种分配偏差就小一些。

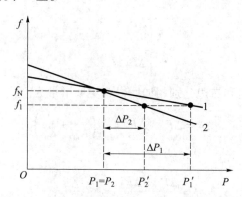

图 12 - 9　调速特性对有功功率分配的影响

从功率分配的角度来看,调速特性的斜率(调差系数)K_n 越大,其分配的误差越小,但当系统负载波动时,频率的波动越大。而从频率稳定的角度来看,要求调速特性的斜率 K_n 越小越好,两者存在着矛盾。一般调速器的调差系数为 3% ~ 5% 为宜。而采用自动调频调载装置能比较理想地解决这一矛盾,既能使系统频率稳定在给定的范围内,又能使功率分配误差尽量缩小。

一般来说,若调速器选配恰当,在调速器自动调节(一次调节)下,功率分配的静态误差和频率的静态误差不会太大,否则就应加装自动调频调载装置进行二次调节。即使加装自动调频调载装置后,一般只要求功率分配之差在各发电机额定容量的 10% ~15% 以内,频差在 ±0.5Hz 之内。否则,静态指标要求过高,调节变得过分频繁,对伺服机构不利。

12.6　自动调频调载装置

12.6.1　基本功能

在具有多台机组的地下工程交流电站中,当需要两台以上的机组并联供电时,或者虽然只需单机供电,但为了能够不间断地供电,都需要进行并车、解列的负载转移和分配的操作。为了实现地下工程电力系统自动化,频率自动调整和有功功率的自动分配是不可缺少的环节。通常把执行频率和有功功率自动调整任务的装置称为自动调频调载装置,其基本功能如下:

(1)自动维持电力系统频率为额定值。

(2)依并联运行各机组的容量按比例自动分配负载有功功率。

(3)接到"解列"指令时,能自动控制负载转移,待其负载接近零时,才使其发电机主开关自动跳闸,与电网脱离。

12.6.2　构成和基本单元

1. 自动调频调载装置的构成

频率及有功功率自动调整装置(简称自动调频调载装置)是协助原动机调速器自动

地保持电网频率为额定值,维持并联运行发电机之间有功功率按比例分配的一种自动化装置。同时,它可以与自动并车装置配合使用,以实现对待并发电机的频率调节,创造同步合闸的条件,并在并联投入之后,能使运行机组负载自动转移。

自动调频调载的电路很多,可用图12 – 10所示方框图来描述。其基本原理都是通过频率检测环节和有功功率检测环节,把汇流排频率变化及各机组承担有功功率转换成电压(或电流)信号,并送入到运算环节进行运算,根据频率偏差和有功功率分配的偏差而向调整器发出信号,控制执行机构自动调节原动机油门,从而使电网频率维持在额定值和各机组间有功功率均匀或按发电机容量比例进行分配。

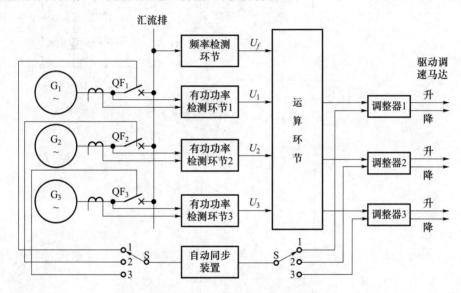

图12 – 10 自动调频调载方框图

2. 自动调频调载装置的基本单元

图12 – 10中的自动调频调载装置主要由频率检测、有功功率检测、运算环节和调整器四个基本单元组成。这些单元的电路形式多种多样,但基本功能不变,下面就典型的单元电路加以介绍。

1) 频率检测

对频率检测的要求是:当被测频率为额定值(50Hz)时,测量环节输出为零;当频率偏离额定值时,依偏差的方向,输出不同极性的直流电压信号。偏差越大,输出的直流电压信号越大。

下面以谐振式频率检测器为例说明其作用原理。

图12 – 11是一种按差动谐振电路工作原理构成的频率测量单元。被测频率的电压信号加在变压器T原边UV两端,变压器的副边有两个绕组,分别供给两个独立的LC电路。在这两个电路中L_1和L_2是具有气隙的铁芯电感,C_1和C_2为谐振用的交流电容器,它们分别构成LC串联谐振电路。只要适当选择L和C的值,两电路分别在某一频率发生串联谐振,即$x_L = x_C$,$2\pi f_0 L = 1/2\pi f_0 C$,$f_0 = 1/2\pi \sqrt{LC}$。在$L_1$和$C_1$谐振电路中,使谐振频率高于50Hz(取55Hz);在L_2和C_2谐振电路中,使谐振频率低于50Hz(取45Hz)。由于谐振时电路电流最大,阻抗呈纯电阻,电阻上的压降与电流相位相同,这时分别在R_1和R_2上

产生的压降最大。谐振曲线如图 12 - 12 虚线所示。

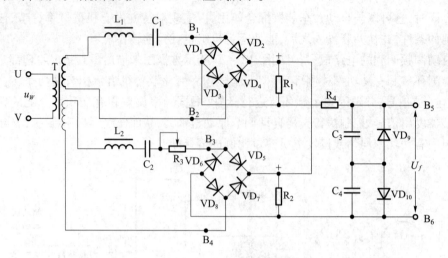

图 12 - 11　谐振式测频器

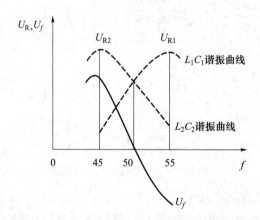

图 12 - 12　RLC 电路的谐振曲线

如果取 $R_1 = R_2$，谐振电流经 $D_1 \sim D_8$ 整流后，输出电压 $U_f = U_{R2} - U_{R1}$，由此得到输出电压曲线如图 12 - 12 中实线所示。当频率为 50Hz 时，输出电压 $U_f = 0$；当 $f > 50$Hz 时，U_f 为负值；当 $f < 50$Hz 时，U_f 为正值，且 Δf 越大，U_f 的数值也越大（$f = 45 \sim 55$Hz）。图 12 - 11 中 R_3 的作用是调整 $f = 50$Hz 时，使得 $U_f = 0$（频率整定）。

由于这种电路的输出是取自整流后的电压差值，因此输入电压的波动对其影响很小。

2）有功功率检测

有功功率检测的作用是获得一个与发电机有功功率成比例的直流电压。下面介绍一种相敏式有功功率检测电路，其原理图如图 12 - 13 所示。为了测量发电机的有功功率，接入线路的电流和电压必须属于同相，例如电压为 VW 相，电流亦为 VW 相。

图 12 - 13 中，发电机电压 U_{VW} 经电压互感器 TV_1 接入，副边电压 $U_1 = U_2$；发电机电流经电流互感器 AT_1 和 AT_2、AT_{11} 和 AT_{21} 接入，AT_{11} 和 AT_{21} 的副边形成差接，则有 $I_{VW} = \dfrac{1}{K_1}$ $(I_V - I_W)$，其中 K_I 为变比系数，等于两级电流互感器变比系数的乘积，I_{VW} 在电阻 r_m 上产

286

生的压降为 U_f。根据相敏电路原理可得出如图 12 – 14 所示的相量图。

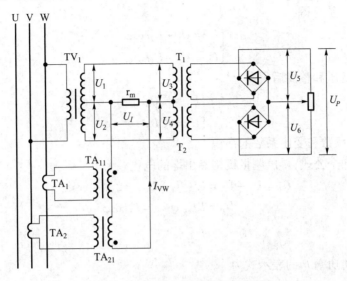

图 12 – 13　有功功率检测线路原理图

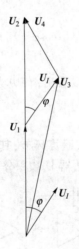

图 12 – 14　有功功率测量机构相量图

从图 12 – 14 可得

$$U_3 = \sqrt{U_1^2 + U_I^2 + 2U_1 U_I \cos\varphi}$$

$$U_4 = \sqrt{U_2^2 + U_I^2 - 2U_2 U_I \cos\varphi} \text{ 或 } U_4 = \sqrt{U_1^2 + U_I^2 - 2U_1 U_I \cos\varphi}$$

式中，φ 为电压 U_1 与 U_2 之间的相位差，或发电机电压 U_{VW} 与电流 I_{VW} 之间的相位差。

U_3 和 U_4 的表达式还可以改写为

$$\begin{aligned} U_3 &= \sqrt{U_1^2 + U_I^2\cos^2\varphi + 2U_1 U_I\cos\varphi + U_I^2 - U_I^2\cos^2\varphi} \\ &= \sqrt{(U_1 + U_I\cos\varphi)^2 + U_I^2 - U_I^2\cos^2\varphi} \end{aligned}$$

$$\begin{aligned} U_4 &= \sqrt{U_1^2 + U_I^2\cos^2\varphi - 2U_1 U_I\cos\varphi + U_I^2 - U_I^2\cos^2\varphi} \\ &= \sqrt{(U_1 - U_I\cos\varphi)^2 + U_I^2 - U_I^2\cos^2\varphi} \end{aligned}$$

287

如果取电压之间的关系为 $U_1 \gg U_I$，则上式根号内的第二项 U_I^2 和第三项 $U_I^2 \cos^2\varphi$ 可以忽略不计。于是可得

$$\begin{cases} U_3 = U_1 + U_I\cos\varphi \\ U_4 = U_1 - U_I\cos\varphi \end{cases}$$

分别经过变压和整流后得

$$\begin{cases} U_5 = K'U_3 \\ U_6 = K'U_4 \end{cases}$$

式中，K' 为整流系数和变比系数的乘积。

按照上述两个公式，得出测量机构输出端的电压差为

$$U_P = U_5 - U_6 = K'(U_3 - U_4) = 2K'U_I\cos\varphi$$
$$U_P = KI_{VW}\cos\varphi = KI\cos\varphi \tag{12-7}$$

式中，$K = 2\dfrac{K'}{K_I}r_m$。

发电机有功功率 P 的表示式为

$$P = \sqrt{3}UI\cos\varphi$$

当电压为定值时，可改写为

$$P = \sqrt{3}UI\cos\varphi = K_P I\cos\varphi \tag{12-8}$$

式中，$K_P = \sqrt{3}U$。

比较式(12-7)和式(12-8)，可以看出，有功功率测量机构输出电压 U_P 与发电机输出有功功率的大小成正比。

3）运算环节

为了提高调节精度，可采用积分式运算环节，其原理方框如图12-15所示。它由比较放大器 A、B、C（放大系数为 α）、加法器 D 和积分器 E 组成一个无差调整环节。

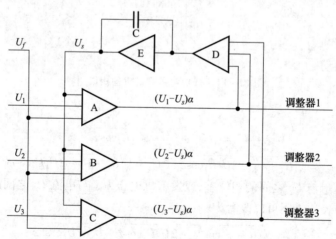

图12-15　积分式运算环节

加法器 D 求出各放大器输出之和，这个和值使积分器 E 工作，积分器 E 的输出量 U_s 增加或减少到使加法器 D 输出至零为止。所以，积分器 E 不断工作，当 U_s 达到某一定值

288

时,下列关系式成立:

$$(U_1 - U_S)\alpha + (U_2 - U_S)\alpha + (U_3 - U_S)\alpha = 0$$

即

$$U_S = \frac{U_1 + U_2 + U_3}{3}$$

若 $U_1 > U_S$,则说明 1 号发电机承担负载大于平均值,这时便向调整器 1 送出减少油门信号;

若 $U_2 = U_S$,则说明 2 号发电机承担负载正好等于平均值,这时调整器不动作;

若 $U_3 < U_S$,则说明 3 号发电机承担负载小于平均值,这时便向调整器 3 送出加大油门信号。

经过反复调整,直到 $U_1 = U_2 = U_3 = U_S$,各发电机所承担的有功功率均匀为止。

同样,若电网的频率偏离额定值,则频率变换器输出 U_f 不等于零,通过比较放大器 A、B、C 向调整器发出信号,同时增大或减少原动机油门(或气门),使频率回到额定值。

4) 调整器

调整器又称执行机构,其作用是根据运算环节送来的信号电压的大小和方向,发出相应加大或减小油门的指令来控制伺服马达正反转,以达到有功功率的均匀分配和保持频率恒定。当输入到调整器的信号电压为正时,调整器输出相应频率或宽度的减速脉冲信号,控制减速开关,使接通伺服电动机反转,以关小油门或气门,使原动机减速;反之,当输入到调整器的信号电压为负时,调整器输出相应频率或宽度的加速脉冲信号,控制加速开关,使接通伺服电动机正转,以开大油门或气门,使原动机加速。输入的信号电压绝对值越大,则调整器输出脉冲信号的脉冲频率越高(脉冲宽度一定时)或脉冲宽度越宽(脉冲频率一定时),按照预定的调频准则输出控制电压,实现频率和有功功率的自动调节。

综上所述,自动调频调载装置实质上就是根据恒频和按比例分配有功负载的要求对调速器实现调整的自动装置。它只能根据频率和功率分配的静态误差来调整。在并联运行负载经常突变的情况下(如起货机工作时),各发电机原动机调速器都在紧张地工作,力图按照各自的动态特性使发电机组恢复稳定,但是各机组的动态特性相差较大,因此,在动态过程中,频率和功率分配必定变化较大,在过渡期内,自动调频调载装置不宜介入,以免打乱调速器的正常工作。当动态过程结束、系统稳定后,由于调整器的有差特性不完全一致,系统的频率和功率分配就会出现静态误差,自动调频调载装置只是根据这个静态误差来进行调整。为了使装置避开动态过程,一般采用延时的方法来实现。当负载频繁变动时,为避免装置频繁动作,甚至出现乱调或振荡,一般将该装置切除。

在加装自动调频调载装置后,频率恒定与功率分配的均匀度都有保证,但是静态指标要求高了,调节就频繁,对伺服机构不利。因此加装自动调频调载装置后,一般只要求功率分配之差在各发电机额定容量的 ±5% ~ ±10% 以内,频率差在 ±0.5Hz 以内。

12.6.3 虚有差调节法的自动调频调载装置

频载自动调节按工作原理分为有差调节法、虚有差调节法和主导发电机法。

(1)有差调节法。有差调节法是由调差系数相近的有差调速特性来恒定频率和负载分配的方法。这种方法没有外加自动调频调载装置作二次调节,各机组只由具有有差特性的调速器来控制,因此不能很好地维持频率恒定,负载分配一般也不均匀。此外,它不能自动转移负载。

(2)主导发电机法。在并联运行的发电机中选择一台作为"主调发电机",其任务是:当电网的负载变动出现频差时,由它改变油门、调整电网的频率维持于额定时,并承担系统负载的变化量。其余的机组则总是保持运行于额定负载,称为"基载发电机"。

(3)虚有差调节。在并联运行的各机组上分别装有功率变换器和调整器,整套装置只装一台频率变换器。在其控制下,保持电网的频率为额定值,负载按给定比例进行机组间的合理分配。每台发电机组所装置的调整器仍是有差特性,但不影响达到无差特性的调整效果。

下面对虚有差调节法的自动调频调载装置作具体的分析。

1. 虚有差法的原理图

图12-16所示包括3台发电机虚有差调节的频载调节系统方框原理图。为简化分析,设备台发电机功率相同,3台功率变换系数 K_P 相等。各功率变换器 P 输出端"1"连成一点,称为"均功点"。频率变换器 f 的两个端子连于各均功电阻 R 的一端"2"点,另一端连到各调整器的一个输入端"3"点。整个装置共有三个公用点,称为三点式网络。

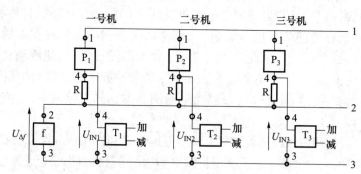

图12-16 虚有差法方框原理图

P-功率变换器;f-频率变换器;T-调整器;R-均功率电阻。

2. 频率调整调整

假设3台发电机有功功率已均匀分配,则图12-16中各功率变换器输出端1、4两点间直流电压相等,又因为1已连成一点,故4点也为等电位点,其等效电路如图12-17所示。

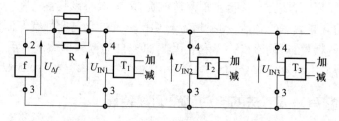

图12-17 各发电机"均功"时的等效电路

若电网的频率 $f > f_N$，则 $U_{IN.i} > 0 (i = 1, 2, \cdots, n)$，因此各调整器均发出"减速"脉冲信号，使各机组的调速特性下移，系统的频率下降，直到 $f = f_N$，$U_{IN.i} = U_{\Delta f} = 0$；若 $f < f_N$，则进行相反调节，直到电网频率调到额定值时，调整过程才结束。

3. 功率分配调整

假定在调整过程中频率始终保持为额定值，则频率变换器输出 $U_{\Delta f} = 0$。图 12 - 16 中的 2、3 两点为同电位，功率变换器的输出此时可以看作一个电源，装置的等效电路变为图 12 - 18。

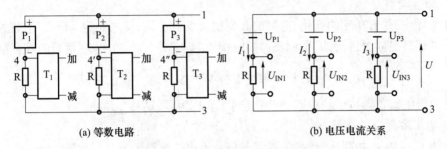

(a) 等数电路　　　　　　　　(b) 电压电流关系

图 12 - 18　"恒频"时系统的等数电路

调整器从均功率电阻 R 上取得信号，图 12 - 18 由 1 ~ 3 端电压为 U。假设有 n 台机组参与并联运行，各功率变换器上输出的电压、电流分别为 U_{Pi} 和 $I_i (i = 1, 2, \cdots, n)$，它们的正方向如图 4 - 18 中所示。

由含源支路的欧姆定律求各支路的电流为

$$I_i = \frac{U + U_{Pi}}{R} \tag{12-9}$$

由基尔霍夫第一定律有

$$\sum_{i=1}^{n} I_i = 0 \quad 即 \sum_{i=1}^{n} \frac{U + U_{Pi}}{R} = 0$$

由于各均功电阻相等，故

$$n \cdot U = -\sum_{i=1}^{n} U_{Pi}$$

$$U = -\frac{1}{n} \sum_{i=1}^{n} U_{Pi} \tag{12-10}$$

各均功电阻上的电压由式(12 -9)，得

$$U_{Ri} = I_i R = U + U_{Pi} \tag{12-11}$$

将式(12 -10)代入式(12 -11)，得

$$U_{Ri} = U_{Pi} - \frac{1}{n} \sum_{i=1}^{n} U_{Pi} = K_P \left(P_i - \frac{1}{n} \sum_{i=1}^{n} P_i \right) = K_P \Delta P_i$$

所以，每个均功电阻上的信号电压正好等于功差信号。

如果 1 号发电机的输出功率 P_1 大于参与并联运行机组的平均功率 $\left(\frac{1}{n} \sum_{i=1}^{n} P_i \right)$，则与功率变换器串联的均功电阻 R 上将有信号电压 $U_{IN.1}$：

$$U_{IN.1} = U_{R1} = K_P \left(P_i - \frac{1}{n} \sum_{i=1}^{n} P_i \right) > 0$$

这个信号加于调整器 T_1 的输入端,将使 1 号机减小油门,使负载减少。这必然使其他机组均功电阻上的信号电压 $U_{IN.i} < 0$,使其它机组调整器 T_i 发出加速脉冲,开大油门使其增加负载,一直到各机组的负载值都相等时才结束,此时

$$\Delta P_i = P_i - \frac{1}{n} \sum_{i=1}^{n} P_i = 0$$

各均功电阻上的信号电压均为

$$U_{IN.i} = U_{Ri} = 0$$

4. 综合调整

在实际中,随着功率的变化,电网的频率也会发生变化,反之亦然。所以,上述恒频和均功两种调节是同时进行的,即调整器同时接收"频率差"和"功率差"信号的综合信号。

$$U_{IN.i} = K_f \Delta f + K_P \Delta P_i = K_f \Delta f + K_P \left(P_i - \frac{1}{n} \sum_{i=1}^{n} P_i \right)$$

各机组的调整器按 $U_{IN.i}$ 进行调整,直到 $U_{IN.i}$ 均为零,调整才结束。

5. 机组解列时的调整

如图 12 – 19 在并联运行时,需要解列一台机组的自动调节过程如下:

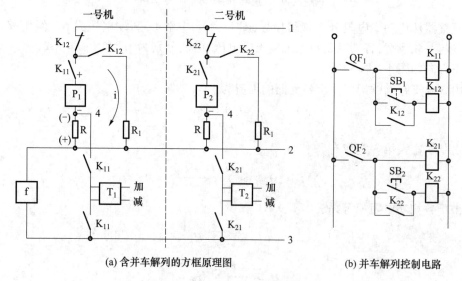

(a) 含并车解列的方框原理图　　　(b) 并车解列控制电路

图 12 – 19　解列时的调整过程

若使 1 号机解列,只要按下 SB_1,使解列继电器 K_{12} 得电,K_{12} 常闭接点断开而常开接点闭合,使 1 号机功率变换器脱离均功点 1,并经解列电阻 R_1 和均功电阻 R 自成一回路,使 1 号机组不再参与均分功率的调整。但因 1 号机仍承担着负载,P_1 的输出端仍有信号电压,它在解列回路中将产生电流 i,并在均功电阻 R 上形成一个下正上负的电压,这一电压经频率变换器 f(此时其输出为 0)加入调整器 T_1 的输入端,使 T_1 的输入端形成下正上负的电压信号,将发出减速信号即 1 号机卸载。此时 2 号机还没有加大油门,系统的频率将下降,频率变换器输出一个上正下负的电压信号,它通过 2 号机的均功电阻 R 后加于 T_2,使 2 号机加速即加载,力图维持系统额定频率下的功率平衡。另外,频率变换器的输出电压信号与解列电路产生的电压信号(作用在 T_1 的输入端)极性相反,从而减缓了 1 号机卸载的速度,以保证电力系统能在不太大的频率偏差下,匀缓地实现负载转移。1 号机的全部

负载逐渐转移到 2 号机,电网的频率仍维持恒定。

　　图 12 – 19 中继电器 K_{11}、K_{21} 是 1 号、2 号机投入电网的控制继电器。设 1 号机已运行,K_{11} 得电,其常开接点闭合,1 号机将被控,运行于额定频率。若 2 号机投入并联,QF_2 使 K_{21} 得电,其常闭接点闭合。此时,系统的接线与图 12 – 16 一样,将在频载自动调整器的作用下实现均功率及恒频率运行。

练习题

1. 负载功率增加时,简述离心式调速器的调整器杠杆动作过程。
2. 一次调频和二次调频的含义是什么?
3. 无差特性的调速器需要二次调频吗?
4. 简述调差系数与功率分配间的关系。
5. 自动调频调载装置的构成是什么?

第13章 柴油发电机组的安装及维护运行

13.1 柴油发电站施工图

电站施工图是新建(改建)电站安装施工的依据,在进行施工图预算、制定施工组织计划、设备材料计划以及施工现场平面图设计等一系列工作时,都离不开电站施工图。

施工图的深度是根据有关规范规定以及某工程的战术技术要求而确定的,通常应包括下列内容。

(1)设计说明书、设备材料表、施工说明。

阐述设计原则、设计依据、设计指导思想、本设计图的特点;列出柴油发电站的主要设备材料清单,标明型号规格、数量及估算价格,主要消耗器材也可列出;说明施工安装中需注意的问题,介绍施工安装的新工艺、新技术等。

(2)柴油发电站电气系统图。

(3)柴油发电站平面、断面布置图。

包括主机房、控制室及其附属房间的平断面布置图。在图中应表示出以下事项:

① 各房间的相互位置、房间内各种设备的具体安装位置以及安装方法。

② 柴油发电机组各种系统管路的平面布置及走向,各种系统的管路应用不同的线条符号表示,以示区别。

③ 各种电缆的平面布置和走向,图中应注明各种电缆的编号。

④ 断面图应表示出各种设备和管路在空间的相互位置。断面图的位置和数目,应以能表示出所有主要设备、管路、地沟的空间相互位置为原则,断面图应尽量减少。

⑤ 如果较大的柴油发电站,管线路较复杂,应专门绘制柴油发电站总管线图,以便更清楚地表明各类管、沟、线的走向及位置。

(4)电站联络信号系统布置图。

应包括电站通信的联络方式,还应包括指挥联络信号装置和故障报警信号装置。图中应表示出系统图和布置图两部分内容。

(5)电站动力系统布置图。

包括电站内各种动力设备如风机、水泵、油泵、电动阀门、空压机、起重机、维修电焊机等的供电系统及各种设备布置平、断面图。应表示出各种设备的规格、型号、连接方式,各种设备的安装位置、安装尺寸、安装方法、电缆敷设方法、编号等。

(6)电站照明系统布置图。

包括发电站内各房间、通道、门厅的照明供电系统、照明灯具的布置位置、灯具型号规格、灯具安装方法及线路敷设方法等。还应包括灯开关、插座,电热、风扇等各类电气设备的型号、规格、系统接线方式、设备安装位置、安装方法等。

（7）电站接地系统布置图。

包括发电站内各类接地装置的分布和设置方法，接地支、干线连接系统、敷设位置和敷设方法等。

（8）电站起动系统和排烟系统布置图。

包括发电站起动系统连接方式，起动系统各设备的安装位置和安装方法，发电站排烟系统的设置、排烟管路的敷设位置、安装方法等。

（9）电站消防系统布置图。

包括电站消防系统设置、检测系统和报警系统以及各种设备的型号规格、布置方式和安装方法；还应包括灭火器、沙箱等消防设施的位置及设施方法。

（10）其它有关图纸或必需的大样图。

根据需要可绘制有关图纸，如厂区防雷系统布置图、自动化电站流程图和系统原理图、电站通风控制系统原理图等。对在施工中采用的新技术、新工艺，要给出施工安装大样图和施工说明等。

以上是供电专业所必须完成的图纸，至于建筑、结构、通风空调、给排水等专业的有关图纸可由各专业提供。

在上述各种图纸中，还应列出图中所有设备材料的规格型号、数量及必要的施工说明。

上述各种图纸，应根据工程的规模、系统的大小、设备的多少，适当组合和增减，以使图纸紧凑、清晰、满足施工要求为原则。

此外，在提交整套图纸时，应有封面和目录、施工图预算，还应附有设计中采用的标准大样图图号。

图 13－1～图 13－6 为某掘开式工程柴油发电站的部分图纸。

图 13－7～图 13－14 为某坑道式工程柴油发电站的部分图纸，表 13－1 为联络箱主要材料表。

以上图纸均不包括建筑、结构、通风空调、给排水等专业的图纸。

13.2 柴油发电机组的安装

柴油发电机组的安装是柴油发电站安装的核心，其他附属设备的安装都是围绕机组进行的，本节主要介绍供电专业所负责的机组及其附属设备的安装，其它专业的设备安装不作介绍。

13.2.1 机组安装前的准备工作

准备工作直接影响着工程的质量和进度。准备工作不充分，将会造成施工安装工作忙乱、停工待料、窝工浪费，甚至返工、损坏设备，无法按期完成安装任务。因此，安装前应做好如下准备工作。

1. 阅读设计图纸

施工设计图纸下发到安装单位后，应尽早对设计图纸进行详细阅读。若有设备产品说明书，也应详细阅读，以了解发电站内所有设备的规格型号、性能，所有设备的布置位置、相互关系及各系统之间的关系，如供油、冷却水管道、进排气管道、电缆电线等的关系位置及规格型号、尺寸等。有必要再看一看其它专业主要设备的布置情况,也可与其他专业有关技术人员交换意见,相互了解情况。通过以上工作,在脑海中要构成柴油发电站安装后的一个立体轮廓。

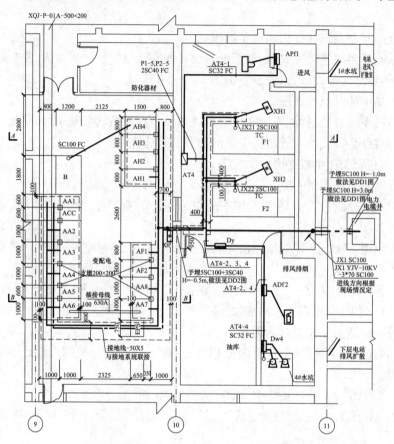

图 13-1 柴油电站、变配电室平面图

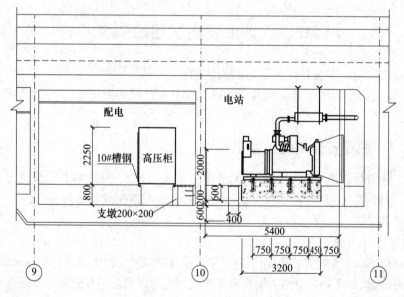

图 13-2 A—A 剖面图

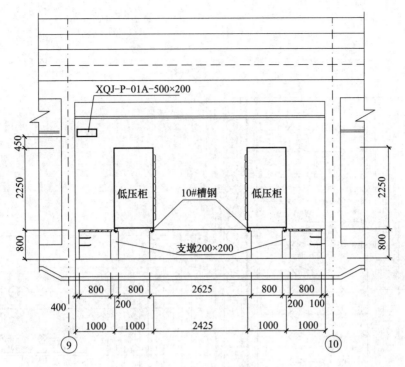

图 13-3 B—B 剖面图

配电屏编号	AH1	AH2	AH3	AH4
配电屏型号	ZSG-10E-02(800)	ZSG-10E-33(800)	ZSG-10E-12(800)	ZSG-10E-02(800)
屏内仪表	Ⓐ Ⓐ Ⓐ	KWH KVARH	Ⓥ Ⓥ Ⓥ	Ⓐ Ⓐ Ⓐ
一次系统	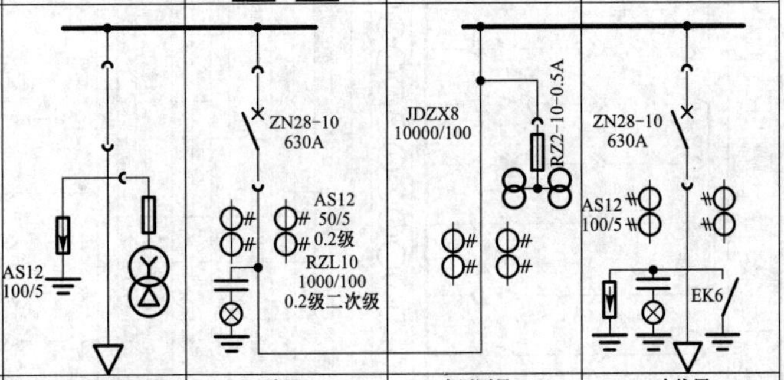 AS12 100/5	ZN28-10 630A AS12 50/5 0.2级 RZL10 1000/100 0.2级二次级	JDZX8 10000/100 RZ22-10-0.5A	ZN28-10 630A AS12 100/5 EK6
配电屏名称	连线屏 避雷保护	计量	电压测量	出线屏
设备室高	2200		2200	2200
回路 回路名称	外电源进线			外电源进线
回路 安装容量/kW	400kVA			400kVA
回路 计算电流/A	23.11			23.11
回路 电缆编号	JX1			JX1
回路 电缆型号	YJV22-10kV			YJV-10kV
回路 电缆规格	3*70			3*70
回路 穿管管径/mm	SC100			SC100
连接配电箱				

JX1(外电源进线)

YJV22-10kV-3*70

接B

注：1. 选用一路市电，高供高计量；
    2. 进线电缆型号，规格应与当地供电部门商定。

图 13-4 高压配电系统图

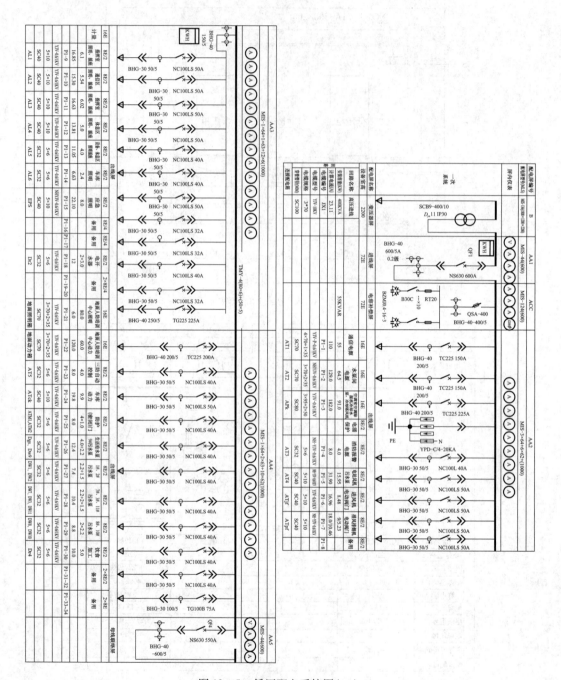

图 13-5　低压配电系统图(一)

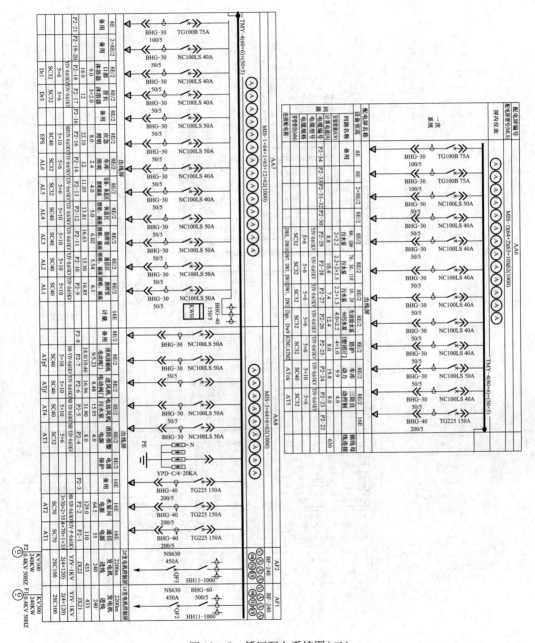

图 13-5 低压配电系统图(二)

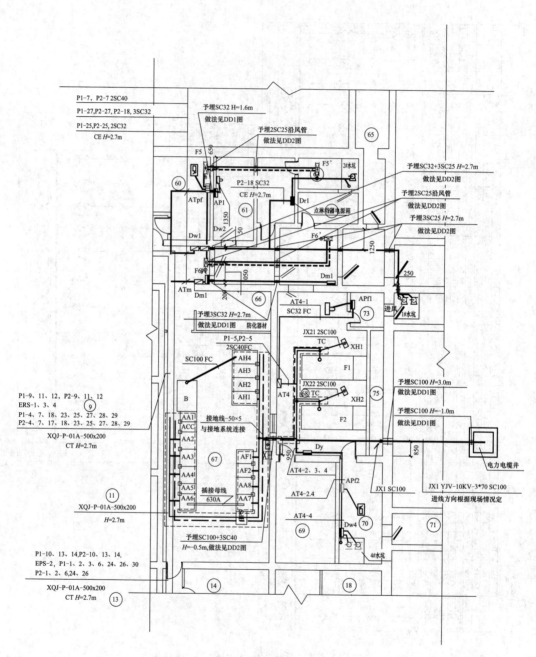

图 13-6 配电干线平面图(电站、变配电室)

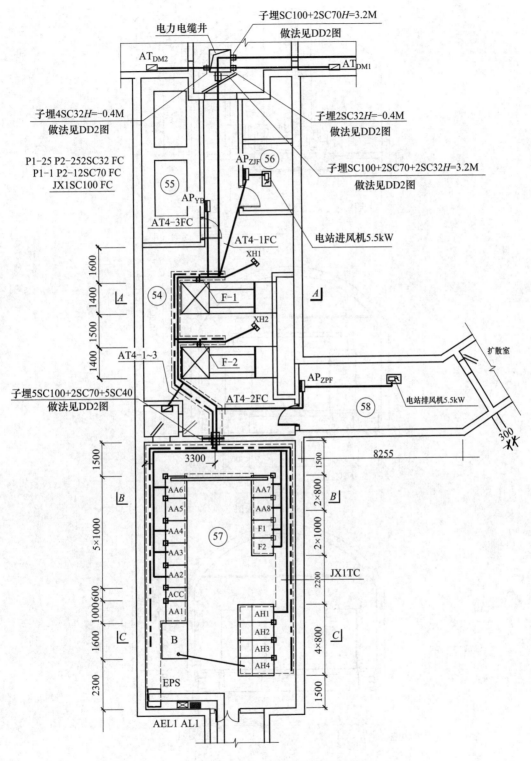

图 13-7 电站配电室平面图

图 13-7 电站配电室平面图

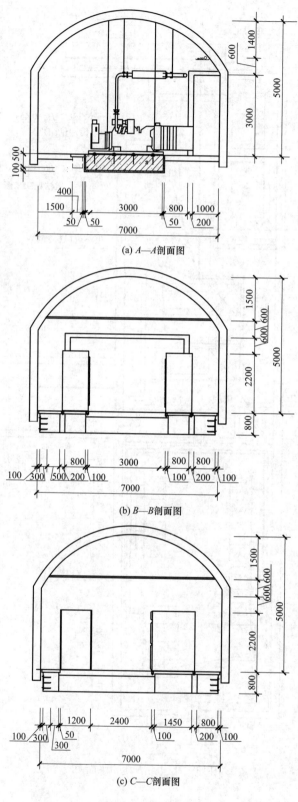

(a) A—A剖面图

(b) B—B剖面图

(c) C—C剖面图

图 13-8　剖面图

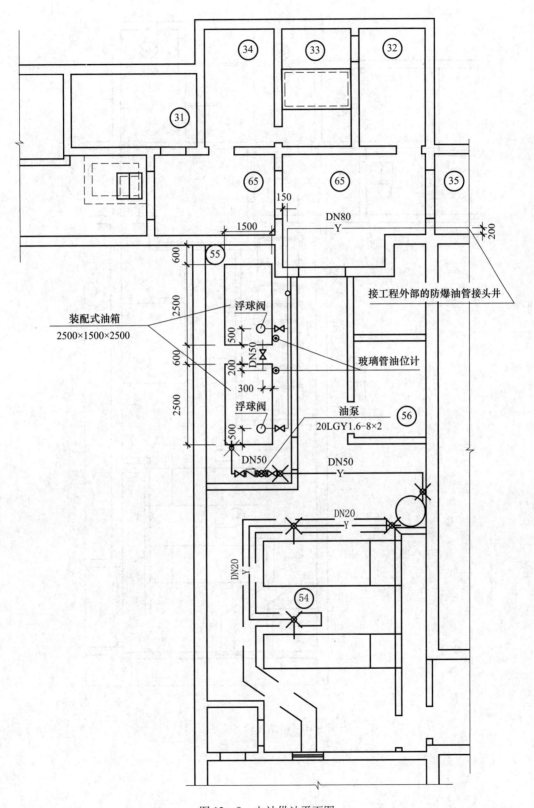

图 13 - 9 电站供油平面图

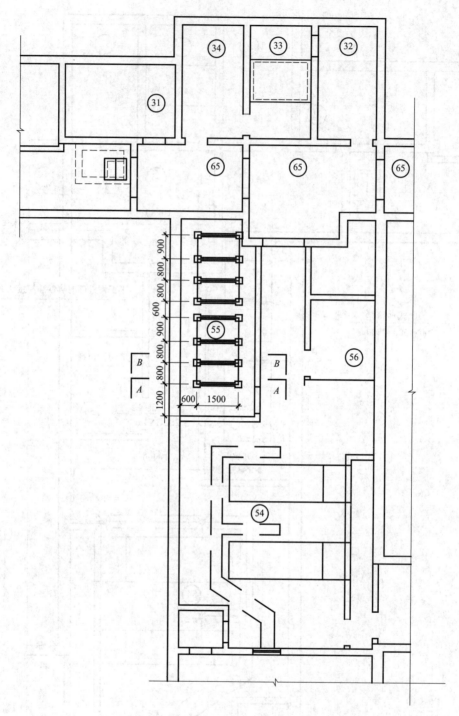

图 13 - 10 电站油箱支座平面图

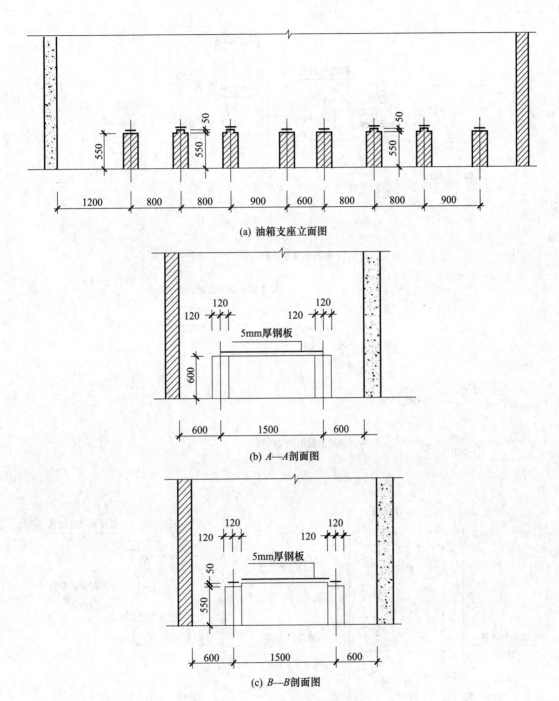

(a) 油箱支座立面图

(b) A—A剖面图

(c) B—B剖面图

图 13-11 电站油箱立面图、剖面图

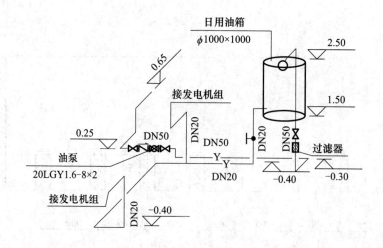

(a)电站供油系统图

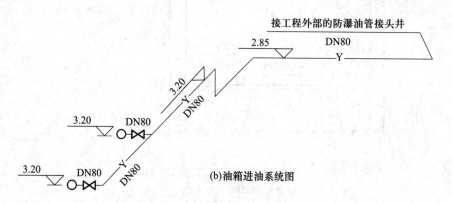

(b)油箱进油系统图

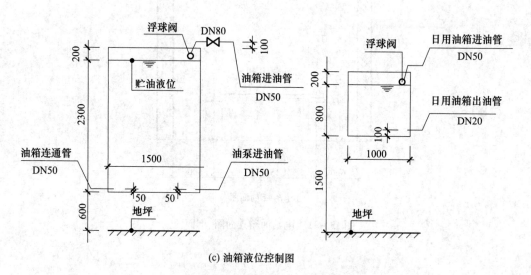

(c)油箱液位控制图

图13-12 电站供油系统图、油箱进油系统图、油箱液位控制图

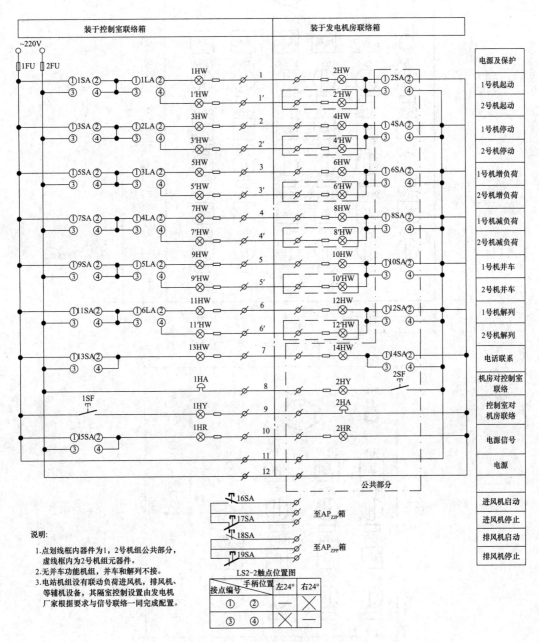

图 13-13 电站信号联络接线图

说明:

1. 点划线框内器件为1, 2号机组公共部分, 虚线框内为2号机组元件。
2. 无并车功能机组, 并车和解列不接。
3. 电站机组设有联动负荷进风机, 排风机、等辅机设备, 其隔室控制设置由发电机厂家根据要求与信号联络一同完成配置。

LS2-2触点位置图

手柄位置 接点编号		左24°	右24°
①	②	—	✕
③	④	✕	—

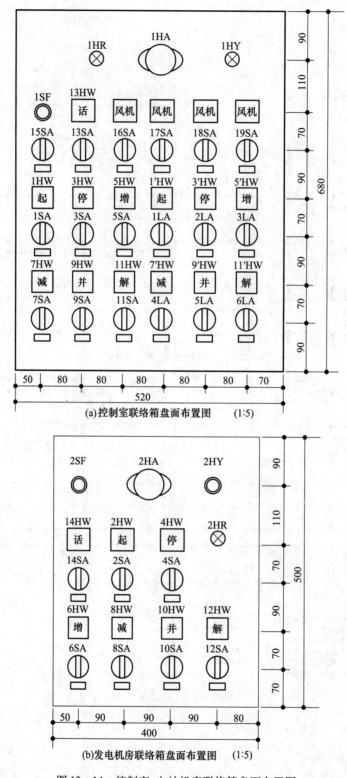

(a)控制室联络箱盘面布置图　　(1:5)

(b)发电机房联络箱盘面布置图　　(1:5)

图 13－14　控制室、电站机房联络箱盘面布置图

308

表 13 - 1　联络箱主要设备材料表

符　号	名称	规格及型号	单位	数量	备注
	端子排	JD0—1024	组		
	题名框	PH—15 10×43mm	只		
1~2HA	闪击式电铃	φ75/110V/8W	只	2	
1~19SA	主令开关	LS2—2 380V/10A	只	19	
1~6LA	主令开关	LS2—2 380V/10A	只	6	
1~14HW	乳白光字牌	XD14　110V	只	14	
1~2HY	黄色信号灯	XD14　110V	只	2	
1~2HR	红色信号灯	XD14　110V	只	2	
1~2SF	按钮	LA19—11	只	2	
1~2FU	熔断器	PL1—10/5	只	2	
	箱体	JX3003	只	2	

2. 设备开箱检查

设备到货后,应及时对所有设备开箱检查。检查项目包括如下内容。

(1) 校对设备规格、型号、数量是否与图纸相符。

(2) 检查设备附件箱附件、如水泵、烟管、气泵、备件的规格型号是否正确。还要检查设备主体有无损坏,缺件等现象。这一项工作要特别细心,有时会出现主件到了,附件没有,或厂家出现错发,使主、附件不配套。

(3) 检查附件工具数量是否齐全,特别是专用工具,否则会影响安装工作的顺利进行。

(4) 在检查中,要具体测量设备各部分有关施工安装的尺寸,如机组的地脚螺丝孔距离、机组轴线高、外形尺寸及进排水管规格和烟管法兰尺寸等。

(5) 开箱后,注意将设备使用说明书妥善保管好。

3. 预留孔(件)的现场校对

土建施工结束后,在安装工作开始前,应对设备基础的各部尺寸、预留木砖(铁件)、预埋管、预留孔洞逐项逐个进行详细检查。如需对预留件位置进行修改,应逐个标出位置,在设备进场前应标注完毕。有些孔在安装中打的,也应心中有数。尤其是设备基础的各部尺寸、地脚螺孔相互间的尺寸,一定要按设备实际尺寸进行校对,不要等设备到场后安装不上才发现问题。

4. 制定材料计划

安装前,要根据施工设计图纸和设备实物及实际安装工作进行材料计划的制定。在编写材料计划时可分类进行编写,以便更齐全一些。

(1) 设备类:包括主要设备和附属设备的规格型号和数量。

(2) 缆线类:包括各类电缆、电线的型号和数量,还应包括线鼻子等缆线附件。

(3) 照明材料:包括灯具、灯泡(管)、开关、插座、风扇、电热等材料,还应包括施工临时用照明材料。

(4) 管道、管件类:包括烟管、油管、压力空气管及所配套的阀门、弯头、接口、法兰等规格型号和数量,还应包括烟管补偿器。

（5）钢材类：包括槽钢、角钢、扁钢、工字钢、电缆穿管用钢管（或塑料管）等各种型钢的型号规格和数量。

（6）消耗材料类：包括各种规格型号的螺丝、电焊条、保温材料、钢锯条、塑料胶带、黏胶布、接线盒、磁接头及其它消耗材料。这项材料很难也不可能列全，只能尽量列全。

（7）油类、油漆类：包括所用燃油、润滑油、清洗油等，以及防锈漆等各种油漆和油脂。

如何分类，可以自己确定，分类越细、材料可能越全。材料表应尽可能编制齐全一些，安装施工中就方便一些，顺利一些。

5. 制定加工件计划

要把设备安装起来，需要在安装前加工大量的零部件和连接件，如电缆支架、调平垫铁、地脚螺丝、烟管及其连接件、照明箱动力箱的支架、特殊灯具固定件，以及设备上的缺件等，有的还需要制作起吊设备（如三角架）和各种工具。对所有加工件进行造表，并要画出加工草图，送加工单位进行加工。

加工计划要尽可能详细些，否则在安装施工过程中临时加工，将影响安装进度。

6. 工具计划

进行安装作业要有大量的工具保证，安装前必须提出工具计划。制作工具表时也可分成几大类。

（1）起吊搬运类：手动葫芦、吊架、绞盘、手推车、滑轮、钢丝绳、钢丝卡头、麻绳、铁丝、垫木、千斤顶、滚棒等。

（2）一般拆装修理工具：开口扳手、梅花扳手、套筒扳手、活动扳手、扭力扳手、起子、各种锉刀、钢锯、手锤、扁铲、管子钳、三棱刮刀、扳牙及丝攻、手电钻、钻头、铁皮剪、剪刀、空心冲、油桶、喷灯、洗盆、黄油枪、机油壶及皮带轮拉力器等。

（3）电工工具及仪表：电工钳、尖嘴钳、剥线钳、紧线钳、电工刀、测电笔、万用表、双臂电桥、500V 及 2500V 摇表、钳形电流表。线鼻子压接钳、电铬铁、电炉、工作灯、导灯、钢卷尺、皮卷尺、内外径千分尺、游标卡尺、磁座干分表。

（4）焊接工具：电焊设备和气焊设备及锡焊镀锡设备等。

（5）钻、磨工具：台钻、电动砂轮及手动砂轮等。

（6）工作台：虎钳工作台及管钳工作台。

（7）土木工工具：铁锹、十字镐、大锤、水平尺、土工钎、水桶、水泥桶、抹子、抬筐、扁担、木钻、木锤、钢丝锯、木凿等，以及登高作业人字梯、单梯、脚手架等。

7. 进度计划

安装进度计划根据作业分队人数、思想状况、技术状况和设备器材到贷情况编制。可把整个工程划为几个阶段，如准备阶段、运输就位阶段、设备安装阶段、调试运行阶段和收尾阶段。根据工程量，每个阶段可拟定出月进度或周进度计划及日进度计划，并在施工过程中，及时对计划进行调整修改。

8. 作业场地的布置

施工安装开始前，为了合理地使用施工现场，各专业作业协调进行，通常要进行施工现场平面图设计，由工程总负责人制定。作为本专业安装应在开工前首先进行施工现场布置，作业场尽可能靠近工程附近布置，地下工程要靠近工程口部布置，主要包括以下内容。

（1）修建临时作业工棚，如有房屋可以利用，应尽可能利用已有房屋，同时要考虑工

310

作台、台钻、电砂轮、电焊机等施工设备,又要考虑施工人员的临时休息、喝水等生活必需的地方。

(2) 修建临时仓库,或利用原有房屋,以便临时存放施工工具、电气设备及各类材料。

(3) 架设临时电源及临时动力、照明线路。由于临时用电负荷不固定,在选用变压器和开关设备、缆线时,都要偏大一些,以免施工中临时投入较大的设备,造成变压器容量不够或线路失火,引起事故。

(4) 设置临时水源水池,以保证施工用水和试机用水。

(5) 根据需要设置其他必需的临时设施,如现场实验场地、更衣、洗澡等设施、现场围墙等。

9. 建立必要的规章制度

(1) 组织领导关系。

(2) 制定施工现场纪律,如考勤制度、技术资料保管制度,国防地下工程还应制定保密制度等。

(3) 制定防火措施,严格执行有关制度。

(4) 制定安全措施,执行有关安全规则。

(5) 材料、工具领发、保管制度。

(6) 施工质量检查和评比制度。

(7) 制定必要的奖惩制度,开展各类评比活动,促进施工安装工作的顺利进行,力求保质保量按时完成任务。

10. 技术培训

开工前应对相关人员进行必要的技术培训。另外,施工中推广的新技术、新工艺也应对全体,或有关人员进行培训。技术培训一般采用以下几种形式:

(1) 送工厂或部队代训。例如,要培养柴油发电机组操作手,可送机组生产厂家培训;要培养开关控制设备安装接线操作人员,可送开关厂培训;对于部队也可将新入伍土兵送到正在进行安装施工的分队培训。

(2) 开办短期训练班。根据作业单位的具体情况,在施工前可抽一定的时间,由技术人员组织基础知识培训或结合将要安装的工程进行技术培训。对于新技术、新工艺可举办专题短期学习班进行培训。

(3) 单项训练。对于技术性较强的项目,可进行单项训练。如高、低电缆头的制作、特殊设备安装、特殊灯具安装等,可由技术人员或技术熟练的老师傅边讲解边示范来传授施工技术,然后再让受训人员操作,为安装工作全面展开打下基础。

其他一些准备工作也应尽量做好,如财务拨款、生活保障、宣传动员、思想教育等工作。

13.2.2 柴油发电机组的安装步骤及方法

柴油发电机组的安装首先是要构筑基础。基础的构筑在前面已详细介绍,这里就不再重复。

基础构筑好待凝固以后,就可以进行机组就位安装了。通常柴油机组有整体式安装和分机式安装两种。135 系列柴油发电机组,柴油机和发电机带有公用底盘,属于整体安装。250 系列柴油发电机组,柴油机和发电机无公用底盘,两者是分开的,属于分机安装。

前者较简单,后者较复杂。下面分两种安装方式介绍具体安装方法。

1. 整体式机组安装

1)标定基础中心线

首先对基础进行处理,即对基础的凸凹不平的地方进行抹平,特别是纵横向的基础边线要抹平,清除废杂物及预留孔洞内的杂物等。

然后用红漆将基础纵横中心线标定出来。如果几台同型号机组成一线纵向布置,则几台基础的纵向中心线要一并标定,以保证机组安装后其纵向中心重合。各机组横向中心线间距离是等距离的,如图 13 – 15 所示。

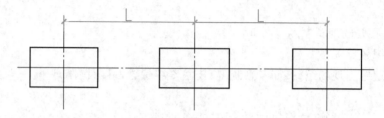

图 13 – 15　纵向线布置机组基础中心标定

如果几台同型号机组并列布置,则各机组的横向中心线要一并标定,其纵向中心线间距离相等,如图 13 – 16 所示。

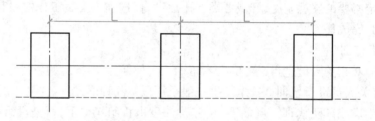

图 13 – 16　并列布置机组基础中心标定

2)机组运输

在地下工程的柴油发电站中,将机组由坑口运至洞内基础上(或基础旁)是件比较困难的工作,因为通道跨度较小,又要穿过防护门及密闭门,路不平又有地沟。因此设备进洞前,应首先将通道用方木、木板或钢板垫平,若地沟盖板强度不够,还应在盖板之下用砖或方木进行支撑。

在地面柴油发电站中,将机组运到机房内也比较困难,也必须要辅平道路,垫上钢板或木板、加固低凹和边坡的地方,以确保运输安全。

运输方法,通常采用在设备包装箱拖架底下加滚动短钢管或圆木,用人工或绞盘将机组拖入洞内。在拖运过程中,由于滚棒放置不平行,机组往往左右摆动,因此要特别注意掌握方向,防止将机组的水箱或其它附件碰坏。

根据以往运输经验,运输时不拆设备包装箱拖架,运起来比较安全。若拆去拖架后,在设备钢底架下垫钢管,运起来由于摩擦力太小,机组往往左右摆动,方向难于掌握。另外,用手摇绞盘拖动比用人力直接拖动较容易掌握方向和控制进度,而且省力,如图13 –17所示,手摇绞盘置于口外,单滑轮 2 勾于洞内某一适当位置。

312

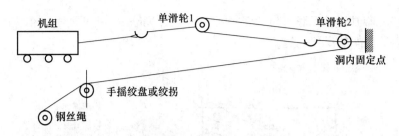

图 13 – 17　机组进洞运输方案

3）机组吊装

若基础上方预留有吊钩,起吊比较方便,挂上手动葫芦即可起吊。若无吊钩可用三角架或龙门架配手动葫芦起吊。一般用 φ60mm 钢管作三角架,可起吊 5t 左右的机组。起吊时,要特别注意把钢丝绳卡头扭紧,吊起后钢丝绳打滑将造成设备和人身事故。若用三角架起吊,三角架三根腿一定要固定牢靠,不得滑动。

若机组比较轻,也可不用起吊设备,用撬棒将机组撬起,在底架下垫上方木或木板,使之与基础同高,然后再用撬棒将机组逐渐撬到基础上。地下工程机房高度受限不能撑三角架时,也可采用此种方法。

机组吊到基础上之后,将地脚螺丝放于地脚螺丝预留孔内,上端穿入设备螺孔内,扭上螺帽,使螺丝与丝扣露出螺帽 1～3 扣。底架与基础之间前后各放两对斜形垫铁,然后将机组中心线与基础中心线调整重合。

若地脚螺丝预留孔尺寸较小,穿地脚螺丝有困难,可将机组吊高,穿好地脚螺丝后再放下。

若在机组底架与基础之间加装 E 型或 EA 型减震器,则需在安装前加工好减震器支架,支架加工如图 13 – 18 所示。

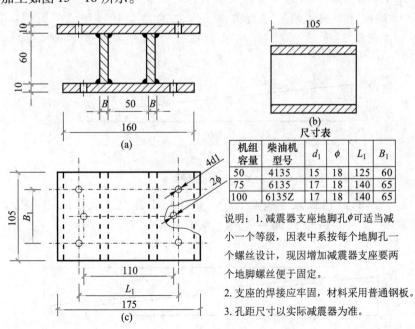

机组容量	柴油机型号	d_1	ϕ	L_1	B_1
50	4135	15	18	125	60
75	6135	17	18	140	65
100	6135Z	17	18	140	65

说明: 1. 减震器支座地脚孔 ϕ 可适当减小一个等级,因表中系按每个地脚孔一个螺丝设计,现因增加减震器支座要两个地脚螺丝便于固定。

2. 支座的焊接应牢固,材料采用普通钢板。

3. 孔距尺寸以实际减震器为准。

图 13 – 18　EA 型减震器支架加工图

加装减震器时的机组底架与基础之间安装示意,如图 13－19 所示。相应的基础预留孔应按减震器支架的尺寸确定。

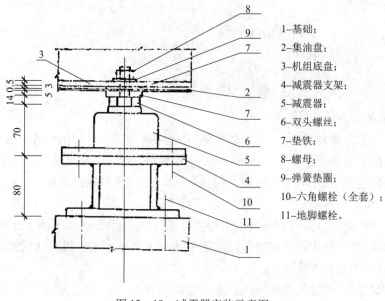

1—基础;
2—集油盘;
3—机组底盘;
4—减震器支架;
5—减震器;
6—双头螺丝;
7—垫铁;
8—螺母;
9—弹簧垫圈;
10—六角螺栓（全套）;
11—地脚螺栓。

图 13－19　减震器安装示意图

4）机组水平调整

为了保证机组平移运转,减小发电机和柴油机止推轴承的磨损,机组应尽可能调整到水平位置。在水平调整时注意对准中心轴线(多台机组要保证纵向或横向中心线对正,以及机组之间距离相等)。

调水平的方法一般采用斜形或称楔形垫铁。垫铁斜度一般为 1:10,如图 13－20 所示,垫铁厚端尺寸减去薄端尺寸与垫铁长度之比为 1:10。垫铁一般用铸铁铸成,两面刨光。在保证斜度的要求下,垫铁具体尺寸可根据机组底架具体情况自行设计。

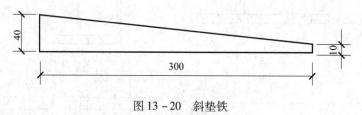

图 13－20　斜垫铁

垫铁成对使用,放在底架与基础之间。垫铁在不影响二次灌浆的情况下要尽可能靠近地脚螺丝。将两垫铁向一起推,两垫铁变高,向开拉变低。如图 13－21 所示。

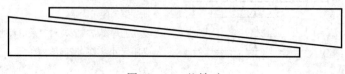

图 13－21　垫铁对

314

机组水平调整步骤:首先调装机组一端(如前端)的横向水平,将水平尺置于机组横向刨光面上,调整底架下左右两对垫铁的厚度,直到横向水平为止。调装时要注意,不要使垫铁拉开或推进太多,以免造成下步调整的困难。一端横向水平调好后,再调机组另一端(后端)的水平。这时既要考虑机组的纵向水平,又要考虑机组(后端)的横向水平。纵向不平,可将后调端的左右两对垫铁拉开或推进。机组纵横水平调好后,然后将机组中间的其余垫铁对垫好,并用小锤轻敲,使各垫铁都均匀受力。敲时用力不可过大,否则中央某一垫铁受力过大,将破坏整个机组的水平,只能返工重新调整。

在找平过程中,若只需要将某一端抬起,则可不必将整个机组吊起,可吊机组一端,或用千斤顶或撬棒将机组一端抬高。

若是加装减震器,其调平的方法是增减机组底架与减震器之间的垫铁厚度,该垫铁的厚薄要有多种规格,以便调整。

调整的步骤与上述相同。首先调整机组一端的横向水平,再调整机组另一端的横向水平,同时兼顾机组的纵向水平。机组中间的两个支撑点也要配合调整,确保6个支撑点(如6135机组)均匀承重。

5)二次灌浆

机组调平后,就可将地脚螺丝灌死,称为二次灌浆。二次灌浆配料可按水泥、细砂、碎石1:2:3的比例,碎石不可过大,否则无法保持地脚螺丝垂直。灌注和捣固时要保持所有地脚螺丝垂直,不能左右前后歪斜。

地脚螺丝灌好后,用1:2水泥砂浆将垫铁抹死,水泥砂浆高出垫铁上平面10mm为宜,底架下面垫铁之间的空隙,要用砂浆确实堵满。

养护20天后,才能扭紧地脚螺丝。

2. 分机式机组安装

较大容量的柴油发电机组由于重量和体积都很大,不使用公用底架连在一起,只有在安装时进行连接,这就是分机式机组安装。例如,250系列的机组就是这种安装方式。

这种安装最突出的问题是要保持柴油机和发电机两轴同心,安装起来比整体式安装费事得多。

首先也是要标定纵向和横向中心线,这是标定柴油机的基础,不用考虑发电机基础是否在同一中心线上。当然应该保证发电机与柴油机的相对距离,为下一步安装调整创造条件。

分机式机组安装的顺序是首先把柴油机安装好,再把发电机就位,以柴油机为基准调整好,最后进行柴油机与发电机两轴同心调整。

柴油机曲轴和发电机轴的连接方式,有刚性连接和弹性连接两种。所谓刚性连接就是把曲轴和发电机轴通过联轴器用螺丝刚性地固定在一起。当两轴不同心时,容易造成轴承的过早磨损,严重不同心时,将造成曲轴或发电机轴断裂。因此,这种连接方式除早期出厂的机组外,已被淘汰。所谓弹性连接,就是通过橡皮圈或橡皮生丝胶带进行传动,如图13-22所示,两轴不同心时,由橡皮件起缓冲作用。

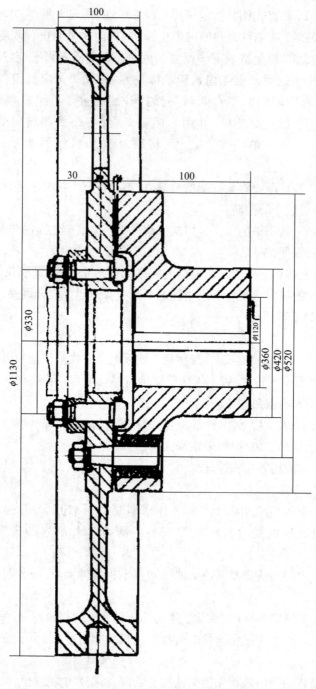

图 13 – 22   弹性连接

柴油机的吊装、找平方法同前。但安装柴油机时,前端要注意留够机油箱的位置尺寸,不要使机油箱紧靠基础;后端要考虑到发电机地脚螺孔的位置,使发电机装上后,有前后移动的余地,如图 13 – 23 所示。

尤其重要的一点,在柴油机找平时,要考虑到发电机基础的标高,要保证发电机连同导轨放到基础上后,使发电机轴线与柴油机曲轴轴线同高,或使发电机轴线稍低于曲轴轴

316

线。如果调柴油机水平时忽略了这一点,待柴油机垫铁抹死后,在装发电机时才发现发电机轴线比曲轴轴线高出发电机垫铁的调整范围,就会造成大返工,不是重新将柴油机垫高,就得将发电机基础削去一层。

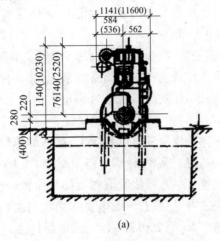

(a)

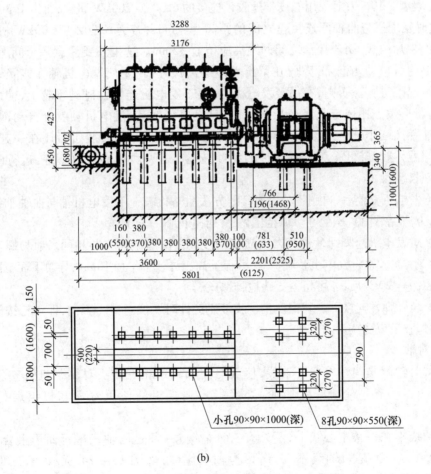

小孔90×90×1000(深)　　8孔90×90×550(深)

(b)

图 13-23　6250—D200KW—T 型柴油发电机组安装图

1）发电机的安装

柴油机找平二次灌浆后，再以柴油机为准，进行发电机安装。发电机按下列步骤安装。

（1）首先将发电机4对斜铁垫于发电机导轨四角上，再将发电机放在垫铁上，然后用4只螺丝将发电机和导轨固定在一起。

在做这一步工作时，要特别注意两点：①发电机的4只固定螺丝要置于导轨槽的正中央，以保证导轨固定后，发电机在导轨上有左右调整的余地；②要使发电机置于导轨前后可调范围的中央，以保证导轨固定后，发电机有前后调整的余地。如果忽略了这两点，也可能造成大的返工。

（2）将发电机连同导轨一体吊放到发电机基础上，将地脚螺丝放于基础地脚螺丝预留孔内，上端穿入导轨的螺孔内，扭上螺帽，使螺丝露出螺帽1~3扣。

（3）调整发电机及导轨位置。一方面使发电机轴线与曲轴轴线在一条直线上，其高低也要在发电机垫铁可调范围之内；另一方面发电机连接盘与曲轴连接盘之间要留有一定的距离。对采用皮圈连接的6250型200kW机组，发电机连接盘前端面与飞轮后端面间距离约为5~10mm；对采用橡皮生丝胶带连接的6250型200kW机组，每组由3片胶带叠装，这时发电机与曲轴两连接盘之间的距离为43mm；若为6250Z型300kW机组，每组胶带由4片组成，两连接盘之间的距离应留有52mm。这里还要注意一个问题，发电机轴能够前后窜动几毫米，因此在留出上述距离尺寸时，要使发电机轴在能轻快自如转动的情况下进行。否则，在吊装发电机时，由于发电机连接盘碰到飞轮上，使发电机轴后移，若再按上述规定尺寸留出距离，一旦发电机转动，发电机轴就会自动前移，结果使上述距离变小，使发电机连接盘和飞轮或曲轴连接盘通过胶带紧压在一起，中间无活动间隙，这就降低了弹性连接件的缓冲性能。若两种中心校对不好，运行时发电机将出现抖动现象。

（4）发电机安上后，再用千分表或其他方法粗略检查一下发电机轴与曲轴轴线同心度情况（方法见后面），确保在可调范围内，才可进行下一步工作。

（5）对发电机地脚螺丝进行二次灌浆，要求、方法与整体安装相同。地脚螺丝灌好后，用1:2水泥砂浆将发电机基础抹平，并保证高出导轨下平面10mm，导轨下面空隙要塞实砂浆。保养20天后，才可扭紧导轨地脚螺丝。

（6）装好弹性连接件。装橡皮生丝胶带连接件时要注意受力方向，即飞轮按工作方向转动时，胶带应受拉力。

2）对轴

所谓对轴就是调整发电机轴线，使其与曲轴轴线相一致。对轴是机组安装中最重要的一个环节。对轴精度如何，直接影响到机组的使用寿命和机组运行的可靠性。

两轴线不在一条中心线上，不外有三种情况，一种是两轴线平行而不重合，称为轴线偏移；另一种是两轴线不平行，称为轴线倾斜，如图13-24所示；第三种情况是，轴线偏移和轴线倾斜同时存在。第三种情况占多数。要求两轴绝对同心是办不到的。

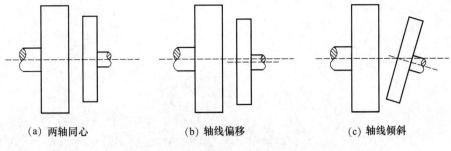

(a) 两轴同心	(b) 轴线偏移	(c) 轴线倾斜

图 13 – 24　轴线情况

一般弹性连接允许轴线偏移不超过 0.2mm,轴线倾斜每米长不超过 0.2mm。

（1）轴线误差检查方法：

图 13 – 25 中装有两只千分表,表 1 用来检查轴线偏移情况,表 2 用来检查轴线倾斜情况。表架装于飞轮上或曲轴连接盘上。若表架带磁座,就直接吸于飞轮上或曲轴连接盘上。表的触针触到发电机连接盘的外圆或端面沿上。

检查轴线偏移时,只要读出上下左右四点读数,即可算出轴线偏移量来,如图 13 – 26 所示。

轴线上下偏移:$a = \dfrac{|a_1 - a_2|}{2} \leq 0.2\text{mm}$

轴线左右偏移:$a = \dfrac{|a_3 - a_4|}{2} \leq 0.2\text{mm}$

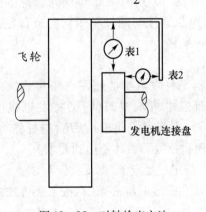

图 13 – 25　对轴检查方法

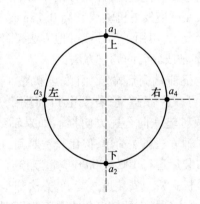

图 13 – 26　轴线偏移测点

图 13 – 25 的表 2 是用以测量轴线倾斜数据,千分表触针与发电机连接盘背面边沿相触,当两轴线不平行时,例如,发电机前端高,后端低,当转动飞轮使表处于上方位置时,发电机连接盘对表触针压缩量较大,表针指数就大;相反,当表处于下方位置时,发电机连接盘对表触针压缩量小,表针指数就小,只要读出上下左右的 b_1、b_2 及 b_3、b_4 四点读数,就可算出轴线倾斜量来。如图 13 – 27 所示,D 为发电机连接盘的直径,单位为 mm,其轴线倾斜如下:

上下每米长轴线倾斜量:$b = \dfrac{|b_1 - b_2|}{D} \times 1000 \leq 0.2(\text{mm})$

左右每米长轴线倾斜量:$b = \dfrac{|b_3 - b_4|}{D} \times 1000 \leq 0.2(\text{mm})$

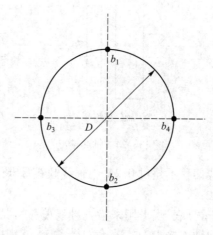

图 13 - 27　轴线倾斜点测点

实际上轴线偏移和轴线倾斜是同时存在的,在检查调整过程中,要同时观察两种偏差量。这里必须指出,测量读数,必须是在发电机固定螺丝扭紧的情况下进行。

(2) 对轴方法。

① 轴线偏移的调整方法:

当轴线高低偏移不合要求时,通过发电机四对斜垫铁进行调整。若发电机轴线偏低0.3mm,则应将垫铁向合拢方向推移,由于垫铁斜度为 10∶1,只要将垫铁向合拢方向推15mm,便可使发电机轴线升高 0.15mm,就可使发电机轴线与曲轴轴线同高。若左右偏移不合要求,可用千斤顶或其他方法,将发电机左右平移。

② 轴线倾斜的调整方法:

若发电机前端高后端低,且发电机整个轴线偏高,则将发电机前面左右两对垫铁向开拉,即可减少倾斜量;若发电机前端低后端高,且发电机轴线偏低,则将发电机前端左右两对垫铁向合拢方向推。如果轴线左右倾斜,则将发电机前或后端左右移动。

对轴方法虽然简单,但比较费时间,往往需要经过反复调整才能达到要求。

安装后运行 100 ~ 500h,应重新检查轴的情况,若超过规定值,则要重新对轴。

分机式机组安装虽然费事,方法却很简单,只要在安装时细心,认真按上述方法进行调整,要达到规定的精度要求是不难做到的。

13.2.3　机组附属设备的安装

柴油发电机组附属设备包括发电机控制屏(包括控制台、信号装置控制箱、动力配电箱、照明配电箱等)、空气压缩机、储气瓶、蓄电池、排烟管、冷却水管、油管、压缩空气管等。

1. 发电机控制屏的安装

发电机控制屏一般与控制室的配电屏成列安装。其安装方法与双面维护型配电屏相同。控制屏背面离墙距离等于或大于 0.8m,屏前(操作面)离墙距离应等于或大于 1.5m。屏底下通常留有电缆沟,沟宽、沟深应根据电缆多少及实际情况确定。

安装图如图 13 - 28 所示,安装方法步骤如下:

1）基础型钢的构筑

发电机控制屏一般是安装在预先构筑好的基础型钢上，要求基础型钢的水平误差每米不超过1mm，全长不超过5mm。

基础型钢材料一般是用两根平行的8～12槽钢，埋设在地沟边沿上。要求两平行槽钢外边沿的跨距与配电屏的深度一致。

槽钢埋设法见图13-29（a）；也可用角钢代替槽钢，其角钢的埋设方法见图13-30（b）。不管采用什么型钢都要牢固地与地坪连在一起，其连接（固定）方法有两种，一种是直接预埋在地坪中，或与地坪钢筋焊接在一起；另一种是预埋螺杆，在型钢上钻孔用螺栓固定。

型钢埋设前应进行校正、调查、除锈、埋设时可用水平尺调水平，当达不到水平时，可以用铁件垫，要求型钢要高出地面20mm。

2）控制屏就位

控制屏安装一般要在土建已基本完工，混凝土养护过后进行。但有时为了抓进度，各专业交叉作业，这时应注意对发电机控制屏的保护，以免碰撞屏内设备和屏面仪表及表面漆层。

控制屏根据系统图逐个就位，按顺序立于基础型钢上，然后即可进行屏体的水平、垂直度调整。

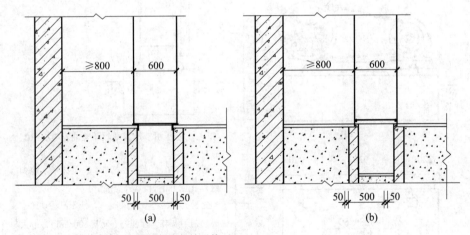

说明：1.预埋的底座角钢或槽钢应保持平整。

2.型式Ⅰ，发电机屏与预埋的底座角钢焊接固定（在屏底的四周）。

3.型式Ⅱ，发电机屏与预埋的底座槽钢采用螺栓固定。

4.发电机屏下面基础的形式和电缆沟由具体工程确定。

5.发电机屏侧面靠墙安装时，侧壁板可以不用。发电机屏侧面离墙距离建议采用25mm。

图13-28　发电机控制屏安装图

水平、垂直度的调整方法一般是用线锤由屏顶部吊下，用尺子测量线锤与屏体间的距离，一块屏可测上、中、下三点校正垂直度，要求垂直误差不超过2～3mm（2‰）。再用水平尺调整屏的水平，要求水平误差每块屏不超过1mm。对于多块屏安装可先调整一块屏并固定，以其为标准，依次调整，也可调好中间一块屏并固定，以其为标准，分别向两侧依次调整。

3）控制屏的固定

当控制屏水平和垂直度调整好后,就可以进行固定。固定方法有两种:一种是直接焊接在基础型钢上,其特点是安装工程量小、方便、牢固,但不便拆卸,适用于永久性的发电站;另一种是用螺丝固定在基础型钢上,其特点是安装工作量大,一般打椭圆形眼,既便于调整位置,也便于拆卸,适用于需要拆卸的发电站。

控制屏安装,其基础型钢必须要有良好的接地,一般可使用扁钢将基础型钢和接地网连接起来。

控制屏就位、固定好后,可对屏内设备进行调试,进行二次线检查、仪表校验。

2. 空气压缩机的安装

空气压缩机的安装,应构筑基础,并用地脚螺丝固定好。其安装图如图 13 - 29 所示。安装后应检查油底壳是否有足够的润滑油,油面应在油尺两刻线之间。运转时,压缩机皮带轮转向应与外壳箭头方向一致。如果转向反了,压缩机得不到足够的润滑,会烧坏轴承。

压缩机高压气出口管上一般都有安全阀,当压力超过 $28 \sim 30 \mathrm{kgf/cm^2}$ 时,安全阀应自动放气。安装后正式运转前,应对安全阀进行试验。

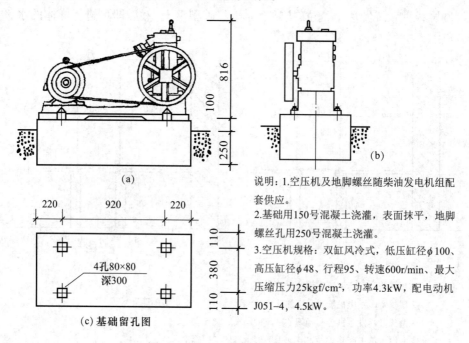

(a)

(b)

(c) 基础留孔图

说明:1.空压机及地脚螺丝随柴油发电机组配套供应。

2.基础用150号混凝土浇灌,表面抹平,地脚螺丝孔用250号混凝土浇灌。

3.空压机规格:双缸风冷式,低压缸径 $\phi 100$、高压缸径 $\phi 48$、行程95、转速600r/min、最大压缩压力25kgf/cm²,功率4.3kW,配电动机J051-4,4.5kW。

图 13 - 29　250 系列空压机安装图

当高压气管内的高压气未放出之前,不能起动气泵,否则将烧断电动机线路的保险丝。有的气泵在低压汽缸侧装有减压阀,起动时将减压阀拉柄拉起,可以减除低压缸压缩,待转速正常后再将拉柄放松,压缩机即开始压气。

内燃机驱动的空气压缩机安装图如图 13 - 30 所示。

不管是电动还是内燃机驱动的空压机在安装时,都要开箱检查螺丝孔距,以免在就位时出现孔眼不对。基础的构筑和孔洞预留尺寸可根据设备的重量及实际情况确定。

322

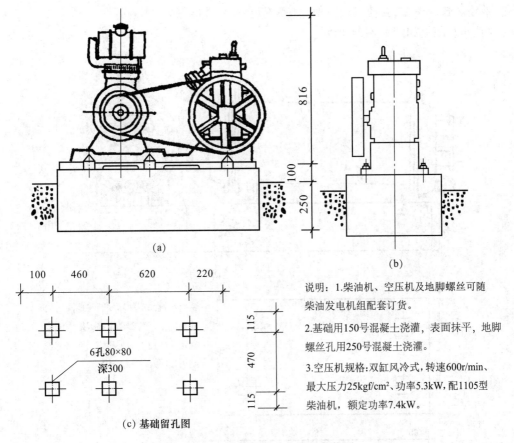

(a)

(b)

说明：1.柴油机、空压机及地脚螺丝可随柴油发电机组配套订货。

2.基础用150号混凝土浇灌，表面抹平，地脚螺丝孔用250号混凝土浇灌。

3.空压机规格:双缸风冷式,转速600r/min、最大压力25kgf/cm²、功率5.3kW,配1105型柴油机，额定功率7.4kW。

(c) 基础留孔图

图 13 – 30   内燃机驱动空压机安装图

3. 储气瓶的安装

储气瓶位置应尽可能靠近发动机,以利柴油机起动。起动管路过长,将造成柴油机起动困难或使储气瓶一瓶气可能起动柴油机的次数减少。储气瓶一般垂直放置于气瓶坑内,四周用斜形方木塞紧。气瓶大手轮露出地面高度 1 ~ 1.2m 为宜,这样便于操作。

有多台机组时,各储气瓶之间应并联,以便互相备用。

储气瓶平时应存足气,以便随时起动机组。

储气瓶安装好后应不漏气,由于气压较高各阀门的密封要求较高。好的储气瓶,打足气后放置几个月甚至半年,应基本保持气瓶内气压不降低。

安装后应进行试验(包括管道的连接),若气瓶漏气,可将漏气的阀上加研磨膏,与其阀座进行研磨,然后用汽油洗掉,再涂上机油进行研磨,直到不漏气为止。

管道漏气不严重一般不用处理,因为储气时,管道内均无压缩空气,只是在打气过程中才通过管道。

4. 机油冷却器的安装

250 型柴油机的机油冷却器需单独安装。一般是安装于机油滤清器(机油箱)前边的基坑内或地沟内。为便于水管、油管的连接,机油冷却器与机油箱之间应留有一定的距离,通常为 15 ~ 20cm,靠得太近将造成水管、油管安装不便;同时也不能离得太远,使水路、油路加长。总之,要使安装方便、整齐美观、运行性能好。

其安装图见如图 13 – 31 所示。

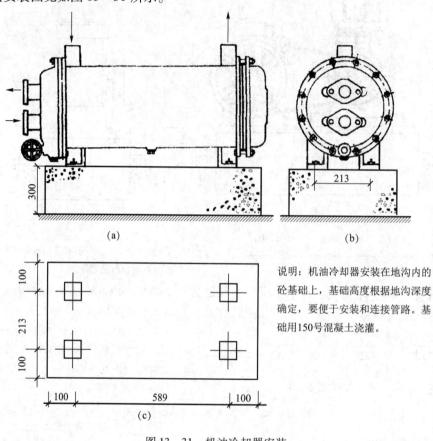

图 13 – 31　机油冷却器安装

说明:机油冷却器安装在地沟内的砼基础上,基础高度根据地沟深度确定,要便于安装和连接管路。基础用150号混凝土浇灌。

5. 排烟管的安装

排烟管的敷设要求在前面已讲过,这里仅介绍排烟管安装方法和保温层设置方法。

排烟管架空敷设时,通常采用支架和吊架两种方法进行固定,沿墙敷设采用支架支撑固定,如图 13 – 32 所示。图中尺寸 A、B 由烟管管径和保温层厚度确定。其要求是在满足施工安装方便的前提下,尽量靠墙敷设。不沿墙架空敷设时通常采用吊架敷设,如图 13 – 33 所示。图中各部尺寸安装时可视具体情况而定。吊架各部件可由工厂加工,也可自制,总的要求是牢固美观,安装方便。以上安装要注意预埋尺寸准确,保证安装时不出现扭弯现象。另外,要使包箍固定点和烟管法兰错开,以便检修。

当烟管穿过密闭墙时,要进行密闭处理。通常穿墙有两种方法,即固定式和滑动式。固定式是在烟管的穿墙段焊接如同法兰一样的钢板,使大圆钢板插到砼墙内,烟管不能来回滑动。这种方法密闭性能较好,但安装较麻烦。滑动式是将烟管穿过墙,在周围加以保温材料固定,相对地讲可以沿墙滑动。这种方法安装方便,但密闭性能稍差。具体安装如图 13 – 34 所示,图中尺寸见表 13 – 2。

324

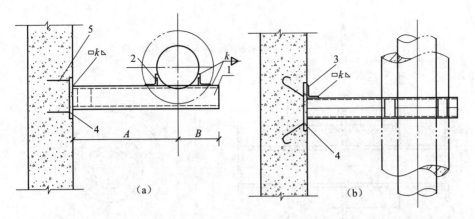

图 13 - 32　烟管架空敷设
1 - 支梁；2 - 角钢；3 - 加固角钢；4 - 钢板；5 - 钢筋。

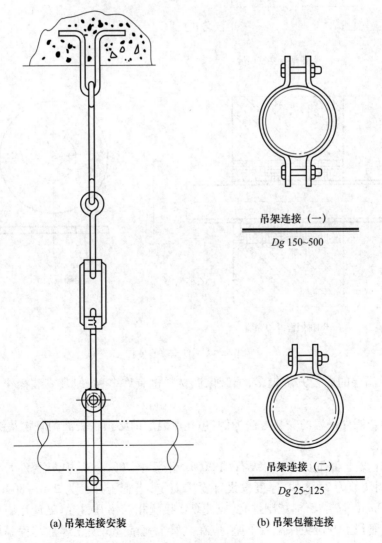

吊架连接（一）

Dg 150~500

吊架连接（二）

Dg 25~125

(a) 吊架连接安装　　　　　　(b) 吊架包箍连接

图 13 - 33　烟管架空敷设

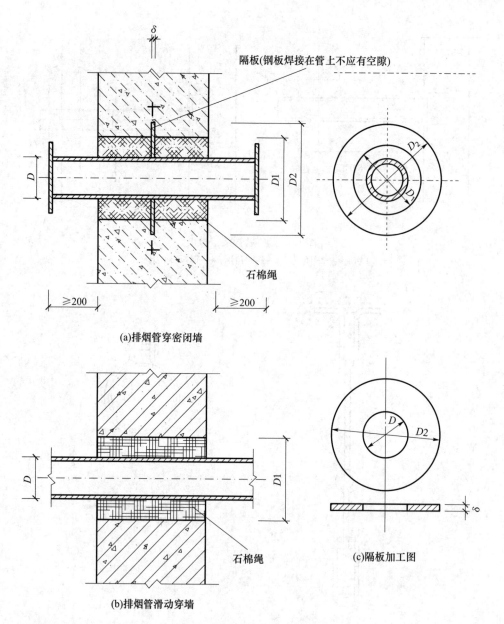

图 13 - 34 烟管穿墙处理

烟管保温层的设置方法较多,烟管保温材料也有许多种,但其安装操作工艺都大同小异。

以石棉灰制件保温的安装方法为例:包扎保温层前必须将表面的脏物及铁锈除掉,再涂两道防锈漆。

石棉:硅藻土重量比为:六级石棉 30%,硅藻土 70%。石棉灰制件长度为 300 ~ 600mm,每周块数为 2 ~ 8 块,厚度按设计要求而定,当管子外径为 250 ~ 800mm 时,厚度为 150 ~ 170mm。安装石棉灰制件时,应使纵横接缝相互错开,接缝处应用石棉硅藻土浆填实。在立管段上为避免保温层下坠,应在立管上每隔 2m 预先焊上与保温层厚度相应的扁钢 2 ~ 3 块。

326

表 13 - 2　烟管穿墙安装时的尺寸

序号	公称直径 Dg/mm	管子外径 D/mm	安 装 尺 寸				备 注
			D′/mm	D_1/mm	D_2/mm	δ/mm	
1	50	57	59	160	260	5	
2	65	73	75	180	280	5	
3	80	89	91	190	290	5	
4	100	108	110	210	310	5	
5	25	133	135	240	340	5	
6	150	159	161	260	360	5	
7	200	219	221	320	420	5	
8	250	273	275	380	480	5	
9	300	325	327	430	530	5	
10	350	377	379	480	580	5	
11	400	426	428	530	630	8	
12	450	478	480	580	680	8	
13	500	529	531	630	730	8	
14	600	630	632	730	830	10	
15	700	720	722	820	920	10	
16	800	820	822	920	1020	10	

当采用石棉水泥保护壳,管子外径大于 200mm 时,在石棉灰制件与保护壳之间用直径为 1.0～1.4mm、网孔为 20×20～30×30mm 方格镀锌铁丝网加强,外用铁丝绑扎。保护壳厚度为 10～15mm。保护壳配料重量比为:水泥 37%,四级石棉 60%,防水粉 3%。用水调成泥浆状,涂抹于铁丝网外面,干后形成保护壳。

保温层也可用矿渣棉毡、玻璃棉毡或硅藻土制件。

由于其他保温材料的限制或施工进度要求等原因,保温层也可采用石棉绳。用石棉绳在烟管外面缠绕 2 至数层后,用方格铁丝或玻璃布进行包扎,再用铁丝绑扎紧,外面用石棉水泥作保护壳。

13.3　柴油发电机组的操作运行

13.3.1　柴油发电机组的试运行

柴油发电站安装后,必须对柴油发电机组进行试运行,以检验机组和附属设备安装质量是否达到设计要求,通过试运转发现和纠正安装中存在的问题。

1. 试运转前的准备工作

机组安装后运转前,必须进行周密细致的检查准备工作。

(1) 机组的检查包括:

① 打扫清理电站房间,将施工过程中堆积的杂物彻底清理干净。

② 彻底清洗机组外部。

③ 检查扭紧所有地脚螺栓。

④ 检查清洗进气干管及支管，将其中的焊渣、灰、砂彻底清除。

⑤ 检查调整气门间隙，并检查曲轴、电机转动有无卡阻现象。

⑥ 清洗机子内部的防锈油，并检查连杆螺栓、主轴承螺栓有无松动，开口销是否插牢。检查油底壳内是否有杂物。

⑦ 向油底壳及机油箱加足机油；检查电机轴承、水泵、风扇轴承、起动机和充电发电机轴承是否加足了黄油或机油。

⑧ 检查发电机绝缘电阻，采用可控硅励磁调压设备或其他调压设备，凡有用晶体管元件者，将发电机绕组连线拆开后，才可用500V摇表进行检查。

⑨ 排除燃油系统内的空气，并检查高压油泵柱塞及齿条拉杆是否灵活。

⑩ 准备好运行中所用的工具和仪表及记录用纸、表格。

（2）附属设备的检查主要包括：

① 检查油管、水管、气管等有无渗漏现象。

② 检查发电机盘的操作手柄是否灵活可靠，发电机与配电盘所有连线是否正确。将调压装置转至手动位置，将磁场变阻器手柄向"降压"方向旋到底，并断开所有配电盘上的联络开关及闸刀。

③ 检查压缩机是否加足了润滑油，转向是否正确；并向储气瓶充气，检查储气瓶是否漏气。

④ 检查所有水、油、气阀门是否操作灵活，并使所有应打开的阀门打开，应关闭的阀门关闭。

⑤ 起动前检查飞轮及所有转动部分是否放有工具或杂物。

另外，在起动前，要做好紧急停机的准备工作，以防事故发生时措手不及。

2. 单机试运行

整体式安装的柴油机，空负荷运转0.5h，1/2负荷运转0.5h，3/4负荷运转0.5h，额定负荷运转2h；若机组有超负荷能力，110%负荷再运转0.5h。由于坑道内排烟管较长，排烟阻力增大，对于2.2kW配2kW的机组，往往发不出额定功率。

为了试验整个坑道或电站的通风、降温、除湿设备的效果，根据设计要求，机组也可做12h以上的连续负荷试运转。

1) 空负荷试运转

在安装后初次起动过程中，要特别注意机组有无不正常响声。发现不正常响声，应迅速立即停机，排除故障后才能再起动。

起动后首先低速运行10~20min。起动后，首先应检查机油压力及柴油机回水情况，然后检查有无漏水、漏油、漏气之处及机组振动情况，并做记录。

低速运行过程中如未发现什么主要问题，就将机组转速逐渐增至中速，再做如上内容的检查。机组调至额定转速运行一段时间后，除上述检查外，还应检查机油温度、出水温度、排烟颜色和发电机轴承温度。

若额定转速运行正常，就可进行发电试验，将发电机盘上所有开关先分开，将磁场变阻器手柄逐渐向"升压"方向旋转，使发电机电压升到额定值。在操作过程中，要注意交流电流表、电压表、直流电流表和频率表各表指针指示是否正常。电压达到额定值后，转换电压表转换开关,检查各线电压是否平衡。

手动调压正常后,可将调压转换开关转至自动位置,并调节电压电位器,使电压表指针指于额定值。

合上发电机主开关,将电压送到母线上,并检查发电机电压相序是否正确。

空载运行后,即可停机,排除运行中的故障后,再做负荷运转。

2)增加负荷试运行

负荷运行时要详细记录运行情况,以便评定和分析各种不正常运行和现象,并可以衡量机组出厂质量和安装质量。记录表格如表13-3所列,供参考,也可自制表格,要简单明了地反映负荷增加时的各部件运行状况。

表 13-3　试运行记录表

负荷,时间 记录项目		空负荷 ×时×分—— ×时×分	半负荷 ×时×分—— ×时×分	备注
机油压力(kgf/cm²)				
机油温度/℃				
出水温度/℃				
进水温度/℃				
排烟温度/℃				
房间温度/℃				
电压/V	AB 相线电压			
	BC 相线电压			
	CA 相线电压			
电流/A	A 相电流			
	B 相电流			
	C 相电流			
频率/Hz				
功率/kW				
励磁电流/A				
电机轴承温度/℃				
定子绕组温度/℃				
充电电流/A				
排烟颜色				

因为是初次带电运行,接线很可能有错误或故障,在接通每一个开关时,都要注意交流电流表的指示,发现异常情况,迅速将开关分开。

增加负荷时,当排气冒黑烟,油门手柄已加到极限位置,机组转速也不能再提高,这说明机组出力已到极限程度,负荷再也升不上去了。不能为了增加机组出力,而去调整柴油机的高速限制螺钉和高速限制器。

3. 机组并联试运行

329

在单机试运转之后,才可进行并联试运转。在单机试运转过程中,要把所有发电机电压的相序都调成一致。为保证并联运行机组电压相序一致,不致造成误并车,第一次并车最好采用三组灯光熄灭法,若各机组相序一致,三组并车灯应同时明或暗;若三组灯轮流依次明暗,说明机组电压相序不一致。

初次并车操作前,应对各发电机盘的所有仪表进行校对,校对可采用比较法。

初次并车操作的每一步都应做确切,每一步都要细心观察有无不正常现象出现。并车合闸后,要特别注意电流表指针摆动情况,若指针轻微摆动,说明并联的机组已同步运转;若指针大幅度摆动不停,应迅速将并车开关分开。

带有自动调压装置的机组,并车前都应将转换开关转至"并列"位置,以便各机组合理分配无功负荷。

励磁绕组采用均压线的,并车应在各机组电压调至一致后,合上均压线开关。

在并联运行过程中,随着负荷的增加,各机组有功及无功可能不与机组容量按比例分配,要及时加以调整。要注意在手动调压的情况下,当改变柴油机油门大小时,不仅使有功分配改变,而且也会对无功分配产生影响,所以在改变有功分配的同时,也要注意及时调整无功分配。

不同型号机组并联运行,投入较大容量电动机时,冲击电流很大。因为各机调压设备性能不同,强励作用不同,再加调速器性能不同,有功及无功功率分配可能有很大差异,甚至电压也会短时下降,严重时可能导致列。因此在冲击负荷较大的情况下,应尽可能选用同型号机组,并加均压线。

试运行会发现柴油机、发电机、配电盘及连接电缆导线等各方面的问题,试运转结束后,要逐一进行处理,处理完后再做短时运转,看问题是否已经解决。

13.3.2　柴油发电机组的正常运行

机组的正常运行是指试运行以后,没有发生故障时的运行。

(1)柴油发电机组的正常起动前,必须做好细致的检查,检查的内容主要包括:

① 机组各部件、零件应完好无损,各连接管线应无松脱现象。

② 贮气瓶内的气压应保持在 $18 \sim 25 \mathrm{kgf/cm^2}$,如气瓶内有积结的油污或水分等,应用低压气吹掉。用蓄电池启动的机组,蓄电池电压应保持24V以上,电瓶线连接应牢固。

③ 机油箱内应加足机油(机油牌号应符合要求),并用手摇油泵进行泵油,使油压达到 $1 \sim 1.4 \mathrm{kgf/cm^2}$,油压保险应复位;启动手轮应在停机位置,起动时,置于起动位置。

④ 打开柴油储油通往柴油机的管路阀门,转动输油泵,直到全部油管充满柴油,柴油表要有转动。如管路内有空气,可旋出高压油泵排气螺丝排空气,再用撬杠推动高压油泵柱塞向各缸内泵油。

⑤ 打开进、出水水管阀门,开动冷却水泵,使柴油机水套充满冷却水,水压要高于 $0.4 \mathrm{kgf/cm^2}$。

⑥ 检查发电机各部件固定是否良好,转子滑环、刷架等处有无杂物,转动主轴应无卡滞现象。

⑦ 检查控制屏、开关拒或台是否良好,包括测量仪表、继电保护等二次接线,各开关应在分断位置,磁场变阻器应在电压最低位置。

⑧ 不常运行机组应对定子绕组、转子绕组、电缆等进行绝缘电阻测量;对工程中常用机组(电压等级为 400/230V),应用 500V 摇表测量,其绝缘电阻值应在 0.5MΩ 以上,否则应检查原因,采取措施,直到达到要求为止。

⑨ 按战术技术要求,开启机房进、排风机以及相应的阀门,关闭进、排风机和排烟系统中所有检查门窗。

(2) 起动前的检查和准备工作做完,就可进行启动。下面分别介绍 250 型和 135 型柴油发电机组的启动过程。

250 型柴油发电机组的启动:

① 启动前柴油机的启动手轮必须放在停车位置,当接到启动信号时,打开压缩空气阀门(贮气瓶上大转轮开启),将启动手轮转至启动位置,当听到汽缸内有爆炸声后约 3s,将启动手轮转至运行位置,油机即运转,再关闭贮气瓶上大转轮阀门。

② 柴油机组旋转后,应低速运转 20~30min(紧急情况除外),使水温达到正常后,再将油门调到额定位置,使转速达到额定值。

③ 检查机组各部分运行情况,检查进/出水温度、排烟等情况,均为正常后才能带负荷。

④ 按励磁调压装置的要求,机组在正常运行的情况下,将发电机输出电压和频率调到额定值,有手动调压时,先手动再转换到自动调压位置,最后可合闸供电。

135 型柴油发电机组的启动:

① 接到启动机组的信号,打开电钥匙,用手按下启动按扭,5s 内应起动,否则应松开启动按钮,停 1min 再进行启动,直到启动成功。如果 3~5 次都无法启动,应检查原因并排除,否则将使电瓶电压降低,更加无法启动。

② 机组启动后,应低速动转 10min 左右,使水温达到正常,然后再将油门加大,直到额定转速为止,特殊情况可很快达到额定转速。

③ 检查机组运行情况,当进/出水温度、机油压力均为正常后才能带负荷。

④ 调整励磁调压装置,使电压、频率达到额定值,当运行正常后,即可合闸供电。

(3) 柴油发电机组正常运行的要求和监视:

① 柴油机带负荷后应经常检查机油压力、机油温度、进/出水温度、柴油压力,使其不超过规定值。

② 正常情况下柴油转速的波动不得超过额定转速的 ±1%,或者电压频率波动不超过额定值的 ±0.5%。电压波动允许为额定电压的 ±5%。

③ 正常情况下,机组不准超负荷运行。柴油机排烟应无色或显浅灰色。

④ 经常检查发电机温度,最高允许值应按厂家说明书铭牌规定。无说明书或铭牌不清的,定子绕组温度应在 60~80℃。

⑤ 正常运行中,发电机三相不平衡电流不应超过额定电流的 10%;在允许不平衡状态下运行时,任何一相不得超过额定值,励磁电流也不得超过额定值。

⑥ 发电机投入运行后,可立即带 50% 负荷运行,但由 50% 增加到 100% 负荷时,时间应不少于 25min(特殊情况除外)。

⑦ 正常运行中,经常对发电机、励磁机进行检查,特别要检查滑环、整流子、碳刷火花是否过大。

⑧ 运行中,要按规定项目和记录要求进行记录,并严格遵守交接班制度。

(4) 柴油发电机组的停机。当接到停机命令或信号时,按下列步骤停机:

① 逐步减少负荷(同时相应降低油门),直到全部切除负荷,拉开主开关。减少油门使机组在中速位置运转 5~10min,然后把开车手轮转到停机位置(250 型机组)或把停机手柄扳到停机位置(135 型机组)。如果运行机组处于并联运行状态,首先应解列,再进行上述操作。

② 如果有外电源,停机后应使冷却水泵再运转几分钟,如无外电源,应将冷却水泵控制开关断开,冷却水路各阀恢复到停机位置。

③ 关闭气路阀(或关掉电钥匙开关),检查进气管路和排烟系统的各阀门位置并使其恢复到停机位置。

④ 认真填写机组运行记录和交接班登记簿。

⑤ 对机组进行擦拭保养,打扫柴油电站内卫生。

13.3.3 柴油发电机组的非正常运行

柴油发电机组在正常运行中,突然发现有异常情况,要根据具体情况进行处理。

(1) 柴油机出现以下情况时,可不停机检查故障并及时排除。

① 柴油机的机油压力、机油温度、冷却水进/出水温度过低或过高时,可检查其润滑系、冷却系有无故障,发现故障及时处理,较长时间不能处理时,需请求停机检查。

② 因特殊情况需要机组超负荷运行时,可在不超过额定负荷的 110% 范围内,连续运行 1h,时间过长需停机或减负荷运行。

③ 柴油机由于负荷波动较大,并引起柴油机的不正常振动,应及时与值班室联系,进行负荷调整或按值班室指令执行。

(2) 柴油机出现下列情况应立即停机,认真细致检查故障原因,尽快排除,在查不出原因的情况下,不允许再次启动机组。

① 机油压力或冷却水压力全部消失,又不能立即恢复时。

② 机油温度或冷却水温度很高并继续上升时。

③ 转速过高,超速安全装置不能起作用,声音异常,有"飞车"的趋势时。

④ 柴油机内部有强烈的敲击声。

(3) 发电机出现下列情况时,可继续运行,但应尽快查明原因并设法消除。一时不能处理时,需与值班室联系,按值班室意见处理。

① 发电机处于超负荷运行,但没有超过允许超负荷极限位或没有超过允许时间时。

② 发电机测量仪表中有个别仪表指示不正常,经判断不是发电机故障时,可在运行中检查仪表接线和仪表本身,查出原因,及时排除。

③ 发电机或励磁机在额定负荷内,温升超过允许值。

④ 发电机主开关以下,电站发生一点接地或由于其他原因引起三相不平衡电流过大时,可继续运行,查出故障进行处理。如是负荷不平衡原因,可与值班室联系,及时处理或在允许范围内运行。

(4) 发电机在正常运行中遇到下列情况,要立即断开发电机主开关(切负荷使发电机空载)或立即停下机组。

① 当机组负荷过大,超过允许超负荷极限值并不能很快消除时,应立即断开主开关。

② 由于柴油机故障须停车时要首先断开发电机主开关。

③ 当发电机在并列运行时,发现失步现象,1min内又不能恢复正常,要立即断开关。严重时可出现发电机变为电动机,也应立即断开主开关。

④ 供电线路出现相间短路时,发电机保护装置又不能动作时,应立即断开主开关。如短路现象出现在主开关以前时,除断开主开关外,还应立即停车成立即停止供磁。

⑤ 供电线路发生一点短路,1h内排除不了时,应断开主开关,检查故障原因并及时排除。

⑥ 突然发现电机励磁回路断电,无励磁电流,使端电压为零时,应立即断开关。

柴油发电机组在运行中可能会出现各种各样的故障,要根据情况的严重程度,果断采取有效措施进行处理。

13.4　柴油发电机组的维护检修

13.4.1　柴油机的维护检修

柴油机的维护检修工作对于整个柴油发电机组安全、可靠和经济的运行具有重要意义。对于设备绝不能只用不修,或者出了事故再修,一定要加强经常的维护和定期的检修。

由于各类型号柴油机的结构和性能有所差异,制造厂的要求也不完全相同,因此对于各型柴油机的维护检修,应根据各型柴油机使用维护说明书的要求进行。本节主要介绍一些检修基本知识和一些运行单位的实际经验以及值得注意的问题,供设计工作者和有关人员参考。

1. 检修的类别与要求

关于检修的种类,国内没有统一规定。根据大多数的情况,从检修的内容与工作量来说,可以分为维护检查、小修、中修和大修四种。

(1) 维护检查。

维护检查也叫预防修理,以检查保养为主,修理为辅,包括日检查和周检查(简称周检)。一般情况是星期一至星期六在开机运转情况下,加强每日的维护保养,星期日停机进行检查和修理。周检的主要内容是清洗过滤器,检查或校正喷油器,检查进/排气门间隙,检查主要螺栓的松动情况和曲轴臂距差等。此外,发现什么需要修理,就应及时检修。周检时间一般只需半个班至一个班。对柴油机运行来说,经常性的维护检查是一项非常重要的工作,因为它是预防事故、减少磨损的重要措施,维护检查工作做好了,不但可以减少发生故障的可能性,保证柴油机的正常运行,而且可以减少检修的工作量和费用。

我国南方一些柴油机发电站,十多年来由于加强了平时的维护检修,取得以下效果。

① 减少了设备磨损,延长零件寿命。有的发电站常年连续运行,过去每年要修理曲轴一次。加强周检后磨损减轻,很多曲轴用了十几年没有更换,有的柴油机曲轴(6350型柴油机)甚至连续使用了12年一直没有修过。

② 延长了检修间隙期,缩短了检修时间,减少了检修工作量,提高了设备运行率。

（2）小修。

一般一个月至三个月进行一次。小修的内容在柴油机样本和有关书籍上都有规定,除了全面检查全部螺栓紧固情况、装置,检查清洗过滤器、汽缸盖、进/排气门和导管以及检查、清洗润滑油系统、燃油系统、冷却水系统管路外,对柴油机本体的主要工作是检查、校正曲轴臂距差,检查测量连杆螺栓伸长量,以及研磨进/排气门等。小修一般需停机2～4天。

一年中小修的次数较多,停机的时间较长,有些使用单位采取加强日常维护检查的办法取消或减少了小修的内容并分别纳入在周检和中修中进行,从而增加了机组的运行时间。

（3）中修。

柴油机一般经过几千小时运转以后进行中修。中修除包括小修的全部项目外,将柴油机基本上解体,主要内容是检查主轴承、曲轴和调速器,测量曲轴椭圆度和锥度,拆卸检查或更换连杆螺栓,更换损坏的轴承、汽缸套和活塞。此外,还要拆洗高压油泵、燃油泵、润滑油泵以及检查调整安全装置、调速器等。一般中修250型柴油机需停机15～20天,中修350型柴油机需20～25天。

（4）大修。

一般情况是柴油机经过两次中修以后进行大修。大修包括中修的全部内容,将柴油机全部解体。大修与中修的区别主要是修理曲轴及主轴瓦。有时计划是大修,但拆开检查后,并不需要修理曲轴和主轴承,那么这一次检修实际上是一次中修。有些单位由于机修能力所限,曲轴需要拿到外单位去修理,自己检修主轴承,这也是属于大修。中修一般不吊出曲轴,有时需要吊出检查清洗,但不进行修理。大修时修理曲轴,主要修刮轴颈,更换主轴瓦、曲轴瓦及凸轮轴,全部检查或更换连杆螺栓;此外,还要校验各部仪表及安全装置。

2. 检修周期与定额

1）名词解释

（1）运转台时:从柴油机起动运转开始(不论是否带负荷)到停止的时间称为运转台时,单位为小时。

（2）日历台时:将运转台时折合成年月日,即为日历台时。

（3）检修时间:每次检修所需时间。

（4）检修间隔期:指两次检修(包括大、中、小修)所相隔的时间,即两次检修之间的实际运转台时与停机时间之和。对连续运转柴油机可按实际运转台时计算。

（5）检修周期:指两次检修之间的循环周期。对于大修来说,经过若干次小修和中修这样一个循环周期时间称作大检修周期。检修时间加检修间隔期就是检修周期,以日历台时计算。

（6）停车台时:实际停车的时间是停车台时,单位以小时计。

（7）检修停车台时:检修的天数乘以工作班次的小时数。如中修用20天,每天一班工作,则检修停车台时为20×8h＝160h。

2）检修周期与工台时定额

在检修时,应按实际情况对需要更换的零部件进行更换,而能继续使用的应继续使用,做到物尽其用。根据一些柴油机发电站的运行情况,参照过去的有关检修规范,现将几种型号柴油机的检修周期与间隔期及250型和350型柴油机的检修工时定额分别列于表13－4及表13－5。

表13-4 几种型号柴油机的检修周期与间隔期

检修类别 台时 柴油机	大修		中修		小修		周检	
	检修间隔期运转台时/h	检修周期日历台时/年	检修间隔期运转台时/h	检修周期日历台时/月	检修间隔期运转台时/h	检修周期日历台时/月	检修间隔期运转台时/h	检修周期日历台时/天
135	7000	>1	3500	8	500	1	100	7
160	8000	1~2	5000	10	500	1	100	7
250	12000~15000	2~3	6000	12	500~1000	1~3	144	7
350	15000~20000	3~4	8000	18	1000~1500	2~4	144	7

表13-5 250型和350型柴油机检修工时定额

名称	单位	大修		中修		小修		周检	
		6250	6350	6250	6350	6250	6350	6250	6350
每班人数	人	8	15	7~8	12~15	6~8	8~10	2~3	3~5
检修天数	天	30~35	40~50	15~20	25~30	2~3	3~4	0.5~1	0.5~1
检修停车台时	h	240~280	320~400	120~160	200~240	16~24	24~32	4~8	4~8
停车台时	h	720~840	960~1200	360~480	600~720	48~72	72~96	4~8	4~8

注：① 参加检修的人员平均以3~4级工计算，其中半数以上应为熟练的检修工。

② 每天一班作业，休息日在内，轮休另外加人。

3）全年检修停机时间的推算

以250型柴油机组连续运转为例，其每年因检修需停机的时间大致推算见表13-5。

由表13-6可见，因检修需停机的时间为1560~2162h，占每年8760h的17.8%~24.6%，即每年需停机(1560~2163)/24=65~90天。因此，在设计柴油机发电站时，检修备用量按20%~25%考虑是适当的。

3. 易损零件及其使用期限

1）柴油机运行中易磨损的零件

（1）喷油器：这是柴油机在运行中经常磨损的零件，主要是喷油嘴孔的腐蚀和油针、油针体的磨损及咬死。一个喷油嘴一般使用期为2~3个月，但油过滤沉淀不好时，喷油嘴的磨损很快，严重的不到一个星期就要更换。

表13-6 250型柴油机全年检修停机的时间

项目	检修间隔期	每年需要次数	每次检修需要停机时间/h	折合平均每年所需停机时间/h
大修	运行12000h后	8760/12000=0.73	(30~35)×24=720~840	525~613
中修	运行5000h后	8760/5000=1.76	(15~20)×24=360~480	635~845
小修	3个月	4	(2~3)×24=48~72	192~288
周检	每周	52	4~8	208~416
共计				1560~2162

335

（2）活塞环：活塞环起着保证汽缸的密封和控制汽缸壁的润滑作用,对柴油机运行中燃油和润滑油的消耗都有很大影响,因此必须保持活塞环开口有正常的间隙。当活塞环开口间隙超过允许值时,应予以更换。几种型号的柴油机活塞环的开口标准和允许间隙见表13-7。

表13-7　活塞环的开口装配间隙和最大允许间隙

柴油机系列/型	装配标准间隙/mm		磨损极限间隙/mm
	最小	最大	
135	0.4 ~ 0.6	0.6 ~ 0.8	2.0
160	0.4	0.6	3.2
250	0.6 ~ 0.8	0.9 ~ 1.0	3.5
350	1.4 ~ 1.9	1.6 ~ 2.1	5

（3）高压油泵滤芯：使用时间的长短与燃油性质和清洁情况有关。使用重柴油时油泵滤芯的磨损比使用轻柴油严重。

（4）轴承套：当柴油机的主轴承间隙超过表13-8中的规定时,需调整或更换轴承套。

表13-8　主轴承间隙要求

柴油机系列/型	装配标准间隙/mm		磨损极限间隙/mm
	最小	最大	
135	+0.045	+0.09	
160	+0.08	+0.16	0.35
250	0.08	0.188	0.40
350	0.19	0.22	0.40

（5）气门及导管：进、排气门一般运行500h后应检查一次,如取消了小修采用周检的发电站在运行100h以上时即进行检查。当发现气阀与气阀座的接触线不是整圈光亮或有局部变黑和麻点时,则气阀需要重新研磨。

进、排气阀导管也容易损坏,特别是排气阀导管常因燃烧不正常而被烧坏,一般使用1 ~ 2年就要更换。

（6）连杆螺栓：连杆螺栓必须经常检查,定期更换。

此外,活塞、汽缸套等也比较容易损坏,都需要加强维护检查,发现磨损严重或裂痕,应及时更换。

2）零件使用期限

目前没有关于零件使用寿命的统一规定,它与零件的制造质量、加工精度有关,特别是与维护管理好坏有密切关系。由于加强维护保养、提高检修和运行管理水平,各柴油机发电站的零件使用寿命较过去规范规定的数字普遍延长。

根据一些矿山发电站对250型和350型柴油机的使用情况,参照过去中南地区的《柴油机检修规范》,将一些零件的一般使用寿命列在表13-9中。

表 13 - 9 易损零件使用期限

序号	零件名称	单位	使用寿命		备注
			一般	最长	
1	汽缸套	个	1~2 年	8 年	
2	活塞	个	2 年(铝制) 4~5 年(铸铁)	7~8 年 7~8 年	
3	活塞环	只	3~6 月	1.5 年	
4	活塞销	个	1~2 年		
5	活塞销铜套	套	1~2 年	7~8 年	(1) 使用寿命系指连续运行时间;
6	连杆螺栓	个	2~3 年		(2) 活塞与活塞铜套采用紧配合;
7	连杆轴瓦	个	1.5~2 年	4~5 年	(3) 连杆螺栓一般规定在大修时一律更换;
8	主轴瓦	个	2~2.5 年	4~5 年	(4) 喷油器使用寿命系指更换喷油嘴
9	进气阀	个	2~3 年		
10	排气阀	个	8~18 月	2 年	
11	进气阀导管	个	2~3 年		
12	排气阀导管	个	1~2 年		
13	喷油器	个	2~6 月	12 月	
14	高压油泵芯套	个	2~6 月	12 月	
15	250 型柴油机调速器滚珠轴承	个	2~16 月	12 月	

4. 检修中的一些问题

1) 连杆螺栓

实践证明,连杆螺栓对柴油机的安全运转关系极大。有的发电站因连杆螺栓折断所引起的事故是很严重的,必须引起足够的重视。连杆螺栓未经过有关部门的鉴定不要随便使用。连杆螺栓在使用前要全部经过磁力探伤器探伤。连杆螺栓使用一定时间后(一般是大修时)更换,有的发电站规定柴油机连续运行15000~20000h(或2~3年)后,连杆螺栓全部更换。在此期间要经常测量连杆螺栓的长度,只要发现连杆螺栓的永久伸长超过极限伸长量时,应立即加以更换。

连杆螺栓的拧紧程度要合适。不要以为连杆螺栓拧得越紧越好,过紧将造成内应力过大而断裂,因此应按规定的连杆螺栓拧紧力矩进行更换。几种型号柴油机连杆螺栓的拧紧力矩列于表 13 - 10 中。对于 250 型柴油机来说,相当于制造厂专用的十二角扳手套上 1m 铁管用一个人力拧紧;对于 350 型柴油机相当于 1.2m 长的套筒扳手一个人来拧紧。

表 13 - 10 连杆螺栓拧紧力矩

柴油机系列/型	拧紧力矩/kgf/m	柴油机系列	拧紧力矩/kgf/m
135	18~20	250	36~40
160	15~17	350	50~60(约)

由于每个人的力量有大有小,不容易控制,故有些发电站用自制的卡表控制连杆螺栓的拧紧程度。

2）活塞与活塞环

活塞的使用寿命主要取决于活塞环槽与活塞销孔的磨损程度。柴油机的活塞销与活塞销孔一定要紧装配，而不应松装配，以免活塞销孔磨损加大，降低活塞使用寿命。

活塞环的好坏，关系到润滑油消耗量的多少，直接影响发电成本。因此，要经常检查活塞环的弹力，防止活塞环因结碳渣而卡死。还要注意柴油机的排气情况，正常燃烧时，柴油机的排气呈淡白色，燃烧不良时冒黑烟；当排气呈浅蓝色时，是润滑油漏入燃烧室的缘故，说明活塞环磨损大了，润滑油消耗量加大，需要更换活塞环。新换的活塞环与汽缸壁的接触不够严密，润滑油耗量较大，待柴油机运转一段时间（100~200h）之后才密封得好。因此，有的发电站更换活塞环时，一次不全部换完，留一两个旧环，待运转一段时间新环与汽缸壁接触严密后，再将旧环换下来，以减少润滑油消耗量。

3）检修时间与检修力量

为了保证检修的质量标准，需要有一定检修时间。有的单位因用电紧张又没有备用柴油发电机组，检修工作只能在节假日中进行，检修时间短促，特别是大修更是紧张，不得不加班（二班甚至三班）突击，而有些检修工作（如刮轴颈等）在夜间工作，影响检修质量。因此，除在设计上应有适当的备用发电机组外，在检修制度上应以白班（一班）检修为主，一般不拟按加班考虑。要保证必要的检修时间，太急过短，草率检修，不利于保证检修质量和长期安全运行。

关于检修力量的配备问题，过去一般是由检修班专门负责检修，运行人员只管操作，在实际生产中常常造成运行人员不会检修、依赖检修，检修人员不会操作等脱节现象，不利于操作管理和工人技术水平的提高。多年来，各单位普遍总结经验教训，逐步改变运行与检修制度，采取运行与检修相结合的办法，如在保留一定检修骨干（两三个人）情况下采取三班制、运行包检修；或者采取四班制，三个班运行，一个班检修，四个班轮换等，虽然形式上不一样，但实质上都是使运行与检修紧密结合，保证检修质量，提高运行水平，使工人全面掌握柴油发电机组的运行操作与维修保养技能，达到懂柴油机性能、会使用、会保养、会检修、会排除故障，用好、管好、修好设备，以保证电站的安全经济可靠运行。

4）检修设备与工具

柴油机在运行中喷油嘴经常磨损，特别是使用重质柴油时，磨损更为严重，需要经常检修。各使用单位的实践证明，喷油器试验是柴油机检修中一项必不可少的工作，一般情况下柴油机的喷油器每周都要进行试验，以检查喷油器的雾化性能。在发电站中可不必设置单独的喷油器试验间，可在主厂房内或辅助间内设置。

关于其它检修设备，如果发电站所在单位有机修车间时，则在发电站内只需配台钻、砂轮机及电焊机等即可；如果发电站所在单位没有机修加工能力或者远离机修车间时，对于长期运行的发电站则应根据需要情况考虑配备车床、立式钻床、压床以及台钻、电焊机等，见表13-11。关于检修工具，除随柴油机所带的专用工具外，主要是配备量卡具，如内外径千分尺、百分表、深度尺、万能角度尺、水平仪以及连杆螺栓卡尺等。

338

表 13 -11 检修设备表

序号	名称	规格	用途	备注
1	车床		汽缸盖、活塞销铜套、摇臂销子、螺丝等加工	C618K 或 C620—M
2	立式钻床	40~60mm	有关零部件的钻床	
3	台钻	15mm	小零件的钻孔	
4	压床	200000kg 或 400000kg	压装活塞销子铜套	非标设备,自行设计
5	电焊机			
6	砂轮机			
7	气焊机			
8	钳工台	1200mm×2500mm		

13.4.2 柴油机安全运行的一些问题

(1) 柴油机起动与停车,一般应按使用维护说明书的要求进行。起动前做好各项准备工作,首先要做到两点:

① 保证润滑油有正常的压力;

② 要先开冷却水泵(如无电时,利用高位水箱),使柴油机汽缸水套及汽缸盖内充满冷却水。如为冷机起动,一般应使柴油机空转 5~30min,使进、出水温度达到正常后,再逐渐增加负荷。停机时应逐渐卸掉负荷,可空转 5~10min,再让柴油机停止转动,也可在卸掉负荷后立即停车。

(2) 保证柴油机的良好润滑。实践证明,保持润滑的效果,对于柴油机的安全经济运行有着重要意义。

柴油机零件的使用寿命在很大程度上取决于润滑效果,因此要保证润滑油良好的过滤(很多单位每天清洗润滑油过滤器一次),注意保持润滑油的清洁。广东有些矿山柴油机发电站还以在润滑油中加二硫化钼的办法提高润滑效果,使润滑油中的碳减少结渣,从而减轻了柴油机转动部分的磨损,延长了零件使用寿命。例如,曲轴轴颈和主轴瓦每年只磨损 0.01~0.02mm,用了七八年尚不需检修,有些活塞和汽缸套也用了七八年才损坏。由于零件使用寿命延长,检修中需要修理的零件少了(特别是曲轴不修理),使检修工作量减少,缩短了检修时间。

(3) 关于增压器的运行。增压器在运行时应严格遵照制造厂的有关规定,转速不应超过额定的最高转速,涡轮入口排气温度不应超过允许最高温度。除紧急情况外,柴油机不应带负荷(特别是高负荷时)停车,如必须紧急停车时,应开动辅助油泵向增压器供油 0.5~1min;如系高负荷紧急停车,向增压器供油的时间还要延长(15min 左右)。在运行中还要经常检查柴油机汽缸进气压力和排气压力、轴承温度、冷却水温度和压力以及注意倾听和观察增压器的运转是否平稳均匀等。此外,由于增压器的转速很高,涡轮和压气机的转子在出厂时都是在严格地进行动平衡试验后装配的,因此不要轻易拆卸挪动增压器转子,以免影响动平衡。

(4) 严格管理制度,保证设备的安全运行。很多单位由于坚持岗位责任制,严格遵守各项合理的安全操作规程,达到长期安全生产供电。有的矿山柴油机发电站已经连续运行11年没有发生事故;有些单位从事故中总结经验教训,加强维护检修,严格管理制度,运行中作到"六勤一快"(勤摸、勤听、勤看、勤擦、勤洗、勤检查,发现问题报告处理快),检修中严格保证质量标准,从而提高了设备完好率和设备运行率,不断降低了发电成本;有的发电站还从发生火灾中吸取教训,作到"五不漏"(不漏油、不漏水、不漏风、不漏气、不漏电),主厂房内发现漏油,立即擦掉,保持地上地下没有滴油,整洁生产,干干净净。实践证明,保持油机和车间的清洁,是保证柴油机运行良好的一个条件,任何尘埃和杂质进入润滑油、进气管和柴油机各运动部件后,都会增加磨损,引起不良后果,如果污物随燃油流入射油泵及喷油嘴,问题就更严重。所以,加强管理,严格制度,十分重要。

13.4.3　柴油机的故障及主要防事故措施

柴油机发电,特别是连续运行的发电站,柴油机的转动部分容易发生故障。因此,总结生产经验,找出柴油机发生故障的原因,提出预防事故的措施是非常重要的。

某单位对柴油发电站中柴油机的事故进行了分析,主要有五个方面:

"断"——指曲轴折断和连杆螺栓折断事故;

"磨"——指机件过早磨损,它是产生事故的温床;

"烧"——指轴瓦和铜套的烧毁;

"拉"——指拉缸事故;

"裂"——指机体、缸盖、缸套、活塞等的炸裂事故。

此外,还有柴油机漏油、漏水、漏气及脏污等,也影响机件过早磨损和发生事故,必须坚决克服。

1. 曲轴折断及其防止的技术措施

曲轴是柴油机最主要的一个零件,柴油机所产生的全部功率,都经过曲轴传递给发电机,它受力很大,应注意勿使其再增加额外负担。同时,曲轴也是一个比较不容易解决的备件,一旦折断,势必较长时间不能恢复运转。一般曲轴断裂在中部扇子板处较多,主要是维护不良所致。控制曲轴正常运转的方法是测量臂距差,不少单位吸取曲轴折断的教训,加强维护检查,采取了一系列防止曲轴折断的措施。

(1)保证曲轴在运转中有正确的中心线,减少轴颈及曲臂承受反复应力,加强臂距差的检查,并认真填写"曲臂差测量记录表"(表13-12)。

表13-12　曲轴臂距差测量记录表

缸别测量数	第一缸	第二缸	第三缸	第四缸	第五缸	第六缸	臂距差最大差数	
运行后测量数	+	+	+	+	+	+	上 下 左 右	差 差
校正后测量数	+	+	+	+	+	+	上 下 左 右	差 差

缸别测量数	第一缸	第二缸	第三缸	第四缸	第五缸	第六缸	臂距差最大差数	
校正后运行测量数	+	+	+	+	+	+	上 下	差
							左 右	差

（2）保证轴颈椭圆度和锥度在允许范围内，主轴颈必须符合要求，每运行 5000 ~ 6000h 需测量轴颈椭圆度和锥度。

（3）主轴瓦的材料与安装水平、轴瓦与轴承支承面的接触程度、轴瓦间隙、主轴承螺栓的安装等均应符合要求。

（4）禁止盲目超负荷、超转速以及在临界转速下运行。

（5）各汽缸的火头迟早和爆炸压力应力求一致，爆炸压力差不得超过 $5kg/cm^2$。

（6）运行中应防止拉缸、烧轴瓦、并车操作不当以及紧急停车等现象，以免曲轴受到损伤。

（7）在运行中柴油机突然振动增大，并发现异常响声，应立即停车检查，未查明原因之前不得继续开车。

2. 防止连杆螺栓折断事故的主要技术措施

（1）保证轴颈椭圆度和锥度在允许范围内，主轴颈、连杆轴颈必须符合规定要求。

（2）连杆螺栓材料必须符合设计要求，一般应采用中碳优质镍铬钼钢。连杆螺栓毛胚要求锻造后加工，不能用钢材直接车削。

（3）连杆螺栓应无任何裂纹、损伤、锈蚀等缺陷，杆身无弯曲，螺栓头和螺帽支承面必须与杆身中心线垂直，杆径增缩处必须圆角，以减少应力集中。

（4）禁止使用铁钉或铁丝代替开口销；开口销孔内必须紧配，不能过松；使用过一次的开口销不宜重复使用。

（5）连杆螺栓装入连杆孔内，必须是轻奥配合，不能松动，以免承受横向剪力，而且一旦连杆螺栓折断时，不易脱出打坏设备，以免造成重大破坏。

（6）连杆螺栓的安装和检查应严格按使用说明书的要求进行，并填写"连杆螺栓长度检查表"（表 13 - 13）。

表 13 - 13 连杆螺栓长度检查表

缸号	螺栓编号	未用前长度/mm	拆前长度/mm	放松长度/mm	永久伸长/mm	重新安装拧紧长度/mm	重新拧紧伸长/mm	附 注
一缸	1 - 1 1 - 2							
二缸	2 - 1 2 - 2							
三缸	3 - 1 3 - 2							
四缸	4 - 1 4 - 2							

缸号	螺栓编号	未用前长度/mm	拆前长度/mm	放松长度/mm	永久伸长/mm	重新安装拧紧长度/mm	重新拧紧伸长/mm	附 注

说明:1. 技术标准:第一次永久伸长为 0.0003 × 有效长度;最后永久伸长为 0.0015 × 有效长度;每次拧紧伸长为 (0.001 ~ 0.0016) × 有效长度;

　　2. 永久伸长 = 放松长度 − 未用前长度;

　　3. 运行中伸长 = 本次拆前伸长 − 上次安装紧伸长

　　测量连杆螺栓伸长度卡规如图 13 – 36 所示。

（7）并联运行中的柴油机,在停机装置附近应增设联锁解列装置,以便恶性事故停机时,能立即截断电源,同时发出信号通知电工。

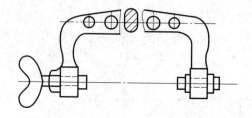

图 13 – 36 测量连杆螺栓伸长度卡规

　　3. 防止主动件(如轴颈与轴瓦、活塞销与铜套、活塞环与汽缸壁等)过早磨损的主要技术措施

　　（1）加强润滑工作,保证摩擦面润滑良好,按柴油机要求和环境温度正确选择润滑油,保证柴油机润滑油的压力和出油温度符合制造厂的规定。运行中按规定保持足够的油量,定时补充,加油换油和油料储存量应注意保持清洁。

　　（2）安装和检修时要按使用维护说明书的要求选取合适的间隙(如主轴瓦和连杆轴瓦的间隙、活塞销和铜套的间隙、活塞环与汽缸的间隙等),运行时要定期检查和调整。

　　（3）消灭“三漏(漏油、漏水、漏气)”,发现漏油、漏水、漏气,必须及时处理(当润滑油内有浅黄色泡沫时,即证明有水漏入),润滑油内有水和柴油漏入时,应停车检查,消灭渗漏现象后,才允许运行。

　　（4）各主动件的摩擦面,粗糙度必须达到要求,越光越好,轴颈硬度越硬越好,除第一道活塞环外,其它活塞环的硬度应略抵于汽缸壁硬度。

　　（5）正确检查各汽缸的压缩比、进油量、喷油时间以及爆发压力,务求各缸爆发均匀,减少轴承面的单位负荷。

　　（6）加强日常保养维护工作,及时进行设备检查。要配备必要的监视仪表,要勤听各部声响,勤摸各部温度,勤擦机,保持清洁,并认真填写运行记录;要按发电站的具体条件制定正确的润滑油更换周期,既不能过短更换造成浪费,也不能片面强调节约而长期不予更换;一般应运行一周清洗润滑油过滤器一次,每运行 3500h 清洗润滑油冷却器一次。在检修过程中,应注意防止杂物掉入柴油机内部,各拆出零件的摩擦面应涂油保护。

　　4. 防止主轴瓦、连杆轴瓦及铜套烧毁事故的主要技术措施

　　（1）保证轴瓦或铜套润滑良好,除在运行中保持润滑油温度、压力及清洁等项以外,在安装或检修中应注意用压缩空气吹通曲轴和连杆的油孔,各油管安装前也须吹通。

（2）保证轴颈椭圆度在允许范围内，正确安装轴瓦及铜套间隙。

（3）选用锡基合金或青铜合金，硬度必须符合规定。

（4）刮研轴瓦，力求精确，禁止用纱布打磨，务使每平方厘米有两三个点均匀接触。

（5）正确调整压缩比、喷油时间和爆发压力，防止轴瓦过负荷。

（6）新换轴瓦、铜套，必须经过试车检查过程，先空转 10min 后停车检查轴瓦温度，再运转 30min 停车检查，如无问题再逐渐增加负荷。

5. 防止拉缸事故的主要技术措施

（1）发现拉缸征象时，应减少负荷运转，征象未消失，应赶快停车。绝不能在汽缸过热时骤然加大进水。

（2）按质量标准选择维持活塞与缸套的适当间隙，装配前应该先用润滑油将活塞加热至 100℃，然后放入汽缸后，才能徐徐下落。

（3）换缸套或活塞后一定要经过试车阶段，第一班空载，第二班 1/2 载，第三班 3/4 负载，到第四班才能满载运行。在每班试车完毕后应分别停车检查，检查时，打开侧盖用手摸汽缸下部，无过热现象时（各缸温度应均匀），方能进行下一阶段的试车。

（4）各个活塞环安装的开口间隙一定要符合质量标准，以免运行中卡死或漏气。活塞环在活塞内的间隙要符合规定，既不能松弛，又能活动自如。应注意，油环不要装错、装反。活塞销卡环和止动螺栓要注意装好，卡环槽应完整无缺。

（5）加强润滑，保证润滑油压力、温度符合规定。

（6）定期清洗汽缸水套，保证良好的散热效率，冷却水进、出水温度差应符合制造厂要求，一般最大不超过 20℃。

（7）均匀调整各缸进油量和喷油压力、爆发压力，禁止盲目过载运行。

（8）定期检查活塞与缸套，发现超过磨损限度应及时更换。活塞与缸套应仔细按质量标准验收，其椭圆度与锥度和装配间隙均应做好记录。为防止拉缸将汽缸套拉断造成更大事故，汽缸套安装前，需检视肩部下方是否是圆角，尖角的缸套不能使用。

（9）安装曲轴、汽缸、汽缸套、连杆、活塞、活塞销等，其垂直度、平行度以及活塞销与铜套的间隙均应符合质量标准要求。连杆中油路要用压缩空气砍净，销子发热检查较为困难，拆装也很麻烦，往往由于发热导致铜套咬死拉缸。所以，在运行中除保证油外，连杆轴瓦间隙不能过大，否则润滑油因泄漏过多而送不到销子上去。连杆、铜套应紧配合，防止松动走外圆而堵塞油孔。活塞、连杆的安装不仅要装在原有汽缸内，而且应注意左右侧不能装反。

（10）应定期（一般在小修时）清扫燃烧室及活塞（连同连杆螺栓拆出检查），如活塞环积炭咬死，可用柴油浸透弄松，清洗装复。

6. 防止汽缸盖、汽缸套、活塞、机体炸裂事故的主要技术措施

（1）在运行中，当发现出水温度过高，应降低负荷，徐徐开大冷却水阀；如发现断水应立即停车，使其自然冷却后再进水开车，切忌骤进冷水。要定期清洗水套及汽缸盖（一般在中修时清洗）。冷却水压力不宜超过 $2.5kgf/cm^2$，以免汽缸套橡皮圈处漏水。长期停车的柴油机应挂牌标志：已放水或未放水。

（2）禁止使用汽油起动。避免开车前柴油进入汽缸太多，或在活塞环松弛时因不易起动而注入润滑油过多。喷油嘴漏油或不喷雾时，应予更换；校正喷油时间，使其不能过

早喷油,以免烧坏活塞顶;亦不能过迟,以免烧坏排气阀。要防止阀门折断及喷油嘴折断落入汽缸内,顶坏活塞及汽缸盖。

（3）旋紧汽缸盖螺栓时,应先将各螺帽稍微旋紧,然后分批对角拧紧,禁止偏于一边收紧,以防缸体裂及汽缸盖裂缝。一般螺栓直径为 40~50mm,扳杆长度为 1.5m,两人拧紧;螺栓直径为 30~40mm,扳杆长度为 1.0~1.5m,一人拧紧。

（4）汽缸盖和汽缸套安装完毕,应进行水压试验,试验压力为 2~4kgf/cm^2。汽缸垫每使用一次应退火一次,否则过硬不易压合。运行中如发现汽缸盖漏气,应拆出重新更换汽缸垫。禁止在热状态下,过度收紧汽缸盖螺栓,否则将引起汽缸盖或机体损坏。

（5）缸套、活塞发现裂痕,应予更换;汽缸盖、机体发现裂痕应及时处理,可在裂痕两端各钻一小孔,并用铜片补好,或用电焊修补,以防裂痕继续发展。

关于柴油机运行中一些其他故障,如运行中柴油机起动困难、马力不足、自行停车、转数自行降低、汽缸内发生爆音、各汽缸工作压力不均匀、排气颜色不正常、汽缸安全阀跳动、润滑系统油压不足、冷却出水温度过高、调速器不正常、转速突然增加以及摩擦部分过热等,都可以从一般资料或制造厂的使用维护说明书中查到,这里不再赘述。

13.4.4 发电机可能发生的故障、原因分析和处理方法

柴油发电机可能发生的故障、原因及处理方法见表 13-14。

表 13-14 发电机故障现象、原因及处理方法

故障现象		原 因	处 理 方 法
励磁系统故障	1. 无电压或电压过低	接线错误	按接线图详细检查
		磁场线圈断路	将断路处接合,并用焊锡焊牢,外面用绝缘物包好
		失去剩磁	用蓄电池充电一次,充电时就将磁场线圈与励磁装置分开,将蓄电池负极（黑色）接 L$_2$,正极（红色）接 L$_1$
		励磁装置的故障	排除励磁装置的故障
		熔丝熔断	在确认电机本身及线路正常后,将新保险丝换上
		接头松动或接触不良	将各接头擦干净后妥为接好
		碳刷和集电环接触不良或电刷压力不够	洁净集电环表面,磨碳刷表面使与集电环表面的弧度相吻合,加强碳刷弹簧的压力,使之在 0.15~0.2kgf/cm^2,彼此之间相差不应大于 ±1%
		开关接触不良	检查开关接触部分
		刷握生锈使电刷不能上下滑动	拆下刷握,擦净内部表面,如损坏严重应予以更换
		转速太低	测量转速,保持额定值
		磁场线圈部分短路	更换
		励磁机电枢线圈断路	找出断裂处,重新焊接,包扎绝缘
		励磁机电枢线圈短路	短路会造成严重的发热现象,应予拆换线圈
	2. 火花过大	碳刷和集电环接触不良或电刷弹簧压力不够	同上（7）的处理方法
		电枢线圈与集电环接触不良或电枢线圈开路	同上（12）的处理方法

故障现象		原　因	处理方法
发电机故障	1. 电机过热	过负荷	应随时注意电流表,切勿超过额定值
		磁场线圈短路	更换磁场线圈
		电枢线圈短路	拆换已短路的线圈
		通风道阻塞	将电机内部彻底吹净
	2. 轴承过热	轴承磨损过度	更换轴承
		润滑油规格不符,装得太多或油内有杂质	用煤油清洗轴承,加入 HSY－103 润滑油,约为轴承室体积的 1/2。不要过多,加油工具要保持清洁
		传动皮带张力过大	适当调节皮带张力,勿使过紧
		装配不对	重新调整装配
	3. 发生振荡现象	由于原动机机械性质带来的,原动机转矩成周期性脉动,使转子亦成周期性变化,当脉动频率与电机的固有频率相接近时,振荡会更加强烈	调整柴油机汽缸,使特性一致;或检查调速器是否失灵
		电网内因故障产生周期的功率冲击,或负载中有很大功率的往复式机器	清除电网故障,对脉动负荷应限制其容量
		发电机在转动中,励磁忽然中断或减少	检查励磁回路
	4. 有不稳定现象	由于电网短路,使电网电压降低,引起失步	清除短路故障
		因超前或滞后电流太大而失步	可在励磁绕组内加负反馈
		由于调速器失灵而产生	检查或更换调速器

13.4.5　发电机的维护检修

1. 一般维护

(1) 在运转时不要将衣服或其他物件覆盖在发电机上,以免阻碍散热,使发电机过热。

(2) 随时注意发电机的通风和发热情况,注意电流和电压勿超过额定值。

(3) 要时常察看集电环上有无不正常火花,发电机运转时,如有不正常的声音,应及时检查处理。

(4) 轴承每经工作 1000～1500h 后,就应更换润滑油;间断运行时每年至少应两次清旧油,更换新油。油量约占轴承盒体积的一半,不可过多,换油加油的工具必须清洁。

2. 小修

小修每三个月一次,项目如下:

(1) 去除窗盖板,如发电机内积有尘土,应加以清理,最好用压缩空气吹净。

(2) 洁净集电环表面,洁净时可先用粗布(避免用砂布或其他纤维的棉织品)蘸几滴煤油将表面擦净,然后再以其他干净的粗布将表面擦干。

(3) 拆下轴承外盖,检查润滑油是否洁净,如发现色泽不均匀,即需更换润滑油。

(4) 检查碳刷磨损情况,调整碳刷弹簧压力,碳刷磨损过多的应予更换。

3. 大修

大修每年一次,项目如下:

(1)用500VMΩ 表测量绝缘电阻,如对地绝缘电阻小于1MΩ 时,应加烘烤。

(2)如集电环表面发毛或磨有深痕,应予车光。

(3)将轴承拆下用洁净煤油洗净,使运转自如而无杂音,加上润滑油重新装上。

(4)将发电机内部彻底吹净,集电环及各接合处必须精吹。

(5)检查各带电部分的接触是否良好,拧紧接线处的螺母,务必使各接触处能接触良好。

13.4.6 发电机的干燥

1. 发电机需要干燥的条件

(1)新安装好的发电机在正常运行之前一般都应进行干燥,如能满足绝缘电阻 R 的要求时,可以不经干燥投入运行,但第一昼夜所带的负荷最好不要超过额定容量的50%。

在接近线圈运行温度时,所测得的发电机定子线圈绝缘电阻 R 应大于下式所求得的数值:

$$R = \cfrac{额定电压(\mathrm{V})}{1000 + \cfrac{发电机额定容量(\mathrm{kVA})}{100}} \quad (\mathrm{M\Omega})$$

400V 级发电机定子线圈绝缘电阻一般应不小于 0.5 MΩ。

以上绝缘电阻是指每相对机壳以及一相与机壳相连,其他两相之间的绝缘电阻。

(2)线圈重新浸过漆的低压电机。

(3)大修时,全部或局部更换线圈者如不满足绝缘电阻之要求时,在带负荷情况下进行干燥。

(4)凡是运行中的电机停下检修,或者停用时间超过规定的限度,绝缘电阻因此不能满足上述要求时,一般都应进行干燥。如停机并不长,可根据停机的具体情况,对于低压发电机如能确信是表面受潮时,可以不干燥而用带负荷进行干燥。

(5)因灌水或其他原因(如水灾、火灾、蒸汽或水管破裂等)而浸湿的发电机,需要进行干燥。

2. 发电机干燥的方法

发电机干燥的方法很多,下面介绍几种常用的干燥方法,它们各有其优缺点,在选择干燥方法时,应依据绝缘受潮的程度、电机的结构和现场的条件而定。这些方法中有些对电动机的干燥同样适用。

1)热风法

装设一台专用的鼓风机,将空气送入加热器,加热到 70~100℃,再吹入发电机,发电机应用帆布罩好,留出排气孔,使空气能经过电机自由流动。加热器通常是用电热丝或蛇形蒸汽管来加热。电加热器的容量可按下式估计:

$$P = \frac{0.4}{100}P_\mathrm{e} + 20 \, (\mathrm{kW})$$

式中,P_e 为发电机额定容量,kW。

当电机带转子一起干燥时,在干燥过程中,为了防止转轴在火热下变形,应该周期地把转子转动180°。为了使热风能均匀地吹到线圈的各个部分,应定时地更换吹风位置,并应控制电机线圈表面温度不应超过85℃,靠近进风口处不得超过90℃。这种方法亦能与其他干燥方法并用。

2）短路电流干燥法

将发电机三相短接后运转,在转子中加入一些励磁电流,使定子线圈里产生一定的短路电流,一般为额定电流的50%～70%。电压可以不在额定值下运转,只要保证有足够的励磁即可,但转速不应随时变动,以免发热不稳定。

短路点的选择最好在定子出线处,但也可以同电缆、变压器一起干燥;如短接回路内有开关,为了防止开关偶然跳闸而使电机的电压升高,应该把开关的跳闸回路切断。

干燥开始时,应先保持定子电流在50%～70%额定电流下运转4～5h,然后逐渐升高电流值,使热空气的温度达到65～70℃,并在整个干燥时间内保持此值,线圈的温度不得超过85℃(电阻法)或70℃(温度计法),湿度的控制可以通过调节电流的大小来实现。

此法的优点是定子和转子可以同时干燥,发电机转动时的风量可以帮助潮气散开,缩短干燥时间;其缺点是要不带负荷运行,因此经济性较差。

3）铁损干燥法

接线如图13-37所示。定子铁芯上绕一个线圈,通入低压交流电,使定子产生磁通,依靠定子引起的铁损来加热电机。

在干燥前,要先测量定子铁芯的尺寸,从而决定线圈的匝数及所用导线的截面。

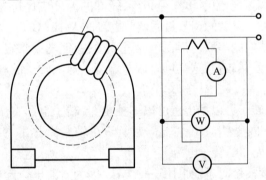

图13-37 铁损干燥法接线图

铁芯有效截面按下式计算:

$$S = 0.46(L - N \cdot b)(D_2 - D_1)(\text{cm}^2)$$

式中,L 为定子铁芯长度,cm;

N 为定子铁芯径向通风沟数目;

b 为通风沟宽度,一般为1cm;

D_1 为定子齿根处之直径,cm;

D_2 为定子铁芯外径,cm。

线圈匝数:

$$W = 110 \frac{U}{S}$$

式中,U 为干燥时线圈所用交流电压,6V。

线圈所用导线的截面可按下式决定的电流来选择：

$$I = (3.5 \sim 5)\frac{D_1 + D_2}{W}$$

如果没有适当的规格,也允许将数根导线并联使用,但绝缘应该保持完好。

在干燥过程中,采用浸胶的定子线圈表面最高温度不应高于85℃,铁芯不应高于90℃。温度的调节是靠改变铁芯的磁通密度来实现,所以线圈要抽出几个分接头,以便调节温度。开始干燥时所用匝数可选择为

$$W = (56 \sim 45)\frac{U}{S}$$

待温度升高后,再改用较多的匝数,降低磁通密度保持温度。在测量绝缘电阻时,可以不断开线圈的电源。有时在铁损不大时,为了加快电机的干燥,可同时将定子接成开口三角形,通入直流电源进行干燥。在采用铁损干燥法时应特别注意下列事项：

(1) 绕在定子铁芯的线圈导线的绝缘应完好无缺陷,截面不能过小,绕线圈位置约占定子圆周的25%,导线不应触及定子铁芯和定子线圈的端部。

(2) 电机的端部应注意保温,切勿使冷空气由下部流入,以免干燥不均匀。

(3) 采用此法时,一般需要抽出转子,否则需注意产生轴电压和轴电流。

4) 铜损耗法干燥

(1) 用直流电通入定子线圈。此法是依靠线圈的铜损所产生的热量干燥发电机。通入定子线圈的电流为额定电流的50% ~ 80%,线圈的温度应保持在85℃以内(电阻法)或70℃以内(温度计法),温度的调节是靠调节电流的大小来实现。转子也可通入直流电干燥,或者将定子、转子线圈串联。但在干燥过程中,应能随时将定子与转子串联的接头拆开,因为静止的转子发热较快,这样可以调节温度。通入转子的电流,不应超过转子的额定电流。

采用此法干燥时,转子可以抽出也可以不抽出,且转子也通直流电干燥,则干燥时不可转动转子,以免定子圈里感应出电压。为了防止轴在太热下弯曲变形,应间断地作180°盘车,盘车时必须先切断转子电流。

当发电机线圈过度潮湿时不能采用这种方法,因为直流电会起电解作用。在测量绝缘电阻时,应将电源切断,否则将影响读数。

线圈的连接方法,依线圈的结构形式不同,可接成三角形,在定子引出线根数可能时,最好是连接成图13 - 38(a)的形式。只有在出线头有三个或为星形接线时,才接成图13 - 38(b)的形式。若定子接成三角形时,可以接成图13 - 38(c)的形式。应用后两种连接方法时,为了使各线圈加热相同,应在一定时间内轮流更换接头。

(2) 用低压三相交流电通入定子线圈干燥。定子内通入低压三相交流电,将转子堵住,转子磁极线圈短路。所使用的电压一般为额定电压的8% ~ 10%,使定子电流不致太大,为60% ~ 70%定子额定电流,以免线圈过热烧坏。由于定子里产生旋转磁场,在转子的表面上引起涡流损耗,使转子亦得到加热。也可通单相交流电干燥,其接线方法与通直流电干燥相同。

这种方法的缺点是需要一定容量的降压用自耦变压器,同时温度也不易控制,在转子上个别地方可能产生发热特别厉害的热点,要特别引起注意。

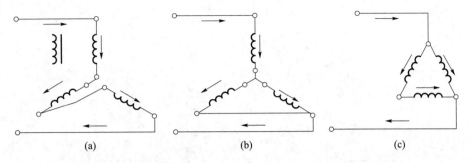

图 13 – 38　发电机定子线圈连接方法

5）带负荷干燥

低压发电机如仅是表面受潮时，可以考虑采用带负荷干燥，干燥时将发电机在 50% 额定负荷下运行，然后逐步按 50% 、65% 、85% 、100% 顺序增加至额定值。每一阶段约运行 24h。在干燥过程中，应定时停机测量线圈的绝缘电阻。

3. 发电机干燥时应注意的一般事项

（1）加热干燥应在清洁的空气中进行，干燥前用压缩空气将电机的各部分吹干净。

（2）过分潮湿的线圈，应避免用电流通入线圈中直接干燥，以免击穿绝缘。如果要用时，应先用热风干燥，经过相当一段时间烘焙之后才可接入电源。

（3）烘焙时就多放些温度计，分布在发电机的各个部分，以便全面掌握发电机各部分的温度，防止局部发热现象。

（4）干燥时加热应缓慢地进行，以免线圈内部的水分骤然大量蒸发而发生破坏绝缘的作用。如干燥温度不能接近最高温度时，可以在略低的温度下进行，但时间要稍长些。

（5）干燥开始后，每隔 30min 至少测量一次，并作好记录。

（6）发电机在干燥初期，由于绕组的发热，水分蒸发出来，绝缘电阻下降，以后又逐渐上升，上升的速度越来越慢，最后稳定在某一数值上。在恒定温度下，绝缘电阻保持在 3h 以上不变时，干燥工作即可认为完毕。

（7）不论何种方法，在干燥后，当线圈冷却到 60℃ 时，400V 级及 3000V 级发电机线圈用 500V 兆欧表测量，绝缘电阻值应满足要求之数值。

练习题

1. 简述柴油发电机组的安装步骤及方法。
2. 柴油发电机组的正常起动前，必须做好细致的检查，检查的内容主要包括哪些？
3. 发电机干燥的方法很多，常用的干燥方法有哪些？